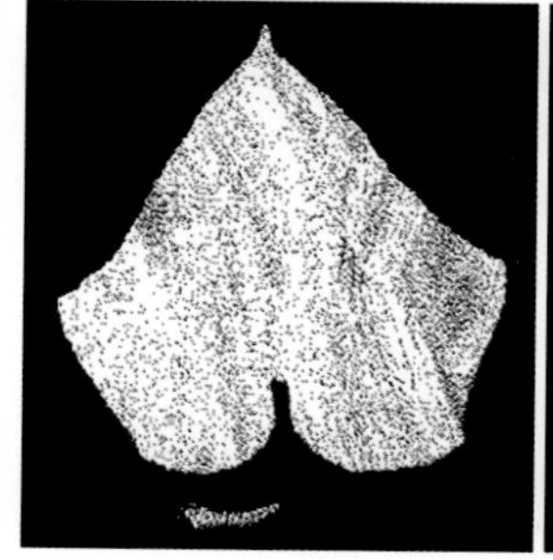

（a）原始点云数据

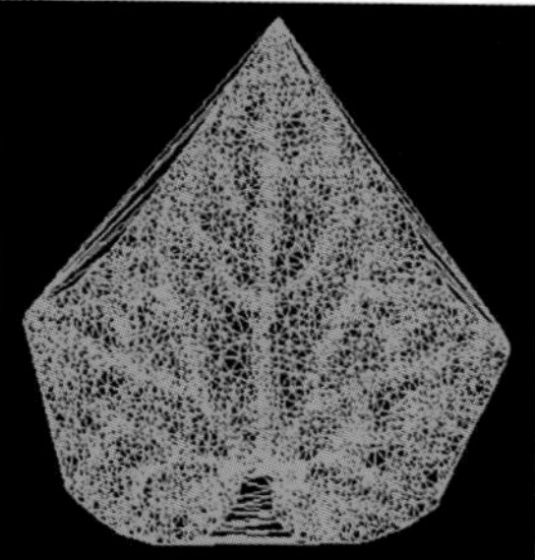

（b）网格模型

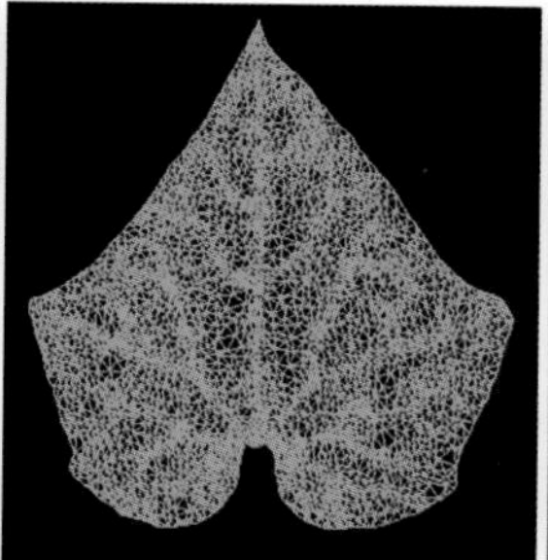

（c）优化后的网格模型

（d）纹理贴图模型

彩图 10-16　植物叶片点云数据的网格曲面重构结果

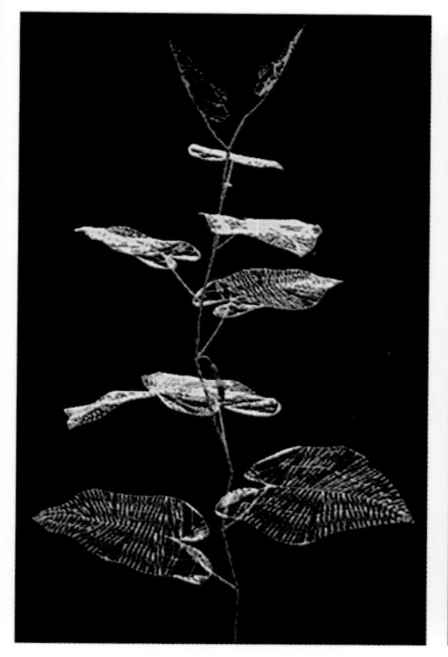

（a）黄瓜单植株三维模型

（b）黄瓜群体三维模型

彩图 10-17　作物植株形态结构建模

（a）小型植株实时叶片渲染效果

（b）计算机模拟生成的叶脉效果

（c）叶片绒毛模拟生成的效果

彩图 10-18　作物三维模型真实感显示效果

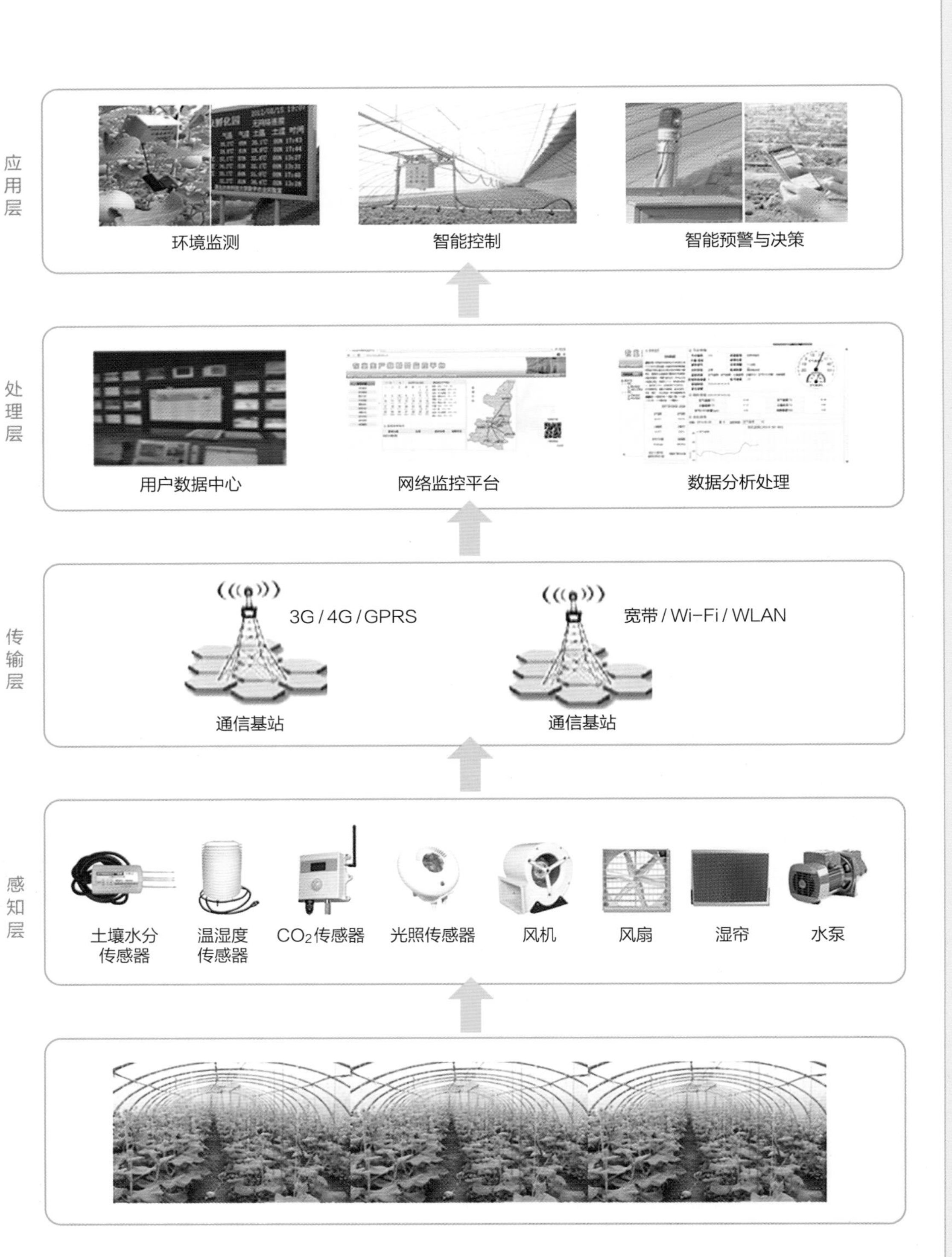

彩图 10-19　农业物联网基本构成框架

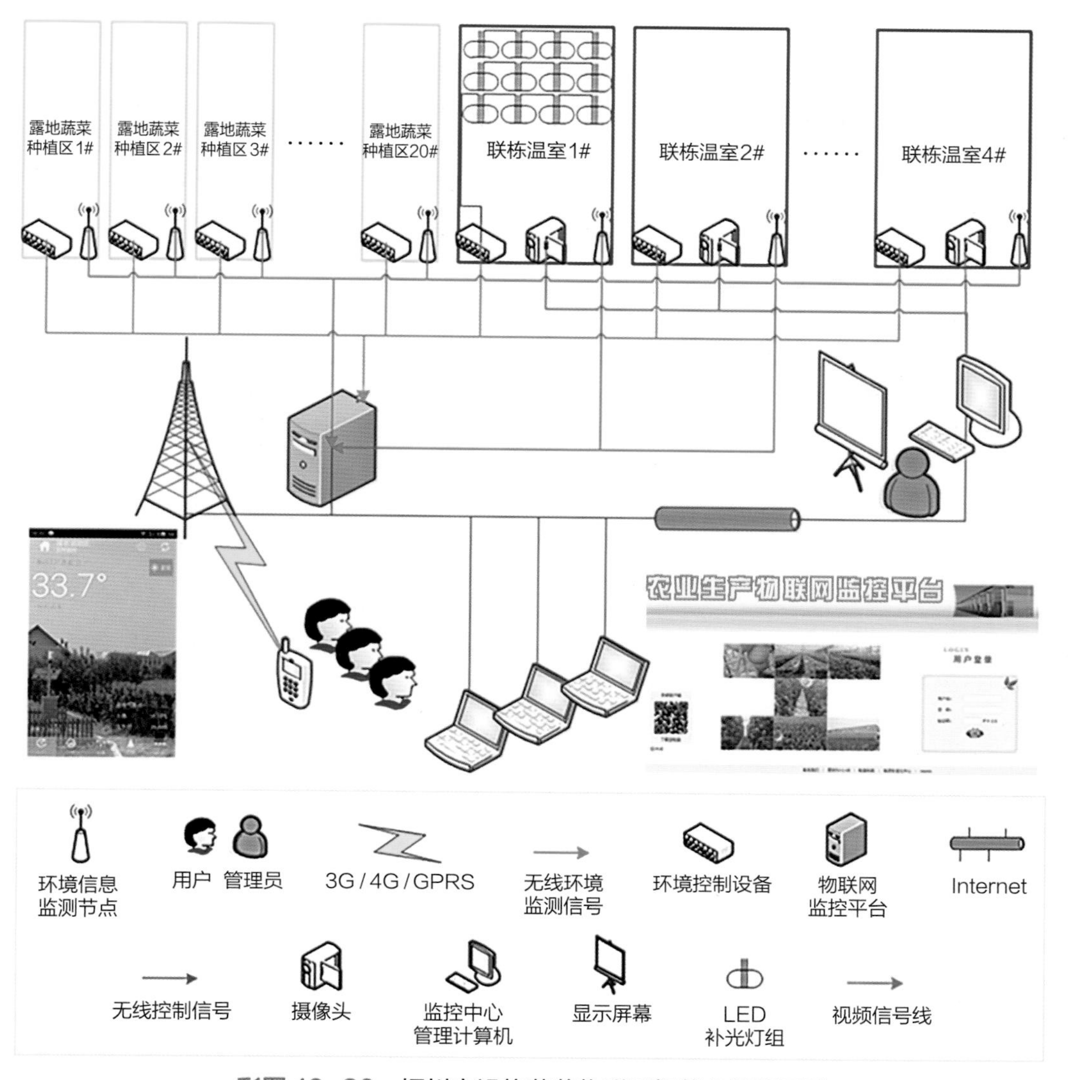

彩图 10-20　铜川市设施蔬菜物联网智能化管理系统

彩图 10-21　部署传感器进行环境监测

彩图 10-22　物联网智能化远程控制系统

彩图 10-23　农业生产物联网监控平台

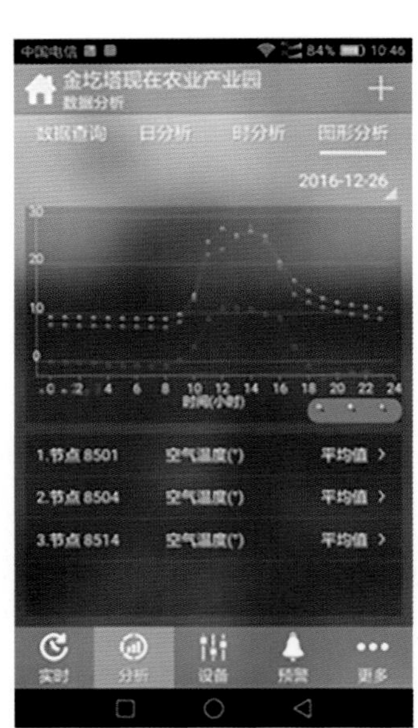

彩图 10-24
农业物联网智能App监控终端

高等农林院校规划教材

设施农业概论

第2版

李建明　主编　　邹志荣　审

化学工业出版社

·北京·

内容提要

《设施农业概论》（第2版）在第1版的基础上进行了适当调整，补充了设施农业方面较新的科研和实践成果。全书共十一章，分别详细介绍了工厂化农业设施的设计与建造、现代设施农业园区的设计原理、设施农业机械与设备、设施农业环境调控技术、工厂化育苗、设施农业种植和设施养殖、设施环境消毒与病虫害防治、设施农业信息技术、设施农业园区经营管理与保障体系建设等内容，理论结合实践，具有较强的实用性和可读性。

《设施农业概论》（第2版）可作为高等农林院校的农学、园艺、畜牧、兽医、植物保护、农林经济等相关专业的师生教学用书，也可作为广大农业技术人员、农林生产管理人员的实用技术参考书。

图书在版编目（CIP）数据

设施农业概论/李建明主编．—2版．—北京：化学工业出版社，2020.7（2024.1重印）
高等农林院校规划教材
ISBN 978-7-122-35675-8

Ⅰ.①设…　Ⅱ.①李…　Ⅲ.①设施农业-高等学校-教材　Ⅳ.①S62

中国版本图书馆CIP数据核字（2020）第046977号

责任编辑：尤彩霞　　装帧设计：关　飞
责任校对：王佳伟

出版发行：化学工业出版社（北京市东城区青年湖南街13号　邮政编码100011）
印　　刷：三河市航远印刷有限公司
装　　订：三河市宇新装订厂
787mm×1092mm　1/16　印张16¼　彩插2　字数408千字　2024年1月北京第2版第3次印刷

购书咨询：010-64518888　　售后服务：010-64518899
网　　址：http://www.cip.com.cn
凡购买本书，如有缺损质量问题，本社销售中心负责调换。

定　　价：49.00元

《设施农业概论》
第 2 版
编写人员名单

主　　编　李建明

编写人员　(按姓氏汉语拼音排序)

曹宴飞（西北农林科技大学）
丁　明（西北农林科技大学）
胡晓辉（西北农林科技大学）
江雪飞（海南大学）
李　敏（西北农林科技大学）
李建明（西北农林科技大学）
李明晖（西南大学）
李清明（山东农业大学）
裘莉娟（西北农林科技大学）
宋卫堂（中国农业大学）
赵　娟（西北农林科技大学）

审　　稿　邹志荣

《设施农业概论》
第 1 版
编写人员名单

主　　编　李建明

参编人员　李建明（西北农林科技大学）

张　勇（西北农林科技大学）

周长吉（农业部规划设计研究院）

裘莉娟（西北农林科技大学）

李清明（山东农业大学）

魏　珉（山东农业大学）

胡晓辉（西北农林科技大学）

郭世荣（南京农业大学）

胡春梅（南京农业大学）

孙治强（河南农业大学）

陈新昌（河南农业大学）

李胜利（河南农业大学）

李亚玲（山西农业大学）

温祥珍（山西农业大学）

张　智（西北农林科技大学）

穆大伟（海南大学）

江雪飞（海南大学）

李明晖（西南大学）

夏显力（西北农林科技大学）

李　敏（西北农林科技大学）

主　　审　邹志荣（西北农林科技大学）

前 言

设施农业知识面宽广、内容极其丰富，涉及农业工程学、农业环境科学、现代农业信息科学、农业生物科学以及现代农业的管理与应用技术，属于一门综合性强、应用面广的学科。如何将这些科学知识、生产技术、设施设备紧密结合，取舍得当，形成设施农业的核心知识体系，是完成本教材的难点。所以本书力求知识全面，简明扼要，又要粗中有细，相互关联，全面介绍设施农业的基本知识、生产技术，既有先进性，又有实用性。

《设施农业概论》第 1 版教材于 2010 年 4 月出版，至今已有 10 年多。在此期间，国内外现代农业与设施农业快速发展，设施农业的新设施、新设备、新技术不断创新、涌现，设施农业科学技术取得了丰硕成果，设施农业产业长足发展，在农业产业结构调整、提高农业生产效益等方面起到极其重要的作用。因此，亟待对本教材的内容进行必要的补充、修订与完善。

本书第 2 版保持第 1 版的基本内容，主要补充了近年来设施农业发展成熟的新技术与新成果等内容，在体系和文字方面做了调整与修订完善，将现实生产中应用较少、不再符合实际应用的部分技术进行了删除，力求教学内容与生产实际紧密结合，达到理论联系实际、教学服务于生产实践。第 2 版教材对设施农业发展现状、新型设施结构、设施环境调控技术、设施机械与设备、自动化控制与园艺作物模型、设施栽培技术、病虫害防治技术等内容进行了重点补充和完善修订。

本版编写人员原则上以原第 1 版人员为主，个别人员进行了调整。具体修订分工按章节次序分别为：第一章由李建明（西北农林科技大学）负责修订，第二章由曹宴飞（西北农林科技大学）负责修订，第三章由裘莉娟（西北农林科技大学）负责修订，第四章由宋卫堂（中国农业大学）负责修订，第五章由李清明（山东农业大学）负责修订，第六章由丁明（西北农林科技大学）负责修订，第七章由胡晓辉（西北农林科技大学）负责修订，第八章由李明晖（西南大学）负责修订，第九章由江雪飞（海南大学）负责修订，第十章由赵娟（西北农林科技大学）负责修订，第十一章由李敏（西北农林科技大学）负责修订。全书由邹志荣教授（西北农林科技大学）审稿。在修订过程中还得到第 1 版原参编学校老师的支持，在此一并谨致衷心感谢。

由于编者水平有限，不足之处在所难免，恳请读者批评指正，以便再版及时修正。

编者

2020 年 5 月

第1版前言

设施农业作为现代农业的主要表现形式，是指在相对可控的环境条件下，采用工业化生产与管理措施，实现高效可持续发展的现代超前农业生产方式。它具有标准化的技术规范，集约化、规模化的生产经营管理方式。它集成现代生物技术、农业工程技术、环境控制技术、管理技术、信息技术等学科知识，以现代化农业设施为依托，具有科技含量高、产品附加值高、土地产出率高和劳动生产率高的特点，是我国农业新技术革命的跨世纪工程。

由于设施农业科学是一个交叉性综合学科，目前已出版的教材均为设施农业科学与工程大学本科的专业教材，内容较为庞杂，不能满足非本专业教学与农业园区生产与管理科技人员的实际需要，因此，由西北农林科技大学组织联合了全国7所农业院校和1家研究院编写了本教材。该教材既可以满足从事设施农业技术与管理人员的需要，又可以作为大中专学生了解设施农业知识的教材。

本书共十一章，涉及了设施农业相关的主要内容，如国内外设施农业的发展现状及前景、作用与意义；现代设施农业基地规划原理；设施农业温室设计与建造；设施农业环境调控技术；工厂化育苗原理与技术；设施农业种植与养殖管理技术；设施环境消毒与病虫害控制技术；设施农业信息技术；设施农业园区经营管理与保障体系建设等内容。

参加编写人员按章节次序是：第一章由李建明（西北农林科技大学）编写；第二章由李建明（西北农林科技大学）、裘莉娟（西北农林科技大学）编写；第三章由张勇（西北农林科技大学）、周长吉（农业部规划设计研究院）编写；第四章由孙治强（河南农业大学）、陈新昌（河南农业大学）、李胜利（河南农业大学）编写；第五章由魏珉（山东农业大学）、李清明（山东农业大学）编写；第六章由胡晓辉（西北农林科技大学）、李建明（西北农林科技大学）编写；第七章由郭世荣（南京农业大学）、胡春梅（南京农业大学）编写；第八章由李明晖（西南大学）编写；第九章由江雪飞（海南大学）、穆大伟（海南大学）编写；第十章由李亚玲（山西农业大学）、温祥珍（山西农业大学）、张智（西北农林科技大学）编写；第十一章由夏显力（西北农林科技大学）、李敏（西北农林科技大学）编写。全书由西北农林科技大学园艺学院邹志荣教授审稿。

由于编者水平有限，不当之处在所难免，恳请读者批评指正，以便今后修改完善。

编者

2010年4月

目 录

1 第一章 绪论

第一节　设施农业的概念和作用

一、设施农业的概念

设施农业是指利用一定的设施设备，最大程度地改善自然环境，为动植物创造适宜生长发育的环境条件，进行种植或养殖的一种农业生产方式。它具有标准化的技术规范，集约化、规模化的生产经营管理方式，以现代化农业设施为依托，集成了现代生物技术、农业工程、环境控制、管理、信息技术等学科，是现代农业的代表之一。设施农业能够在外界不适宜动植物生长的季节或气候，通过设施调节环境为动植物的生命活动创造一个优化的生长、发育、储存环境，具有科技含量高、产品附加值高、土地产出率高和劳动生产率高的特点，既要兼顾品质高、成本低、效益高、环境良好等可持续发展目标，又要顾及市场需求，应对市场竞争的压力。

二、设施农业对社会经济发展的作用与意义

1. 使人类社会物质文明生活更加丰富多彩

设施农业突出了对环境条件的控制能力和为作物的生长发育提供最适宜环境条件的特点，它综合采用现代科学技术，持续大幅度地提高单位面积的作物产量、提高产品数量和质量的同时，在北方寒冷地区也实现了周年生产与周年供应，使人们的物质生活更加丰富多彩。受气候条件的限制，世界上许多国家或地区的农产品生产常常只能在一个季节进行，而不能做到周年供应，干旱、盐渍、风沙、寒冷、冰雹等自然环境危害越来越严重，给农业生产带来了巨大的压力。所以，提高单位面积产量和实现周年生产已成为 21 世纪农业的基本要求。设施农业为解决这一问题提供了有效的途径。

近年来，中国的设施农业得到了快速发展，单位面积产量大幅度提高，产品质量进一步优化，蔬菜人均占有量超过了世界平均水平，大中城市基本实现了蔬菜的周年供应；中国设施畜牧业的发展，使肉蛋产品产量保持了十几年的高速增长，人均肉蛋占有量自 2013 年以来已连续 7 年高于世界平均水平。水产养殖的设施化水平不断提高，设施农业已经成为中国

大中城市“菜篮子”工程不可缺少的重要组成部分。

2. 使人类社会的精神文明生活更加丰富多彩

① 设施农业科技的发展与产业化使人类从繁重的传统农业劳动中解放出来。例如，日本一所大学建立的一个植物工厂，利用四台机器人进行蔬菜生产，完成育苗、定植、生长期管理、采收及包装等一系列工作，不需要人参与劳动。

② 设施农业科技的应用极大地改进了人们的劳动环境、劳动条件，增加了劳动的趣味性。农业生产劳动不再是一种又脏又累又无趣的工作，而是一种环境优美、积极有趣的工作。所以设施农业将会吸引更多的人员参与，提高农业劳动者的社会地位。

③ 设施农业能够大幅度减少劳动者人数，能够解放出更多的劳动力，从事其它劳动，全面提高全人类的生活质量。

三、园艺设施的发展简史

1. 世界园艺设施的发展

大体上分三个阶段：

第一，原始阶段：2000多年前，我国使用透明度高的桐油纸作覆盖物，建造温室。古代的罗马是在地上挖长壕或坑，上面覆盖透光性好的云母板，并使用铜的烟管进行加温，此时可以说是温室的原始阶段。

第二，发展阶段：主要是第二次世界大战后，玻璃温室和塑料大棚等真正发展起来，尤其以荷兰、日本为首的国家发展迅速，而且附加设备增多起来。

第三，飞跃阶段：20世纪70年代后，大型钢架温室出现，自动控制室内环境条件已成现实，世界各国覆盖面积迅速增加，室内加温、灌水、换气等附加设备广泛运用，甚至出现了植物工厂，完全由人类控制作物生产。今后将向着节能、高效率、自动管理的方向发展。

2. 我国设施农业发展历史与概况

《汉书》记载：“太官园种冬生葱、韭菜茹，覆以屋庑，昼夜燃蕴火，待温气乃生。”这段叙述比较详细地记载了生产场所、加温方式和种植作物，说明我国在汉代就有了保护地蔬菜栽培技术。

20世纪40年代，多数只是应用沙土、瓦片、风障等简易设施。到了20世纪60年代，形成了应用近地覆盖、风障覆盖畦、阳畦、土温室组成的保护地生产体系，主要以补充淡季蔬菜供应为主要生产目的。20世纪70～80年代，塑料大棚的发展已遍及全国，传统园艺设施经过不断改进，其优势在这个阶段被最大限度地发挥，到20世纪80年代末，形成以塑料拱棚为主体，与风障畦、地膜覆盖、温室等设施相互配套的设施园艺生产体系，达到了蔬菜周年均衡供应的生产目的。进入20世纪90年代，市场对优质蔬菜、水果、花卉的需求量增加，设施园艺生产的目的由满足数量型周年均衡供应转向追求质量、效益。

21世纪以来，我国设施园艺发展更为迅速，逐步形成了具有中国特色、符合中国国情的、以节能为中心的设施园艺生产体系。其中节能日光温室、普通日光温室和塑料大棚发展最快，截至2015年我国（不含港澳台）设施园艺面积达410.9万公顷，年产值达到9800亿元（不含西、甜瓜），创造了近7000万个就业岗位，使乡村居民2015年人均增收993.45元，面积居世界第一位（中国农业机械化协会设施农业分会，2015）。

第二节 设施农业生产的现状与展望

一、园艺设施面积及内部装备

截至2017年底，世界上主要园艺设施国家的设施园艺类型、面积统计如表1-1所示。

表1-1 主要园艺设施国家设施园艺的类型及面积

国家	玻璃温室/hm^2	塑料温室/hm^2	大棚(含中小棚)/hm^2	合计/hm^2
中国	9000	988500	2702535	3700035
日本	1687	41574	10587	53848
韩国	405	51382	12028	63815
荷兰	10800	—	—	10800
意大利	5800	37000	30000	72800
西班牙	4800	48435	—	53235
美国	1156	7540	13006	21702
加拿大	870	1680	—	2550
以色列	—	8650	15000	23650
埃及	4032	2037	14053	20122

注：截至2017年底，“—”表示未统计。见束胜，康云艳，王玉等. 世界设施园艺发展概况、特点及趋势分析[J]. 中国蔬菜，2018（7）：1-13.

从设施总面积上看，中国居世界第一。但从玻璃温室和人均温室面积上看，荷兰居世界第一。从设施内栽培的作物来看，蔬菜生产占到总生产面积的80%左右（其中果菜类占90%左右，果菜中最多的是草莓、黄瓜、甜瓜、番茄、西瓜、茄子、甜椒等。而我国西、甜瓜在温室内生产较少），剩余20%是花卉和果树，又以花卉为主。花卉生产主要是切花类、钵物类和花坛用苗类。果树生产主要栽培葡萄、桃、柑橘、梨等。

从表1-2可见，温室内装备有加温、多层保温幕、换气窗、自动灌水、CO_2气体施肥以及水耕栽培设施，为自动控制环境因子创造了条件。

表1-2 温室内部装备状况

项目	玻璃温室		塑料温室	
	总面积/$1000m^2$	比例/%	总面积/$1000m^2$	比例/%
设施总面积	18.912	100	402.355	100
加温面积	16.176	85.5	127.621	31.7
自动灌水装备	10.819	57.2	134.576	33.4
CO_2气体施肥装备	3.466	18.2	5.215	1.3
一层保温幕	8.183	43.3	141.597	35.2
多层保温幕	6.245	33.0	45.710	11.4
设有保温幕	14.428	76.3	187.307	46.6
自动天、侧窗开闭	8.417	44.5	12.472	3.1
换气窗	4.991	26.4	56.728	14.1
水耕栽培	1.057	5.6	1.393	0.3

注：引自日本设施园艺协会．设施园艺手册．昭和62年3月（即1987年）.

二、外国设施农业发展现状与趋势

以荷兰、以色列、西班牙、美国、日本、意大利等国家为代表，设施农业明显的特征是设施结构多样化、生产管理自动化、生产操作机械化、生产方式集约化，是以现代工业装备农业，现代科技武装农业，现代管理经营农业。

目前，荷兰拥有的现代化玻璃温室约占世界玻璃温室的1/4，其每年在花卉产品方面的出口总额较高；以色列拥有各类温室，年产鲜花10亿支以上，花卉出口居世界前三位。现在，这些国家的工厂化设施农业均已形成了完整的技术体系，其现代化温室已达到能根据植物对环境的不同需要，由计算机对设施内的温、光、水、气、肥等因子进行自动监测和调控。同时，部分蔬菜和花卉品种还实现了从育苗、定植、采收到包装上市的专业化生产和流水线作业。其设施畜禽生产系统，专业分工明确，从育种、孵化、育雏、育成到产蛋（育肥）等环节均可在专业车间内进行，畜禽可以在完全密封且环境可控的条件下进行生产，并通过人工补光、自动供料、乳头饮水、皮带式粪便输送、自动检蛋以及屠宰加工等专业化设备的使用，实现畜禽生产的规模化和自动化作业。

1. 设施结构的创新与发展

当前，国外温室产业发展呈以下态势。温室建筑面积呈大型化趋势，在农业技术先进的国家，每栋温室的面积都在0.5hm^2以上，便于进行立体栽培和机械化作业；覆盖材料向多功能、系列化方向发展，比较寒冷的北欧国家，覆盖材料多用玻璃，日本、法国及南欧国家多用塑料；无土栽培技术迅速发展；由于当今科学技术的高度发展，采用现有的机械化、工程化、自动化技术，实现设施内部环境因素（如温度、湿度、光照、CO_2浓度等）的调控由过去单因素控制向利用环境计算机多因子动态控制系统发展；温室环境控制和作物栽培管理向智能化、网络化方向发展，而且温室产业向节约能源、低成本的地区转移，节能技术成为研究的重点；广泛建立和应用喷灌、滴灌系统。

2. 温室环境控制与自动控制技术创新

环境控制的目的是要为植物的生长创造适宜的光照、温度、湿度、通气、肥等优化的环境条件，要对复杂生态系统中使用的各种设备的运行状态和多种环境因素的协调配合进行监测诊断，制定灵活多样的控制策略和管理决策，要适应多变的市场环境，调节作物生长过程和成熟上市时间，以获得更好的经济效益；要创造更为均匀的生长环境保证产品品质的均一性与商品价值。

3. 生物技术的研究创新

设施农业生产专用品种的创新为高效的设施农业生产奠定了基础；对作物生长发育过程的研究更为深入，由此建立作物生长的模型；生物工程技术在设施农业中得到了应用，例如组培技术与无土栽培技术的结合，使脱毒马铃薯的产量提高了一倍，效益提高了4倍。在栽培技术上实现了周年生产，产量得到大幅度提高。

4. 生产技术与产业发展

工业的发展和科技的进步是设施农业发展的基础，17世纪玻璃在欧洲问世后，荷兰便有了最早的玻璃温室；第二次世界大战后塑料薄膜在美国的发明及其后来在现代温室上的应用带来了世界范围内设施农业的一场革命。20世纪70年代以来，随着现代工业向农业的渗透和微电子技术的应用，集约型设施农业在荷兰、以色列、美国和日本等一些发达国家得到迅速发展，并形成了强大的支柱产业。

荷兰是世界设施园艺技术与产业领先的国家，培育出大批专用的蔬菜、花卉专用品种，形成了标准化的栽培模式，从而获得高产、优质、高效的园艺产品。荷兰温室以文洛(Venlo)型连栋温室为主，温室高度一般在4～5.5m，蔬菜以生产番茄、辣椒和黄瓜为主；花卉以月季、菊花、香石竹、百合、兰花为主；盆栽植物以榕树、朱蕉类、秋海棠等为主。荷兰设施园艺专用品种的配套栽培技术非常完善，利用高新技术创造出理想的环境条件和封闭循环式无土栽培系统，使设施内的光照、温度、湿度、空气、水、肥各个环境因子完美结合，为作物高产、稳产提供保证。无土栽培的番茄年产量可达到80kg/m^2，黄瓜的年产量达到100kg/m^2，是我国的6～8倍。近年来许多先进技术不断应用到温室中，包括环境调控设备、机器人等机械化和智能化装备。荷兰政府投入大量的经费用于节能技术和新能源技术的创新研究，包括大幅度提高覆盖材料的透光率、增加太阳能的入射量，如普遍使用大块玻璃覆盖，以减少骨架遮光；对温室覆盖材料的内侧进行镀膜处理，阻止长波向外辐射，减少热损耗；采用节能高效的LED冷光源，对园艺作物进行不同高度、位置补光等。

美国国土比较辽阔，自然、地理条件比较复杂，对设施农业的要求多种多样。美国经济发达，科技水平高，因而温室发展很快，对设施栽培尖端技术如太空设施生产技术的研究已形成成套的、全自动设施栽培技术体系，尽管温室种植面积并不大，但温室技术、无土栽培的研究工作在世界居领先地位。美国的温室主要集中在南部气候温和地区，以周年生产高品质的新鲜花卉为主，盆花和切花销售量最大，而蔬菜很少。玻璃、薄膜、塑料板材都普遍应用，温室骨架一般都经过很好的防腐处理，寿命长达20～30年。

日本设施农业技术居世界前列，是设施农业技术强国，日本政府采取扶持高效设施农业的政策，每年的补助额高昂，已经实现了“植物工厂”的实用化，能够完全不受自然条件的限制，像工业生产那样每天有计划地生产出高质量、无公害的蔬菜产品。

三、我国设施农业发展概况与趋势

1. 基本情况

20世纪80年代，我国蔬菜生产在北方采用传统的加温温室，由于煤火费用太高，产量效益相对低下，这在能源短缺的我国，无法大面积发展，节能型日光温室便应运而生。1985年，辽宁省在海城地区采用塑料日光温室，冬季不加温生产黄瓜取得成功，并且已由第一代节能型日光温室发展到第二代节能型日光温室。20世纪80年代末90年代初又迅速发展遮阳网覆盖栽培，主要在南方。近年来，设施农业面积有了更快的发展，到2016年年底，全国主要省、自治区、直辖市设施农业总面积达到5561.77万亩[1]。

据统计，我国设施农业面积前几位的省份是山东、河北、江苏、辽宁、河南和陕西(表1-3)。而高效节能日光温室面积前几位的省份为山东、河北、辽宁。

各种设施的效益与其设施状况、所处地理位置，该地区市场发育水平、种植作物种类以及栽培者技术水平和生产中投入，都有很大的相关性。

2. 我国设施农业发展的趋势

(1) 新设施、新技术逐渐普及

目前我国设施农业的发展呈现以下趋势：

① 温室大棚等设施大型化发展。大型化的温室大棚，空间大、适宜于机械化操作，土地利用率高，节省材料，降低成本，提高采光率和提高栽培效益。例如由西北农林科技大学研究并推广建造的大跨度非对称大棚具备了以上特点。当前日光温室占地面积大，自动化、

[1] 1亩=666.7平方米。

表 1-3　2016 年全国主要省、自治区、直辖市设施农业总面积

省、自治区、直辖市	面积/万亩	省、自治区、直辖市	面积/万亩
山东省	828.7	辽宁省	542.80
河南省	316.00	陕西省	300.40
广东省	20.72	黑龙江省	114.40
四川省	167.80	甘肃省	189.05
江苏省	591.60	内蒙古自治区	113.91
广西壮族自治区	8.32	山西省	153.50
河北省	621.55	吉林省	112.00
湖南省	196.76	海南省	12.08
湖北省	171.00	新疆维吾尔自治区	73.00
安徽省	292.20	上海市	15.95
浙江省	116.43	天津市	31.97
福建省	67.73	北京市	38.40
江西省	72.55	宁夏回族自治区	54.13
云南省	171.90	青海省	10.70
贵州省	21.90	西藏自治区	8.32
重庆市	126.00	合计	5561.77

机械化管理水平低，施工周期长，建设标准化程度低，随着劳动力成本的迅速上涨和土地资源的不断减少，发展大跨度大棚可能成为未来部分替代当前日光温室的有效途径。

② 机械化、自动化。设施内部环境因素（如温度、湿度、光照度、CO_2 浓度等）的调控技术应用，由过去单因子控制向利用环境计算机多因子动态控制系统发展。以典型大宗叶菜和茄果类蔬菜为对象，将蔬菜生产农艺和农机融合，形成蔬菜生产全过程机械化技术体系。

③ 发展无土栽培。无土栽培具有节水、节能、省工、省肥、减轻土壤污染、防止连作障碍、减轻土壤传播病虫害等多方面优点。

④ 覆盖材料多样化。除玻璃纤维增强塑料板（FRP）、聚乙烯（PE）薄膜、聚氯乙烯薄膜（PVC）等常用材料外，现已开发了多种覆盖材料。例如聚碳酸酯塑料板（多制成波浪板）透光好、耐冲击强度好，使用寿命长；双层或多层聚碳酸中空板（PC 板）重量轻、保温好，价格比较便宜；还研制了新技术遮阳膜，具有不同的遮光率和保温性能，可供用户根据需要选用。

⑤ 发展温室生物防治。减少农药用量，发展超低量喷雾设备，开发生物防治技术。

⑥ 温室内部广泛使用喷灌或滴灌等节水灌溉系统。

（2）设施农业产业园建设不断推进，品牌意识进一步强化

由于我国农业现有科技体制和农民分散经营两方面的制约，设施农业科技成果转化为现实生产力仍存在不少障碍，设施农业产业园为农业技术和农业种植者的结合创造了条件。设施农业产业的不断发展，对科技的需求日益迫切。因此，应通过积极引进、推广和示范先进的设施生产方式和栽培技术，完善设施农业生产基地建设，形成一定规模和特色的设施农业产业园，起到带动辐射作用。

随着市场化程度日益提高，农业市场化进程也在加快，创建品牌是农产品参与市场竞争的必然趋势，围绕设施农业产业主打产品，实行标准化生产、规模化经营，严格按照设施栽培技术标准和规程，进行采收、分级、加工、包装、上市，以优质的产品和服务，创建更多特色品牌。作为以现代高新技术为核心的农业科技园区，在成果转化、技术示范推广、产业升级等方面扮演了越来越重要的角色，已成为设施农业的重要组成部分。

(3) 设施农业功能不断拓展，成为都市农业发展的重要载体和支撑力量

设施农业产业在现代科学技术的推动下，在发挥其生产这一主要功能的前提下，不断拓展功能，其中，设施园艺功能向都市农业方向拓展的趋势越来越明显。进入21世纪，我国城市工业化、农村城镇化速度加快，为了解决都市农业资源的先天不足及人口和环境带来的巨大压力，满足城市发展需求，我国东部沿海发达地区率先在城郊发展生态农业等都市型观光农业，有效缓解经济快速增长与环境资源保护的矛盾。经过短短十余年的发展，我国都市型生态农业已初具规模，基本具备了农产品供应、社会服务、生态保护、休闲观光、文化传承等多种功能。设施园艺是都市农业的主要载体和技术支撑，都市农业的建设发展需要温室、大棚等设施和现代农业栽培技术作为依托，设施园艺作物的创意性栽培又为都市农业增添观赏性和经济效益。近年来，我国在都市型设施园艺关键技术方面进行了积极的探索，在设施园艺作物墙式栽培（立体栽培）、空中栽培、蔬菜树栽培、植物工厂化栽培、栽培模式与景观设计等关键技术和配套设备研究方面取得了一些重要进展，满足了人们对都市农业园艺产品新奇特和观光休闲的要求。

(4) 设施农业生产推广服务体系逐步完善，组织化程度更高

近年来，随着我国不断加大对设施农业科技资金投入的力度，一些制约设施农业生产的关键技术和共性技术得到突破，然而基层农技推广服务体系还存在许多突出问题，使得一些好的技术停留在科研者手中，未能进入种植、养殖户手中。未来一段时期，应重点深入基层推广服务体系的改革与建设，提升基层农业技术推广。

3. 我国设施农业面临的问题及对策

① 数量较大，质量较差　虽然我国主要省、自治区、直辖市早在2016年设施农业总面积已达五千多万亩，但90%以上的设施仍以简易型为主，有些仅具简单的防雨保温功能，抗御自然灾害能力差，根本谈不上对设施内温、光、水、肥、气等环境因子的调控，一旦受到恶劣气候的影响，蔬菜产量和品质即受严重冲击；设施内作业空间小，立柱多，不便于机械操作，只能靠手工作业，更谈不上自动化管理；保温、采光性能差，强度弱，难以抵御雨雪冲击，年年冲垮年年维修。对于农户而言，一家一户还能随时补修，只不过增加维修费。但是对于农业企业来说，大规模专业化生产，年年维修的成本太过高昂。所以要想实现设施农业产业化就必须从设施水平和管理水平上提高。具体来说，改造普通型温室，逐步升为提高型温室。要改土墙为砖墙，改竹木水泥为钢架骨架，改草帘为保温被覆盖，改手工操作为小型农机操作，改单纯温室骨架为内部装备调节环境功能的设备，逐步向现代化、自动化方向发展。

② 设施种类较多，内部功能较差　从我国设施农业来看，虽然有温室（总称）、大棚、中小棚、遮阳棚、阳畦等种类齐全的设施，但内部控制环境的设备较少。比如调节室内温度高低仍靠人工打开窗户、人工拉开薄膜进行自然通风散热；灌溉仍然照露地那样大水漫灌，而不是喷滴灌；施肥仍是盲目追化肥，而不是定量定时施用。温室的栽培方式落后，科技含量低，缺少科学系统的育种体系，而且没有得到足够的重视，大多数高产优良品种还依赖于进口，作物的产量比较低。因此，必须逐步改善，才能提高设施水平。

③ 机械化程度低，劳动强度大　我国设施栽培的作业机具和配套设备尚不完善，生产仍以人力为主，劳动强度大，劳动生产率低。

④ 生产技术不规范，单位面积的产量较低　与发达国家相比较，我国设施栽培作物单位面积的产量相对较低，其原因之一是生产管理技术不规范，没有标准化生产技术，管理粗放。因此，必须研究推广简易无土栽培技术、设施标准化栽培技术，增施有机肥和 CO_2 气肥，变温管理和综合防治病虫害，才能稳产高效。

⑤ 设施养殖业主要表现为：

a. 畜舍环控能力差，受季节和气候条件影响明显　中国工厂化畜禽舍普遍缺乏四季适宜的环境调控技术，抗极端冷热气候能力差，使蛋鸡全周期死亡率高于发达国家 20～25 个百分点，年产蛋量每只低 3～4kg；猪年出栏率低于发达国家 50～60 个百分点。

b. 机械化、自动化程度低　中国工厂化畜禽舍日常管理还主要以人力为主，喂料、清粪、检蛋以及通风、补光、加热、降温等设备的开关控制还主要由手工来操作，机械化、自动化程度低，人均管理畜禽数远远低于发达国家的水平。

c. 畜禽粪便的污染，已经成为制约工厂化养殖业的关键因素　目前绝大多数畜禽场自净能力很差，粪污处理功能不健全、不完善，甚至不经处理即行排放，造成对周围环境的污染，已经对我国畜产品的出口造成了较大影响。

第三节　设施农业发展展望

一、需要研究的主要问题

设施农业发展到今天，已经从结构、管理技术方面初步形成了一定的规格化，也在农业生产中占有重要地位，但从长远看，还有以下几方面的技术开发需要进一步探讨、研究。

① 适宜于不同地区、不同生态类型的新型系列温室及相关设施的研究开发，提高我国自主创新能力和设施环境的自动化控制技术水平。

② 设施配套技术与装备的研究开发，包括温室用新材料、小型农机具和温室传动机构、自动控制系统等关键配套产品，提高机械化作业水平和劳动生产率。

③ 温室资源高效利用技术研究开发，如节水节肥技术、增温降温节能技术、补光技术、隔热保温技术等，降低消耗，提高资源利用率。

④ 作物与环境互作规律与温室环境智能控制技术研究。解析设施作物动态生长需求的环境控制逻辑；建立基于作物最优生长和调控成本结合的环境控制决策；开发多环境因子耦合算法的温室卷帘、通风、降温等控制系统；实现基于物联网的温室环境智能控制模式；深入推进精确传感技术、智能控制技术在温室环境监测与调控中的应用。

⑤ 设施栽培高产优质栽培技术研究，特别是依据节能日光温室环境特点的水分管理技术研究。

⑥ 实用无土栽培技术研究。开发生态型复合无土栽培基质，研究无土栽培作物根区环境的调控技术、营养液的消毒技术和配套设施设备、无土栽培模式、无土栽培肥料。

⑦ 自主知识产权的品种选育研究，改变我国设施园艺主栽品种长期依赖国外进口的局面。

⑧ 设施农业生产安全技术研究，如绿色产品生产技术、环境控制与污染治理技术、土

壤和水资源保护技术等。

二、我国设施农业的发展前景展望

在国民经济发展的总趋势下，人民生活要实现从温饱向小康和富裕型过渡，人们对肉蛋奶、水产品以及蔬菜、水果等农产品的需求会越来越大，而人均土地资源将会逐渐减少。因此，以高产、优质、高效为目标的设施农业将会得到更大的发展。具体表现：

① 城郊型设施农业将会在规模和技术水平上得到快速推进。随着城市化进程的加快，城市人口的增加，要满足更多的城市人口对农产品的需求，利用有限的土地创造出更多的农产品，必然要求设施农业在规模和技术上得到更加快速的发展，设施农业在技术和资金方面将会得到进一步扶持，使其向规模化、专业化和产业化方向发展。

② 设施农业的结构将进一步趋于合理，设施内配套技术、操作机械、环境调控设施将进一步完善，并实现可持续发展，在引进、消化、吸收发达国家温室生产技术的基础上，开发出具有集热、蓄热和保温、调温能力的大型智能化连栋温室；开发出透光保温合一型材料、遮光保温合一型材料、光调节薄膜和生物可降解薄膜等新型复合材料；研究温室微环境内的生态循环过程，减少化肥和农药的投入，控制最佳灌溉，实现设施农业的可持续生产。

③ 一大批高产、优质、抗劣性强、适宜于设施农业生产的作物品种将会得到进一步开发和应用。在设施条件下将实现基因工程育苗和组培育苗实用化，开发出具有抗逆性强、抗病虫害、耐贮和高产的温室作物新品种，全面提高温室作物的产量和品质。对引进的优良动物品种进行驯化和选育，在规模化饲养条件下充分发挥其高产的遗传潜力。

④ 设施农业的区域辐射面积将进一步扩大。我国的设施农业区域将从目前的华北、东北和沿海地区向西北地区和一些欠发达地区辐射，由于这些地区的自然资源对发展设施农业十分有利，只要得到资金、技术等方面的支持，将会有一个高速发展和快速增长的势头。因此，设施农业将对我国的扶贫工作和西部大开发战略的实施具有重大意义。

本章思考与拓展

本章主要概述了设施农业的基本概念、作用与意义等内容。习近平总书记提出“树立大食物观”，在保护好生态环境的前提下，从耕地资源向整个国土资源拓展，向设施农业要食物。2022 年中央一号文件明确提出“加快发展设施农业”。因地制宜发展设施农业，能够推动食物供给由单一生产向多元供给转变，更好满足群众日益升级的农产品消费需求。在保护生态环境的基础上，充分利用空闲地和废弃地发展设施农业，能大大提高土地产出率，有力地保障粮食安全与菜篮子安全，促进农业高质量发展。发展设施农业是推动乡村产业振兴的重要抓手，是促进三产融合新业态发展的重要手段，是提高农产品附加值的主要途径之一。

2

第二章

工厂化农业设施设计与建造

工厂化农业概念是1994年原国家科委（1998年改名为科学技术部）启动工厂化高效农业重大科技产业工程立项工作时首次提出，在此之前，农业专家通常把用人工设施控制环境因素使植物获得最适宜的生长条件，从而延长生产季节，获得最佳产出的农业生产方式称为设施农业，园艺专家称之为设施园艺。由于现阶段的设施农业以温室为主要类型，美国等国家提出了“温室农业”概念。随着工厂化高效农业项目的实施，工厂化农业概念（含义）在我国已被广泛接受，但目前学术界和经济界还没有一个统一的权威的定义。

第一节　设施的主要类型与性能

一、温室概述

以透明或半透明覆盖材料作为全部或部分围护结构材料，可供冬季或其它不适宜露地植物生长的季节栽培植物，空间大小能满足人工行走或操作需要的建筑统称为温室。目前，利用环境调控技术可以对温室内的各种环境因子，包括温度、光照、湿度、CO_2、营养液等进行自动控制和调节，根据生产作物的生长习性和市场的需要，部分甚至完全摆脱自然环境的约束，人为创造适宜作物生长的最佳环境，生产出高产量、高品质的产品，以满足不同消费群体的需要。

二、温室结构形式和分类

温室由于其在使用功能、建筑造型与平面布局、覆盖材料等方面的不同，有各种各样的结构形式和命名方式，同一个温室从不同的角度、按不同的方法也可分为不同的类型。

① 按使用功能分类　根据温室的最终使用功能，温室可分为生产性温室、试验（教育）性温室和允许公众进入的商业性温室。蔬菜栽培温室、花卉栽培温室、果树栽培温室、养殖温室等均属于生产性温室；人工气候室、温室实验室等属于试验（教育）性温室；各种观赏温室、零售温室、商品批发温室等则属于商业性温室。

② 按建筑造型和布局分类　沿温室跨度方向，温室具有不同的立面造型，据此可将温

室划分为单坡面温室、双坡面温室。单坡面温室又可根据前坡与后坡的投影长度比例划分为1/2式、2/3式、3/4式、全坡式等几种。按屋面形状，温室有圆拱形、折线形、锯齿形、尖顶形和平顶形等多种形式。根据温室平面的不同布局和组合形式，温室又可分为单栋温室和连栋温室。单栋温室就是以一个标准单元作为一个独立的子项进行建设，而连栋温室则是将多个“单栋”温室通过天沟连接起来，单坡面温室也属于单栋温室中的一种。

③ 按温室主体结构材料分类　由于温室发展历史较长，温室主体结构材料也多种多样，大体上可分为两大类，即金属结构温室和非金属结构温室。例如钢结构温室、铝合金结构温室等均属于金属结构温室；木结构温室、竹结构温室、混凝土结构温室、玻璃钢结构温室等均属于非金属结构温室。

④ 按覆盖材料种类分类　根据覆盖材料的不同，温室可分为两大类，一类为薄膜温室，另一种为硬质覆盖材料温室。薄膜温室，包括各种单层、双层覆盖的塑料温室，如单栋或连栋塑料温室、日光温室等；硬质覆盖材料温室包括玻璃温室、PC板（单层板、双层板、波浪板等）等。

⑤ 按加温方式和覆盖材料热阻进行分类　按加温方式和覆盖材料热阻的不同，温室可划分为连续加温温室、间歇加温温室和不加温温室三类。连续加温温室定义为：配备采暖设施，冬季室内温度始终保持在10℃以上的温室。

⑥ 按利用光的种类进行分类　根据利用光的种类不同，可分为全人工光利用型温室（植物工厂）、太阳光利用型温室和人工光、太阳光并用型温室。

⑦ 按温室建造的经济性及综合功能分类

a. 塑料大棚是指以塑料薄膜为覆盖材料的简易单栋拱圆形保护地设施，跨度在6m以上，脊高2.4m以上，长度在30m以上，用塑料薄膜覆盖的棚室。这类大棚起初多用竹木搭建骨架，20世纪90年代以后，骨架逐渐被钢筋焊合桁架和装配式骨架所取代。近年来，为了提高塑料大棚在冬季的保温性能，在塑料大棚采光屋面的外侧或内侧安装保温被或保温幕以阻止夜间热量流失，这类温室大棚跨度通常在17m以上，可用于越冬茬草莓生产。塑料大棚以其构建简单、组装方便、单位面积成本低等优点，已成为目前适合我国国情且能够广泛应用的种植设施。

b. 日光温室的定义：南（前）面为采（透）光屋面，东、西、北（后）三面为保温围护墙并有保温后屋面的单坡面型塑料薄膜温室，在冬季不采暖或较少采暖而又可进行越冬植物生产的温室，称为日光温室。在寒冷地区，尽可能多地吸收太阳辐射，有效地蓄热、隔热、保温，从而最大限度地利用太阳能、减少辅助加温消耗的温室，通常被称作节能日光温室。

c. 实质意义上的现代温室，指的是骨架有采用经热镀锌防锈处理的型钢构件组成，具备相应的抗风雪等荷载的能力；采用玻璃、塑料薄膜、硬质塑料、PC板等透光材料覆盖及其相应的卡槽、卡簧、铝合金型材等紧固、镶嵌构件，具有透光和保温的性能要求；配备有遮阳、降温、加温、通风换气等配套设备和栽培床、灌溉施肥、照明补光等栽培设施；还有环境调控的控制设备等，形成完整成套的技术和设施设备。

三、常用温室（大棚）简介

1. 大棚的类型与结构

大棚是由一定数量拱形骨架连接，借以支撑和固定塑料薄膜而形成的具有一定高度的保护设施。塑料大棚是指以塑料薄膜作为透光覆盖材料的单栋拱棚，一般跨度在6.0～

12.0m，脊高 2.4～3.5m，长度在 30～100m 以上，大棚一般无加温设施。

大棚按照栋数多少可分为单栋和连栋。

按照大棚屋顶的形状，可分为拱圆形、屋脊形、圆形，目前我国生产中常用的大棚绝大多数为拱圆形。

按照建筑材料可分为竹木结构、钢筋水泥结构、全钢结构和装配式钢管结构。

按照骨架材料则可分为竹木结构、钢架混凝土柱结构、钢架结构、钢竹混合结构等。

按照连接方式又可分为单栋大棚（单栋温室）、多连栋大棚（多连栋温室）（图 2-1～图 2-3）。

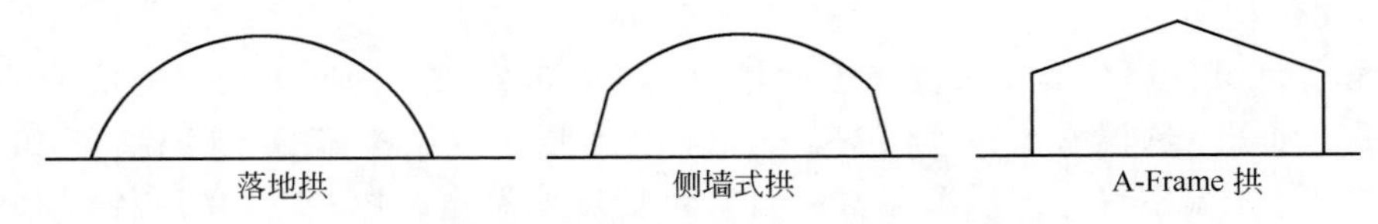

图 2-1　单栋塑料薄膜大棚（温室）的类型

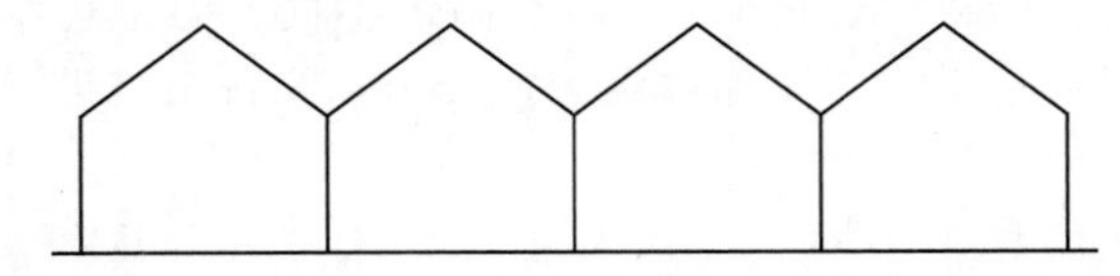

图 2-2　A-Frame 形连栋塑料薄膜大棚（温室）

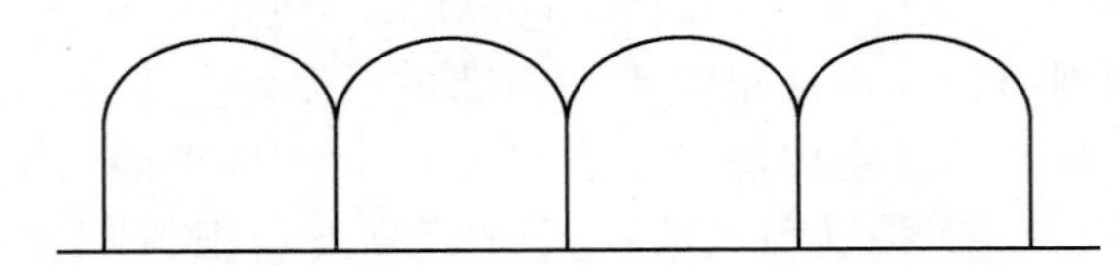

图 2-3　拱圆形连栋塑料薄膜大棚（温室）

塑料薄膜大棚的骨架是由立柱、拱杆（拱架）、拉杆（纵梁、横梁）、压杆（或压膜线）等部件组成，俗称"三杆一柱"。这是塑料薄膜大棚最基本的骨架构成，其它形式都是在此基础上演化而来。大棚骨架使用的材料比较简单，容易造型和建造，但大棚结构是由各部分构成的一个整体，因此选料要适当，施工要严格。

① 中拱棚　中拱棚的面积和空间比小拱棚大，人可在棚内直立操作，是小棚和大棚的中间类型，常用的中拱棚主要为拱圆形结构。

② 竹木结构大棚　这种大棚的跨度为 8～12m、高 2.4～2.6m、长 40～60m，每栋生产面积 333～666.7m^2。由立柱（竹、木）、拱杆、拉杆、吊柱（悬柱）、棚膜、压杆（或压膜线）和地锚等构成。

③ 水泥柱钢筋梁竹拱杆大棚　这种结构宽 10～12m、棚高 3.2m 以上、长 40m 以上。立柱全部用含钢筋水泥预制柱。柱体断面为 10cm×8cm，顶端承担拱杆，每排横向立柱有 4～6 根，南北向每 3m 一排立柱。

拉杆为钢筋或钢管，纵向连接立柱，支撑拱杆。一般可做成单片花梁，上部用 8mm 圆钢，中下部用 6mm 圆钢焊成三角形三梁桁架。

拱杆用直径 4～6cm 竹子制。其它同竹木结构大棚，其结构见图 2-4。

④ 钢架大棚　这种大棚的骨架是用钢筋或钢管焊接而成，其特点是坚固耐用，中间无柱或只有少量支柱，空间大，便于作物生育和人工作业，但一次性投资较大。

这种大棚因骨架结构不同可分为：单梁拱架、双梁平面拱架、三角形（由三根钢筋组成）拱架。通常大棚宽 10～12m、高 2.5～3.0m、长 50～60m，单栋面积多为 666.7m^2，两侧距棚边 1m 处的垂直高度约 1.5m。

钢架大棚的拱架多用 ϕ12～16mm 圆钢或直径相当的金属管材为材料；双梁平面拱架由上弦、下弦及中间的腹杆连成桁架结构，两弦间的腹杆用直径 6mm 的圆钢制成，桁架间距为 1.2～1.4m，各个桁架也是纵向拉梁连接为一整体。三角形拱架则由三根钢筋及腹杆连

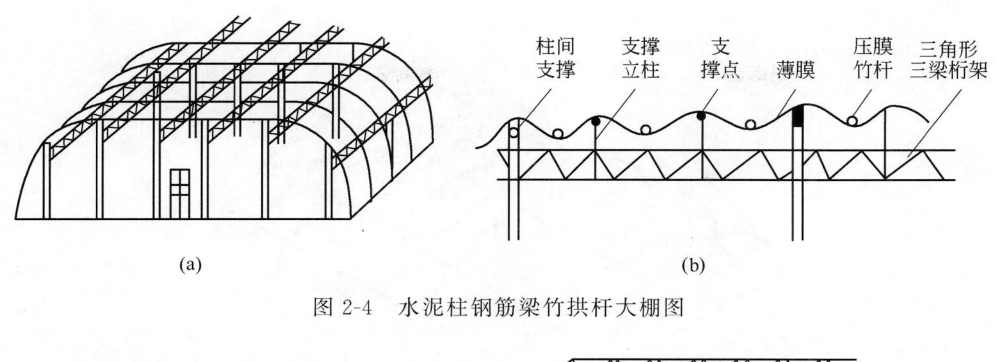

图 2-4　水泥柱钢筋梁竹拱杆大棚图

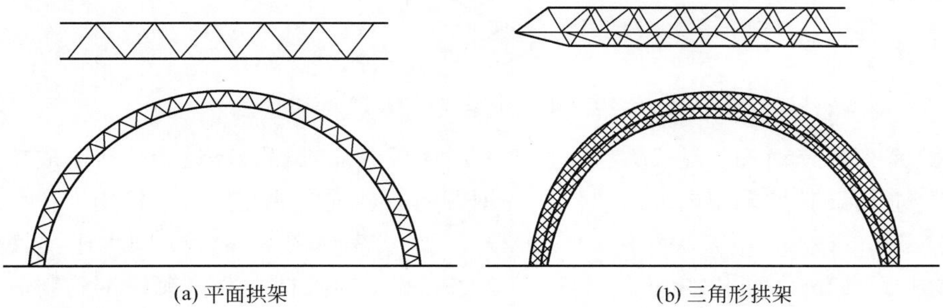

(a) 平面拱架　　(b) 三角形拱架

图 2-5　钢架单栋大棚的桁架结构

成桁架结构（图 2-5）。这类大棚强度大，钢性好，耐用年限可长达 10 年以上，但用钢材较多，成本较高。钢架大棚需注意维修、保养，每隔 2～3 年应涂防锈漆，防止锈蚀。

平面拱架大棚是用钢筋焊成的拱形桁架，棚内无立柱，跨度一般在 10～12m，棚的脊高为 2.5～3.0m，每隔 1.0～1.2m 设一拱形桁架，桁架上弦用 ϕ14～16mm 钢筋、下弦用 ϕ12～14mm 钢筋、其间用 ϕ10mm 或 ϕ8mm 钢筋作腹杆（拉花）连接。上弦与下弦之间的距离在最高点的脊部为 25～30cm，两个拱脚处之间的距离逐渐缩小为 15cm 左右，桁架底脚最好焊接一块带孔钢板，以便与基础上的预埋螺栓相互连接。拱架横向每隔 2m 用一根纵向拉杆相连，拉杆为 ϕ12～14mm 钢筋，拉杆与平面桁架下弦焊接，将拱架连为一体。在拉杆与桁架的连接处，应自上弦向下弦上的拉梁处焊一根小斜撑，以防桁架扭曲变形，其结构如图 2-6、图 2-7 所示，单栋钢骨架大棚扣塑料棚膜，固定方式与竹木结构大棚相同。大棚两端也有门，同时也应有天窗和侧窗通风。

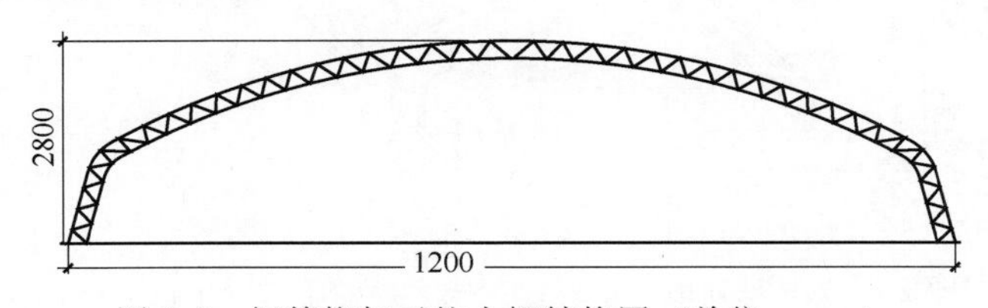

图 2-6　钢筋桁架无柱大棚结构图（单位：mm）

⑤ 装配式管架大棚

a. 镀锌钢管装配式大棚　自 20 世纪 80 年代以来，我国一些单位研制出了定型设计的装配式管架大棚，这类大棚多是采用热浸镀锌的薄壁钢管为骨架建造而成。尽管目前造价较高，但由于它具有重量轻、强度好、耐锈蚀、易于安装拆卸、中间无柱、采光好、作业方便等特点，同时其结构规范标准，可大批量工厂化生产，所以在经济条件允许的地区，可大面积推广应用。大棚的全部骨架是由工厂按定型设计生产出标准配件，运至现场安装而成。

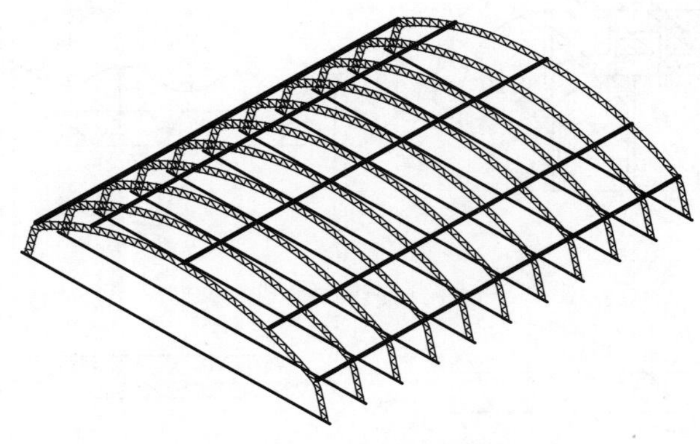

图 2-7　钢筋桁架无柱大棚示意图

b. GP 系列镀锌钢管装配式大棚　该系列由中国农业工程研究设计院研制成功，并在全国各地推广应用。骨架采用内外壁热浸镀锌钢管制造，抗腐蚀能力强，使用寿命 10～15 年，抗风荷载 31～35kg/m^2，抗雪荷载 20～24kg/m^2。代表性的 GP-Y8-1 型大棚，其跨度 8m，高度 3m，长度 42m，面积 336m^2，拱间距 1.25m；横向拉杆由薄壁镀锌钢管制成，纵向拉杆也采用薄壁镀锌钢管，用卡具与拱架连接；薄膜卡槽及蛇形钢丝弹簧固定，还可外加压膜线，作辅助固定薄膜之用；该棚两侧有手摇式卷膜器，取代人工扒缝放风（图 2-8）。

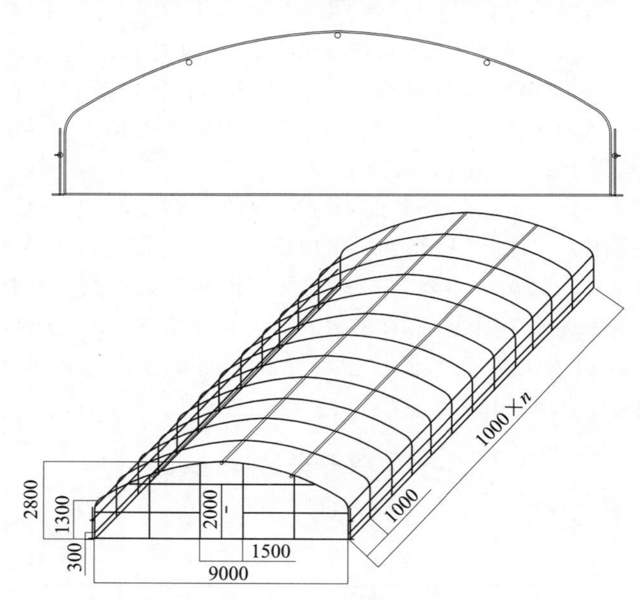

图 2-8　GP 系列镀锌钢管装配式大棚的结构（单位：mm）

n—桁架数量

目前国内主要生产跨度 6m、8m、10m，长 30～60m，高度 2～3m 等规格的拱圆形装配式管架大棚。棚体南北延长，无立柱拱杆，由直径 25～32mm 镀锌钢管在顶部用套管对接而成；立杆由直径 25mm 镀锌管用拉杆插销连接，用十字管将拱杆固定其上；全棚用 6 条纵向拉杆连接成整体。大棚两端有 6 根直径 25mm 钢管立柱，并用横向拉杆构成棚头和门。薄膜覆盖在棚上，用固膜槽固定。其结构见图 2-9。也就是我们传统意义上的“冷棚”，单

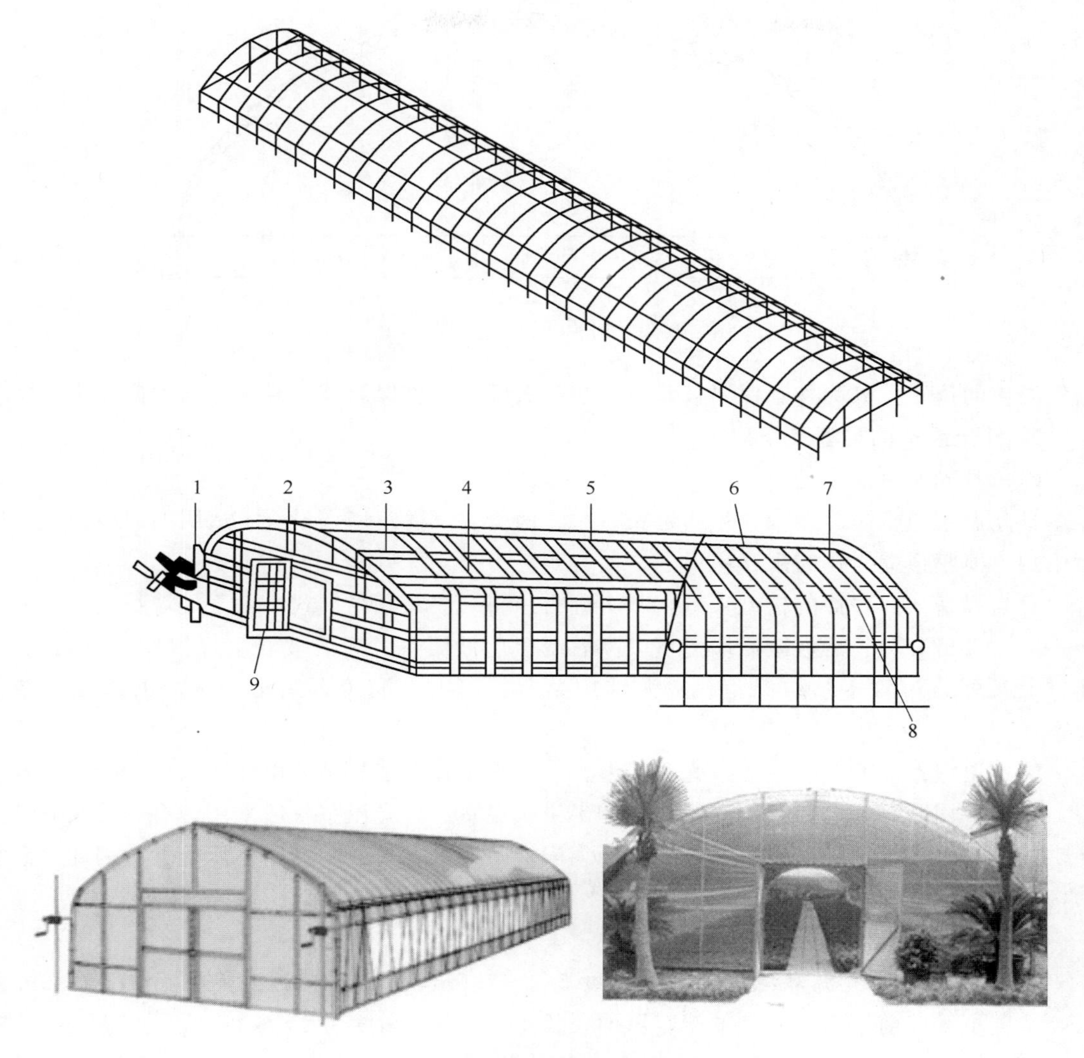

图 2-9　装配式管架大棚结构示意图

1—装膜机；2—立柱；3—纵向拉梁；4—拱杆；5—卡膜槽；6—薄膜；
7—压缩线；8—铁丝（一般用 8 号铁丝）；9—门

栋设计，结构简单，造价低廉。一般冬季不加热，适合于“春提早、秋延迟”的错季种植方式，所以也称为春秋棚。覆盖多采用单层薄膜。

⑥ 非对称塑料大棚　近年来，设施园艺朝着大跨度、机械化、智能化方向发展，研究人员提出了一种非对称塑料大棚，这种塑料大棚骨架采用钢管装配式结构和钢筋焊接桁架结构，跨度在 17m 以上，塑料大棚整体呈东西走向，与普通塑料大棚的区别在于其南侧采光屋面跨度大于北侧采光屋面跨度，中间采用立柱支撑（图 2-10），其中立柱高度达 5m 以上，南侧采光屋面跨度在 10m 以上，北侧采光屋面跨度在 6m 以上，长度 30～100m。这种非对称塑料大棚外侧或内侧覆盖保温被以阻止热量流失，同时北侧改用采光屋面替代日光温室后屋面与后墙，提高了土地利用率。采光屋面采用塑料薄膜覆盖，东西侧面采用 PC 板、聚苯板或砖作为围护结构材料。根据采光屋面层数可分为单层、双层、三层非对称塑料大棚；根

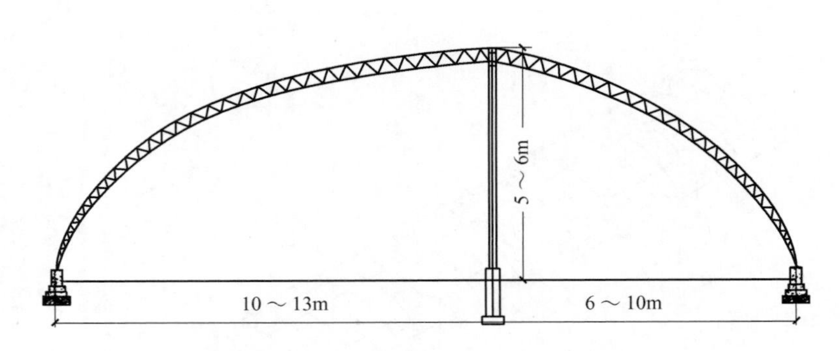

图 2-10　非对称塑料大棚结构示意图

据保温被的位置，分为外置保温被非对称塑料大棚、内置保温被非对称塑料大棚。

2. 日光温室的类型及结构

（1）日光温室的类型

日光温室通常坐北朝南，东西延长，东、西、北三面筑墙，设有不透明的后屋面，前屋面用塑料薄膜覆盖，作为采光屋面。

日光温室从前屋面的构型来看，基本分为一斜一立式和半拱式。由于后坡长短、后墙高矮不同，又可分为长后坡矮后墙温室、高后墙短后坡温室、无后坡温室（俗称半拉瓢）。从建材上又可分为竹木结构温室、水泥结构温室、钢铁水泥砖石结构温室、钢竹混合结构温室。

决定温室性能的关键在于采光和保温，至于采用什么建材主要由经济条件和生产效益决定，比较常用的温室有一斜一立式温室和半拱式温室。日光温室一般采用带有后墙及后坡的半拱式日光温室，这种温室既能充分利用太阳能，又具有较强的棚膜抗压能力。因此，温室结构设计及建造以半拱式为好。

（2）不同日光温室结构

① 竹木结构日光温室　这种温室跨度 5.0～5.5m，中柱高 2m 左右，后墙高 1.6m 左右，长度不等。前坡为一面坡的塑料屋面，长 4m 左右，角度为 25°～30°；后坡宽 2m 左右，每间隔 3.0～3.3m 设一中柱或柁，温室前后挖防寒沟；后墙厚 0.6m 左右。骨架主要是竹木结构。

② 钢筋-钢筋混凝土结构日光温室　钢筋-钢筋混凝土结构日光温室前屋面结构为桁架结构，在结构计算上以平面桁架为其计算模型；钢筋混凝土梁的部分以混凝土相关构件的计算为依据，一般简化为受压柱或者是压弯构件来进行结构计算。

③ 钢结构圆拱日光温室　钢管装配式结构日光温室、钢筋焊接桁架结构日光温室、钢管装配式连跨日光温室结构计算模型都按照平面桁架结构来进行计算（图 2-11、图 2-12）。单管结构日光温室可以按照三铰拱结构来进行结构

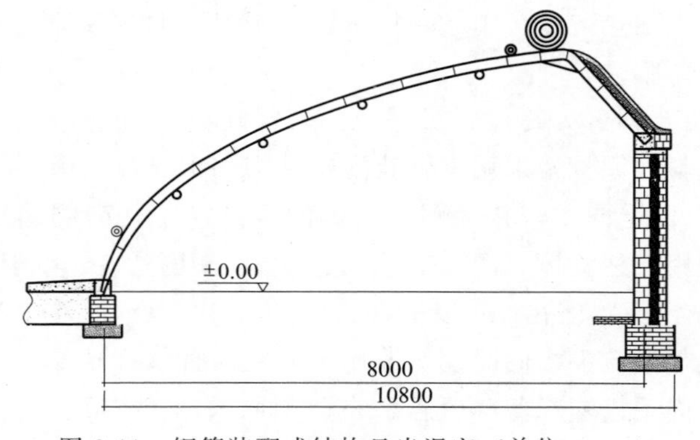

图 2-11　钢管装配式结构日光温室（单位：mm）

计算（图 2-13）。

④ 玻璃日光温室　这种温室由屋架、梁、柱子、基础等构件组成，覆盖材料为玻璃，按结构还可分为单屋面、双屋面和 3/4 式玻璃温室。

3. 现代大型连栋温室的类型及结构

（1）现代大型连栋温室基本性能

为了加大温室的规模，适应大面积、甚至工厂化生产植物产品的需要，将两个以上的单栋温室在屋檐处连接起来，去掉相连接处的侧墙，加上檐沟（或称天沟），就构成了连栋温室，又称为连跨温室、连脊温室。

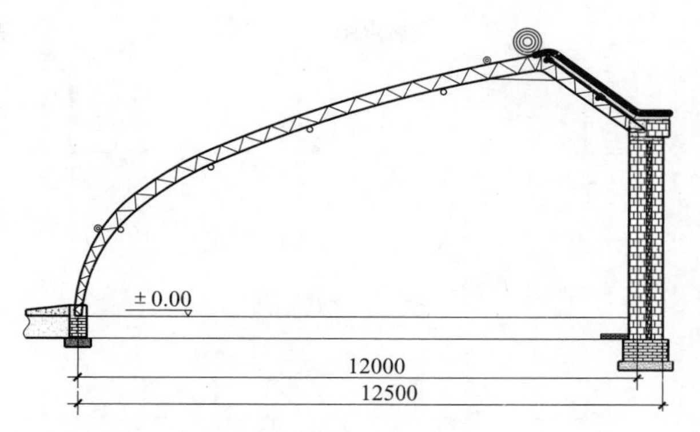

图 2-12　钢筋焊接桁架结构日光温室（单位：mm）

常见的连栋温室类型有 Venlo 型连栋温室、锯齿形连栋温室、圆拱形连栋温室、三角形大屋面连栋温室等。从覆盖材料上有连栋玻璃温室、双层充气温室、双层结构的塑料薄膜温室、PC 板（聚碳酸酯板）温室和 PET（对苯二甲酸与乙二醇的缩聚产物）薄膜温室等。其配套的设备有遮阳、通风降温、加温、保温、自动化控制系统，栽培床、活动苗床、喷（滴）灌和自走式喷灌、自走式采摘车、自动化穴盘育苗、水培设备等先进的设备。

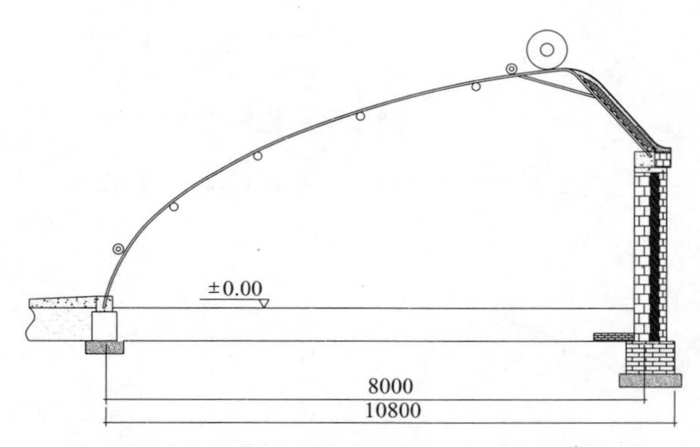

图 2-13　单管结构日光温室（单位：mm）

连栋温室一般都采用性能优良的结构材料和覆盖材料，其结构经优化设计，具有良好的透光性和结构可靠性。连栋温室一般都配备智能环境控制设备，例如为了达到良好的冬季保温节能性，连栋温室内部设置镀铝膜保温幕以及地中热交换系统贮存太阳能，用于夜间加温等技术与设施；设有自然通风与强制通风以及湿帘降温与遮阳幕系统，保证温室达到良好的通风条件，夏季有效降低室内气温，满足温室周年生产的需要。依靠温室计算机环境数据采集与自动控制系统，实时采集、显示和存储室内外环境参数，对室内环境实时自动控制。

（2）玻璃温室结构

玻璃温室的屋面形式基本为平坡屋面，一面坡温室屋面为多折式，连栋温室基本为“人”字形屋面。“人”字形屋面的结构形式包括门式钢架结构、桁架结构屋面梁结构、组合式屋面梁结构、Venlo 型结构等。

① 门式钢架结构　门式钢架结构的特点是屋面梁和立柱以及屋面梁在屋脊处的连接为固结形式，这种结构形式内部的弯矩较大，结构用材较多，单位面积用钢量在 12～14kg/m^2，甚至更高。为了减少构件内部的弯矩，常在门式钢架屋面结构上增加拉杆，这样可使结构内部的应力分配更加均匀，有利于全面发挥结构的作用（图 2-14）。

② 桁架结构屋面梁结构　桁架结构屋面梁结构是沿用传统民用建筑的结构形式。采用这种结构，构件的截面尺寸可以大大减少，温室的跨度可以扩大到 10m 以上，最大跨度结构的温室可以达到 21～24m，大大增大了温室的内部空间。一些展览温室、养殖温室等常

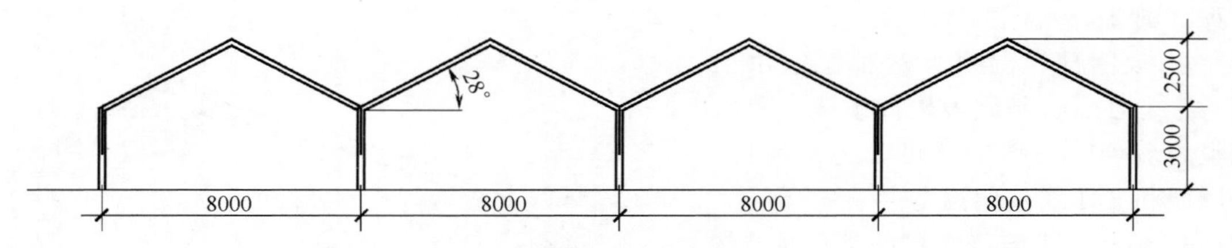

图 2-14　门式钢架结构温室示意图（单位：mm）

采用这种结构形式（图 2-15）。

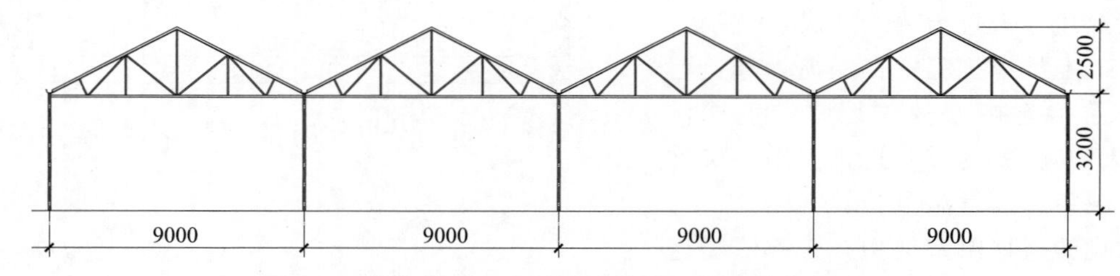

图 2-15　桁架结构屋面梁温室结构形式（单位：mm）

③ 组合式屋面梁结构　组合式屋面梁结构的屋面梁采用了桁架，拉杆和腹杆采用简单的钢管或型钢，使温室的承载力大大加强，温室同样可以做成大跨度形式（图 2-16）。

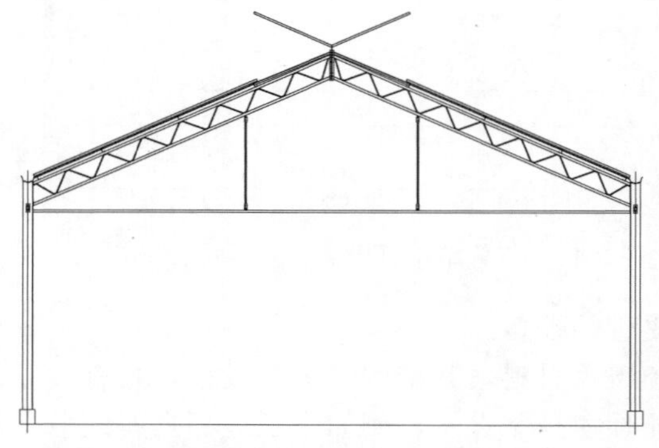
图 2-16　组合式屋面梁结构玻璃温室结构形式

④ Venlo 型结构　Venlo 型温室是我国引进的玻璃温室的主要形式（图 2-17），也是目前比较流行的一种结构形式，为荷兰研究开发而后流行于全世界的一种多屋脊连栋小屋面玻璃温室，温室单间跨度为 6.4m、8m、9.6m、12.8m，开间距 3m、4m 或 4.5m，檐高 3.5～5.0m，每跨由两个或三个（双屋面的）小屋面直接支撑在桁架上，小屋面跨度 3.3m，矢高 0.8m。近年有改良为 4.0m 跨度的，根据桁架的支撑能力，还可将两个以上的 3.2m 的小屋面组合成 6.4m、9.6m、

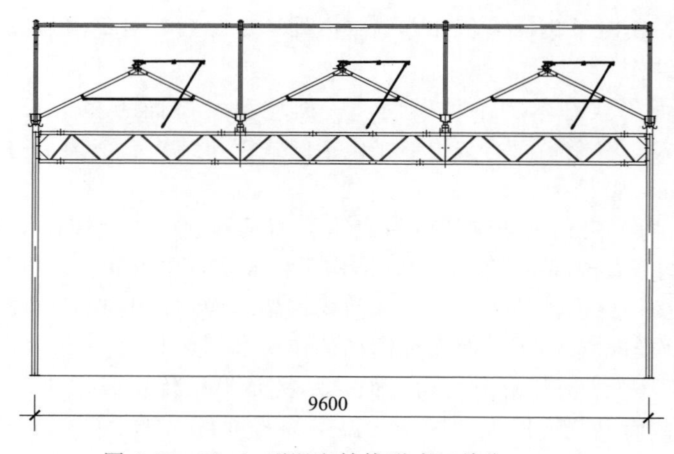

图 2-17　Venlo 型温室结构形式（单位：mm）

12.8m 的多脊连栋型大跨度温室。可大量免去早期每小跨排水槽下的立柱，减少构件遮光，并使温室用钢量从普通温室的 12～15kg/m^2 减少到 5kg/m^2，其覆盖材料采用 4mm 厚的园艺专用玻璃，透光率大于 92%，由于屋面玻璃安装从排水沟直通屋脊，中间不加檩条，减少了屋面承重构件的遮光，且排水沟在满足排水和结构承重条件下，最大限度地减少了排水沟的截面（沟宽从 0.22m 缩小到 0.17m），提高了透光性。开窗设置以屋脊为分界线，左右交错开窗，每窗长度 1.5m，一个开间（4m）设两扇窗，中间 1m 不设窗，屋面开窗面积与温室地面面积比（通风窗比）为 19∶100，若窗宽从传统的 0.8m 加大到 1.0m，可使通风窗比增加到 23.43∶100，但由于窗的开启度仅 0.34～0.45m，实际通风面积与温室地面面积之比（通风比）仅为（8.5∶100)～(10.5∶100)。

Venlo 型结构采用了水平桁架做主要承力构件，与立柱形成稳定结构。水平桁架与立柱之间为固接，立柱与基础之间的连接采用铰接。水平桁架上承担 2 个以上小屋面。传统的 Venlo 型结构每跨水平桁架上支撑 2～4 个 3.2m 跨的小屋面，形成标准的 6.4m、9.6m、12.8m 跨温室。这种结构的屋面承力材料全部选用铝合金材料，既充当屋面结构材料，又兼做玻璃镶嵌材料。结构计算中，屋面结构和下部钢结构分别计算。屋面铝合金材料按三铰拱结构单独计算，下部水平桁架和立柱组成的受力体系，按照钢结构的要求单独计算。

近年来，国内经过多年的实践工程，对引进的标准 Venlo 型温室结构进行了改进，改变了标准的 3.2m 单元跨度，将标准的单元跨度做成 3.6m 或 4.0m，这样在工程实践中就出现了 8.0m 和 10.8m 跨度的温室结构。相比原引进的标准 Venlo 型温室，屋面承载力构件改用了小截面的钢材，传统铝合金的双重作用就简化成了只起玻璃镶嵌的作用，铝合金的用量和铝合金的断面尺寸大大减小。在改良型的结构中，计算模型应将屋面构件和水平桁架以及立柱结构结合在一起形成整体计算模型进行内力分析和强度验算（图 2-18）。

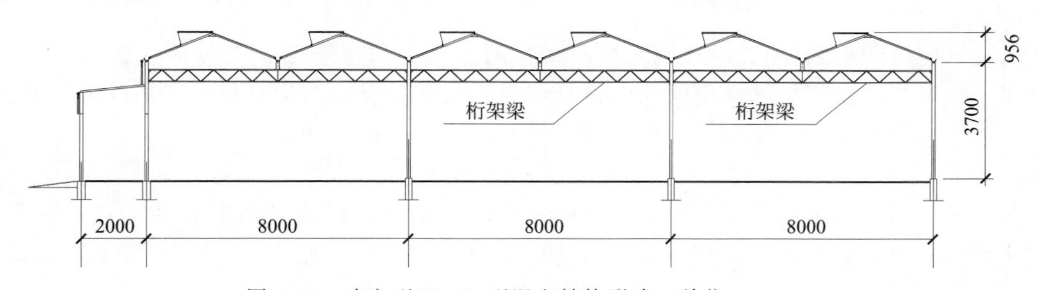

图 2-18　改良型 Venlo 型温室结构形式（单位：mm）

⑤ 屋顶全开启型温室（open-roof greenhouse）　该类型温室是由意大利的 Serre Italia公司研制成的一种全开放型玻璃温室，近年来在亚热带暖温带地区逐渐兴起。其特点是以天沟檐部为支点，可以从屋脊部打开天窗，开启度可达到垂直程度，即整个屋面的开启度可以从完全封闭直到全部开放状态，侧窗则用上下推拉方式开启，全开后达 1.5m 宽，全开时可使室内外温度保持一致。中午室内光强几乎与室外相同，也便于夏季接受雨水淋洗，防止土壤盐类积聚。可依室内温度、降水量和风速而通过电脑智能控制自动关闭窗，结构与 Venlo 型相似。

（3）塑料温室结构

圆拱结构是塑料温室最常用的建筑外形，但组成这种建筑外形的结构形式却有多种。最简单而且常用的结构形式为吊杆桁架结构，这种结构屋面梁采用单根或两根拼接的圆拱形单管，通常为圆管、方管或外卷边 C 型钢，拱杆底部有一根水平拉杆，一般为钢管，在拱杆与水平拉杆之间垂直连接 2 根或 3 根吊杆，拱杆矢高为 1.7～2.2m。这种温室结构简洁、受力明确、用材量少，在风荷载较小的地区应用较多。为了增强温室结构的承载能力，在大风或者多雪地区，温室的屋面结构常做成整体桁架结构，其中完全桁架结构也用于大跨度温室（图 2-19）。

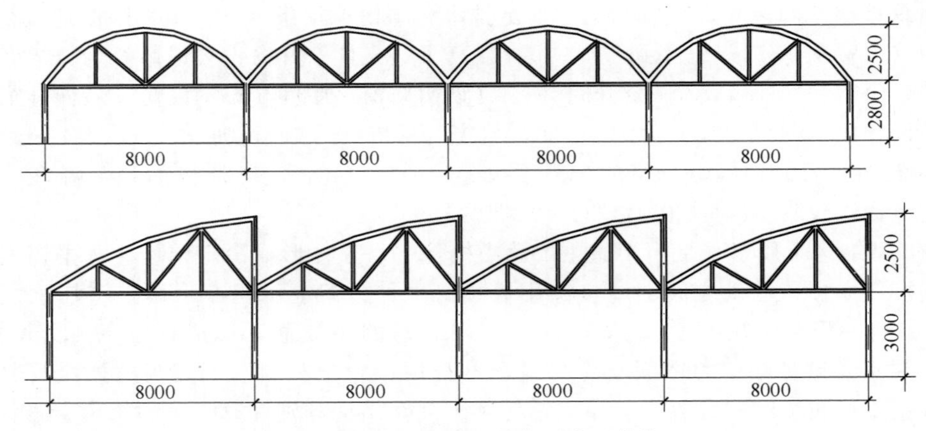

图 2-19　圆拱结构塑料温室结构形式（单位：mm）

第二节　温室设计原理

一、温室设计要求

1. 安全性

温室（包含塑料大棚）、结构及其所有构件的设计必须能安全承受包括恒载在内的可能的全部荷载组合，任何构件危险断面的设计应力不得超过温室结构材料的许用应力。温室结构及其构件必须有足够的刚度，以抵抗纵、横向的挠曲、振动和变形。

2. 耐久性

温室的金属结构零部件要采取必要的防腐及防锈措施，覆盖材料要有足够的使用寿命。温室使用寿命的长短直接影响到每年的折旧成本和生产效益，所以温室建设必须要考虑其耐久性。

设计温室主体结构的承载能力与出现最大风、雪荷载的再现年限直接相关。一般钢结构温室使用寿命在 15 年以上，要求设计风、雪荷载用 25 年一遇最大荷载；竹木结构简易温室使用寿命 5～10 年，设计风、雪荷载用 15 年一遇最大荷载。由于温室运行长期处于高温、高湿环境，构件的表面防腐就成了影响温室使用寿命的一个重要因素。对于钢结构温室，受力主体结构一般采用薄壁型钢，薄壁型钢自身抗腐蚀能力较差，在温室中使用时必须用热浸镀锌表面防腐处理，镀层厚度达到 150～200μm 以上，可保证 15 年的使用寿命。对于木结构或钢筋焊接桁架结构温室，必须保证每年做一次表面防腐处理。

3. 稳定性

温室结构及其构件必须具有足够的稳定性，在允许荷载作用下不得发生失稳现象。

4. 透光性要求

温室透光性能的好坏直接影响到室内种植作物光合产物的形成和室内温度的高低。透光率是评价温室透光性能的一项最基本的指标，它是指透进温室内的光照量与室外光照量的百分比。透光率越高，温室的光热性能越好。温室透光率受温室透光覆盖材料透光性能和温室骨架阴影率的限制，而且随着不同季节太阳辐射高度的不同，温室的透光率也在随时变化。夏季室外太阳辐射较强，即使温室的透光率很小，透进温室光照强度的绝对值仍然较高，要保证作物的正常生长，配备适当的遮阳设施或在采光屋面喷涂适量降温材料仍是很必要的。但到了冬季，由于室外太阳辐射较弱，太阳高度角很低，温室透光率的高低就成了作物生长和选择种植作物品种的直接影响因素。一般，玻璃温室的透光率在60%～70%，连栋塑料温室的通光率在50%～60%，日光温室的通光率可达到70%以上。

5. 保温性要求

温室的保温性能受保温比、围护结构材料热阻和温室缝隙大小的影响。提高温室的保温性能，降低能耗，是提高温室生产效益的最直接的手段。温室保温比指温室内土地面积与围护结构面积之比。单位土地面积的覆盖面积越大，散热越多；单位土地面积的覆盖面积越小，散热越少。即保温比越大，说明温室的保温性能越好。日光温室的后墙均采用加厚土墙或蓄热材料加保温材料制成，保温和蓄热能力不低于地面。日光温室后坡采用保温材料制成，保温能力不低于地面。因此日光温室后墙和后坡均可看作与地面具有相同的保温性能。从保温角度看，温室保温比越大且热阻越大、缝隙越小，保温性能越好。

6. 特殊要求

① 总体结构的完整性　温室必须具有足够的总体完整性。因外力作用局部损坏时，温室结构作为一个整体应能保持稳定，不致发生多米诺骨牌效应。

② 温室结构的经济性　温室结构设计，允许忽略某些出现频率很低的灾害性荷载。例如，非地震高发区的地震力、非台风高发区的台风荷载、大多数地区的龙卷风等，这样可使温室制造成本大幅度降低。

二、场地选择

选择温室的建设地点，主要考虑气候、地形、地质、土壤以及水、暖、电、交通运输等条件。

1. 气候条件

气候条件是影响温室的安全与经济性的重要因素之一，它包括气温、光照、风、雪、冰雹与空气质量等。

① 气温　在掌握各个可能建造温室地域的气温变化过程的基础上，着重对冬季可能所需的加温以及夏季降温的能源消耗进行估算。无气温变化过程资料时，可着重对其纬度、海拔高度以及周围的海洋、山川、森林等对气温的主要影响因素进行综合分析评价。

② 光照　光照强度和光照时数对温室内植物的光合作用及室内温度状况有着很重要的影响。它主要受地理位置和空气质量等影响。

③ 风　风速、风向以及风带的分布在选址时也必须加以考虑。对于主要用于冬季生产的温室或寒冷地区的温室应选择背风向阳的地带建造；全年生产的温室还应注意利用夏季的主导风向进行自然通风换气；避免在强风口或强风地带建造温室，以利于温室结构的安全；避免在冬季寒风地带建造温室，以利于冬季的保温节能。对于温室，过大的风振会影响其使用寿命。由于我国北方冬季多西北风，一般庭院温室应建造在房屋的南面；大规模的温室群应选在北面有天然或人工屏障的地方，而其它三面屏障应与温室保持一定的距离，以免影响光照。

④ 雪　从结构上讲，雪压是温室这种轻型结构的主要荷载，特别是对排雪困难的大中

型连栋温室，要避免在大雪地区和地带建造。

⑤ 冰雹　冰雹对普通玻璃温室的安全是至关重要的，要根据气象资料和局部地区调查研究确定冰雹的可能危害，从而避免将普通玻璃温室建造在可能遭受冰雹危害的地区。

⑥ 空气质量　空气质量的好坏主要取决于大气的污染程度。燃烧煤的烟尘、工矿的粉尘以及土路的尘土飘落在温室上，会严重减少透入温室的光照量；火力发电厂上空的水汽云雾会造成局部的遮光。因此，在选址时，应尽量避开城市污染地区，选在造成上述污染的城镇、工矿的上风向以及空气流通良好的地带。调查了解时要注意观察该地附近建筑物是否受公路、工矿灰尘影响及其严重程度。

2. 地形与地质条件

平坦的地形便于节省造价和便于管理，同时，同一栋温室内坡度过大会影响室内温度的均匀性，过小的地面坡度又会使温室的排水不畅，一般认为地面应有不大于1%的坡度为宜。要尽量避免在向北面倾斜的斜坡上建造温室群，以避免造成遮挡朝夕的阳光和加大占地面积。

对于建造玻璃温室的地址，有必要进行地质调查和勘探，避免因局部软弱带、不同承载能力地基等原因导致不均匀沉降，确保温室安全。

3. 土壤条件

对于进行有土栽培的温室，由于室内要长期高密度种植，因此对地面土壤要进行选择，选择的基本原则是：就土壤的化学性质而言，沙土储藏阳离子的能力较差，养分含量低，但是养分输送快。黏土则相反，需要的人工总施肥量低。对于现代高密度种植作物而言需要精确而又迅速地达到施肥效果，因而选用沙土比较合适；土壤的物理性质包括土壤的团粒结构好坏、渗透排水能力快慢、土壤吸水力的大小以及土壤的透气性等都与温室建造后的经济效益有密切的关系，选择时要选择土壤改良费用较低而产量较高的土壤。值得注意的是，排水性能不好的土壤比肥力不足的土壤更难于改良。

4. 水、电及交通条件

① 水　水量和水质也是温室选址时必须考虑的因素。虽然室内的地面蒸发和作物的叶面蒸腾比露地要小得多，然而用于灌溉、水培、供热、降温等用水的水量、水质都必须得到保证，特别是对大型温室群，这一点更为重要。要避免将温室置于污染水源的下游，同时，要有排、灌方便的水利设施。

② 电　对于大型温室而言，电力是必备条件之一，特别是有采暖、降温、人工光照、营养液循环系统的温室，应有可靠、稳定的电源，以保证不间断供电。

③ 交通　温室产品如能及时运送到消费地，便可保证产品的新鲜，减少保鲜管理的费用，因此，温室应选择在交通便利的地方，但应避开主干道，以防车来人往，尘土污染覆盖材料。

5. 布局设计

建设单栋温室，只要方位正确，不必考虑场地规划，但是如果建设温室群，就必须合理地进行温室及其辅助设施的布置和设计，以减少占地、提高土地利用率、降低生产成本。

① 建筑组成及布局　一定规模的温室群，除了温室种植区外，还必须有相应的辅助设施，才能保证温室的正常、安全生产。这些辅助设施主要有水暖电设施、控制室、加工室、保鲜室、消毒室、仓库以及办公休息室等。

在进行总体布置时，应优先考虑种植区的温室群，使其处于场地的采光、通风等的最佳位置。

辅助设施的仓库、锅炉房、水塔等应建在温室群的北面，以免遮阳；烟囱应布置在其主导风向的下方，以免大量烟尘飘落于覆盖材料上，影响采光；加工、保鲜室及仓库等既要保证与种植区的联系，又要便于交通运输。

② 温室的间距　为减少占地、提高土地利用率，前后栋相邻的间距不宜过大，但必须保证在最不利情况下，不致前后遮阳。

一般以冬至日（每年12月21、22或23日）上午10时前排温室的阴影不影响后排采光为计算标准。纬度越高，冬至日的太阳高度角就越小，阴影就越长，前后栋间距就越大。

③ 温室的方位　在温室群总平面布置中，合理选择温室的建筑方位也是很重要的，温室的建筑方位通常与温室的造价没有关系，但是它同温室形成的光照环境的优劣以及总的经济效益都有非常密切的关系。所谓温室的建筑方位就是温室屋脊的走向，朝向为南的温室，其建筑方位为东-西向。

三、主要构件的设计

温室的承重结构是由檩条、屋架、柱、基础等部分组成。屋架承受风、雪荷载以及屋面材料的重量。屋架受力后，连同它本身的自重把力传给柱子。最后由柱子再传给基础，由基础再传给地基。支承这些荷载而起承重作用的部分就称为结构，结构的各个组成部分称为构件。结构（构件）在承受荷载时，如果受力过大，超过了它的承载能力，就有可能造成温室、塑料棚的较大变形，甚至破坏倒塌。为了保证使用过程中的安全，符合经济、实用的要求，我们就必须对温室、大棚的构件进行设计，并对各构件受力后的情况进行分析计算，从而决定它的形状和尺寸。

基本条件为基础，要建造坚固、安全、经济、实用的温室和大棚，必须进行细致的设计工作。

温室和大棚的设计步骤一般常包括结构计划、结构计算、完成设计文件和进行工程造价计算四个步骤。

1. 结构计算基本概念

① 建筑力学　建筑力学是将理论力学中的静力学、材料力学、结构力学等课程中的主要内容，依据知识自身的内在连续性和相关性，重新组织形成的建筑力学知识体系。

② 结构　建筑物中承受荷载而起骨架作用的部分称为结构。

结构一般可按其几何特征分为三种类型：

a. 杆系结构　组成杆系结构的构件是杆件。杆件的几何特征是其长度远远大于横截面的宽度和高度。

b. 薄壁结构　组成薄壁结构的构件是薄板或薄壳。薄板、薄壳的几何特征是其厚度远远小于其另两个方向（即长度和宽度或高度）的尺寸。

c. 实体结构　它是三个方向的尺寸基本为同量级的结构。

③ 构件　组成结构的各单独部分称为构件。

2. 常用构件的计算和设计要求

为保证保护地建筑构件（结构）的正常使用，以确定构件的可靠尺寸，在计算中对构件提出以下三方面的要求：

a. 有足够的强度　构件能够安全地承担外力（荷载）而不致破坏。

b. 有足够的刚度　构件受力后产生的最大变形，应该在规定的范围之内。

c. 有足够的稳定性　构件虽然变形，仍然保持它本来的几何形状，不致突然偏斜而丧失它的承载能力。

3. 梁的计算和设计

由支座支承，承受的外力以横向力和剪力为主，以弯曲为主要变形的构件称为梁。为了保证梁的安全，就要使梁的最大应力不超过它的容许应力，它的最大挠度不超过容许挠度。

其中，梁正应力的发展过程可分为三个阶段：弹性工作阶段、弹塑性工作阶段以及塑性工作阶段。仅以弹性工作阶段为例，梁正应力的计算公式为：

$$\sigma=\frac{M_{\max}}{W}\leqslant f$$

式中，σ 为梁截面正应力；$M_{\max}$为梁最大弯矩；W 为梁截面模量；f 为梁的抗弯强度设计值。

梁的刚度用荷载作用下的挠度大小来度量，验算梁刚度的计算公式为：

$$\frac{\upsilon}{L}\leqslant\frac{[\upsilon]}{L}$$

式中，υ 为梁的最大挠度；$[\upsilon]$ 为梁的允许挠度；L 为梁的长度。

对于等截面简支梁，验算梁刚度的计算公式为：

$$\frac{\upsilon}{L}=\frac{5}{384}\frac{qL^3}{EI}\leqslant\frac{[\upsilon]}{L}$$

式中，υ 为梁的最大挠度；L 为梁的长度；q 为梁的均布荷载；E 为梁截面弹性模量；I 为截面惯性矩。

当已知梁截面的荷载和容许应力，而需要设计梁的截面时，可先算出所需的截面模量 W，即：

$$W=\frac{M_{\max}}{[\sigma]}$$

式中，$[\sigma]$ 为梁的材料允许应力；$M_{\max}$为梁最大弯矩。

然后根据选择截面的形状和尺寸，对于型钢梁就是选择型钢的号码，型钢号一经选定，截面的尺寸和各项几何特性也就确定了。

例： 温室的檩条跨度 $L=4\text{m}$，两端支承在屋架上，此檩条承受由屋面阴影部分传来的荷载，设单位长度承受的荷载是 3kN/m，檩条采用槽钢，檩条抗弯强度设计值 f 为 215N/mm^2，试选槽钢规格。

【解】　考虑到檩条承受均布荷载，荷载设计值 $q=3\text{kN/m}$，最大弯矩设计值为

$$M_{\max}=\frac{qL^2}{8}=\frac{3\times4^2}{8}=6000\text{N}\cdot\text{m}$$

根据抗弯强度选择截面，需要的截面模量为：

$$W=\frac{M_{\max}}{f}=\frac{6000\times10^3}{215}=27.9\times10^3\,\text{mm}^3$$

现假设选用槽钢 10 号，则弹性模量 E 为 $206\times10^3\,\text{N/mm}^2$，截面惯性矩 $I=198\text{cm}^4$（来源：戴国欣主编，《钢结构》附表 2.1、表 7.4 普通槽钢）。

验算挠度，屋面檩条的挠度允许值 $[\upsilon]=L/150$（150 为受压构件的容许长细比，来源：戴国欣主编，《钢结构》表 4.2）。在荷载作用下：

$$\frac{\upsilon}{L}=\frac{5qL^3}{384EI}=\frac{5\times3\times4000^3}{384\times206\times10^3\times198\times10^4}=\frac{1}{163.2}<\frac{[\upsilon]}{L}=\frac{1}{150}$$

说明选用槽钢 10 号可满足要求。

4. 柱的计算和设计

柱是一种受压构件，在温室、塑料棚中柱的作用是把屋面上层结构的荷载传递给基础，其它构件依靠柱的支持作用构成使用空间。

柱的计算和设计，除要满足强度条件外，还需进行稳定性的计算。

（1）结构稳定问题

直杆在轴向压力下不能保持其原来的直线受压变形状态，而突然发生新的压弯变形甚至弯断的现象叫作压杆的失稳。

（2）失稳现象

压杆稳定问题反映了荷载与材料弹性抗力之间的矛盾。物体在外力作用下，伴随着变形的发生，同时产生内力，这种内力又力图保持（或恢复）物体原有形状而抵抗变形，故把内力又称为抗力。

（3）压杆的临界应力

临界应力就是在临界力作用下，压杆横截面上的平均正应力。

截面的惯性半径或回转半径 i 计算公式为：

$$i=\sqrt{\frac{I}{A}}$$

式中，I 为惯性矩，A 为截面面积，i 是一个与截面形状和尺寸有关的长度。

杆的长细比（λ）能反映杆端支承情况及杆的尺寸和横截面形状等因素对压杆临界应力的综合影响。

受压构件的刚度是以保证其长细比限值 λ 来实现的，即：

$$\lambda=\frac{L_0}{i}\leqslant[\lambda]$$

式中，λ 为构件的最大长细比；L_0 为构件的计算长度；i 为截面的回转半径；$[\lambda]$ 为构件的容许长细比。柱的容许长细比取值为 150（来源：戴国欣主编，《钢结构》表 4.2）。

（4）压杆横截面的设计步骤

在选择压杆的截面积时就必须采用计算的方法。

① 先假定柱的长细比 λ，一般假定 $\lambda=50\sim100$，再根据 λ、截面分类和钢种可查出相应的稳定系数 φ 值，则需要的截面面积为：

$$A=\frac{N}{\varphi f}$$

式中，A 为柱的截面面积；N 为柱的轴心压力；φ 为柱的整体稳定系数；f 为钢材的抗压强度设计值。

② 根据假定的 λ 求得截面所需要的惯性半径 $i=L_0/\lambda$，再根据 i 和初选的柱截面面积 A，并且利用已有的规格图表和实践经验选择型钢的号码或求得截面的周边尺寸。

③ 在选定了压杆的截面尺寸以后，必须重新进行稳定性验算。

例： 一单层温室的立柱高度为 3m，轴心压力经计算为 $N=50\text{kN}$，拟用 Q235 圆钢管支承，柱两端均为铰接，试选用钢管直径及壁厚，取 $[f]=215\text{N/mm}^2$。

【解】

a. 试选截面

立柱在 x 轴与 y 轴方向的计算长度相等，计算长度为：

$$L_0 = L = 3\text{m}$$

假定 $\lambda=90$，对轧制圆钢，当绕 x 轴和 y 轴失稳时均属于 a 类截面，查得 $\varphi=0.714$（来源：戴国欣主编，《钢结构》附表 4.1a 类截面轴心受压构件的稳定系数）。则需要的截面几何量 A 为：

$$A=\frac{N}{\varphi[f]}=\frac{50000}{0.714\times215\times10^2}=3.26\text{cm}^2$$

$$i_x=i_y=\frac{L_0}{\lambda}=\frac{300}{90}=3.33\text{cm}$$

由于不能同时满足 A 和 i 的型号，可适当照顾到 A 和 i 进行选择。现选用热轧无缝钢管直径 70mm，壁厚 3.0mm，面积 $A=6.31\text{cm}^2$，$i=2.37\text{cm}$（来源：戴国欣主编，《钢结构》附表 7.7 热轧无缝钢管）。

b. 截面验算

长细比：

$$\lambda=\frac{L_0}{i}=\frac{300}{2.37}=126.6<[\lambda]=150$$

根据长细比 λ 查得 $\varphi=0.454$（来源：戴国欣主编，《钢结构》附表 4.1a 类截面轴心受压构件的稳定系数），

$$\frac{P}{\varphi A}=\frac{50000}{0.454\times6.31\times10^2}=174.5<[f]=215$$

满足性能要求。

第三节　温室建造与施工

一、温室基址的选择

温室建造的基址选择需考虑所在场区的气候条件（气温、光照、风、雪、冰雹等）、地理条件（地形、地质、土壤等）和周围环境条件（水、暖、电、交通运输）等。

按照本章第二节温室设计原理中的关于场地选址的依据进行设计。

二、节能型日光温室建造与施工

前坡面夜间用保温被覆盖，东、西、北三面为围护墙体的单坡面塑料温室，统称为日光温室。

节能型日光温室的透光率一般为70%～85%，室内外气温差可保持在21～25℃。例如，在北京（北纬40°左右）地区冬季气候条件下，晴天时室内作物冠层上方的光照强度一般可达2万～3万勒克斯，12月上旬至2月下旬各旬的平均气温维持在12～21℃之间，旬平均最高气温21.5～35.5℃，旬平均最低气温10～13℃，一天之中气温≥25℃的持续时间2.5～3.0h，长的可持续5h，在室外最低气温－13℃的条件下，室内气温仍可维持在10℃以上，土深5～10cm地温的平均值一般保持在12～15℃。

日光温室建筑设计中包括场地的选择、场地的布局以及温室各部位的尺寸、选材等。日光温室各部位的尺寸就是日光温室建筑设计参数，主要包括温室方位、温室间距、温室跨度、高度、前后屋面角度、墙体和后屋面厚度、后屋面水平投影、防寒沟尺寸和温室长度

等。在确定日光温室建筑参数时应重点考虑采光、保温、作物生长和作业空间等问题。

1. 日光温室的方位

为保证日光温室的充分采光，一般温室布局均为坐北朝南，但对高纬度（北纬 40°以北）地区和晨雾大、气温低的地区，冬季日光温室不能日出即揭帘受光，这样，方位可适当偏西，以便更多地利用下午的弱光。相反，对那些冬季并不寒冷，且大雾不多的地区，温室方位可适当偏东，以充分利用上午的弱光。

方位角应根据当地的地理纬度和揭帘时间来确定，一般方位角在南偏西或南偏东 5°左右，最多不超过 10°。此外，温室方位的确定还应考虑当地冬季主导风向，避免强风吹袭前屋面。用罗盘仪指示的是磁南磁北而不是正南正北，因而要按不同地区的磁偏角加以修正（表 2-1）。

表 2-1　我国部分城市的磁偏角

城市	磁偏角	城市	磁偏角	城市	磁偏角
齐齐哈尔	9°23′(西)	天津	5°09′(西)	包头	3°46′(西)
哈尔滨	9°23′(西)	济南	4°47′(西)	兰州	1°44′(西)
长春	8°42′(西)	徐州	4°12′(西)	玉门	0°01′(西)
沈阳	7°56′(西)	呼和浩特	4°36′(西)	郑州	3°50′(西)
大连	6°15′(西)	西安	2°11′(西)	银川	2°53′(西)
北京	5°57′(西)	太原	3°51′(西)	保定	4°43′(西)

2. 日光温室的间距

温室群中每栋温室前后间距的确定应以前栋温室不影响后栋温室采光为原则。丘陵地区可采用阶梯式建造，以缩短温室间距；平原地区也应保证种植季节上午 10 时的阳光能照射到温室的前沿。也就是说，温室在光照最弱的时候至少要保证 4 个小时以上的连续有效光照（图 2-20）。

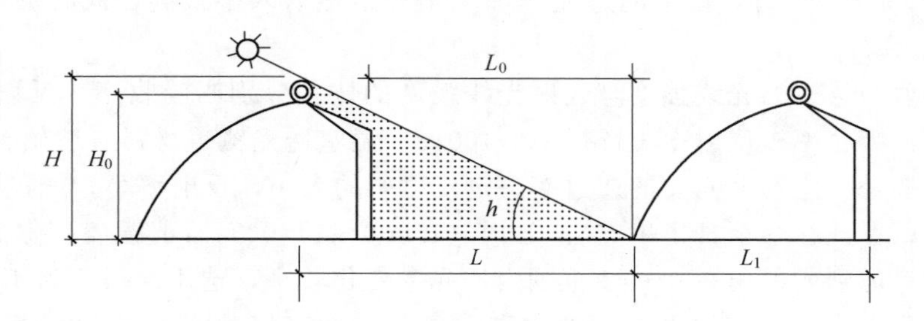

图 2-20　日光温室间距计算示意图

H—温室屋脊卷帘到室外地面的距离；H_0—温室屋脊到室外地面的距离；
L_0—前后两栋温室之间的水平净距离；L—前栋温室屋脊至后栋温室前沿之间的水平距离；
L_1—温室前沿至温室后墙外侧的水平距离；h—冬至日某一时刻太阳高度角。

前栋温室屋脊至后栋温室前沿之间的水平距离计算公式：

$$L=H/\tan h$$

根据表 2-2 原则，不同纬度地区在不同温室屋脊高度下的温室间距也不尽相同。一般来说，温室脊高在 3.1m 时，前后两排温室间距（前排温室后墙皮到后排温室的底脚）应不少于 4.7m。若两排温室间还想设立拱棚，则距离应增加到 8～10m。东西两栋温室之间也应有

表 2-2　保证作物冬至日光照时间最少 4 个小时的温室间距

纬度/N	日光温室屋脊高度/m							
	2.5	2.6	2.7	2.8	2.9	3.0	3.1	3.2
30°	3.79	3.94	4.10	4.25	4.40	4.55	4.70	4.85
31°	3.94	4.10	4.26	4.41	4.57	4.73	4.89	5.04
32°	4.10	4.26	4.42	4.59	4.75	4.92	5.08	5.24
33°	4.26	4.43	4.60	4.77	4.94	5.11	5.28	5.46
34°	4.44	4.62	4.79	4.97	5.15	5.33	5.50	5.68
35°	4.62	4.81	4.99	5.18	5.36	5.55	5.73	5.92
36°	4.82	5.02	5.21	5.40	5.60	5.79	5.98	6.17
37°	5.04	5.24	5.44	5.64	5.84	6.04	6.25	6.45
38°	5.26	5.48	5.69	5.90	6.11	6.32	6.53	6.74
39°	5.51	5.73	5.95	6.17	6.39	6.62	6.82	7.06
40°	5.78	6.01	6.24	6.47	6.70	6.93	7.17	7.40
41°	6.07	6.31	6.55	6.80	7.04	7.28	7.52	7.77
42°	6.38	6.64	6.89	7.15	7.40	7.66	7.91	8.17
43°	6.72	6.99	7.26	7.53	7.80	8.07	8.34	8.61

注：1. 表中温室间距指前一栋温室屋脊至后一栋温室底脚之间的距离。

2. 表中数据是以冬至日（12 月 21、22 或 23 日）上午 10 时的太阳高度为依据计算的。

4～6m 的公用通道。

3. 日光温室的采光屋面角

采光前屋面是指屋脊与温室前脚的连线，是日光温室的主要采光面。屋面形状和屋面倾角是前屋面的 2 个基本参数，采光屋面的断面形状多种多样，主要有半圆拱形、椭圆形、两折式（大小双斜面式和一斜一立式）和三折式 4 种形式，其中一斜一立式日光温室和拱圆形日光温室是应用最多的两种形式。研究发现在采光屋面水平投影长度和脊高一定的情况下，不同弧面形状的采光屋面对温室总进光量的影响差别不大。

温室屋面角对太阳直射光透光率的影响最为突出，当温室屋面与太阳直射光线的夹角（光线投射角 h'）成 90°时，温室的透光率和太阳辐射热射入率最高，此时的温室屋面角称为理想屋面角（α_0）。

吸收、反射与透过的光线强度与入射光线强度的比，分别叫吸收率、反射率和透过率。三者的关系是：吸收率＋反射率＋透过率＝100％。温室透光覆盖材料（玻璃、塑料薄膜等）对光线的吸收率是一定的。光线的透过率决定反射率的大小，反射率小，透过率就高。

设计时，以保证在冬至日正午前后 4h 内（10:00～14:00）日光温室能获得最大采光量为基本原则，考虑到入射角在 0～43°范围内透光率变化较小，选用入射角为 43°。

依据冬至日上午 10:00 的太阳高度角和方位角，确定相对应的温室前屋面角，计算公式为

$$\sin\alpha=\frac{\sin\alpha_{10W}}{\cos\gamma_{10W}}$$

式中，α 表示日光温室的合理前屋面倾角，γ_{10W}表示冬至日上午 10:00 的太阳方位角，(°)；上午 10:00 坐北朝南温室的屋面角（α_{10W}）可根据图 2-21 推导出的公式计算：$\alpha_{10W}=90°-43°-h_{10W}$，$h_{10W}$表示冬至日上午 10:00 的太阳高度角，(°)。

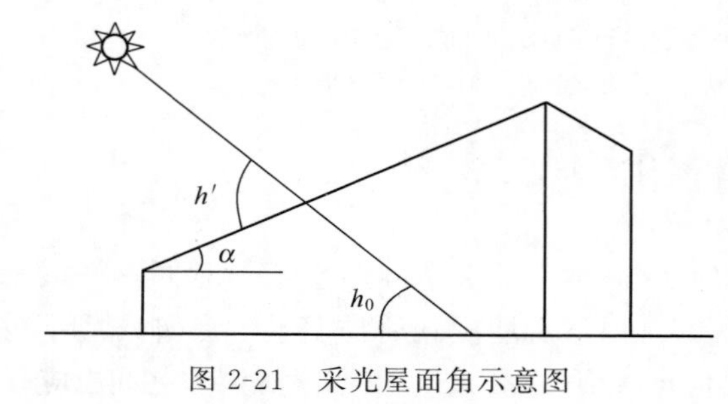

图 2-21　采光屋面角示意图

太阳高度角 h 是指太阳直射光线与地平面的夹角，计算公式如下：

$$\sin h=\sin\varphi\sin\delta+\cos\varphi\cos\delta\cos\omega$$

式中，φ 表示地理纬度，(°)；$\omega=15°\times(12-t)$，t 表示太阳计算时，h；δ 表示太阳赤纬角，(°)，根据经验公式，计算如下：

$$\delta=23.45\times\sin\left(360\times\frac{284+N}{365}\right)$$

式中，N 表示日序数，d，为计算日距 1 月 1 日的天数。

太阳方位角 γ 是指太阳直射光线在水平面上的投影与正南方的夹角。不同时刻的太阳方位角 γ 计算如下：

$$\sin\gamma=\frac{\cos\delta\sin\omega}{\cos h}$$

计算得出不同地区日光温室的合理前屋面倾角如表 2-3 所示。

表 2-3　不同地区日光温室合理前屋面倾角

城市	前屋面倾角/(°)	城市	前屋面倾角/(°)	城市	前屋面倾角/(°)
哈尔滨	35.99	济南	27.09	西宁	27.07
长春	34.09	呼和浩特	31.06	银川	28.90
沈阳	32.05	西安	24.94	石家庄	28.66
北京	30.15	太原	28.19		
乌鲁木齐	34.00	兰州	26.74		

4. 日光温室的跨度

跨度在设计时受到屋面角和温室高度的制约。温室跨度的大小，对于温室采光、保温、作物生长发育和作业都有很大的影响。在温室高度一定的情况下，温室跨度大则其采光面的角度势必减小，因而不利于白天采光增温；同时又增加了散热面积，不利于夜间保温。但跨度小，土地利用率低。因此应兼顾上述几个方面来确定。全国各大城市日光温室室外设定最低温度可参照表 2-4。

表 2-4　全国各大城市日光温室室外设定最低温度

城市	北纬/(°)	温度/℃	城市	北纬/(°)	温度/℃
哈尔滨	45.44	−29	北京	39.55	−12
吉林	44	−29	石家庄	38.02	−12
沈阳	41.48	−21	天津	39	−11
锦州	41.5	−17	连云港	35.5	−10
银川	38.27	−18	青岛	36.5	−9
西安	34.17	−8	徐州	34	−8
乌鲁木齐	43.45	−26	郑州	34.5	−7
兰州	36.04	−13	洛阳	34.5	−7
呼和浩特	40.48	−21	太原	37.5	−14
克拉玛依	46	−24	济南	36.40	−10

当室外设定温度为−12℃以上时，选择跨度 10.0～12.0m；当室外设定温度为−18～−15℃时，选择跨度 9.0～10.0m；当室外设定温度为−18℃以上时，选择跨度 8.0～9.0m；目前一般认为日光温室的跨度以 10.0～12.0m 为宜，若生产喜温的园艺作物，北纬 40°以北地区温室跨度选择 8.0～10.0m，北纬 40°以南地区温室跨度选择 10.0～12.0m 为宜。

5. 日光温室的长度

日光温室的长度以50～100m为宜。小于30m，东西山墙在日出和日落前遮阴面积过大，不利于增温，同时容积小影响热量的吸收和释放，不能保证夜间有足够的室温；过长给温度的调控带来困难，同时易遭风吹，影响坚固度。

6. 日光温室后屋面

日光温室后屋面是指从屋脊到后墙的保温屋面，主要起隔热保温作用。按照日光温室后屋面的长短来分，可以分为长后屋面日光温室、短后屋面日光温室和无后屋面日光温室。后屋面主要包括骨架、檩、椽子以及保温层、防水层等。也有些温室的后屋面是由钢筋水泥预制件组成。为使受力合理，温室后屋面前部可适当薄些，温室后屋面后部可适当厚些。图2-22为几种日光温室后屋面做法示意图。

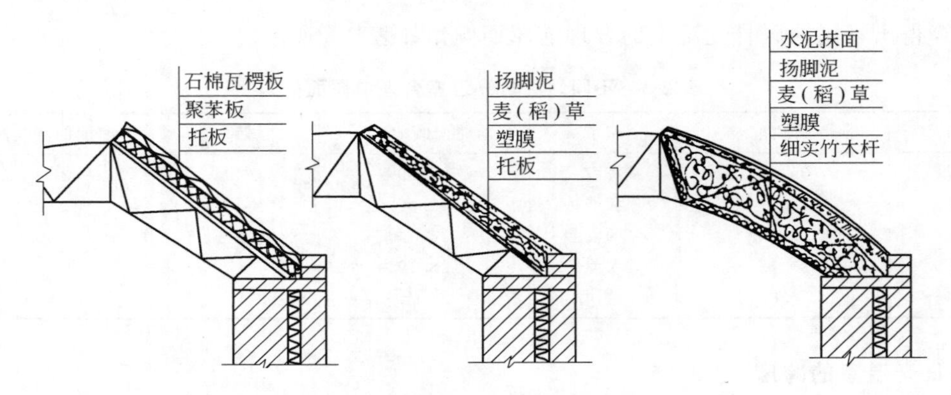

图2-22 日光温室后屋面做法示意图

(1) 日光温室后屋面投影宽度

日光温室后屋面沿跨度方向的水平投影为后屋面投影宽度。白天太阳直射光线透射过日光温室前屋面，在地面上的投影如图2-23所示。

根据三角函数关系可知：

$$L=L_1+L_2$$
$$L_5=L_2+L_3+L_4$$
$$L_5=\frac{H_5\cos\gamma}{\tan h}$$
$$H=H_5+H_6$$
$$\frac{H_5}{L_5}=\frac{H_3}{L_3}$$
$$H=L_1\tan\alpha$$

联合上式，得日光温室后屋面水平投影宽度

$$L_2=\frac{(L\tan\alpha-H_6-H_3)\cos\gamma-L_4\tan h}{\tan h+\tan\alpha\cos\gamma}$$

式中，参数详见图2-23，L_4取值为0.8m，在日光温室建设过程中，前屋面在屋脊处的坡度不应小于8°，$H_6 \geqslant L_4 \times \tan(8°)=0.11$m，$H_6$取值为0.2m。

显然，日光温室后屋面水平投影宽度与温室长度、前屋面角、后墙接受太阳光直射的高度、保温被卷放位置、太阳高度角以及太阳方位角有关。

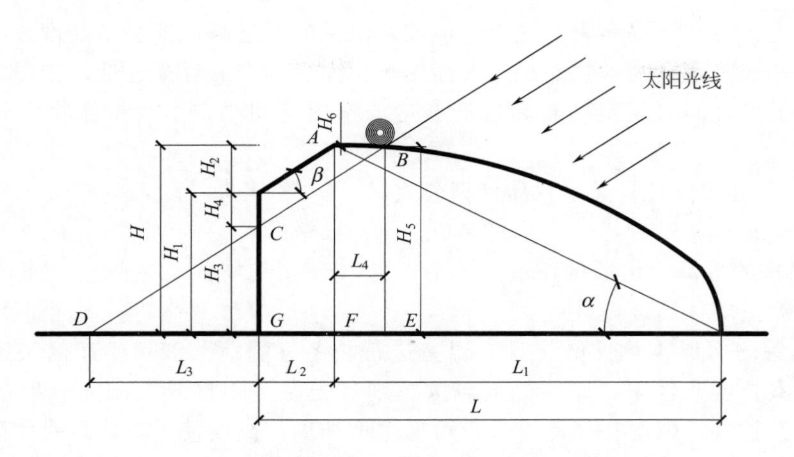

(a) 日光温室结构参数及太阳光线投影示意图

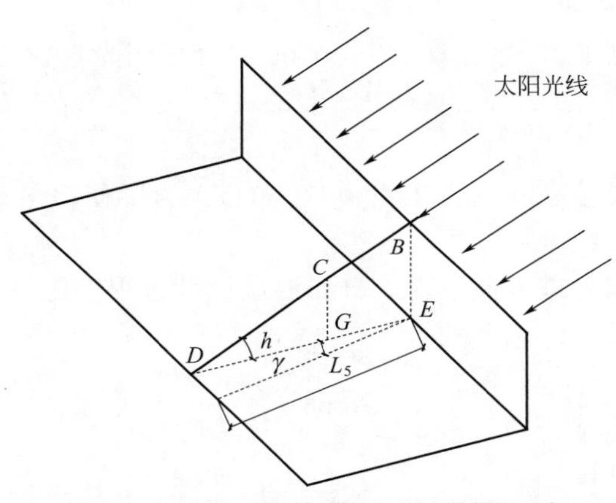

(b) 太阳直射光线透射过前屋面B点的投影示意图

图 2-23　太阳直射光线透射过日光温室前屋面的地面投影示意图

A—屋脊最高点；B—太阳直射光线在前屋面上的最高透过点；C—太阳直射光线透过 B 点在后墙上的投影点；D—太阳光线透过 B 点在地平面上的投影点；E—B 点在地平面上的垂直投影点；F—A 点在地平面上的垂直投影点；G—C 点在地平面上的垂直投影点；H—脊高，m；H_1—墙体高度，m；H_2—后屋面高度，m；H_3—C 点到 G 点之间的距离，m；H_4—墙体最高点到 C 点的垂直距离，m；H_5—B 点与 E 点之间的垂直距离，m；H_6—A 点与 B 点之间的垂直距离，取值为 0.2m；L—跨度，m；L_1—前屋面投影宽度，m；L_2—后屋面投影宽度，m；L_3—D 点到 G 点的水平距离，m；L_4—E 点到 F 点的水平距离，取值为 0.8m；L_5—D 点到 E 点的水平距离，m；α—前屋面倾角；β—后屋面仰角；h—太阳高度角；γ—太阳方位角，(°)

（2）日光温室后屋面仰角

日光温室后屋面仰角受后墙高度、后屋面水平投影制约，与受光和作业也有关系。角度过小受光不好，角度过大后屋面陡峭不便于管理。后屋面仰角应略大于冬至日正午太阳高度角。根据图 2-23 可知，日光温室后屋面仰角 β 计算公式如下：

$$\tan\beta=\frac{H_2}{L_2}=\frac{H-H_1}{L_2}$$

7. 日光温室的脊高

脊高，也称温室高度，是指温室屋脊至地面的垂直距离。在跨度不变的情况下，加脊高可使屋面角增大，有利于提高采光效果。但如若温室的脊过高，即温室高度过高，会增加建造温室的成本，而且还会因散热面积过大而影响保温。温室的脊高过低，则屋面角小，减少太阳辐射的入射量，同时温室的脊高过低会造成室内空间小，不利于作物生长和室内农事作业。

根据图 2-23 可知，日光温室脊高计算公式

$$H=(L-L_2)\tan\alpha$$

8. 日光温室的后墙、山墙的建造

(1) 日光温室墙体高度设计

墙体所具备的保温蓄热性能是日光温室进行越冬喜温蔬菜栽培生产的关键影响因素之一。在相同温室长度条件下，墙体高度越大，则日光温室中接受太阳光直射的墙体面积越大，温室保温性越好。因此在寒冷季节，可通过增加墙体高度使得墙体接受太阳光直射的面积增大，从而提高温室墙体的蓄热量。根据图 2-23，则有：

$$H_1=H_3+H_4$$

根据后屋面投影宽度 L_2，冬至日上午 10:00 接受太阳光直射的墙体高度 H_{3W} 计算公式

$$H_{3W}=L\tan\alpha-\frac{L_2(\tan h+\tan\alpha\cos\gamma_{10W})+L_4\tan h}{\cos\gamma_{10W}}-H_6$$

γ_{10W}表示冬至日上午 10:00 的太阳方位角，(°)；为了使得冬季日光温室墙体尽可能多地蓄积热量，应保证 $H_1\geqslant H_{3W}$。

为了保证更多的太阳光进入温室内，日光温室设计过程中应将后屋面仰角略大于冬至日正午太阳高度角，则

$$\tan\alpha\leqslant\tan\beta=\frac{H-H_1}{L_2}$$

联合以上公式，则有：

$$H_1\leqslant(L-2L_2)\tan\alpha$$

(2) 日光温室墙体接受太阳直射的合理周期

随着外界气温升高，室内外温差减少，墙体接受太阳光直射的高度也在降低，直至降为 0。接受太阳光直射的墙体高度过早或过晚接近于 0 均不利于日光温室的自发温度调控，因此选择墙体接收太阳直射的合理周期对日光温室的保温蓄热调节尤为关键。

日光温室主要分布在我国的东北地区、华北地区、西北地区、黄淮海及环渤海地区，表 2-5 为 1998—2012 年我国北方部分城市在 1～6 月份的月平均最低气温和月平均最高气温。从表 2-5 可看出，北京、石家庄、济南、西安地区在 4 月份的平均最低温度已超过 0℃，平均最高温度已接近或超过 30℃；太原、呼和浩特、沈阳、长春、哈尔滨、兰州、西宁、银川、乌鲁木齐在 5 月份的平均最低温度均已超过 0℃，除西宁外，其它城市的平均最高温度均已超过 30℃，说明即使在 5 月份，青海西宁地区的室外气温仍然相对较低。

考虑到中国北方大部分城市月平均最低温度接近或超过 0℃时，月平均最高温度已接近或超过 30℃，因此提出当室外最低温度低于 0℃时，应保证在正午前后 4h（10:00～14:00）内至少有一部分日光温室后墙能够接受太阳光直射。依据表 2-5 中不同城市的月平均温度，结合中国传统的二十四节气特点，提出西安地区日光温室墙体接受太阳光直射的时期为白露至次年清明，北京、石家庄、济南等地区日光温室墙体接受太阳光直射的时期为处暑至次年谷雨，太原、呼和浩特、沈阳、长春、哈尔滨、兰州、银川、乌鲁木齐等地区日光温室墙体接受太阳光直射的时期为立秋至次年立夏，同时考虑到西宁地区月平均最高温度低于 30℃，

表 2-5　1998—2012 年 1～6 月份北方部分城市的月平均最低气温与月平均最高气温　　单位：℃

城市	1月		2月		3月		4月		5月		6月	
	平均最低气温	平均最高气温	平均最低气温	平均最高气温	平均最低气温	平均最高气温	平均最低气温	平均最高气温	平均最低气温	平均最高气温	平均最低气温	平均最高气温
北京	−12.7	8.3	−10.1	13.5	−4.5	23.0	2.7	29.3	9.7	33.5	15.1	37.1
石家庄	−8.7	11.7	−6.2	16.4	−2.6	25.7	3.5	30.4	10.8	35.8	16.5	39.3
太原	−17.0	8.2	−13.4	15.1	−8.1	24.0	−1.9	30.2	5.6	32.6	10.9	35.8
呼和浩特	−21.9	2.2	−18.3	9.9	−13.0	18.5	−4.3	26.9	2.9	31.1	9.4	34.4
沈阳	−25.2	3.3	−21.7	9.3	−14.6	16.7	−4.3	26.1	4.9	30.4	12.0	33.3
长春	−26.6	−0.8	−23.5	6.0	−16.2	15.0	−5.4	25.2	3.5	30.4	10.2	33.1
哈尔滨	−28.2	−3.0	−26.0	3.3	−18.2	11.7	−5.7	24.5	2.5	30.4	10.2	34.1
济南	−11.1	11.4	−8.4	16.2	−3.7	25.0	2.3	30.9	9.9	34.1	15.2	37.8
西安	−8.0	11.8	−4.4	17.4	−1.0	26.0	4.7	31.1	11.1	34.7	16.3	38.6
兰州	−16.9	8.8	−13.7	15.7	−8.4	23.1	−2.6	29.4	3.7	30.7	9.2	33.2
西宁	−21.0	9.8	−17.3	14.7	−12.3	20.5	−5.0	25.7	0.4	26.9	4.2	28.8
银川	−18.8	6.5	−16.1	13.0	−9.3	22.0	−2.3	28.4	5.1	30.9	11.1	34.2
乌鲁木齐	−23.7	0.9	−18.7	4.4	−12.4	17.1	−3.3	27.3	3.7	30.9	11.2	35.3

因此建议西宁地区日光温室墙体接受太阳光直射的时期为大暑至次年小满。

（3）不同地区日光温室后屋面投影宽度、脊高、墙体高度

假设在不同纬度地区建造一栋正南方向的日光温室，前屋面角按照合理屋面角设计，根据不同地区的墙体合理蓄热周期取值、温室结构计算公式，不同地区的日光温室后屋面投影宽度、脊高、墙体高度计算如表 2-6 所示。

表 2-6　不同地区日光温室后屋面投影宽度、脊高、墙体高度

城市	纬度/(°)	跨度/m	脊高/m	后屋面投影宽度/m	墙体高度/m
北京	39.55	8	3.93	1.24	2.83～3.29
		9	4.37	1.48	3.16～3.61
		10	4.81	1.72	3.49～3.93
石家庄	38.02	8	3.80	1.05	2.72～3.23
		9	4.23	1.27	3.05～3.54
		10	4.65	1.48	3.37～3.85
太原	37.54	8	3.93	0.66	3.02～3.56
		9	4.37	0.84	3.38～3.91
		10	4.82	1.01	3.74～4.26
呼和浩特	40.48	8	4.21	1.01	3.24～3.71
		9	4.68	1.23	3.62～4.08
		10	5.15	1.44	4.00～4.45
沈阳	41.48	8	4.29	1.14	3.31～3.75
		9	4.78	1.37	3.70～4.14
		10	5.26	1.60	4.09～4.51
长春	43.54	8	4.46	1.41	3.46～3.86
		9	4.96	1.67	3.87～4.25
		10	5.46	1.93	4.27～4.64

续表

城市	纬度/(°)	跨度/m	脊高/m	后屋面投影宽度/m	墙体高度/m
哈尔滨	45.44	8	4.60	1.67	3.60～3.95
		9	5.11	1.96	4.02～4.36
		10	5.63	2.25	4.44～4.76
济南	36.40	9	4.07	1.05	2.93～3.46
		10	4.48	1.24	3.24～3.76
		11	4.89	1.44	3.55～4.05
西安	34.17	9	3.69	1.07	2.44～3.01
		10	4.06	1.27	2.70～3.26
		11	4.43	1.47	2.96～3.50
		12	4.80	1.67	3.23～3.75
兰州	36.04	8	3.78	0.50	2.91～3.49
		9	4.21	0.65	3.25～3.82
		10	4.63	0.81	3.60～4.16
西宁	36.38	8	3.93	0.30	3.17～3.76
		9	4.38	0.43	3.55～4.13
		10	4.82	0.57	3.93～4.49
银川	38.27	8	4.00	0.75	3.08～3.60
		9	4.45	0.93	3.44～3.95
		10	4.90	1.12	3.81～4.30
乌鲁木齐	43.45	8	4.45	1.40	3.45～3.85
		9	4.95	1.66	3.86～4.25
		10	5.45	1.91	4.27～4.63

日光温室后墙、山墙的构造方式有实体墙、空体墙和复合墙。实体墙是由同种材料组成、无空腔的墙体，常见的实体墙主要有生土墙和实体砖墙。生土墙包括干打垒土墙、机打土墙、模块化土墙。干打垒土墙是使用打夯机将土夯实而成的墙体，该墙体占地小，但施工效率低，质量不易控制。机打土墙是使用挖掘机取土，履带机碾压堆土，最后用挖掘机刮去内侧多余土方而成的墙体，该类墙体施工速度快，但墙体占地较大，并且对土层破坏严重。模块化土墙是采用专门的速土成型机制作土块，再将土块堆垒而成的墙体，该类墙体占地面积小，施工效率高，建造成本较低。实体砖墙是由黏土砖墙或其它砌块砌筑而成，与生土墙相比，外形美观，承载能力强，但需要人工砌筑，施工效率低，建造成本较高。空体墙是指使用同种材料砌筑，墙体内部有空腔的墙体，与用砖量相同的实心砖墙相比，由于空腔内的静止空气能很好地防止热量通过墙体流失，所以其具有更好的保温蓄热性能。复合墙是由两种以上材料分层复合而成的墙体，根据保温层所在的位置可分为夹芯墙和外保温复合墙。夹芯墙体若用砖砌，中间保温夹层可填充珍珠岩、炉灰渣、土、麦秸等如图 2-24 所示，厚度为 15～20cm。后墙可培土或砂石，以便增强保

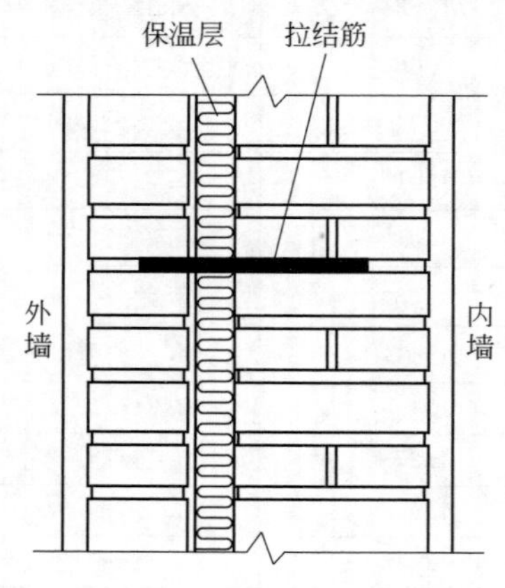

图 2-24　日光温室复合夹芯墙体的构造做法

温效果。外保温复合墙的保温层位于墙体外侧，厚度为10～15cm。与实体墙、空体墙和夹芯墙相比，外保温复合墙更有利于提高墙体的保温性能，目前复合墙保温层所使用的材料主要为聚苯乙烯泡沫板。

表 2-7 表示日光温室常用材料的热工参考指标。

表 2-7　日光温室常用材料的热工参考指标

材料名称	密度 /(kg/m³)	热导率 /[W/(m·K)]	比热容 /[W/(kg·K)]	蓄热系数(Z=24) /[W/(m²·K)]
钢筋混凝土	2500	1.74	0.26	17.20
页岩陶粒混凝土	1500	0.77	0.29	9.65
加气混凝土、泡沫混凝土	700	0.22	0.29	3.59
自然干燥土壤	1800	1.16	0.23	11.25
夯实草泥或黏土墙	2000	0.93	0.23	10.56
空心砖	1000～1500	0.46～0.64	0.26	5.54～8.00
形状整齐的石砌体	2680	3.19	0.26	23.90
炉渣砖砌体	1700	0.81	0.29	10.43
轻砂浆多孔砖砌体	1350	0.58	0.24	7.02
矿棉、岩棉、玻璃棉毡	70～200	0.045	0.37	0.77
聚苯板(聚苯乙烯泡沫塑料)	20～30	0.031～0.042	0.38	0.36
粉煤灰	1000	0.230	0.26	3.93
膨胀珍珠岩	80～120	0.058～0.070	0.33	0.63～0.84

9. 日光温室的防寒保温措施

① 日光温室设置防寒沟是防止土壤热量横向流失，提高地温的有效措施。防寒沟一般设在室外，沟的宽度 40～50cm，深度 40～80cm，沟内填充树叶、碎秸秆、柴草、牛粪等，沟顶覆土盖严，防止地温散失，防止雨雪水流入沟内。

② 沿温室南墙内侧或外侧贴敷厚度为 2～3cm、深度为 30～40cm 的聚苯板，保温效果较好。

③ 在日光温室南墙内侧设置主动通风蓄热卵石槽，白天利用风机将室内高温空气传送至卵石槽中，通过通风管道与卵石槽进行热交换以提高卵石槽的内部温度，从而阻止土壤热量的流失。该方法可提高土壤温度 1.0～2.4℃，与无主动通风蓄热卵石槽的日光温室相比，其土壤边际界点南移距离在温室跨度的 7.5%以上。

10. 材料选择

① 拱架材料　采用国标钢材，上弦为 ϕ20mm 钢管，下弦为 ϕ15mm 钢管，弦间距 18cm，拉花为 ϕ10～12mm 圆钢，拱架间距为 1m。拉杆 3 道，用 ϕ10～12mm 圆钢，焊接在下弦上面。镀锌卡槽 2 道。

② 覆盖材料　主要指前屋面透明覆盖材料（塑料薄膜）和保温材料。

塑料薄膜可选用聚氯乙烯（PVC）膜、聚乙烯（PE）膜、聚烯烃（PO）膜及乙烯-醋酸乙烯（EVA）膜。

三、塑料大棚建造与施工

塑料大棚是进行春提前和秋延后生产的保护地设施。

① 大棚规格与方向　单栋大棚面积以 333～667m^2 为宜，宽度 8～10m，长度 40～60m，高度 2.2～2.8m，高跨比应在 0.25 以上，南北延长方向，拱架间距 1.2m，用 14 号大棚专用镀锌钢丝 7～9 道固定。

② 场地选择与规划　大棚场地的选择原则和温室相同，但大棚抗风力差，要特别注意不能建在风口处。棚群排列因地形、地势和面积大小而有不同，一般棚与棚之间的东西距离为 1.5～2m，棚头与棚头之间的距离为 3～4m。棚群要和温室、冷床配套，统一规划，统一布局，以利于运输和管理。统一规划时，温室要配置在最北边，其次是大棚群，冷床在最南边。

③ 大棚材料与选择　大棚材料只有拱架、薄膜和压膜线，基本与温室相同。南北安装推拉门，建议安装自动卷膜器通风。

四、现代温室建造与施工

1. 现代温室的总平面布置

在进行温室总体布置时，种植区的温室群应放在优先考虑的位置，使其处于场地上的采光、通风、运输等的最有利位置。一般情况下，要保证良好的采光，要求温室周围应保证冬至日的太阳能照射到温室外围 1.0m 的范围以外；为保证通风条件，温室通风口周围 3.0～5.0m 的范围内不受遮挡等干扰，尤其是自然通风温室，必须认真考虑其周围通风环境和温室间的距离、风向等因素，自然通风的通风方向尽量与夏季主导风向一致。所有辅助设施如库房、锅炉房、水塔、烟囱等应尽量布置在冬季主导风向的下方，并与温室保持合理间距，避免影响温室采光；各种工作室、化验室、消毒室等为避免遮阳，则应靠朝阴面布置；加工室、保鲜室、仓库等既要保证与种植区的联系，又要便于交通运输。

为减少占地、提高土地利用率，前后栋温室相邻的间距不宜过大，但必须保证在最不利情况下，不至于前后遮阳。道路、管线结合整个场区的交通设计应尽量安排在阴影范围之内，在节约用地的前提下，保证生产和流通对道路数量和宽度的要求，同时综合考虑排水、绿化等方面的要求。

2. 现代温室的方位

连栋温室的方位是指温室屋脊的走向，朝向为南的温室，其建筑方位为东-西（E-W）。一般纬度增高，东-西（E-W）方位连栋温室的日平均透光率比南-北（N-S）方位的连栋温室日平均透光率大。研究表明，中高纬度地区东-西（E-W）走向连栋温室直射光日总量平均透过率较南-北（N-S）走向连栋温室高 5%～20%，纬度越高，差异越显著。但东-西（E-W）走向温室屋脊、天沟等主要水平结构在温室内会造成阴影弱光带，最大透光率和最小透光率之差可能超过 40%；南-北（N-S）走向连栋温室，其中央部位透光率高，东西两侧墙附近与中央部位透光率相比低 10%。

我国对玻璃温室的初步研究成果以及由此提出对玻璃或 PC 板温室建造方位的建议如表 2-8 所示。

3. 主要施工方法及顺序

（1）施工测量

包括轴线测量和水准测量。

表 2-8　我国不同纬度地区的玻璃或 PC 板温室建造方位建议

地　区	纬　度	主要冬季用温室	主要春季用温室
黑河	50°12′	E-W	E-W
哈尔滨	45°45′	E-W	E-W
北京	39°57′	N-S，E-W	N-S
兰州	36°01′	E-W	N-S
上海	31°12′	N-S	N-S

（2）施工顺序

一般大型现代温室工程按先地下后地上，工期长的工程先施工，工期短的工程按资源优化和工艺要求的原则适时插入，先主体后装修，水暖专业工程安装穿插作业的基本顺序组织施工。现代温室施工应根据不同的施工情况分为若干个施工区段，各施工区段组织流水施工。同时，要在工地建立成品保护措施，合理安排施工顺序，避免返工损失。

（3）土建工程

① 温室常用基础类型　一般对于重要和大型温室应有场区地质勘查报告；对于中型温室的建造应进行施工现场测试；若是小型温室则可根据经验或近项目的地质资料参考进行设计。设计时，先根据所选温室的结构体系确定基础的类型，然后进行具体的结构计算。

常用的温室基础有条形基础（图 2-25）、独立基础（图 2-26）和混合基础三种。一般独立基础可用于内柱或边柱，条形基础主要用于侧墙和内隔墙。侧墙基础也可采用独立基础与条形基础混合使用的方式，两类基础底面可位于同一标高处，也可根据地基承载能力设置在不同标高处。独立基础主要承担柱传来的荷载，条形基础仅承受温室分隔构件的一部分荷载。

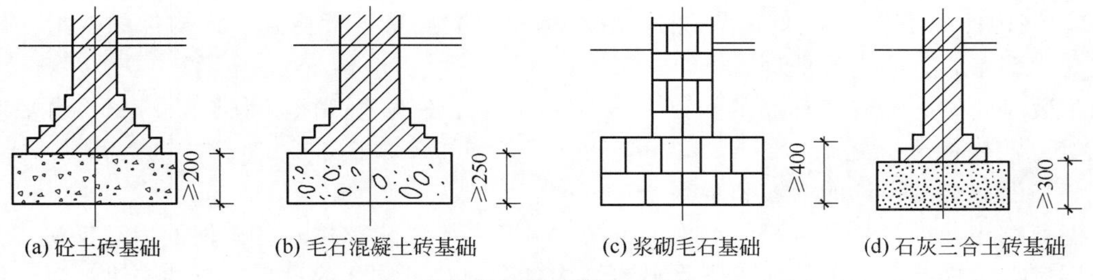

图 2-25　常见条形基础形式（单位：mm）

条形基础：条形基础根据所用材料的不同，又可分为砖基础和石基础两种。施工时在基础顶部常设置一钢筋混凝土圈梁以便设置埋件和增加基础刚度。

② 温室基础设计　温室基础设计的内容包括确定基础材料、基础类型、基础埋深、基础地面尺寸等，此外还要满足一定的基础构造措施要求。

进行基础设计的前提首先要知道基础所要承受的荷载类型及其大小，其次要准确掌握地基持力层的位置、地基耐力的大小和地基土壤性质，还应了解地下水位高低以及地下水对建筑材料的侵蚀性等，当地常年冻土层深度也是基础设计的一个重要参数。

一般情况下，基础的埋置深度应按下列条件确定：

a. 温室的结构类型，有无地下设施，基础的形式和构造；

b. 作用在地基上荷载的大小和性质；

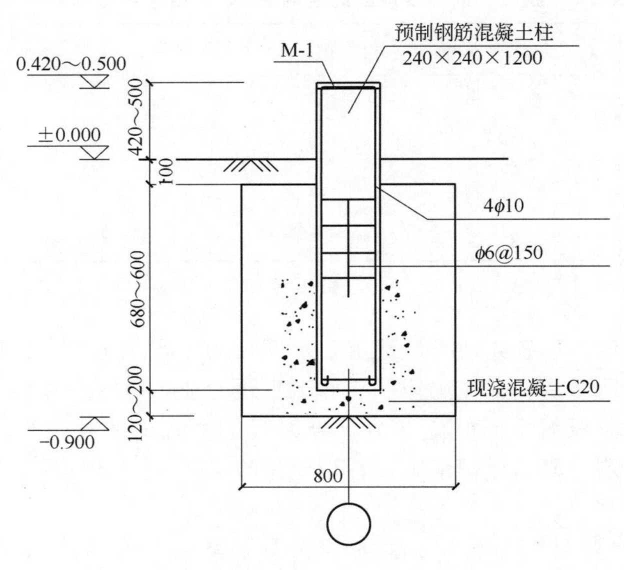

图 2-26　现浇钢筋混凝土独立基础（单位：mm）

c. 工程地质和水文地质条件；

d. 相邻温室的基础埋深；

e. 地基上冻胀和融陷的影响。

（4）钢结构工程

① 钢结构制作场地、存放、运输　钢结构的制作场地定在现场，场地长 20m，宽 5m，完全符合施工要求。

钢构件应根据钢结构的安装顺序，分单元成套供应。

② 钢构件的吊装　钢构件吊装前，应对钢构件的质量进行检查。钢构件的变形、缺陷超过允许偏差时，应进行处理。

吊装时要做好轴线和标高的控制。各支承面的允许偏差：标高为±3.0mm，水平度为 L/1000（跨度的千分之一）。

（5）温室结构设计的内容和步骤

温室结构设计就是通过科学合理的方法，分析温室结构整体及各构件的力学反映，并在符合国家有关规范和标准的前提下将温室结构各个部分具体化的过程。总的来讲，温室结构设计应包括下列几个步骤：

① 温室结构形式的选择　通过初步的比较分析，确定适当的结构形式。

② 温室几何尺寸的确定　主要用以确定温室的几何特性，如跨度、檐高、脊高、构件、长度等。

③ 温室结构用材的选择　确定各分类构件的材料种类。

④ 温室设计荷载的确定　主要确定荷载作用形式和特点、荷载数值大小、组合方式等。

⑤ 温室结构计算　选择计算方法、进行力学分析和截面分析，按照承载能力极限状态和正常使用极限状态对结构构件进行分析。

⑥ 确定初步结果　通过计算比较，在满足国家有关设计标准与规范要求的前提下，确定温室整体和各个构件的具体参数，选择适当连接方式。

⑦ 对设计结果再次进行比较和分析　在分析比较的基础上，进行局部调整或整体调整。

⑧ 确定最终设计结果　完成设计文件和生产工艺方案。

第四节　温室工程概预算

一、温室工程概预算的分类和作用

工程概预算是指在工程建设过程中，根据不同设计阶段的设计文件的具体内容和有关定额、指标及取费标准，预先计算和确定建设项目的全部工程费用的技术经济文件。工程概预算的分类和作用如下。

（1）设计概算

设计概算是在初步设计或扩大初步设计阶段，由设计单位根据初步设计或扩大初步设计图纸，概算定额、指标，工程量计算规则，材料、设备的预算单价，建设主管部门颁发的有关费用定额或取费标准等资料预先计算工程从筹建至竣工验收交付使用全过程建设费用经济文件。简言之，即计算建设项目总费用。

主要作用：①确定和控制基本建设总投资的依据；②确定工程投资的最高限额；③工程承包、招标的依据；④核定贷款额度的依据；⑤考核分析设计方案经济合理性的依据。

（2）修正概算

在技术设计阶段，由于设计内容与初步设计的差异，设计单位应对投资进行具体核算，对初步设计概算进行修正而形成的经济文件。其作用与设计概算相同。

（3）施工图预算

施工图预算是指拟建工程在开工之前，根据已批准并经会审后的施工图纸、施工组织设计、现行工程预算定额、工程量计算规则、材料和设备的预算单价、各项取费标准，预先计算工程建设费用的经济文件。

主要作用：①考核工程成本、确定工程造价的主要依据；②编制标底、投标文件、签订承发包合同的依据；③工程价款结算的依据；④施工企业编制施工计划的依据。

（4）施工预算

施工预算是施工单位内部为控制施工成本而编制的一种预算。它是在施工图预算的控制下，由施工企业根据施工图纸、施工定额并结合施工组织设计，通过工料分析，计算和确定拟建工程所需的工、料、机械台班消耗及其相应费用的技术经济文件。施工预算实质上是施工企业的成本计划文件。

主要作用：①企业内部下达施工任务单、限额领料、实行经济核算的依据；②企业加强施工计划管理、编制作业计划的依据；③实行计件工资、按劳分配的依据。

二、温室工程概预算实例

由于温室行业尚无一个完善的规范可以参考，因此，温室行业的概预算尚处于原始定额资料积累阶段，各温室企业一般按照一个相对统一的格式自主报价。

在实践工程中，基本可以分为两种类型：一种参考建筑概预算中的清单计价方式进行报价；另外一种则是按照温室的各个分项来进行报价。在实践工程中，目前按照分项来报价的尚处于一个较为通用的方式，但是，随着温室工程的不断规范和定额资料的不断积累，越来越多的温室工程开始采用了较为规范的定额指导下的清单计价方式。

1. 按照分项来进行报价的方式

见表2-9、表2-10。

表2-9　报价汇总表

分项名称			单位	数量	单价/元	合计	备　注
							主材或设备产地、品牌
1	温室基础						
2	骨架结构						
3	墙体材料	北墙体					
		后屋面					
		东墙体					
		西墙体					
4	覆盖材料						
5	通风降温系统	顶部通风					
		接地通风					
		风机					
6	保温系统						
7	给排水系统						
8	照明配电系统						
9	滴灌系统						
10	地面处理						
11	安装系统						
12	造价合计						
13	投标报价						
14	说　明						

注：未完善部分按各企业标准执行，各部分分别报价。

表2-10　主要材料明细表

序号	名称	规格型号	单位	总用量	单价/元	总价/元	品牌及制造厂
1							
2							
3							
4							
⋮							

注：1. 以上所列材料为主要材料，其余请各投标单位自己补充；
2. 材料单价是指材料供应厂商的到现场价，须真实反映；
3. 表格不够可自行复制。

2. 按照清单计价的方式进行报价的方式

见表2-11。

表 2-11　清单计价方式报价

序号	名称	单位	数量	单价/元	总价/元	备注(项目特征)
一、温室基础及墙体						
1	土石方工程	m^3				
2	三七灰土	m^3				
3	砌筑工程(砖)	m^3				
4	混凝土及钢筋混凝土工程	m^3				
5	预埋件	个				
6	砌筑工程(砌块)	m^3				
7	墙体保温板	m^3				
8	门	套				
二、温室外散水						
9	土石方工程	m^3				
10	三七灰土	m^3				
11	混凝土及钢筋混凝土工程	m^3				
三、钢架及配套材料						
12	温室钢架	m^2				
13	覆盖材料	m^2				
14	顶通风	套				
15	底通风	套				
16	保温被	m^2				
17	后屋面保温板	m^2				
18	后屋面防水层	m^2				
19	安装费	m^2				
20	运输	栋				
21	小计					
22	管理费	%				
23	税金	%				
	单栋合计					

本章思考与拓展

工厂化农业设施的设计是一个将理想变为现实的蓝图化过程，建造是将蓝图变为现实的施工工程。一个良好的温室大棚等设施的实现，既需要掌握科学、怀揣梦想的设计师，也需要有一批一丝不苟、精益求精、吃苦耐劳的设施农业“工匠”师。工匠精神的树立是中国由制造大国迈向制造强国的重要因素之一。温室设计与建造仍然有许多的设计理念与施工技术需要研究与突破，由设施农业大国转变为设施农业强国，仍然有许多路需要走，本专业的学生作为未来的设施农业设计人才和工程建造人才肩负着重要历史的重任。

3

第三章

现代设施农业园区设计原理

农业园区是指在农业科技力量较为雄厚、具有一定产业优势、经济相对较发达的城郊和农村，划定一定区域，建设以技术创新、农业生产、农产品加工为基本功能，兼顾农业科技展示与示范、休闲与观光、辐射带动、教育培训等功能的综合实体。

第一节　园区场地选择

农业园区一般是在原有生产基地的条件上进一步开发而成。应从实际情况出发，根据当地农业生产的历史及特点，充分挖掘当地资源优势，因地制宜地营造有地方特色的农业园区。

农业园区场地选择应符合各级政府产业总体规划和社会经济发展需要；应避免与当地的土地中长期发展规划相抵触，以减少不必要的损失。一个地块能否建设农业园区一般取决于该地块的自然条件、社会经济条件及建设条件三个方面。

一、自然条件

① 气候　热量、光照、降水等气候因素对农业生产的影响极大。不同动植物的生长发育要求不同的气候条件，而气候条件的分布具有明显的地域差异。因此，农业园区场址的选择，应充分考虑当地的气候因素。保证良好的采光是日光温室生产的重要条件，所以选址应选择在光照条件好的地区，避开周围高的建筑物以及不应有高大的树木。建设场址的冬季日照百分率尽可能大于50％。

② 地形　不同的地形，适宜发展不同类型的农业。平原地区地势平坦，土层深厚，有利于各类设施的布局；山地只要采光良好，也可以发展山地日光温室，更加节约用地，利于雨水采集。

日光温室建设地区的地质、地形条件好坏对投资的影响很大，应选择地质条件好、易于施工的地块，而且要求地下水位低，这样对温室的基础工程有利。一定要避开洪、涝、泥石流和多冰雹、雷击地区，确保温室建筑物的安全，以免造成经济损失。另外，风口地段对保温极为不利，应予避开。

③ 水源　是农业稳产的保证，影响着园区的生产成本。地表水、地下水、自来水以及集雨设施采集的降水，均可成为农业园区的水源。

④ 环境　建设日光温室要远离工厂、矿区，以免因粉尘、有害气体污染而直接影响日光温室采光面的透光率和影响作物的产量、品质。

二、社会经济条件

社会经济条件主要是指某地所处的经济环境，也就是该地的总体经济发展水平。它涉及经济基础、经济发展水平、资金、技术等多方面。经济条件对农业园区的开发建设是十分重要的。处在较好经济环境的农业园区优势突出，发展潜力巨大，对该地的发展具有推动作用，反之，则潜力小，制约园区的发展。

① 市场　农业产品要到市场上销售，才能实现其价值，因此，市场的需求量最终决定了农业生产的类型和规模。建园场地所在地域主要农副产品的生产、销售情况，直接影响到农业园区将来的生产水平、销售市场。

② 交通运输　农业园区主要考虑园区农产品的流通和销售。选址时应首先注意交通条件，宜选择在交通便捷的地区。以保证农产品在销往销售市场时，能够降低运费。同时应充分利用当地已有的交通条件，以减少园区的建设投资，提高园区的经济效益。园艺、乳制品、畜牧业等，由于其产品容易腐烂变质，要求方便快捷的交通运输条件。

③ 政策　世界各国的农业，都受到国家政策以及政府干预手段的影响。例如，我国政府从 20 世纪 80 年代以来，积极建设商品性农业生产基地，这对我国的农业发展产生了深远的影响。

④ 农业生产技术　优良品种的培育，机械化耕作，化肥的广泛使用，可使产量提高，生产成本降低。设施农业园的建设要求当地具有较高的农业生产技术，并能提供相应技术水平的劳动力。

⑤ 工业基础　农业的发展需要一定的工业基础，例如，我国的东北地区，是老工业基地，地区农业发展水平就相对高些。设施农业园区和农产品加工类型的工业结合更为紧密，建设选址时一定要考虑上下游企业的相互关系。

⑥ 劳动力　劳动力也是非常重要的因素之一，没有劳动力就不会有农业，现在的社会还未发展到全部机械化，除了要考虑劳动力的数量，还要考虑可用劳动力的技术能力等。

⑦ 地价　地价水平也决定着该地区的使用，如果地价过高，就不会有人在此种地，发展大规模的农业。地价的高低直接影响到设施农业园区建设的内容与方向。地价越高对产品的附加值以及空间的立体利用程度要求就越高。

三、建设条件

1. 工程地质条件

工程地质条件是指工程建筑物所在地区地质环境各项因素的综合。这些因素包括：

① 地层的岩性　是最基本的工程地质因素，包括它们的成因、时代、岩性、成岩作用特点、变质程度、风化特征、软弱夹层和接触带以及物理力学性质等，影响建筑物、构筑物的建造成本与稳定性。

② 地质构造　是工程地质工作研究的基本对象，包括褶皱、断层、节理构造的分布和特征、地质构造，特别是形成时代新、规模大的优势断裂，对地震等灾害具有影响，因而对

建筑物的安全稳定、沉降变形等具有重要意义。

③ 水文地质条件　是重要的工程地质因素，包括地下水的成因、埋藏、分布、动态和化学成分等，影响水资源的利用以及地质结构的稳定程度。

④ 地表地质作用　是现代地表地质作用的反映，与建筑区地形、气候、岩性、构造、地下水和地表水作用密切相关，主要包括滑坡、崩塌、岩溶、泥石流、风沙移动、河流冲刷与沉积等，对评价建筑物的稳定性和预测工程地质条件的变化意义重大。

⑤ 地形地貌　地形是指地表高低起伏状况、山坡陡缓程度、沟谷宽窄及形态特征等；地貌则说明地形形成的原因、过程和时代。平原区、丘陵区和山岳地区的地形起伏、土层厚薄和基岩出露情况、地下水埋藏特征和地表地质作用现象都具有不同的特征，这些因素都直接影响到建筑场地和路线的选择。

2. 基础设施条件

农业园区的基础设施条件主要包括水、电、能源、交通、通信等设施。这些基础设施是农业园区开发，特别是农业园区技术建设中不可缺少的条件和因素，并直接影响到农业园区开发建设的难度和投资金额。尤其是日光温室的生产对水、电有较大的依赖性，其建设必须有满足生产需要的给水系统和供电系统。

第二节　园区总体规划

园区的总体规划应妥善处理开发利用与生产、加工、服务等诸多方面之间的关系。从全局出发，统筹安排，充分合理地利用地域空间，因地制宜地满足农业园区的多种功能，使得各功能区之间相互配合，协调发展，构成一个有机整体。

具体工作包括以下几个方面。

一、基础资料的收集

基础材料主要包括农业园区所在区域的社会条件、自然条件两大方面。

1. 社会条件

① 农业发展现状　包括生产力水平、技术水平、主要农业产业等。

② 经济发展现状　当地经济发展水平和人们的消费水平。

③ 各级农产品市场情况　包括地区、全国乃至相关的世界市场。

④ 土地利用现状　主要调查当地土地利用效益水平。

⑤ 交通条件　调查建设农业园区所处地理位置与城市交通的关系，包括交通路线、交通工具等情况的调查。

⑥ 现有设施的调查　包括给排水设施、能源、电源、电讯情况，原有建筑的位置、面积、用途等。

⑦ 环境质量　包括水、大气、噪声。

⑧ 园区农业宏观规划　园区所在区域所做的该区域农业园区宏观布局规划的成果（如没有，可以收集相关的文件或导向性政策以及现有的相关研究成果）。

⑨ 旅游资源的调查　观光农业园区的开发与本地区内旅游发展的基础密切相关。在分析区域旅游发展基础时，应着重考虑农业旅游资源的类型、特色、资源组合、资源分布及其提供的旅游观光功能，同时注意外围旅游资源的状况。

2. 自然条件

① 气候资源　即太阳辐射、热量、降水等气候因子的数量及其特定组合。

② 水资源　即可供工农业生产和人类生活开发利用的含较低可溶性盐类而不含有毒物质的水分来源。

③ 土地资源　耕地、园地、林地、草地、内陆水域、沿海滩涂、宜农荒地、宜林荒山荒地等的分布情况。

④ 生物资源　森林资源、草地资源、野生生物资源、珍稀生物资源、天敌资源等。

二、优劣势分析

将基础资料进行选择，分析所具备条件的优势、劣势与主要矛盾是农业园区总体规划的主要环节。

① 农业园区布局的区域条件　根据当地的产业特点决定农业园区建设的具体布局，这是农业园区建设的控制基础。各地的农业园区建设应具地方特点，应根据实际情况进行分区。农业园区布局首先要符合全国整体布局，其次要和当地的产业特点相一致。

② 当地土地利用效益水平　土地利用效益水平反映了当地的经济发展情况，反映了当地的土地利用程度和水平。农业园区的示范作用得以实现很重要的一个方面就是要使农业园区的土地利用效益水平高于当地的土地利用效益水平，进而在当地的经济发展中起良好的带头作用。土地利用的效益水平可以从很多的角度进行反映，如土地利用的集约度和地价等因素，这些因素综合反映了当地的区位和交通等条件的优势。

③ 当地自然条件的有利和不利条件　农业园区的布局，强调资源的规律性。农业资源、土地资源、水资源、气候条件的约束，农业工业化的实现过程在很大程度上也受自然分布规律的限制。因此，在农业园区布局中，资源决定论有着广泛的作用范围。由于资源的决定作用是多方面的，包括自然资源的种类、总量和平均占有水平、质量与品位、可开发情况和地域分布等，因此园区布局应充分考虑自然条件的各种变量特征，只有这样才能对园区的布局调度自如，取得最佳的区域经济效益，有效地推动区域经济的发展。气候带、土壤类型、地形地貌类别等，它们往往决定着农业园区布局的基本格局。

④ 区域经济发展水平　区域经济发展水平在两个方面影响农业园区的发展，一方面是投资规模，另一方面是游客的消费水平。农业园区是一种高投入的项目，一般而言，只有在区域经济比较发达的地区，才具备较大规模的投资能力。此外，经济发展水平较高的区域，其居民的收入和游客的消费能力均较高，这会直接影响到农业园区的经济效益。

⑤ 交通条件　农业园区所在的区域必须有良好的交通条件，即可进出性条件要好。所以农业园区要考虑选址在主要公路干道旁，第一可以节省道路投资，第二是易于利用社会交通运输能力，第三是主要公路干道视野开阔，农业园区可以向经过公路干道的旅客展示标志性景点，不断强化旅游形象，吸引游客。

⑥ 客源市场　农业园区要求选址在经济发达、流动人口多的大城市和特大城市的郊区，以保证有良好的客源市场条件。例如深圳市海上田园风光旅游区选址在深圳西部海岸的 $24km^2$ 的“三高”水产基地，是一个集水产养殖、水上观光和水上娱乐于一体的生态农业综合景区，经济发达、有着大量流动人口的深圳为其提供了丰富的客源。

⑦ 国家的政策　国家和各级政府各种优惠政策是农业园区建设和启动的重要保证。这些政策主要包括土地优惠政策、税收优惠政策、法律政策、经济政策、奖励措施等。

农业园区的规划应结合当地的优势条件进行，合理确定农业园区的规模和发展方向。

三、农业园区的功能设置及项目构成

农业园区的功能设置面对生命体，受到自然规律和社会经济条件的制约，所以在功能的设置和项目选择上要综合考虑各种因素。

1. 农业园区的功能设置

（1）功能设置的原则

① 因地制宜　不同的地域、地段、地形、水文、气候等条件，不同的产业构成和种养要求，需要不同的技术和设施。

② 充分利用资源　包括自然资源、社会资源和人文资源，必须合理地进行综合利用和开发，才能提高农业园区的综合效益。

③ 可操作性　要有明确的工艺技术要求，并符合自然和社会规律，才能保证实现产业价值。

④ 经济可行性　农业园区的功能设置关系到整个园区的技术水准和经济效益，必须以市场为导向、效益为中心、技术为支撑，才能真正达到农业增效、农民增收的效果。

⑤ 可持续性　不仅要满足经济发展的需求，同时还要满足资源和环境永续利用的需求，才能使园区持续发展。

（2）农业园区的主要功能

① 精品生产加工功能　农业园区生产的不是一般的农产品，而是利用高新技术和优良品种培育和加工出来的优质精品，这类优质的精品具有很强的市场竞争力，能与国外同类农产品展开市场竞争，有利于增加国内农产品的国际市场竞争力。

② 示范功能　通过引进消化吸收国内外现代农业高新技术、先进设备和科学管理模式，形成不同的农业生产区域先进适用的技术组装模式，从而提高农业科技开发项目的科技含量和附加值，对当地的农业综合开发和科技推广起先导和示范作用。

③ 辐射扩散功能　运用高新技术改造传统农业，是农业园区的一项基本任务，通过设立高新技术示范项目，可以为科技成果的转化创造一个全新的机制和环境。科技成果首先进入农业园区，并通过技术引进、资金投入、政府扶持以及人才和市场方面的配套，使其充分成熟。经过充分熟化的科技成果，在政策和市场的驱动下，即可向外辐射扩散，并转化为现实生产力。农业园区可以带动周边地区的农业科技进步和农业的综合开发，其带动作用主要表现在：一是通过农业园区种苗繁育中心，带动名优品种的普及和推广；二是通过农业园区现场和理论结合的技术培训，带动广大农民素质和应用新技术技能的提高；三是通过农产品的加工和农业高新技术在园区的产业化，可以成为带动当地农户种植业、养殖业和食品加工业发展的龙头。

④ 科学技术的普及功能　农业园区要设置能引起公众感兴趣的东西，如农业园区的植物组织培养快繁、无土栽培、蔬菜花卉新品种、观赏植物、动物胚胎移植等。游人通过参观了解农业科技发展，激发公众求知欲望。

⑤ 试验功能　通过建立农业园区，引进国内外适用的技术成果并与当地的常规农业技术和传统农业技术进行组装配套。在园区内，对这些先进适用的农业高新技术成果进行试验和示范，摸索科技成果转化成生产力的运行模式，找出农业高新技术成果转化的制约因素，总结出一套行之有效的农业高新技术成果转化为现实生产力的运行规律和机制。

⑥ 孵化功能　农业科技园是一个扩大了的科技企业孵化器，包括项目孵化和企业孵化。

项目孵化的对象主要是研究开发的科研成果和科技人员。孵化的目标是科技成果企业化，即可生产化。企业孵化的对象是已注册的小型科技企业法人，孵化的目标是培育成功的中小型科技企业和科技型企业家，并经过再孵化，实现由中小型科技企业向大中型科技企业的迅速转变，进而开拓国际市场，实现跨国经营和国际化发展。

⑦ 科技成果的引进、吸收与创新功能　农业科技园区不但为农业科技成果的引进、吸收与创新提供了平台，而且注入了新的机制。已成为农业科技的重要研究、开发基地。

⑧ 培训教育功能　借助农业园区的农业设施、先进的科技成果和科学的管理模式，把科研单位的农业科技成果搬到农业园区内，把科技人员请到田间，把科技成果摆到地头，促进科技成果与农业生产经营者进行面对面的交流。通过将国内外先进的生物工程技术、设施栽培技术、节水灌溉技术、集约化种养技术、农产品深加工技术以及计算机管理和信息技术等引进示范园内进行展示和示范，并通过参观学习、培训技术等手段培养农业科技人才，强化农田科技队伍的建设，带动周边地区农民科学文化素质和科学种养水平的提高。

⑨ 保护生态和旅游观光功能　农业园区建设，除了保持农业的自然属性外，常配有新型农业设施和高新技术以展现现代农业的气息，加上生态化的整体设计和优质瓜果、蔬菜、花卉、水生植物和大田作物的生产与示范，形成融科学性、艺术性、文化性为一体的人地合一的现代旅游观光农业的景点，能有效地保护园区的生态环境，展现农业开发可持续发展性。

⑩ 盈利功能　农业园区的发展以市场为导向，以科技为依托，以经济效益为中心。所有的农业园区活动都以赢利为目标，通过不断开发具有高科技含量、高市场占有率、高附加值的产品，追求利润最大化，获取最大经济效益。

2. 农业园区的项目构成

（1）项目设计的原则

① 方向性原则　农业园区项目按照国家农业的发展战略要求，立足国情，准确定位，重点突出，面向农业、农村、农民，面向世界，符合 21 世纪农业发展的高新化、适用化、产业化的方向。

② 代表性原则　农业园区项目充分体现它所代表的农业区域和农业类型的特点、基础和要求。

③ 先进性原则　农业园区项目符合我国农业高效、优质、可持续发展的要求。应用先进适用的技术和现代化管理手段，创造国内领先水平的科技成果。

④ 效益性原则　农业园区项目突出追求效益最大化和经济、生态、社会效益的协调统一，整体化发展。

⑤ 带动性原则　农业园区项目不仅仅要搞好自身建设，更重要的是要突出对周边地区的辐射带动作用，实现农业科技的以点带面，全面发展。

⑥ 可持续性原则　项目的选择不仅要满足经济发展的需求，还要满足资源和环境永续利用的需要，才能使农业园区长久发展。

（2）项目选择的原则

① 项目的选择要服从农业园区的定位　农业园区建设的目标、建设的原则、管理机制、运行机制都应有明确的规定，因为这些是农业园区项目选择的主要依据。不同的地区，不同的经济发展水平，农业园区的主攻方向和示范内容不一样，项目的选择也不尽相同。农业是一个受自然条件和经济条件影响较大的产业，地域性强。这就决定了农业园区的示范功能有

着一定的地域范围。农业园区的项目选择应立足于本地区的农业产业结构调整，立足本地区的农业主导产业的形成和发展，为农业和农民提供切实的科技示范和推广服务，从而起到从整体上带动本地区农业经济发展的作用。

② 项目的选择要充分考虑市场的需求　农业园区建立的目的之一就是推动当地农业产业升级，带动当地农民增收和农业结构的调整，所以农业园区的项目必须按照市场的需求来定。以市场为导向，以效益为中心，以技术为支撑，才能真正达到农业增效、农民增收的效果。

③ 引进国内外项目要坚持先进适用原则　引进国内外项目，能够提高我国农业的生产水平，帮助我们开发区域农业主导产业，改进落后的传统农业，是增强农产品市场竞争力的有效措施。但是，在引进国内外项目时，一定要注意项目的适用性和先进性，尤其是一些巨额投资项目。对于适合我国国情的和当地实际情况的项目应首先加以考虑，也就是说，在某种程度上适用性比先进性更重要。比如，引进国外的先进温室设施，从技术上来说，具有先进性，但往往投资过高，运行成本太大，导致经济效益不高甚至出现亏损，并且现阶段农民尚无法使用，超前太多，反而失去了当前的示范价值。

在引进国外先进实用生产技术的同时，还要注意我国先进技术的应用。与国内先进适用技术相比，国外技术要符合我国的实际情况，并且还需具有投资少、成本低的优点。所以，只要能解决当前生产难题，显著提高区域农业主导产业市场竞争力，都应设法引进，试验成功后列入重点示范项目。

④ 项目的选择应考虑开发的难度和投资风险　农业园区的建设资金投入较多，建设周期较长。在项目的选择上应当充分考虑开发的难度和投资风险，开发的难易度对农业园区的项目选择影响很大，与风险投资成正比。一般来说，项目开发难度大，投资风险也较高。因此在农业园区建设初期，选择项目时，尽量避免开发难度高的项目，特别是启动阶段，应当选择一些开发容易、操作简单、产品开发市场前景看好的一些项目。只有这些项目开发成功了，后续项目的进一步开发才能成功。

（3）项目构成

① 农业　如果园、茶园、养菇场、稻田、作物栽植、花圃等。

② 林业　如林场、森林游乐区等。

③ 牧业　如牧场、养猪场、养鸡场等以畜牧经营为主要生产物之地。

④ 渔业　如养虾场、贝类养殖场、渔港等。

⑤ 农副产品加工业　如果品加工、蔬菜加工、饲料加工、粮食加工等。

⑥ 服务业　如餐厅、宾馆、游乐场所、特色商品销售、体验教室等。

四、农业园区总体规划的主要内容

农业园区的规划设计要体现农业高科技的应用前景。在这里高新技术物化后将能充分显示出科学技术是生产力的巨大威力，这也是每一个农业园区的特色和闪光点，是吸引游人的主要景点内容。因此，设计时，应把现代农业高新技术作为重要景点，尽可能地使之具有可操作性、观赏性及艺术性。

农业园区的规划设计应纳入城市（镇）的总体规划。要紧扣城乡融合的关系，力争做到田园中有城市，城市中有田园，同时按高起点、高标准、高层次、高科技、高品位的目标对现有园区进行进一步改造、扩建，或建设新的农业观光园。

农业园区的总体规划包括确定农业园区的发展方向、功能分区和景观分区的规划及各类指标。

1. 总体规划的理念

（1）生态理念

从规划的角度出发，依据城市生态环境的特点，以及平衡开发与生态环境的交错关系，注意环境容量和土地开发利用的限度，强调环境的总体协调性、资源的综合利用性，最大限度地保护和改善生态环境，达到建筑与环境共生、建筑与环境互补、建筑与环境相映生辉，使农业园区的建筑和设施都能体现生态与环境共生互补的理念。

（2）节能理念

整个农业园区的规划布局应当充分体现节能的设计理念，办公区与生产区等办公、生产性建筑要保证充分的日照间距，采用保温性能好的外墙材料等，既保证工作、生产、生活的舒适，又体现现代节能的特点。连栋温室、日光温室、塑料大棚等农业设施按照当地太阳高度角来设计最经济的采光要求，设计合理的栋与栋之间的距离。同时尽可能使建筑群之间形成的小区院落与周边的绿化、水体、阳光、自然通风等情况紧密结合，生产中充分利用节能生产工艺，优化人工建筑环境，节约人工能源，避免能源浪费。

（3）节水理念

农业园区的规划布局应充分体现节水的理念，生活、加工区的污水进行处理后达到排放标准可作农田灌溉使用。农业园区的低点区域以及温室区尽可能采用集雨水工程设施，避免雨水的流失，在管理区、加工区设雨水沟，使雨水流到蓄水池后备用于农田的灌溉。露地栽培尽可能采用滴灌，温室内的灌溉全部采用膜下滴灌技术。

（4）可持续发展的理念

农业园区的规划应当考虑近期项目和远期发展的结合，应建立具有弹性的长远发展构架，塑造出未来农业园区的清晰轮廓。由于现代科技的迅速发展，高科技产业、生产工艺改建与更新以及生产规模的扩建节奏越来越快。这就要求基地的建设项目必须具有弹性，建筑的设计要留有余地；同时，在土地、水、电等资源的综合利用上也应体现可持续发展的理念，应留出未来发展的地块，作为产业预留区域，以适应未来科技与经济发展的要求。

（5）人性化设计理念

当今时代越来越体现出以人为本的人性化理念，物质生产和社会经济的发展越来越体现人文需求，工作、生活、生产环境的规划与设计也越来越要求高效性和舒适性，并强调满足生产功能大的需求。因此，农业园区的规划应当较好地处理人与建筑、人与设施、人与环境之间的和谐统一。无论生产区还是观光休闲区都应该体现出以人为本的人性化设计理念。

（6）个性化设计理念

农业园区规划在整个建筑风格上应有主基调，但在具体设计上又可有各自的个性。对农业园区的各功能区在布局上既要符合总体格局的基本要求，同时又要体现其特点，在建筑形体和空间的组合、企业的标识等方面都要有鲜明的个性，以丰富整个项目区的视觉美观和文化环境。

（7）园林化设计理念

在满足生产、农业高新技术示范、产业开发的前提下，农业园区的建设力求按照园林化的思路进行规划和布局，通过对名特优瓜果、蔬菜、花卉、苗木、牧草的展示项目的安排，通过对设施工程、生态观光园、各建筑风格的特色设计以及道路、绿化、水面、桥涵、沟渠、绿色长廊等配套项目的精心设计与规划，逐步形成一个与园区周边气候、环境和人文景观相适应的农业观光休闲点。

（8）智能化设计理念

随着现代科技的发展，建筑与生产系统均需要具有智能性、社会性、结构清晰性等特征，同时还能与生产工艺、管理系统巧妙结合在一起。农业园区的规划，将充分体现现代化农业园区与智能建筑特点，在生产和生活功能满足的前提下，农业园区的规划设计也应优先考虑各独立功能区和各单位建筑之间的管理与安全、消防、节能等方面自动化管理以及电力、电信、网络服务等方面的功能设置，以体现出现代农业园区的智能化特色。

（9）体验化理念

现在很多农业园区在游客参观时虽然看起来非常高大上，但看过之后留有深刻印象的少，能够深入体验的更少。大部分还停留在走马观花式的参观阶段。因此在规划设计时，还应当尽可能地加入游客体验环节，丰富游客感受，增强记忆，同时延长游览时间，为园区创造更多的经济收入。

（10）突出文化理念

在规划时，还应充分挖掘当地资源与文化，从主导产业入手，深入挖掘生产流程、食材保健、历史文化等方面的文化内涵。同时渗透到相关产业以及上下游产业，以丰富园区的文化内涵。

2. 总体规划的原则

（1）可持续发展的原则

一是要注重近期建设和长远发展的关系，即项目的启动既要符合实际的要求，又要考虑到远期农业园区功能的拓展以及环境的优化、生态系统的保持和维护等。

二是要注重社会、经济、生态效益的协调发展。既要保证科技示范、产业开发、交流培训和观光休闲等功能的实现，又要利于环境保护和生态平衡，还要兼顾示范基地的经济效益，确保项目的可持续发展。

（2）因地制宜原则

根据功能设置的需要，在项目选择的基础上，应将具有内在联系的项目群体进行归类，因地制宜地进行合理布局，组成一个有机产业整体。一般应考虑将畜牧产业区设置于项目区的下风向区域，养殖、牧草等工程应相对集中；设施园艺区应建立在交通便利和土壤、水利条件等较好的区域，同时净化加工、检测、育苗等集中在该区附近；观光休闲区设置在交通便利、环境优美、生活功能完善的区域；加工区设在交通便利、原料来源充足、基础设置完善、污水处理方便的区域较为合理。

（3）经济便捷原则

应根据各项目各功能区的位置对交通的要求及实际地面状况的不同，因地制宜地安排各功能区的建设内容，尤其是道路、管网的规划以最便捷的路线形成网络，以减少投资；同时要考虑入园企业的使用方便和旅游观光的需要，道路通畅、便捷、方便。示范基地所设置的各类项目应尽可能布局在主要道路两侧，以便于产业发展和示范参观。

（4）合理用地原则

对于各功能区的用地选择，既要在总体上把握好空间布局的合理性，又要兼顾现状建设条件，因地制宜地用好农业园区的每一寸土地，确保合理用地、节约用地。

3. 功能分区规划

农业园区的功能设置受到自然规律和社会经济条件的制约，而且不是单一产业，包括农、林、牧、渔等种养业，有许多产业特点和完全不同的技术要求，使得农业园区功能设置更为复杂。

(1) 功能分区规划的基本思路

农业园区的功能分区以农业科技成果的示范、推广、应用、观光为主线的前提下，根据农业园区规划的指导思想、发展方向和目标，并按照功能相近、产业关联等基本原则，参照地理位置、土地利用状况等进行各功能区的布局，做到突出重点、全面协调，最终确立一个科学的、合理的、既满足农业园区建设发展需求又适应农业发展的分区方案。

(2) 功能分区规划的原则

① 满足农业园区总体规划对功能分区的要求，服从科学性、弘扬生态性、讲求艺术性以及具有可能性的分区原则。

② 从农业园区土地利用的实际情况出发，充分考虑农业园区建设的性质、规模和自然条件等。

③ 重点突出，全面协调，对农业园区建设影响较大、用地集中、较为重要的部分优先考虑安排。

④ 集中原则　对关系到农业园区发展方向、规模及有关功能作用的部分应尽量集中布置，形成独立的功能分区。如种苗生产基地、设施农业用地、良种家畜繁殖用地、公共中心及居住用地；示范类作物按不同类别分置于不同区域且集中连片，既便于生产管理，又可生产不同季相和特色的景观。

⑤ 对较小规模的交通、仓库、机耕站、绿化隔离带等用地，原则上并入规模较大的功能区，而不单独设立功能区，以方便集中管理。

⑥ 功能分区的调整要注意结合效益，应从技术、经济、社会、生态、卫生等各方面比较，选出综合效益最好的方案。

⑦ 突出自身特色　根据今后高科技农业园区应达成的目标及建成后的运作方式，紧密结合所处的地域、气候条件、适合发展作物品种等诸多影响因素，对高科技农业园区加以认真分析和安排。例如，以观光为主的高科技农业园区既要考虑项目的生产功能，又要考虑项目的景观、科教示范功能。特色是任何高科技农业园区规划建设进程中生存和发展的基本条件。

(3) 影响功能分区的因素

影响农业园区功能布局的因素很多，但应从以产业为农业园区规划核心的角度来考虑，这些影响因素主要包括土地利用现状、土地利用的效益水平、产业关联程度、功能相似性、总体规划的要求以及对农业园区的定性定位方面。

(4) 农业园区的功能分区

① 生产区　生产区在农业园区中占地面积较大，主要提供果树、蔬菜、花卉园艺生产及畜牧养殖、森林经营、渔业生产，故应选择土壤、地形、气候条件较好，并且有灌溉、排水设施的地段，内部设生产性道路，以便生产和运输。生产区可分为种植和养殖两大部分。

a. 种植部分

ⅰ. 果园　果园不仅可以生产水果，而且也可作为旅游场所。节假日到乡村果园休闲观光，既游览田园风光，又尝新鲜水果，是城市居民喜爱的度假方式之一。果园可以是综合性观光农业园区中的一个组成部分，也可以是专门的观光果园的主体。一般利用原有果园条件，发展好的品种，形成优质高产果园。品种上，南方以荔枝、龙眼、柑橘为主，北方以苹果、梨、水蜜桃等为主。果园可全面开放或仅局部开放，由游人自己入园采果、尝果。回家时还可以采购果园出产的新鲜水果带回去与家人和好友共享。

ⅱ. 茶园　饮茶在中国具有悠久的历史，是一种高雅的休闲形式。在山清水秀、空气清新的茶园中饮茶其意境更高。在观光农业园区中设置茶园，更能提高游人兴致。饮茶需要一定的场地与设施，桌椅、茶具不可缺少，还要有烧水、备茶之处，故观光性茶园中一般都要建茶室。当然，茶室建筑在风格上要素雅、简朴，与清茶一杯、凡尘皆无的境界相协调。可用简单的竹木结构，竹篱茅舍，别具情调。也可采用古朴的民居风格，体现地方特色。

ⅲ. 菜园　菜园很少独立作为观光农业园区中的种植项目，它一般与其它项目搭配，形成综合性农业生产区。菜园中应主要种植新奇、野生蔬菜品种，并设置大棚、温室种植反季节蔬菜，给游人以耳目一新的感觉。游人到此，除了了解到蔬菜生产的有关知识外，还可以品尝到平日少见的新鲜蔬菜，也可开发租赁形式的菜园。

ⅳ. 大田作物　种植水稻、小麦、玉米。结合主要观光区，设置观景台、摄影小品、植物迷宫等，可增加游览乐趣。

ⅴ. 花圃　栽培观赏类植物，可以进行各种花卉造景设计，作为农业园区的一个景点。

b. 养殖部分

ⅰ. 水产养殖　利用鱼塘养殖鱼虾及各种珍贵水产，在生产的同时，也可作为游人游玩、垂钓场所。

ⅱ. 畜牧养殖　主要养殖牛、羊、猪等家畜。畜牧养殖需建笼舍，污染又大，应放在观光农业园区的边角地段和下风方向，并适当隔离。

生产中除了采摘体验以外，还应该有产品进一步加工的展示和后续体验的场地，以方便游客进行体验。同时配备一定的销售场地。

② 示范区　示范区是农业园区中因农业科技示范、生态农业示范、科普示范、新品种新技术的生产示范的需要而设置的区域，此区域可包括管理站、仓库、苗圃苗木等，与城市街道有方便的联系，最好设专用出入口。

因生产管理上的要求不同，生产区中各类项目对游人开放程度不同。如果生产区能全面长期开放，则其本身就是游览观赏的对象，不需要另设示范区。如果生产区中的有些项目只能局部或定期开放，甚至全封闭生产，那么就要在外围设立专门的示范区。示范区内仅布置有代表性的作物生产场地，安排专人讲解、示范。游人还可动手参加生产，体验劳动的辛勤与丰收的喜悦，并获得相关的农业知识。

③ 观光区　观光区是农业园区的闹区，是人流集中的地方，设有观赏型农田如瓜果种植区、珍稀动物饲养区、花卉苗圃区等，农业园区的景观建筑往往较多设在这个区。选址可以选在地形多变、周围自然环境好的地方，让游人身临其境地感受田园风光和自然生机。群众性的观光娱乐活动常常人流集中，要合理地组织空间，应注意要有足够的道路、广场和生活服务设施。

观光区利用当地的自然风景和人文景观，结合现代园林造景手法，可以将景观优美的地段建成专门的观景游览区。结合农业观光区的性质，可以布置百果园、百花园等园林景区。百果园中种植各种果树品种，选择有代表性的普通品种及部分珍稀品种。百花园则将现有林木较差的山坡地进行改造，群植大片开花植物。在其中布置游览小道，人在花间行，其乐无穷。

④ 管理服务区　管理服务区是农业园区经营管理设置的内部专用地区，此区包括管理、经营、培训、咨询、会议、车库、产品处理厂、生活用房、产品销售、停车场等，与农业园区主要干道有方便的联系，一般位于大门入口附近，管理区内有车道相通，以便运输和消防。

第三节　园区专项规划

一、道路规划

1. 农业园区道路的功能

农业园区综合性很强，承担的功能多种多样。因此，农业园区道路承担着多种功能。它不仅担负着农业园区运送设备、原材料、产品以及组织生产生活的功能，还担负着游客出入园区以及引导游人在园区内游览的功能，同时还应满足消防、救护等车辆的应急运输和铺设管线的要求，而且道路的走向和线型是组织园区内景观的重要手段。

2. 农业园区道路的类型

农业园区的道路，首先分为对外交通和内部交通两类。

对外交通承担着农业园区与城市之间的客货流运输，如农业园区中农业生产所需要的化肥、农药、种子等，园区建设期间运送各类设备、建材，生产加工后的农副产品，以及前来参观的游客，都必须经过农业园区的外部道路才能抵达园区。

内部交通承担着园区内部的客货流运输，联系各个功能分区，有一定的运输功能，更有一定的景观要求。

农业园区的内部交通按等级、功能可分为主路、支路、人行道、园务路。

① 主路　为农业园区与外部道路之间的连接道路以及农业园区内联系园内各个分区、主要景点和活动设施的环行主道。宽度控制在5.0～8.0m，最大纵坡为8.0%，转弯半径控制在12.0m左右。

② 支路　设在各个分区内的路，它联系着各个活动设施和景点，对主路起辅助作用。宽度控制在3.0～5.0m，最大纵坡为8.0%，转弯半径控制在6.0m左右。

③ 人行道　农业园区内供游人步行游览观光的道路。宽度控制在0.9～2.5m，纵坡过大时可设台阶，应注意防滑措施。不设阶梯的人行道纵坡宜小于18%。

④ 园务路　为方便生产活动、园务运输、养护管理等需要而建造的路。这种路往往有专门的入口，直通园区的温室、养殖场、加工厂、仓库、管理处等，并与主路相通，以便把物资直接运往各分区。道路宽度根据其运送货物的流量、仪器设备的尺寸及其必要的通行能力而决定。

3. 农业园区道路规划原则

（1）在总体规划或控制性详细规划的基础上形成路网规划

总体规划是详细规划的依据，控制性详细规划是总体规划的延伸，修建性详细规划又是控制性详细规划的进一步细化，因此修建性详细规划必须以总体规划或修建性详细规划为依据。修建性详细规划中的道路规划设计也必须满足上一层次规划中的要求。

（2）因地制宜规划道路

合理利用地形，因地制宜地选线，与景观和环境相配合。依据各种道路的使用任务和性质，选择和确定道路等级要求。进而合理利用现有地形，正确运用道路标准，进行道路线路规划设计。同时应充分合理利用现有道路进行规划设计。

（3）满足功能上的要求

总体上来说，园区道路应满足农业园区生产、生活、客货流运输、游览、防火、环境保护等多方面的需要。

① 农业园区对外交通，为了使客流和货流快捷流通，因而要求快速便捷，主要注意其可达性。规划中应对其道路宽度和道路等级提出一定要求，达不到要求的应与地方政府协调加以改善。

② 农业园区内部交通，在解决生产生活交通运输的基础上，还具有游览观光的作用。在不同分区内道路的主要功能有所区别，生产区主要承担生产运输的作用，观赏区主要承担游览作用，但在有些区域，其功能不能明确分开，同时具有多种功能，这时考虑的因素则更为复杂。

③ 生产区道路布局应符合农业生产的要求。如种植区，应该尽量保证用地规整，方便土地的利用和农业生产管理，尤其是要考虑到现代化农业机械的使用；加工厂周边的道路则应考虑到加工厂的用地需求，满足其工艺和工业流程的要求；如建有温室，周边道路系统则应考虑到温室建设的特殊要求，根据园区所处不同地区，满足其最佳朝向和方位角以及合理的日照间距，保证温室的采光。观光区道路则应满足游览观赏的需要，保证游客流通的同时，还应具有引导游览的作用，并保证良好的景观效果。农业园区内主要道路则功能较为复杂，应在满足各项功能的前提之下，更好地展示农业园区整体形象。

④ 应对各类交通流量和设施进行调查、分析、预测，以保证道路通行能力与客、货流量相协调；在流向上要沟通主要集散地；交通方式或工具要符合功能要求和景观要求；输送速度要考虑生产需要和游赏需要。

⑤ 通向建筑集中地区的园路应有环行路或回车场地。通行养护管理机械的园路宽度应与机具、车辆相适应。生产管理专用道路不应与主要游览道路交叉。应根据不同功能要求和当地筑路材料合理确定其结构和饰面。面层材料应与园区整体风格相协调。

⑥ 农业园区道路还应满足防灾避难方面的要求，应保证在有灾害发生时，抢险车辆应能便捷地到达，减少灾害带来的损失。

（4）兼顾景观上的要求

在路网规划、道路等级和线路选择三个主要环节中，既要满足使用任务和性质的要求，又要合理利用地形，避免深挖高填，不得损伤地貌、景源、景物、景观，并要同当地风景环境融为一体。对景观敏感地段，应提出相应的景观控制要求。园内道路所经之处，两侧尽可能做到有景可观，防止单调平淡。因道路通过而形成的竖向创伤面的高度或竖向砌筑面的高度，均不得大于道路宽度，并应对创伤面提出恢复性补救措施。

（5）技术上可行且经济上合理

道路建设应充分利用已有道路，尽量少占用地，尽量避免重复建设，以节约投资和减少新修道路对植被和土壤的破坏。必须满足坚实、稳固等安全要求，不要穿过有潜在危险的地段。道路的规划布局不得穿越地质不良和易发生滑坡、塌陷、泥石流等危险地段。

二、工程管线系统规划

农业园区基础工程规划，应包括给排水、供电（能源）和邮电通信等内容，根据实际需要，还可进行防洪、防火、抗灾、环保、环卫等工程规划。

由于农业园区的地理位置和环境条件十分丰富，因而所涉及的基础工程项目也异常复杂，邮电通信、给排水、电力热力、燃气燃料、太阳能、风能、沼气、潮汐能、水力水利、防洪防火、环保环卫、防震减灾、人防军事和地下工程等数十种基础工程均可能直接遇到。因此，施工时应参照各自专业的国家或行业技术标准与规范。

1. 规划原则

一是规划项目选择要适合农业园区的实际需求；二是各项规划的内容和深度及技术标准应与园区规划的阶段要求相适应；三是各项规划之间应在具体环境和条件中相协调。

2. 规划要求

农业园区基础工程规划，应符合下列规定：

① 符合农业园区保护、利用、管理的要求；

② 与农业园区的特征、功能、级别和分区相适应，不得损坏景源、景观和风景环境；

③ 要确定合理的配套工程、发展目标和布局，并进行综合协调；

④ 对需要安排的各项工程设施的选址和布局提出控制性建设要求；

⑤ 对于大型工程或干扰性较大的工程项目及其规划，应进行专项景观论证、生态与环境敏感性分析，并提交环境影响评价报告。

3. 邮电通信规划

邮电通信规划，应提供农业园区内外通信设施的容量、线路及布局，并应符合以下规定：

邮电通信规划应与农业园区的性质和规模及其规划布局相符合；

符合迅速、准确、安全、方便等邮电服务要求；

在景点范围内，不得安排架空电线穿过，宜采用隐蔽工程；

通信规划应利用地方现有通信网络，根据通信业务量设邮电局（所）或通信中心，各功能分区、景区、景点可设邮筒和分机。

通信工程设计内容，包括方案选定、通信方式确定、线路布设、设施设备选型等。

农业园区通信工程设计，应按现行有关标准、规范执行。

通信包括电信和邮政两部分。

（1）电信

农业园区的电信工程，有线与无线相结合，还应考虑互联网的接入。电信设计应符合下列要求：

① 电信网点的设置必须便于开发建设、旅游服务和管理等活动的开展；

② 设备选型应简易方便，功能可靠；

③ 设施坚固适用，工程量小，投资少。

（2）邮政

应根据自身发展的需要设置邮政业务。邮政设计应符合下列规定：

① 邮政网点的设置应方便职工生活，满足游客要求，便于邮递传送；

② 邮政设施宜起到点景、美化景观的作用；

③ 邮政设施建设工程量小、投资少。

4. 给排水规划

给排水规划，应包括现状分析；给排水量预测；水源地选择与配套设施；确定给排水方式，布设给排水管网；污染源预测及污水处理措施；工程投资概算。给排水设施布局还应符合以下规定：

① 在景观用地及重要地段范围内，不得布置暴露于地表的大体量给水和污水处理设施；可将其布置在居民村镇附近。

② 在主要设施场地、人流集中场地宜采用集中给水、排水系统，主要给水设施和污水处理设施可安排在居民村镇及其附近。

③ 农业园区的给排水规划，需要正确处理生活游憩用水（饮用水质）、工业（生产）用水、农林（灌溉）用水之间的关系，满足生产生活和游览发展的需求，有效控制和净化污水，保障相关设施的社会、经济和生态效益。根据灌溉、水体大小、饮水等的实际用量确定供需。农业园区根据最高常住人口估算，最高日需水量按 200L/(人，日）计；规划根据最高日流动人口估算，最高日需水量按 100L/(人，日）计。

④ 给水以节约用水为原则，设计人工水池、喷泉、瀑布，喷泉应采用循环水，并防止水池渗漏，取地下水或其它废水，以不妨碍植物生长和污染环境为准。

⑤ 给水灌溉设计应与种植设计配合，分段控制，浇水龙头和喷嘴在不使用时应与地面相平。我国北方冬季室外喷灌设备、水池，必须考虑防冻措施。

⑥ 排水工程必须满足生活污水、生产污水和雨水排放的需要。排水方式，宜采用暗管（渠）排放。污水排放应符合环境保护要求。生活、生产污水，必须经过处理后排放，不得直接排入水体和洼地。雨水排放应有明确的引导，可以通过排水系统汇入河沟，也可蓄作灌溉用水。

给水水源可采用地下水或地表水，一般以地下水为主。水源选定应符合下列要求：

① 供水距离短，并有充足水量；

② 水质良好，符合现行《生活饮用水卫生标准》（GB 5749—2006）的规定；

③ 给水方便可靠，经济适用；

④ 水源地应位于居民区和污染源的上游。

给排水工程设计，应符合有关标准、规范的规定。

5. 供电规划

农业园区供电规划，应提供供电及能源现状分析，负荷预测，供电电源点、供电工程设计内容，变（配）电所设置，供电线路布设等，并应符合以下规定：

① 节约能源、经济合理、技术先进、安全适用、维护方便；

② 正确处理近期和远期发展的关系，做到以近期为主，适当考虑远期发展；

③ 在景点和景区内不得安排高压电缆和架空电线穿过；

④ 在景点和景区内不得布置大型供电设施；

⑤ 主要供电设施宜布置于有居民的村镇及其附近。

农业园区的供电和能源规划，在人口密度较高和经济发达的地区，应以供电规划为主，并纳入所在地域的电网规划。在人口密集较低和经济不发达并远离电力网的地区，可考虑其它能源渠道，例如：风能、地热、沼气、水能、太阳能、潮汐能等。

供电电源应充分利用国家或地方现有电源。当无现有电源可以利用或利用现有电源不经济合理时，方可考虑自备电源。在水力或风力资源丰富地区，可优先考虑自建小型水力或风力发电站。

供电方案应运行可靠，简单灵活，方便维修，技术先进，经济适用。

供电电压应以地区电压等级为准。自建电厂（站）时，必须采用国家标准电压等级。

用电负荷计算，一般采用“单位指标法”和“需用系数法”。

变（配）电设施的设置，应符合下列要求：

① 输电距离短，接近供电中心；

② 便于电压质量的提高和线路的引入、引出；

③ 地质稳定安全的地区；

④ 不受积水或洪水淹没的威胁；

⑤ 不影响临近设施；

⑥ 不破坏生态环境和景观。

当电力负荷所引起的电压波动值超过照明或其它用电设施电压质量要求时，应分别设置动力和照明变压器。

供电线路敷设，一般不应采用架空线路。必须采用时，线路应尽量沿路布设，避开中心景区和主要景点，尽可能不跨越建筑物或其它设施。

6. 供热规划

农业园区的供热工程，应贯彻节约能源、保护环境、节省投资、满足需要、技术先进、经济合理的原则。

农业园区的热源选择应首先考虑余热的利用。其供热方式应以区域集中供热为主，一般不采取分散供热的方式。

农业园区公共民用建筑的热负荷，一般采用热指标计算。当缺少有关资料时，可根据实地调查或比照类似的企业加以确定。

供热管网的敷设方式，应根据地形、土壤、地下水等各种因素，通过技术经济比较后确定。对于温度不超过120℃的热水采暖管网，应优先选用直埋敷设的方案。

农业园区公用与民用建筑采暖热媒，应优先选用高温水或温水。

供热应优先选择热值高、污染小的燃料。集中供热锅炉产生的废渣、废水、烟尘，必须按工业“三废”排放标准进行处理和排放。

供热工程设计内容，包括热负荷计算、供热方案确定、热平面布置、锅炉房主要参数确定等。

农业园区供热工程设计，应按现行有关标准、规范执行。

7. 燃气规划

农业园区的燃气工程，应本着节约能源、保护环境、节省投资、满足需要、方便生活、技术先进、经济合理的原则进行设计。

农业园区的燃气气源，应因地制宜，可选用天然气、液化石油气或人工煤气（煤制气、油制气）等。

燃气供应方式，可根据实际条件采用管道供气或气瓶供气。

燃气工程设计内容，包括计算用气量、选定方案、确定气源及供气方式、布设管线等。

农业园区燃气工程设计，应符合现行《城镇燃气设计规范》（GB 50028—2006）的规定。

8. 广播电视规划

农业园区的有线广播，应根据实际需要，设置在游人相对集中的地区。

农业园区广播、电视工程设计，应按现行有关标准、规范执行。

9. 管线综合规划

管线工程种类很多，各有其一定的技术要求，如何使这些管线工程在空间的安排上、在建造的时间上，很好地配合而不发生矛盾，则需要规划人员加以全面的综合解决。

（1）管线工程分类

管线工程，按其性质用途一般可分为下列几类：

① 给水管道，包括工业给水、生活给水、消防给水；

② 排水管道，包括污水（有时工业与民用分开）、雨水管道；

③ 电力线，包括高压线路、低压线路等；

④ 电信线，包括电话、广播、电视线路等；

⑤ 热力管道，包括热水、蒸汽管道；

⑥ 燃气管道、煤气管道等。

按敷设形式，一般可分为架空架设和地下埋设两大类。

地下管线还可以分为深埋和浅埋两种，具体选深埋还是浅埋与气候、冰冻线深度有关。覆土大于1.5m者为深埋，如给排水管及燃气管。

按输送方式可分为压力管道和重力自流管道，给水、燃气多为压力输送；污水、雨水多为自流输送，后者受地形及标高的制约。

（2）绘制管线图

综合考虑各管线之间的关系，绘制管线工程综合设计平面图和道路管线布置断面图。

① 管线工程综合设计平面图　管线工程综合设计平面图的比例为1∶500或1∶1000。图中内容包括建筑、道路、各类管线在平面上的位置、管径或管沟尺寸、排水管坡向、管线起始点及转折点的标高、坐标、管线交叉点上下两管管底标高和净距。

② 道路管线布置横断面图　道路管线布置横断面图常用比例为1∶200，图上标明：道路各组成部分及其宽度，包括机动车道、非机动车道、人行道、分车带、绿化带，现状及规划的管线在平面和竖向上的位置，横断面应标明路名、路段。

三、绿化规划

1. 规划原则

按照整体布局，服从项目功能定位，植物与建筑、水系、道路及地形地貌共同构成园区的环境景观。

① 园区绿化要体现造景、游憩、美化、增绿和分界的功能；

② 不同功能区（项目区）风格、用材和布局特色应与该区环境特点相一致；

③ 不同道路、水体、建筑环境绿化要有鲜明的特色；

④ 因地制宜进行绿化造景，做到重点与一般相结合，绿化与美化、彩化、香化相结合，绿化用材力求经济、实用、美观；

⑤ 注意局部与整体的关系，绿地分布合理，满足功能需求，既有各分区造景的不同风格，整体上又体现点、线、面结合的统一绿化体系；

⑥ 以植物造景为主，充分体现绿色生态氛围。

2. 规划内容

首先要按照植物的生物学特性，对农业园区的功能、环境质量、游人活动、庇荫等要求全面考虑，同时也要注意植物布局的艺术性。农业园区中不同的分区对绿化种植的要求也不一样。

① 生产区　生产区内、温室内或花木生产道两侧不用高大乔木树种作为道路主干绿化树种。一般以落叶小乔木为主调树种，常绿灌木为基调树种形成道路两侧的绿带，再适当配以地被花草，总体上形成与生产区内农作物四季变化相呼应的特色。

② 示范区　示范区的树木种类相对于生产区内可丰富些，原则上根据示范单元区内容选取植物，形成各自的绿化风格，总体上体现彩化、香化并富有季节变化特色。

③ 观光区　观光区内植物可根据园区主题营造出不同意境的绿化景观效果，总体上形成以绿色生态为基调又活泼多姿且季相变化丰富的植被景观。在大量游人活动较集中的地段，可设开阔的大草坪，留有足够的活动空间，以种植高大的乔木为宜。

④ 管理服务区　可以高大乔木作为基调树，与花灌木和地被植物结合，一般采用规则式种植，形成前后层次丰富、色块对比强烈、绚丽多姿的植被景观。

⑤ 休闲配套区　可片植一些观花小乔木并搭配一些秋色叶树和常绿灌木，以自由式种植为主，地被种植四时花卉、草坪，力求形成春夏有花、秋有红叶、冬有常绿的四季景观特色。也可在游人较多的地方，规划建造一些花、果、菜、鱼和大花篮等不同造型和意境景点。

3. 主要绿化形式

（1）水平绿化

① 植树　植树的形式有孤植、对植、片植等，而且植树还要考虑树木与架空线、建筑、地下管线以及其它设施之间的距离，以减少彼此之间的矛盾，使树木既能充分生长，最大限度地发挥其生态和美化功能，同时又不影响建筑与环境设施的功能与安全。行道树一般以5m定植株距，一些高大的乔木也可采用6～8m定植株距，总的原则是成年后树冠能形成较好的郁闭效果。初始种植的树木规格较小而又能在较短时间内形成遮阳效果，种植时可缩小株距，一般为2～3m，等树冠长大后再行间伐，最后的株距为5～6m。小乔木或窄冠型乔木行道树一般采用4m的株距。

② 草坪　农业园区中的草坪按功能分为观赏草坪、游憩草坪、护坡草坪和放牧草坪等。草坪植物的选择依照草坪功能的不同而定。常用植物有早熟禾、狗牙根、紫羊茅、白三叶、结缕草、马尼拉、假俭草等。游憩草坪的坡度要小一些，一般以0.2%～5%为宜，观赏草坪的坡度可大一些，一般为2.0%～50%。

（2）垂直绿化

攀援植物种植于建筑墙壁或墙垣基部附近，沿着墙壁攀附生长，创造直立面绿化景观，是绿化面积大、占地面积小的一种设计形式。根据攀援植物的习性不同，有直立贴墙式和墙面支架式。直立贴墙式是指具有吸盘和气生根的攀援植物种植于近墙基地面，攀援向上生长，绿化用植物有地锦、五叶地锦、凌霄、薜荔、络石、扶芳藤；墙面支架式植物无吸盘和气生根，攀附能力较弱或不具备吸附攀援能力，须设攀援支架供植物盘绕攀附生长，这类植物主要有金银花、牵牛花、藤本月季等。

（3）水体绿化

水生植物占水面的比例适当，应选择合适的植物种类，还要注意水体岸边种植布置。水体的深浅不同，选择的植物不同。水生植物按生活习性和生长特性分为挺水植物、浮叶植物、漂浮植物、沉水植物等类型。挺水植物通常只适合于1m的浅水中，植物高出水面，常用的植物有荷花、水葱、千屈菜、慈姑、芦苇等；浮叶植物可生长于稍深的水中，但茎叶不能直立挺出水面，常用植物有睡莲、王莲等。多种植物搭配时要主次分明、高低错落，形态、叶色、花色搭配协调，取得优美的景观效果。如香蒲和睡莲搭配种植，既有高低姿态对比，又能相互映衬、协调生长。

（4）防护林绿化

防护林选择城市外围上风向与主要有害风向位置垂直的地方，以便于阻挡风沙。防护林一般为长方形的网格状，主要的树种有杨树、白桦、银杏、柳杉、刺槐、火炬松等。

本章思考与拓展

2022 年，中央农村工作会议提出现代农业产业园是优化农业产业结构、促进三产深度融合的重要载体，中央一号文件提出要建设生产加工加科技的现代农业产业园，政府工作报告也提出打造现代农业产业园。现代农业园区是以技术密集为主要特点，以科技开发、示范、辐射和推广为主要内容，以促进区域农业结构调整和产业升级为目标。模式上，以“利益共享、风险共担”为原则，以产品、技术和服务为纽带，有选择地介入农业生产、流通和销售环节。所以做好园区规划设计是实现农业转型升级的基本工作。

4

第四章

设施农业机械与设备

目前，园艺设施及其生产中，作物品种、种植规模、技术、投资规模等的不同，导致实际生产中的作业机械与装备千差万别。在此，本章我们对设施农业生产基本环节中的机械设备加以分类和介绍。因目前设施园艺相对设施养殖业技术较成熟，故本章主要介绍设施园艺机械与设备。

设施园艺机械与装备，是指在温室生产中使用的作业机械与装备，是现代农业的重要装备，是农机技术与园艺技术相结合的产物。应用设施农业与温室生产机械化技术，能够大幅度提升可控条件下的集约化、高效化生产经营水平，将人们从繁重的体力劳动中解放出来，保证作物稳产高产，显著地提高农业整体效益，促进农业经济协调发展。

第一节　设施园艺机械设备的类型与使用

一、设施园艺机械设备的类型

按照园艺作物种植环节的作业顺序，可分为以下 5 种类型。

1. 土壤作业设备

园艺设施内的土壤作业设备主要是耕整地机械。多为小型多功能作业机具，一般可实现旋耕、犁耕、开沟、作畦、起垄、中耕、培土、铺膜、打孔等作业，部分机型还具有覆膜、播种等功能，还可提供播种、移栽、灌溉、施肥等需要的动力。其特点是体积小、质量小、操作灵活，扶手可做 360°旋转，垂直方向可做 300°调整，耕深可达 20cm 左右，工作效率 667～1334m^2/h，能基本满足温室耕整地的要求。

2. 工厂化育苗与种植设备

设施园艺作物的种植和栽培方式多种多样，配套机械也各不相同。蔬菜播种机械有条播机、起垄穴播机、精量播种机、种子带播种机等。这类机械应该具备省种、省工、发芽率高、出苗整齐、作物行间距合理、通风透光性能好、产量高、播种行距和穴距及播深可调且控制准确，能适应设施内的作业要求等特点。

温室内种植的园艺作物常采用先育苗再分植移栽的种植模式，特别是名特品种，育苗是设施化种植的关键环节。现代化大型连栋温室基本采用穴盘育苗或钵盘育苗，然后再分植移栽。钵盘育苗播种成套设备生产率高（可达5万钵/h），适于规模化、区域化种植。我国现有手动和自动化精量穴盘播种机，目前还处于逐渐改进推广阶段。

3. 植保与土壤消毒装备

目前，温室内常用的植保设备是喷雾机，可分为两大类。人力机具有：手动背负式喷雾器、手动压缩式喷雾器、手动踏板式喷雾器、手摇喷粉器等。机动机具有：背负式机动喷雾喷粉机、担架式机动喷雾机、喷杆式喷雾机、风送式喷雾机、热烟雾机、常温烟雾机等。

另外，臭氧消毒机、硫黄熏蒸器、频振杀虫灯等新型植保设备，也在部分温室中被采用。

土壤消毒机械，是以物理或化学方法，对土壤进行处理，以消除线虫或其它病菌的危害，达到增产效果的装备。化学土壤消毒机是向土壤注射药液的器械，它能在一定压力下定量地将所需药液注射到一定深度的土壤中，并使其汽化扩散，起到对土壤消毒的目的。目前有人力式和机动式两种类型，人力式土壤消毒器适用于小面积的土壤消毒。机动式土壤消毒机有棒杆点注式和凿刀条注式两种，前者使用较多。

4. 节水灌溉设备

采用上喷、微雾、滴灌、喷灌机等灌溉技术，水量控制准确，水流量小，土壤水分变化小，并可以施可溶性化肥、农药、除草剂等，达到了节水、增产、省工、高效的目的，且易于实现现代化温室计算机管理。微灌设备包括压力水源、过滤装置、干支线输水网、施肥灌溉装置等。

温室自动灌溉施肥控制系统可以根据农作物种植土壤需水信息，利用自动控制技术进行农作物灌溉施肥的适时、适量控制，在灌水的同时，还可以控制施放可溶性肥料或农药，可将多个控制器与一台装有灌溉专家系统的PC计算机（上位机）连接，实现大规模工业化农业生产。

5. 农业设施环境监控设备

我国经过多年的技术改进和发展，逐渐形成了一整套相关的温室环境调控设备，包括各种开窗（顶部，侧面）、通风口、强制通风设备（降温风机、环流风机、湿帘降温）、拉幕保护（内遮阳、外遮阳）、辅助调温（热风机、暖气、雾化降温）等。依据温室内外装设的温湿度传感器、光照传感器、CO_2 传感器、室外气象站等采集的信息，通过控制设备（计算机、控制箱和控制器等）对驱动、执行机构（如风机系统、开窗系统、灌溉施肥系统等），对温室内的环境气候和施肥灌溉等进行调节控制，以达到栽培作物生长需要的目的。

二、设施园艺机械设备与使用

1. 土壤作业设备——微型耕整地机械

设施内耕地作业包括在收获后或新建的设施地上进行的翻土、松土、覆埋杂草或肥料等项目。其主要目的是：通过机械对土壤的耕翻，把前茬作物的残茬和失去团粒结构的表层土壤翻埋下去，而将耕层下层未经破坏的土壤翻上来，以恢复土壤的团粒结构；通过对土层的翻转，可将地表肥料、杂草、残茬连同表层的虫卵、病菌、草籽等一起翻埋到沟底，达到消灭杂草和病虫害的作用；机械对土层翻转具有破碎土块、疏松土壤、积蓄水分和养分的作用，为播种（或栽植）准备好播种床，并为种子发芽和农作物生长创造良好条件，且有利于作物根系的生长发育；通过对耕层下部进行深松，还可起到蓄水保墒、增厚耕层的效果。

设施内耕地的农艺要求是：土壤松碎，地表平整；不漏耕，不重耕，耕后地表残茬、杂草和肥料应能充分覆盖；对设施内空气污染小；机械不能损坏温室设施；并保证耕深均匀一致。耕后土壤应疏松破碎，以利于蓄水保肥。春播蔬菜的耕地作业时，要求耕深在 25cm 以上；在种植秋菜垄作作物时，耕地要求和春播菜田相同，起垄则由蔬菜起垄播种机直接完成。一般垄高 2～5cm，垄距 50～60cm。采用机械耕地碎土质量≥98%、耕深稳定性≥90%。夏播蔬菜耕整作业时，要求耕后地表平整，土壤细碎，耕深 18～25cm。

（1）耕整地机械的类型及其工作原理

受设施内空间大小的限制，设施耕整机械的机身及其动力都比较小，重量轻，转弯灵活，操作方便，动力一般在 2.2kW 左右。

常用的设施内耕整机械主要是旋耕机。一般的小型旋耕机又可分成带驱动轮行走式和不带驱动轮行走式两种，国外多使用有驱动轮式，而我国则主要使用后者。

我国常用的旋耕机是一种由动力驱动的，能一次完成耕、耙、平作业，对杂草、残茬的切碎能力强；作业后土壤松碎、齐整。但消耗动力大、工效低、耕深浅、覆盖性能较差，对土壤结构的破坏比较严重。

（2）旋耕机的一般构造

旋耕机主要由工作部件、传动部件和辅助部件三部分组成。工作部件包括刀片、刀轴和刀座；传动部件包括传动箱和齿轮箱；悬挂架、机架（主梁和侧板）、挡泥罩和拖板构成旋耕机的辅助部件（图 4-1）。

① 旋耕刀的类型及其工作特点　旋耕刀是旋耕机的主要工作部件，刀片的形状和参数对旋耕机的工作质量、功率消耗影响很大。刀片用螺栓固定在刀座上，刀座焊在刀轴上，刀片按螺旋线排列。工作时刀片随刀轴一起旋转，完成切土、碎土和翻土混土功用。

图 4-1　曲刃弯刀式旋耕机

为适应不同土壤旋耕作业的需要，旋耕机上常使用的刀片主要有三大类：凿形刀、直角刀和弯形刀。

② 旋耕刀的安装与调整　刀片的安装：刀片如果安装不正确，不仅影响作业质量，还会影响机具的使用寿命。其安装一般有以下三种方法。

a. 混合安装　这是最常用的一种安装方法。安装时左、右弯刀在刀轴上交错对称排列，但刀轴两端的刀片向里弯，耕后地表平整。

b. 向内安装　所有刀片都向刀轴中间弯，耕后中间成垄，相邻两行程间出现沟。适用于作畦耕作。

c. 向外安装　所有刀片均朝外，耕后中间有潜沟，适用于拆畦耕作。但刀轴两端的两把刀向里弯，以防止土块向外抛影响下一行程的作业。

调整：在大型温室内作业时，旋耕机可与轮式拖拉机配套，其耕深由拖拉机的液压系统控制，通过改变尾轮高低位置来调节耕深。

作业时机架应保持左右水平，通过悬挂装置的左右吊杆来调整。当拖拉机的前进速度一定时，刀轴转速快，碎土性能好；刀轴旋速慢，碎土性能差。而刀轴转速一定时，拖拉机速度快，则土块粗大。一般来说，刀轴的速度通常用慢挡，要求土壤特别细碎或耕两边时，可用快挡。

③ 旋耕机的工作原理　旋耕机通常由拖拉机驱动，工作时，拖拉机动力输出轴输出的动力通过旋耕机的万向节传入齿轮箱，再经一侧的传动箱驱动刀轴旋转。刀片边旋转边切削土壤，并将切下的土垡向后抛掷与挡泥罩和拖板相撞击，使土垡进一步破碎，然后落回地面由拖板进一步拖平。机组不断前进，刀片就连续不断地对未耕地土壤进行松碎。

影响旋耕机的碎土性能的因素包括机组前进速度和刀轴的转速。当刀轴转速一定时，机组前进速度越慢则碎土性能越好。反之，碎土性能不好，甚至产生刀背推土现象。旋耕作业时一般采用 2～3km/h 的速度。

(3) 微型耕整机械的发展

随着设施农业的不断发展，国内外出现了许多适用于各类设施耕作的微型耕整机械。例如意大利 MB 公司生产的单轮驱动旋耕机，采用 3.3kW 汽油机为动力，机身质量为 40kg。适于菜园、花圃中耕作业，旋耕培土可一次性完成。

日本和韩国的设施机械化程度较高，蔬菜育苗、种植、田间管理收获、产品处理等工序都已实现机械化。设施机具的突出特点是小而精、耐用，使用起来轻松自如。例如日本生产的带驱动轮行走式旋耕机，最适于温室作业；韩国生产的万能管理机，一台主机配带 40 多种农机具，既可用于农田作业、果树低矮树枝下作业，也可用于温室大棚等地作业，机具适用范围广、利用率高。

美国、韩国、日本等国家的微型耕耘机，多以汽油机为动力，其功率为 2.2～8kW。为减少对棚内空气污染，他们还研制出了用电动机作动力的微型自走式旋耕机。

随着我国农业产业结构不断调整，设施农业生产水平的进一步提高，国内也相继出现了很多适于设施内作业的微型旋耕机（图 4-2）。

图 4-2　微型旋耕机

武汉好佳园 1GW4（178 型）旋耕机，是一种手扶自走式耕作机械。整机主要部件如刀筒、支臂、固定架等都采用精密铸造而成，比普通采用的焊接件要坚固耐用许多。挡泥板是 1.8mm 厚的钢板，不易变形。挡泥板骨架是用钢管弯曲一次成型的，安装简便、坚固抗撞。整机重 108kg，功率为 5kW。耕幅 80～105cm，耕深 15～30cm。每小时可耕作 1～3 亩，油耗 0.8kg/h。

这种微型耕作机特点是体积小、重量轻，全齿轮转动。产品小巧灵活，操作简单，动力指标先进，使用维修方便，适合于大棚蔬菜、果园等的耕作。特别是狭窄田头、尖小地角等大机械无法耕作的地方。配套动力有 175F、186F 风冷柴油机。手摇式，采用联轴器传递动力，拆卸安装极为方便。

DTJ4 多功能田园管理机，配套动力 2.2kW，转速 58～109r/min，重量 70kg，手柄可作水平 360°、垂直方向 30°调整，可进行旋耕、除草、开沟、培土、覆膜等作业。

TG4-A/B 小康王多功能田园管理机，可配旋耕机、开沟器、旱田深旋刀、水田六角辊筒刀、水田复合刀、复土器、根茎收获机、犁、起垄机、稻麦收割机、培土器、药泵、水泵、秸秆破碎机、除草器等 30 多种机具。广泛适用于塑料大棚、丘陵、山区、烟草、茶叶等种植作业。

虽然适合设施耕整地的自走式旋耕机种类繁多，但其结构、特点及工作原理基本与常用的拖拉机驱动旋耕机相同，主要由动力部分、旋耕部件、传动部件、操纵部件、阻力铲等部分组成。

与拖拉机驱动的旋耕机相比，自走式旋耕机的结构特点有：

① 没有行走轮，又称无轮旋耕，体积小，重量轻，结构紧凑，适用于设施内作业。

② 根据选择动力不同，其最佳转速也不相同。但旋耕时的转速不能太高，否则机器不能前进，只在原地旋转。

③ 耕深比较浅，一般需要两遍作业，适合比较松软的土地。

④ 必须安装阻力铲以防止漏耕，同时起到控制耕深的作用，更重要的是能保证机器稳定作业，否则机器只能在地面滚动，不能入土，无法正常作业。

2. 种植设备——移栽机

移栽机所移栽的秧苗种类有裸苗、钵苗和纸筒苗等，其中裸苗难以实现自动供秧，基本上是手工喂秧。而钵苗，由于采用穴盘供秧，较容易实现机械化自动喂秧。

移栽机的种类很多，按秧苗的种类可分为裸苗移栽机和钵苗移栽机；按自动化程度可以分为简易移栽机、半自动移栽机和全自动移栽机；按栽植器类型可以分为钳夹式移栽机、导苗管式移栽机、吊杯式移栽机、挠性圆盘式移栽机、带式移栽机等。

（1）钳夹式移栽机

钳夹式移栽机有圆盘钳夹式（图 4-3）和链条钳夹式两种。钳夹式移栽机主要由钳夹式栽植部件、开沟器、覆土镇压轮、传动机构及机架等部分组成。工作时，一般由人工将秧苗放在转动的钳夹上，秧苗被夹持并随栽植盘转动，到达开沟器开出的苗沟时，钳夹在滑道开关控制下打开，秧苗依靠重力落入苗沟内，然后覆土镇压轮进行覆土镇压，完成栽植过程。钳夹式移栽机的主要优点是结构简单，株距和栽植深度稳定，适合栽植裸根苗和钵苗。缺点是栽植速度慢，株距调整困难，钳夹容易伤苗，栽植频率低，一般为 30 株/min。

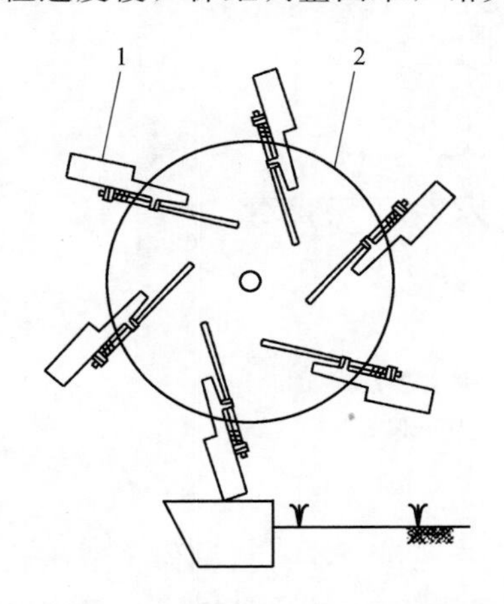

图 4-3　圆盘钳夹式移栽机示意图

1—苗夹；2—栽植圆盘

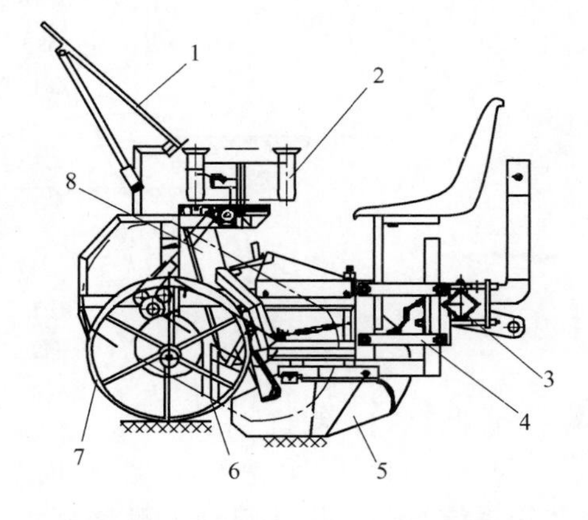

图 4-4　导苗管式移栽机示意图

1—苗架；2—喂入器；3—主机架大梁；4—四杆仿形机构；5—开沟器；6—栅条式扶苗器；7—覆土镇压轮；8—导苗管

（2）导苗管式移栽机

导苗管式移栽机主要工作部件由喂入器、导苗管、栅条式扶苗器、开沟器、覆土镇压轮、苗架等组成（图 4-4），采用单组传动。工作时，由人工将秧苗投入到喂入器的喂苗筒内，通过喂苗筒转到导苗管的上方时，喂苗筒下面的活门打开，秧苗靠重力下落到导苗管内，通过倾斜的导苗管将秧苗引入到开沟器开出的苗沟内，在栅条式扶苗器的扶持下，秧苗呈直立状态，然后在开沟器和覆土镇压轮之间所形成的覆土流的作用下，进行覆土镇压，完成栽植过程。

由于秧苗在导苗管中的运动是自由的，在调整导苗管倾角和增加扶苗装置的状况下，可以保证较好的秧苗直立度、株距均匀性、深度稳定性，栽植频率一般在 60 株/min。但结构相对复杂，成本较高。

（3）吊杯式移栽机

吊杯式移栽机（图 4-5）主要适合于栽植钵苗，它由偏心圆环、吊杯、导轨等工作部件构成。吊杯式栽植器的原理：工作时，由驱动轮驱动栽植器圆盘转动，吊杯与地面保持垂直，并随圆盘转动，当吊杯转到上面时，由人工将秧苗喂入吊杯中，当吊杯转动到下面预定位置时，吊杯上的滚轮与导轨接触，将吊杯鸭嘴打开，秧苗自由落入开沟器开出的沟内，随机由覆土器覆土，镇压轮从秧苗两侧将覆盖土壤镇压，完成栽植过程。吊杯离开导轨后，吊杯鸭嘴关闭，等待下一次喂苗。由于吊杯对秧苗不施加强制夹持力，吊杯式栽植器适宜于柔嫩秧苗及大钵秧苗的移栽，吊杯在投放秧苗的过程中对秧苗起扶持作用，有利于秧苗直立，可进行膜上打孔移栽。

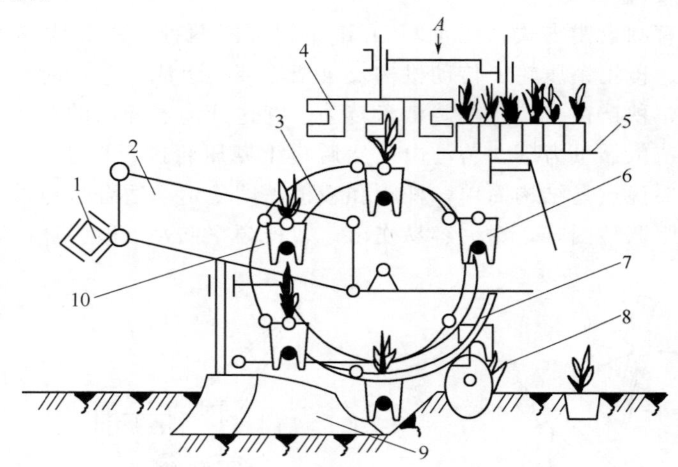

图 4-5　吊杯式移栽机示意图

A—投料口　1—方梁；2—拉杆；3—栽植圆环；4—抓苗器；5—送苗盘；
6—爪手；7—滑道；8—覆土器；9—开沟器；10—偏心圆环

（4）挠性圆盘式移栽机

挠性圆盘式移栽机（图 4-6）主要有机架、供秧传送带、开沟器、栽植器、镇压轮、苗箱以及传送系统组成，挠性圆盘一般是由两个橡胶圆盘或橡胶-金属圆盘构成。工作时，开沟器开沟，由人工将秧苗一株一株地放到输送带上，秧苗呈水平状态，当秧苗被输送到两个张开的挠性圆盘中间时，弹性滚轮将挠性圆盘压合在一起，秧苗被夹住并向下转动，当秧苗处于与地面垂直的位置时，挠性圆盘脱离弹性滚轮，自动张开，秧苗落入沟内，此时土壤正好从开沟器的尾部流回到沟内，将秧苗扶持住，镇压轮将秧苗两侧的土壤压实，完成栽植过程。

（5）带式移栽机

带式移栽机由水平传送带和倾斜输送带组成，两带的运动速度不同，钵苗在水平输送带上直立前进，在带末端反倒在倾斜输送带上，运动到倾斜带的末端，钵苗翻转直立落到苗沟

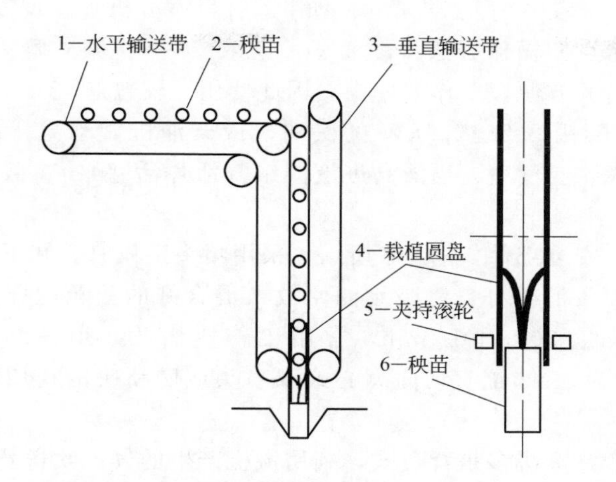

图 4-6 挠性圆盘式移栽机示意图

中。这种栽植器结构简单，栽植频率高达 4 株/s，但是，在工作可靠性、栽植质量方面需要进一步改进。

3. 植保与土壤消毒设备

(1) 背负式喷雾器

背负式喷雾器的型号较多，有工农-16 型、3WB-16 型、白云-16 型、丰产-16 型、联台-14P 型、长江-10 型、湘江-10 型等。它们除药液箱的大小形状不同外，其它构造与工作原理基本相同。现以工农-16 型喷雾器为例简要介绍一下（图 4-7）。

① 药液箱　用聚乙烯吹塑成型，适于背负。桶壁上标有水位线，加药液时药液面不得超过水位线。额定容量为 16L。桶的加药液口处设有滤网，网孔的直径小于喷孔的半径，为 0.8mm，以防止杂物进入桶内和保证喷头的正常工作。

② 压力泵　该泵是皮碗活塞液泵，工作时，摆动手压杆带动活塞上下移动，将药液压送到空气室。

③ 空气室　其位于药液箱的外侧，是一个中空的全封闭外壳。空气室底与出液接头相连，在空气室上部标有安全水位线。人力式喷雾器的工作压力不高，一般为 294～392kPa，所以空气室多用尼龙、塑料制成。

④ 喷射部分　主要由喷杆、喷头、开关等机件组成。为了进一步过滤药液，在套管中设有滤网。本机配用单头切向离心式喷头，并配有直径分别为 1mm 和 1.6mm 两种喷孔板，可以根据需要选用。

(2) 担架式机动喷雾机

担架式机动喷雾机的型号较多，有山

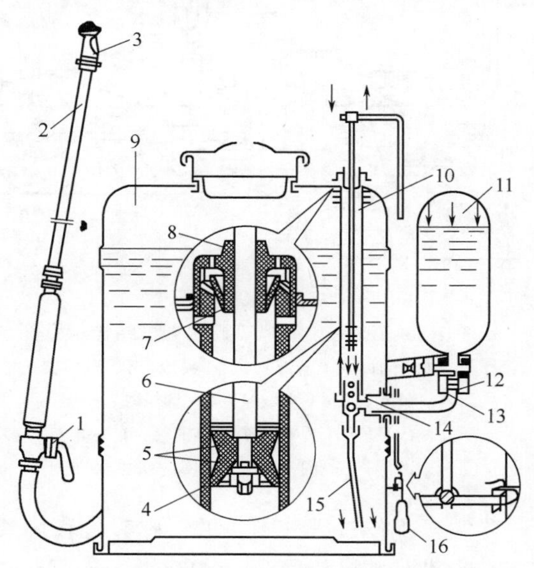

图 4-7 手动背负式喷雾器结构示意图

1—开关；2—喷杆；3—喷头；4—固定螺母；5—皮碗；6—塞杆；7—毡圈；8—泵盖；9—药液箱；10—泵筒；11—空气室；12—出液阀；13—出液阀座；14—进液阀；15—吸液管；16—手压杆

城-30型、工农-36 型、工农-60 型、金峰-40 型和远射程喷雾机等。现以工农-36 型担架式喷雾机为例介绍其结构特点和操作方法（图 4-8）。工农-36 型担架式喷雾机的特点是重量轻、药液流量大，使用灵活、方便，工作效率高，因此使用比较普遍。

工农-36 型喷雾机配用 2.2～2.9kW 的汽油机或柴油机做动力。该机由喷枪（喷头）、液泵、调压阀、压力表、空气室、出液阀进液阀组（活片活塞泵）、截流阀、滤水器、混药器等组成。

采用喷枪工作时，安装部件如图 4-8 所示。采用喷头工作时，卸下混药器和喷枪，装上 Y 型接头，换装带有喷头的喷杆，将吸水滤网放入混合好的药箱内即可。该液泵的转速为 700～800r/min，排液量 30～40L/min，常用工作压力为 980～2450kPa，最大压力为 2940kPa，吸水高度约为 5m。配有切向离心式双喷头或四喷头的通用喷头及带扩散片的远射程单孔喷枪。

弥雾机特点：国产弥雾机多是背负式，利用风机产生的气流吹送药剂，因此又称为背负式弥雾机或风送式弥雾机。其特点是：

① 具有较好的喷洒性能，喷洒均匀，雾滴直径较小，有较强的穿透力。

② 喷幅较宽，具有较高的生产率。

③ 有较好的适应性，能够在一般条件下进行作业。

④ 功率消耗小。

⑤ 结构简单，使用维护方便，成本较低。

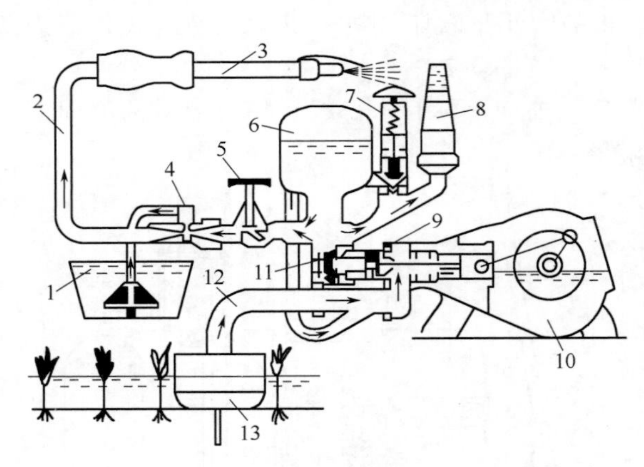

图 4-8 工农-36 型担架式喷雾机结构示意图

1—母液桶；2—输液管；3—喷枪；4—混药器；5—截流阀；6—空气室；7—调压阀；8—压力表；9—活片活塞；10—曲轴箱；11—出/进液阀组；12—吸水管；13—滤水器

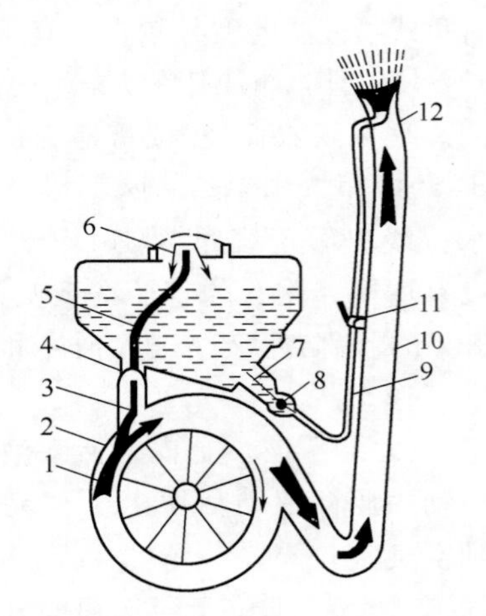

图 4-9 弥雾机的工作过程示意图

1—叶轮；2—风机外壳；3—进风阀；4—进气塞；5—软管；6—滤网；7—药门；8—出水塞接头；9—输液管；10—喷管；11—开关；12—喷头

弥雾机工作过程（图 4-9）：弥雾是利用气压输液和高速气流雾化的原理形成的。工作时，动力机驱动风机高速（500r/min）旋转，产生高速气流。其中大部分气流由风机出口经喷管到喷头喷出；少量的气流经进气塞、软管到药箱液面上部空间，对液面施加一定的压力。药液在气体压力的作用下，经输液管、开关到喷头，从喷头周围的小孔喷出。喷出的液滴被高速气流剪切、碎裂成细小雾滴吹送出去，又与空气相撞击，小雾滴进一步弥散、吹送、沉降到目标物上。

(3) 超低量喷雾机

① 特点

超低量喷雾机是以极少的施药量、极细小的雾滴进行喷雾作业。特点：

a. 超低量喷雾使用的药液接近原药，对病虫害熏杀作用大，药效长，对早发和迟发的病虫效果都较好。但浓度高易产生药害。

b. 雾滴小，穿透力强，黏附性能好，故防治效果好。

c. 用水量少，加药次数少，工作效率高。

d. 喷洒时有效雾滴比较集中，故节省药剂（比常量喷雾节省农药15%左右）。而且，对环境污染程度小。

e. 雾滴小，易发生漂移，工作时受自然风力影响较大，一般在3级以上风力时不能用超低量喷雾。

② 主要类型

超低量喷雾机有手持式和风送式两种。

a. 手持式电动超低量喷雾机　手持式电动超低量喷雾机（图4-10）由把手、微型电机、流量器、药液瓶和喷头等组成。把手用于控制喷雾方向，内装电池和导线。流量器的作用是输送和控制药量，由流量体和流量嘴组成。流量体与瓶座制成一体，流量嘴上钻有不同孔径的孔，可供不同喷量需要选择。

喷头：喷头由喷头座、喷嘴和雾化齿盘组成。前后齿盘的齿数各为360个。

工作时，接通电源，雾化齿盘由微型直流电机驱动高速（7000～8000r/min）旋转，药液在重力作用下，通过流量器喷嘴流入高速旋转的雾化齿盘上，药液在离心力作用下形成一层薄膜，沿齿盘向四周甩出，被齿盘细尖的撕拉和高速撞击而破碎成微小雾滴，随自然风力飘移、沉降到作物上。

手持式电动超低量喷雾机的喷雾性能完全取决于外界自然条件，在棚（室）自然通风条件下可用。使用干电池作电源，使用寿命短，成本高。目前已有采用锌空气电池组作电源，使用时不用充电，只要更换锌极（每换一次可使用50h左右），一般可更换5～10次；使用成本低（约为干电池的1/3）。

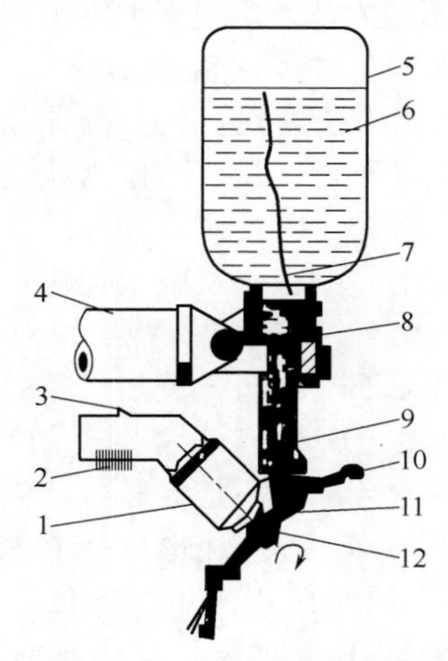

图4-10　手持式电动超低量喷雾机

1—微型电机；2—电源；3—开关；4—把手；5—药液瓶；6—药液；7—空气泡；8—进气管；9—流量器；10—雾滴；11—雾膜；12—雾化齿盘

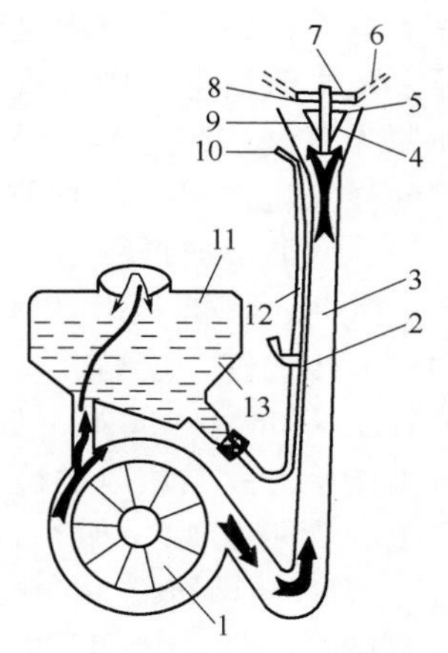

图4-11　东方红-18型弥雾机

1—风机；2—直通开关；3—喷管；4—分流锥体；5—喷口；6—雾滴；7—齿盘组件；8—叶轮；9—喷嘴轴；10—调量开关；11—药箱；12—输液管；13—药液

b. 风送式超低量喷雾机　风送式超低量喷雾机是在东方红-18型弥雾机（图4-11）上换装成一个超低量喷头，实现超低量喷雾。

工作过程：当风机输出的高速气流遇到分流锥后，呈环状喷出，断面缩小，流速增大，驱动叶轮带动雾化盘以10000r/min的高速旋转。同时药液从药箱、输液管、调量开关、空心喷嘴轴流入齿盘之间的盘面上，并随齿盘旋转，在离心力作用下被甩向盘缘，再被齿尖击碎成细小雾滴抛出，随气流吹送、飘移、沉降到作物的茎叶上。

风送式超低量喷雾机在无风条件下也有较好的使用性能，有效射程可达10m。在1～2级风时，有效射程可达15～20m。

（4）电子杀虫灯

电子杀虫灯可分为频振式和互感式，在电源供给上有交流供电、直流供电、太阳能电池供电等形式。频振杀虫灯是目前物理防治中最先进的诱杀工具，它利用害虫（例如飞蛾）的趋光性、趋波性、雌雄飞蛾趋性性等特点，采用具有特定光谱的光源和灭杀装置，在夜间开启光源，利用光源对害虫的较强引诱力，使害虫在飞扑光源过程中触及高压电网将其击杀；同时在诱捕过程中利用同种害虫雌雄间相互发出和接受的性激素信号，吸引害虫飞向杀虫灯，使害虫在未经交尾产卵前即被灭杀，从而有效地阻断害虫的生殖繁育链。电子杀虫灯可诱杀棉铃虫、金龟子、地老虎、玉米螟、吸果夜蛾、甜菜夜蛾、斜纹夜蛾、松毛虫、美国白蛾、天牛等多种害虫，不仅可以减少化学农药的使用、减轻环境污染、延缓害虫的抗药性，而且对天敌的杀伤作用也比白炽灯、高压汞灯和黑光灯更轻。利用电子杀虫灯治虫方法简便，费用低廉，经济、生态、社会效益显著。

（5）温室臭氧消毒机

臭氧是氧的同素异形体，具有特殊的刺激性臭味。由于臭氧（O_3）是由氧分子携带一个氧原子组成，决定了它只是一种暂存形态，具有不稳定特性和很强的氧化能力，氧原子可以氧化细菌的细胞壁，进而杀死细菌。温室臭氧消毒机正是利用臭氧这一特性，用高压高频电流电离空气中的氧气以产生臭氧，通过管道迅速释放到温室大棚中，达到迅速灭菌灭害的效果，能有效防治大棚中番茄、香瓜、黄瓜的霜霉病、灰霉病等，并能去除茄子、蘑菇类、盆花等的霉杂菌及蚜虫，还有促进作物生长的效果。试验表明，每天晚上施放臭氧50～60秒，共施放3个月，可有效防治灰霉病、霜霉病、叶霉病，可少用甚至不用农药，实现无公害生产。

温室臭氧消毒机的工作原理主要是采用臭氧灭毒的纯物化技术对温室的病毒进行防治。工作时，通过放电激活空气中的氧气获得臭氧，它的自然消失速度快，约几分钟到几十分钟就由臭氧还原为氧气。在这个过程中，臭氧分解出一个单原子氧，其杀菌作用就主要来自这个单原子氧的强氧化作用。单原子氧与温室植物病害的细菌、真菌及病毒接触后，将其组织蛋白、氨基酸、硫醇类或低分子量肽以及不饱和脂肪酸氧化，引起这类微生物病毒的活性降低甚至死亡。因此，该机利用臭氧防治温室病害具有无污染、无残留的特点，对黄瓜灰霉病、霜霉病等气传病害，疫病、蔓枯病等土传病害以及对茄子灰霉病、黄萎病等效果都非常显著。可节省农药60%～90%，是从农产品的源头解决无公害生产非常显著的科技手段。然而，臭氧工作状态就是放电的过程，所以湿度较高的环境会带来一定的影响。温度和亮度环境也会产生较大的影响，如在白天使用就基本没有灭毒效果。因此只能在夜间使用。CF-3.5型温室病害防治机，由主机和臭氧气体扩散管道组成，使用简单、方便，只要具有220V照明市电的日光温室都可以使用。为了能够选择最佳工作时段，应用了时序控制技术，可根据实际情况人为设置病害防治机的工作时段和次数。

（6）温室电除雾防病促生系统

温室电除雾防病促生系统主要由直流高电压发生组件、CO_2、臭氧、氮氧化物多元气体发生组件、空间电极组件、多元气体输送管件、控制器等组成。温室电除雾防病促生系统可产生高强度的空间直流电晕电场，其作用机理主要有以下几点：

① 使温室大棚中的雾气、粉尘荷电并受电场力的作用迅速吸附于地面、植株表面、温室内结构表面，而附着在雾气、粉尘上的大部分病原微生物也会在高能带电粒子、臭氧的双重作用下被灭活和杀死。随着系统的间歇运行，空间电场抑制了雾气的升腾和粉尘的飞扬，温室空间持续保持清亮和少菌少毒状态，隔绝了气传病害的气流传播渠道。

② 空间电场使土壤-植株体系中形成了微弱的直流电流，该电流与空间电场、臭氧、高能带电粒子一同作用，可防治土传病害。

③ 植物对 CO_2 的吸收加速，CO_2 的增施满足了农作物在空间电场环境中对 CO_2 的旺盛需求，农作物产品糖度高，品质好。

④ 植物的光补偿点降低，在弱光环境中仍有较强的光合强度。

⑤ 植株体内 Ca^{2+} 浓度的变化随电场强度的变化而变化，调节着植物多种生理活动过程，也促进了植物在低地温环境中对肥料的吸收，增强植物对恶劣气候的抵御能力。温室电除雾防病促生系统可广泛应用于各类温室大棚及畜禽养殖棚舍。

（7）温室土壤电处理机

土壤电处理机是依据电流土壤消毒原理、土壤微水分电处理原理、脉冲电解原理集成的土壤电化学消毒技术原理开发的一种多功能土壤消毒设备。它可以有效解决温室大棚同种作物连作带来的土壤有害微生物浓度过高、土传病害猖獗、游离态营养元素匮乏、根系分泌的有机酸及有毒物质不易清除、土壤 pH 值有较大改变等严重影响作物生长而造成减产和品质下降的问题。一般来讲，这种土壤电处理方式可杀灭土壤中的有害微生物，使土壤分散性降低、膨胀性减弱、团聚体增加、结构疏松、孔隙增大、渗透性提高和保水能力提高。

① 注入棒式土壤消毒机　注入棒式土壤消毒机安装在手扶拖拉机上，由药液箱、液泵、注入棒、压封滚轮等组成。由动力将注入棒打入土壤一定深度（15cm 左右）再点注药液。左右相距 30cm 的两根注入棒交替工作，以减少机体振动。注入棒达到最大深度时，喷头喷出药液，其后以滚轮压封土壤表面，减少汽化药液的泄漏，效率较高（图 4-12）。

② 手持式土壤消毒器　构造与工作原理：手持式土壤消毒器使用较为普遍，其构造如图 4-13 所示。它由贮液室、液泵、针头、注射室、脚踏板和手柄等组成。贮液室呈圆筒形，

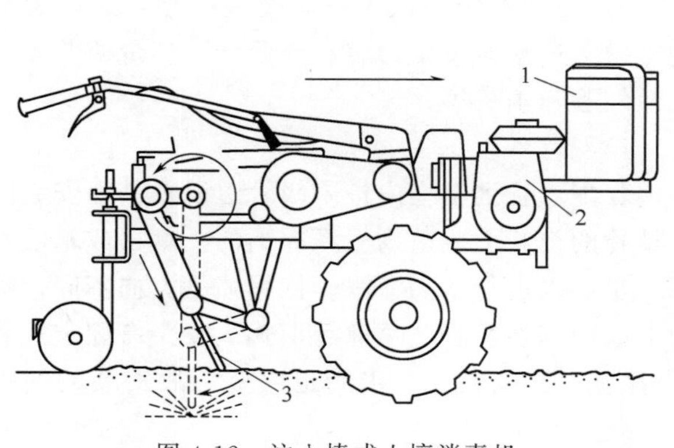

图 4-12　注入棒式土壤消毒机

1—药液箱；2—手扶拖拉机；3—注入棒

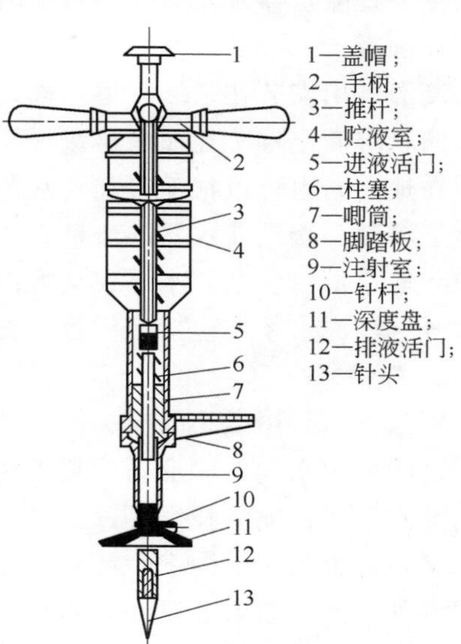

图 4-13　手持式土壤消毒器

由铜板制成，顶部有两个手柄，以便工作和携运。筒顶上有一开口，为灌装药液用，灌后用螺塞关闭。筒底部成雉形并延成管状，管内装有柱塞泵的泵筒，柱塞在其中运动，泵压药液，并可调整注射药量。柱塞有轴向通孔，为液流通道，与注射室相通。顶端有进液活门。当进液活门关闭并推动柱塞下移时，注射室内的药液受压缩，排液活门被压力药液推开，药液则从活门周围的小孔注射到土壤中。

工作中的柱塞每一冲程所泵药液量，由冲程长度来决定，冲程愈长则注射药液量就愈多。而此冲程的长度可借用销子固定在管状推杆上的调节环来调节。该环上边即紧推在导向块上。为了调整每次注射的药液量，管状推杆上有 7 个销孔，能在6～12mL 的范围内调整，每相差一个孔则注射量差 1mL。工作时，操作人员踩下脚踏板，将注射器针头插入土壤后，将盖帽压下，此时进液活门关闭，并推送柱塞进入注射室内压缩药液，借此压力排液活门开启，一定量的药液自侧孔注入土壤之中，向下冲程结束；在弹簧的张力作用下，柱塞上移，注射室压力降低，排液活门自动关闭，进液活门开启，贮液室内的药液从盖帽的侧孔和柱塞的轴向通孔流向注射室，以备再次注射。土壤施药后应用薄膜覆盖密封 7～10 天杀死线虫及有害微生物，除去薄膜后，设施要通风散去有毒气体，再进行土壤耕作。

第二节　设施节水灌溉设备

一、设施节水灌溉的类型

按照灌溉水输送到田间的方式和湿润土壤的方式，灌溉方法主要可分为地面灌溉和微灌两大类。地面灌溉包括畦灌、沟灌、淹灌和漫灌等。

微灌是利用微灌设备组装成微灌系统，将有压水输送分配到田间，通过灌水器以微小的流量湿润作物根部附近土壤的一种局部灌水技术。微灌可以按不同的方法分类，按所用的设备（主要是灌水器）及出流形式不同，主要有滴灌、喷灌、渗灌、潮汐灌溉等。

1. 滴灌

滴灌利用安装在末级管道（称为毛管）上的滴头，或与毛管制成一体的滴灌带将压力水以水滴状湿润土壤，在灌水器流量较大时，形成连续细小水流湿润土壤。通常将毛管和灌水器放在地面，也可以把毛管和灌水器埋入地面以下 30～40cm。前者称为地表滴灌，后者称为地下滴灌。滴灌灌水器的流量为 2～12L/h。滴灌系统由取水枢纽及输配水系统两大部分组成。取水枢纽包括：水泵、动力机、化肥罐、过滤器及压力表、流量计、流量调节器、调节阀等。输配水系统包括：干管、支管、毛细管和滴头等。

2. 喷灌

喷灌技术是用微小的喷头，借助于由输、配水管到温室内最末级管道以及其上安装的微喷头，将压力水均匀而准确地喷洒在每株植物的枝叶上或植物根系周围的土壤（或基质）表面的灌水形式。喷灌技术可以是局部灌溉，也可以进行全面灌溉。依据喷洒方向不同，喷灌技术又可分为悬吊式向下喷洒、插杆式向上喷洒和多孔管道喷灌等形式。喷头有固定式和旋转式两种。前者喷射范围小，水滴小，后者喷射范围较大，水滴也大些，故安装的间距也大。喷头的流量通常为 20～250L/h。

3. 渗灌

渗灌利用一种特别的渗水毛管埋入地表以下 30～40cm，压力水通过渗水毛管管壁的毛细孔以渗流的形式湿润其周围土壤。由于它能减小土壤表面蒸发，是用水量最省的一种微灌技术。渗灌毛管的流量为2～3L/(h·m)。渗灌系统是利用全封闭式管道，将作物所需要的水分、空气、肥料通过埋入地下的渗灌管，以与作物吸收相平衡的速度缓慢渗出并直接作用到作物根系的系统。渗灌系统包括水源、控制首部、输配水管网、渗灌管四部分。

4. 潮汐灌溉

潮汐灌溉就是将灌溉水像“潮起潮落”一样循环往复地不断地向作物根系供水的一种方法。“潮起”时栽培基质部分淹没，作物根系吸水；“潮落”时栽培基质排水，作物根系更多地吸收空气。这种方法很好地解决了灌溉与供氧的矛盾，基本不破坏基质的“三相”构成。

潮汐灌溉适用于具有防水功能的水泥地面上的地面盆花栽培或具有防水功能的栽培床或栽培槽栽培。潮汐灌溉如同大水漫灌一样，在地面或栽培床（槽）的一端供水，水流经过整个栽培面后从末端排出。常规的潮汐灌溉水面基本为平面，水流从供水端开始向排水端流动的过程中，靠近供水端的花盆接触灌溉水的时间较长，而接近排水端的花盆接触灌溉水的时间相对较短，客观上形成了前后花盆灌溉水量的不同，为了克服潮汐灌溉的这一缺点，工程师们对栽培床做了改进，即在栽培床或地面上增加纵横交错的凹槽，使灌溉水先进入凹槽流动，待所有凹槽都充满灌溉水后，所有花盆同时接受灌溉。

二、设施灌溉系统的组成

设施灌溉系统由水源、首部枢纽、输配水管网、灌水器以及流量、压力控制部件和测量仪表等组成，如图4-14所示。

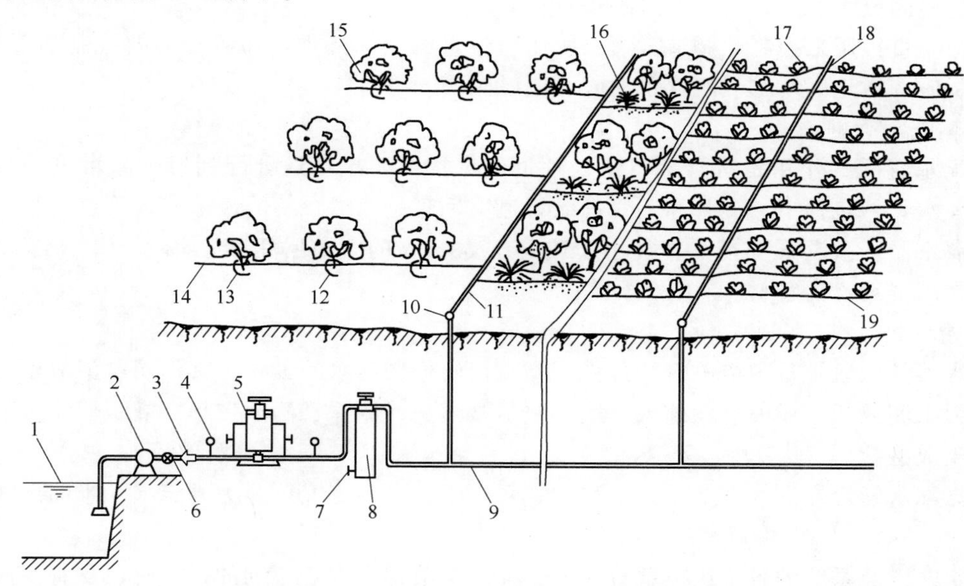

图4-14　设施灌溉——微灌系统组成示意图

1—水源；2—水泵；3—流量计；4—压力表；5—化肥罐；6—阀门；7—冲洗阀；8—过滤器；9—干管；10—流量调节器；11—支管；12—滴头；13—分水毛管；14—毛管；15—果树；16—微喷头；17—条播作物；18—水阻管；19—滴灌管

1. 水源

江河、渠道、湖泊、水库、井、泉等均可作为灌溉水源，但使用微灌方式时其水质需符合微灌要求。

2. 首部枢纽

首部枢纽包括水泵、动力机、肥料和化学药品注入设备、过滤设备、控制阀、进排气阀、压力及流量测量仪表等。其作用是从水源取水增压并将其处理成符合微灌要求的水流送到系统中去。

微灌常用的水泵有潜水泵、深井泵、离心泵等。动力机可以是柴油机、电动机等。在有足够自然水源的地方可以不安装水泵。

需要调蓄或水源含沙量很大时，常要修建蓄水池和沉淀池。沉淀池用于去除灌溉水源中的大固体颗粒，为了避免在沉淀池中产生藻类植物，应尽可能将沉淀池或蓄水池加盖。

过滤设备的作用是将灌溉水中的固体颗粒滤去，避免污物进入系统，造成系统堵塞。过滤设备应安装在输配水管道之前。

肥料和化学药品注入设备用于将肥料、除草剂、杀虫剂等直接施入灌溉系统，注入设备应设在过滤设备之前。

流量及压力测量仪表用于测量管线中的流量或压力，包括水表、压力表等。水表用于测量管线中流过的总水量，根据需要可以安装于首部，也可以安装于任何一条干、支管上。如安装在首部，须设于施肥装置之前，以防肥料腐蚀。压力表用于测量管线中的内水压力，在过滤器和密封式施肥装置的前后各安设一个压力表，可观测其压力差，通过压力差的大小能够判定施肥量的大小和过滤器是否需要清洗。

控制器用于对系统进行自动控制，一般控制器具有定时或编程功能，根据用户给定的指令操作电磁阀或水动阀，进而对系统进行控制。

阀门是直接用来控制和调节微灌系统压力流量的操纵部件，布置在需要控制的部位上，一般有闸阀、逆止阀、空气阀、水动阀、电磁阀等。

3. 输配水管网

输配水管网的作用是将首部枢纽处理过的水按照要求输送分配到每个灌水单元和灌水器，输配水管网包括干、支管和毛管三级管道。毛管是微灌系统的最末一级管道，其上安装或连接灌水器。微灌系统中，直径小于或等于 63mm 的管道常用聚乙烯管材，大于 63mm 的管道常用聚氯乙烯管材。

4. 灌水器

灌水器是微灌设备中最关键的部件，是直接向作物施水的设备，其作用是消减压力，将水流变为水滴或细流或喷洒状施入土壤，包括微喷头、滴头、滴灌带等。灌水器大多数是用塑料注塑成型的。

根据配水管道在灌水季节中是否移动，每一类微灌系统又可分为固定式、半固定式和移动式。

固定式微灌系统的各个组成部分在整个灌水季节都是固定不动的，干管、支管一般埋在地下，根据条件，毛管有的埋在地下，有的放在地表或悬挂在离地面几十厘米高的支架上。固定式微灌系统常用于经济价值较高的经济作物。

半固定式微灌系统的首部枢纽及干、支管是固定的，毛管连同其上的灌水器是可以移动的。根据设计要求，一条毛管可在多个位置工作。移动式微灌系统各组成部分都可移动。在灌溉周期内按计划移动安装在灌水区内不同的位置灌溉。半固定式和移动式微灌系统提高了微灌设备的利用率，降低了单位面积微灌系统的投资，常用于大田作物。但操作管理比较麻烦，适合在干旱缺水、经济条件较差的地区使用。

三、温室自动灌溉施肥控制系统

温室自动灌溉施肥控制系统可以根据农作物种植土壤需水信息，利用自动控制技术进行农作物灌溉施肥的适时、适量控制，在灌水的同时，还可以控制施放可溶性肥料或农药，可将多个控制器与一台装有灌溉专家系统的 PC 计算机（上位机）连接，实现大规模工业化农业生产。系统由 PC 计算机（上位机）、自动控制灌溉系统（下位机）、数据采集传感器、控制程序和温室灌溉自动控制专家系统软件等构成（图 4-15）。

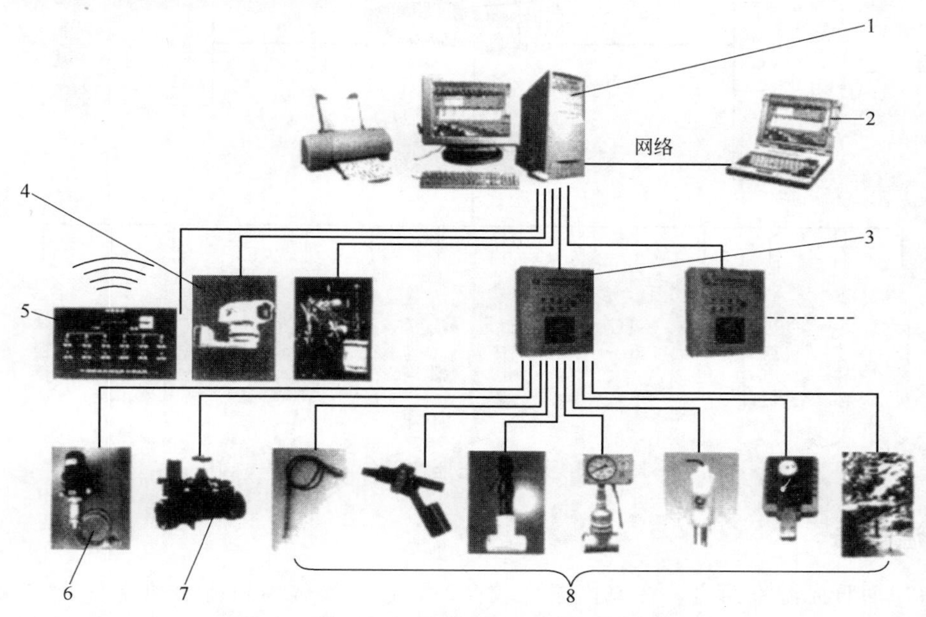

图 4-15　温室自动灌溉施肥控制系统示意图

1—上位机；2—远程控制；3—下位机；4—监视系统；5—显示报警系统；6—施肥泵；7—电磁阀；8—其它各类传感器

第三节　设施农业环境调控设备

一、概述

植物生长的最佳环境条件一般是需要满足以下几个条件：

合理的水肥；合理的温度、湿度；光照充足均匀，光线中没有 385nm 以下波长紫外线；有较多 7～12μm 波长的红外线；植物叶面干燥；没有病虫害。

作物的生长发育除取决于其本身的遗传特性外，还取决于环境因子。作物赖以生存的环境因子包括：光照（光照强度、光照时间及光谱成分）、温度（气温和地温）、水分（空气湿度和土壤湿度）、土壤（土壤组成、物理性质和 pH 值等）、大气因子、生物因子。

各个环境因子之间都不是孤立的，而是相互联系、相互促进和相互制约的，环境中的任何一个因子的变化必然会引起其它因子不同程度的变化。环境因子对作物的作用是不同的，但都是不可缺少的，任何一个环境因子都不能由另外一个环境因子代替。在一定条件下，只有其中一两个对作物起到主导作用的称为主导因子。环境因子对作物的影响程度不是一成不变的，而是随着生长发育阶段的推移而变化的。

根据相应的设施环境因子，可以分为以下几大类监控设备（图 4-16）：

光环境调控设备、温度调控设备（热环境调控设备）、湿度调控设备、设施内气体环境调控设备、温室土壤环境调控设备等。

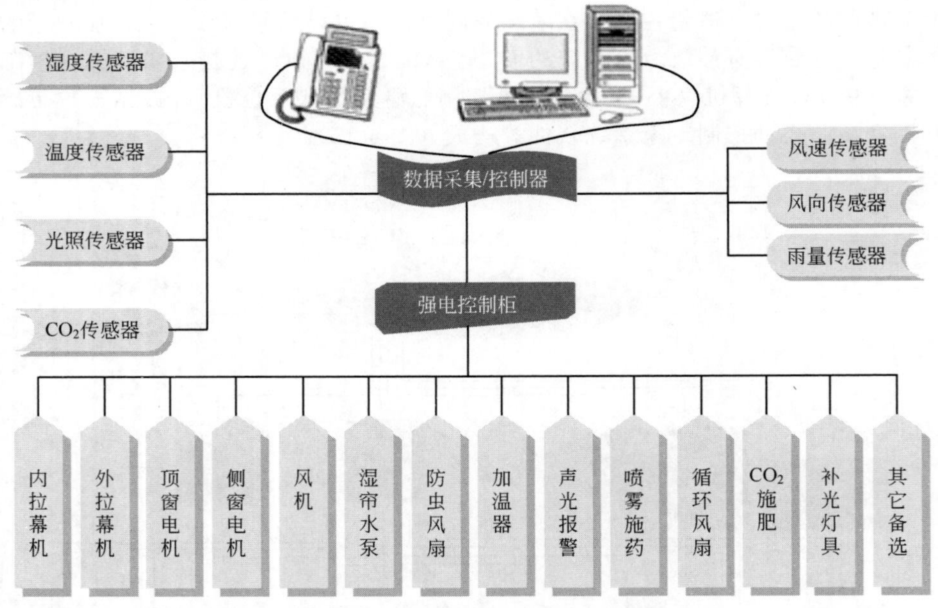

图 4-16　设施环境监控设备示意图

二、降温设备

对单屋面日光温室而言，在室内温度较高时，通过换气窗口排出热空气，实现降温目的。对大型连栋温室，可通过风机和天窗实现换气降温。该技术在室内外温差较大时，降温效果明显（图 4-17）。

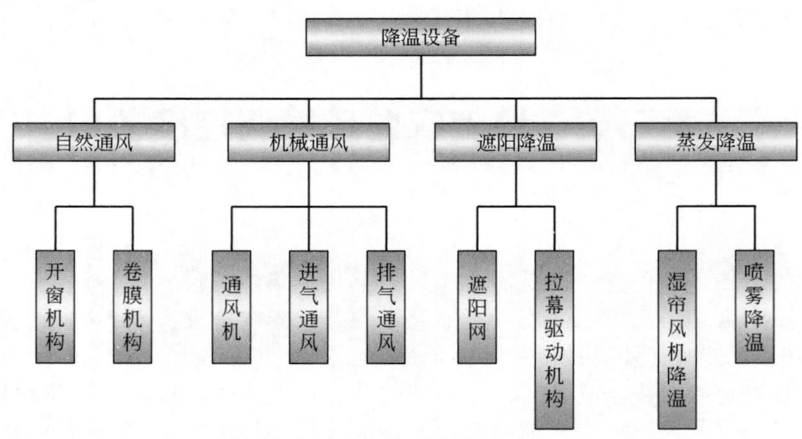

图 4-17　降温设备组织

1. 通风降温设备

（1）自然通风降温设备

温室的结构（覆盖围护面）对温室气体环境的影响，易造成温室内 CO_2 浓度过低，湿度过大，严重影响作物生长，一般以换气窗通风为主，以换气风机为辅。

换气窗一般常用四种型式：推拉式、升降式、扬落式和翻转式。换气窗控制系统由三部分组成：启闭机构，包括齿轮齿条和摇杆机构两类；减速传动机构，采用蜗轮蜗杆减速机构，减速传动比较大；减速电机及控制电路。减速电机采用三相或单相电动机，控制电路有手动控制和自动控制两类，自动控制电路是对温度、湿度、CO_2 传感器的数据进行采集后处理，把指令放大传送给执行电机完成启闭窗动作。

卷膜机构有手动和电动卷膜器两种，如图 4-18 所示。

(a) 手动卷膜器

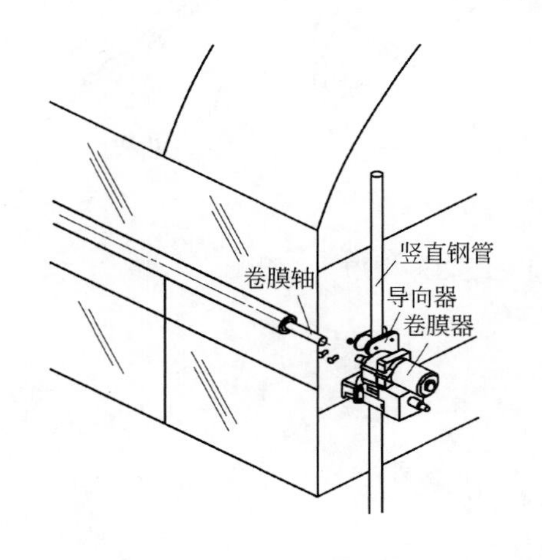

(b) 电动卷膜器

图 4-18　卷膜机构示意图

开窗机构有：排齿开窗机构、推杆开窗机构、曲柄连杆开窗机构和保利窗（双层充气膜）（图 4-19）。

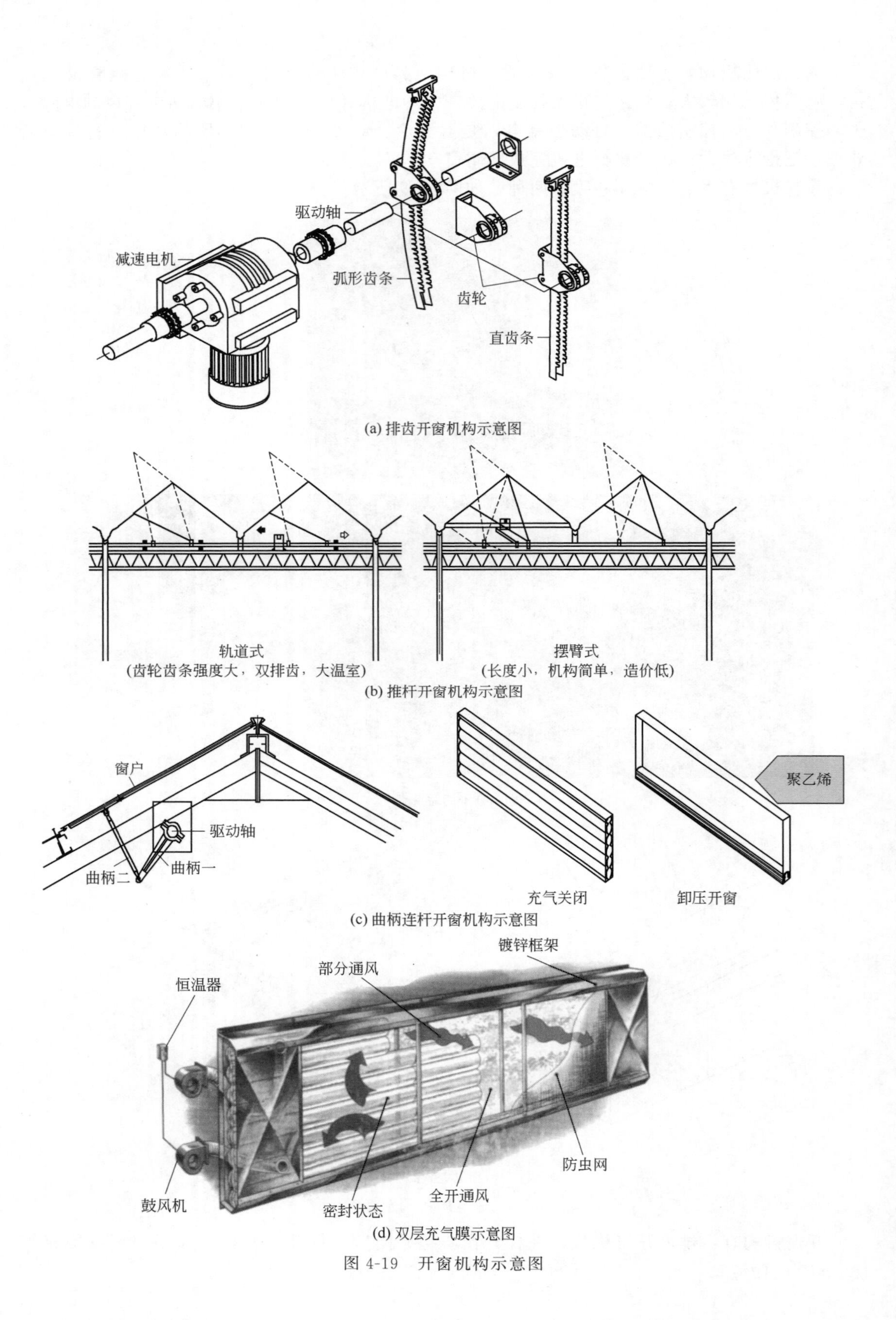

图 4-19　开窗机构示意图

（2）机械通风降温设备

机械强制通风设备常用的有两种风机，轴流式通风机和离心通风机如图 4-20、图 4-21 所示。

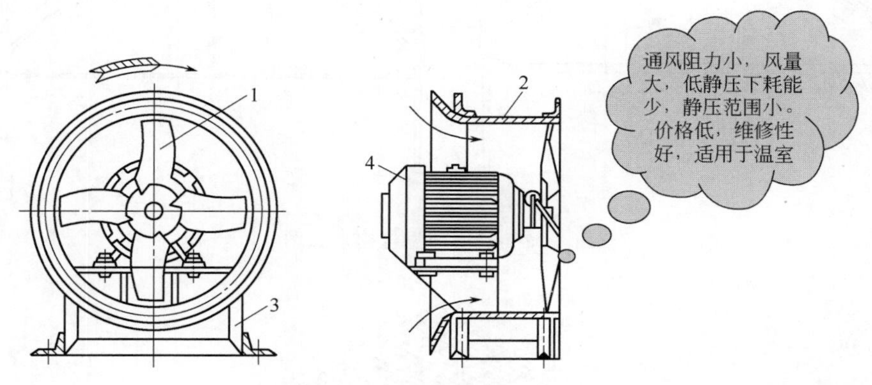

图 4-20　轴流式通风机示意图

1—叶轮；2—外壳；3—机座；4—电动机

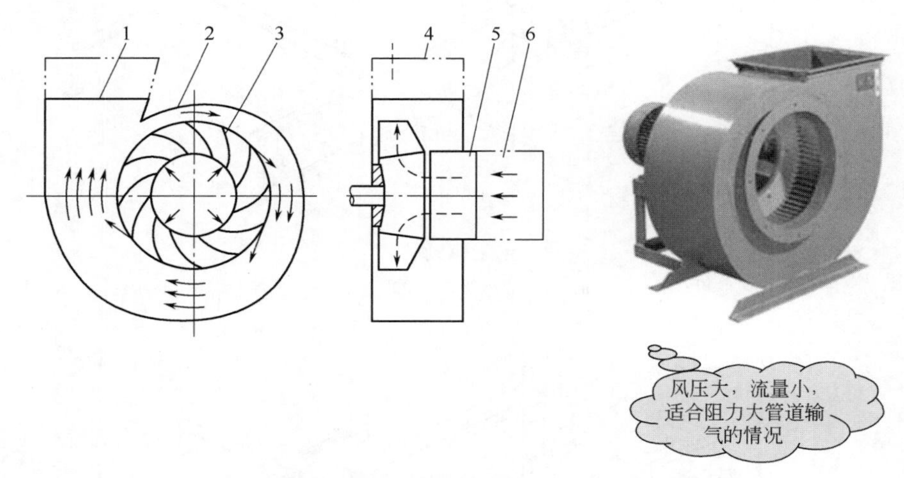

图 4-21　离心通风机内气体流动方向示意图

1—出风口；2—蜗壳；3—叶轮；4—扩压管；5—进风口；6—进气室

2. 遮阳降温设备

遮阳降温技术通过遮挡或反射采光面太阳辐射的射入量达到降低室内温度的目的。主要有遮阳网和铝箔反射型遮阳幕两种形式。采用遮阳网，室内气温一般可降低 2℃左右。铝箔反射型遮阳幕依其铝箔面积所占比例不同，遮阳率在 20%～99%可调（图 4-22）。

拉幕驱动机构有两种，如图 4-23～图 4-25 所示。

3. 蒸发降温设备

蒸发降温方法利用水分蒸发吸收汽化热的原理降低温室温度，主要有湿帘蒸发降温（图 4-26、图 4-27）和雾化蒸发降温两种方式（图 4-28、图 4-29）。

（1）湿帘降温

湿帘（别名水帘）是由波纹状纸板层叠而成的幕墙（在国内，通常有波高 5mm、7mm 和 9mm 三种，波纹为 60°×30°交错对置、45°×45°交错对置），墙内有水分循环系统。借助

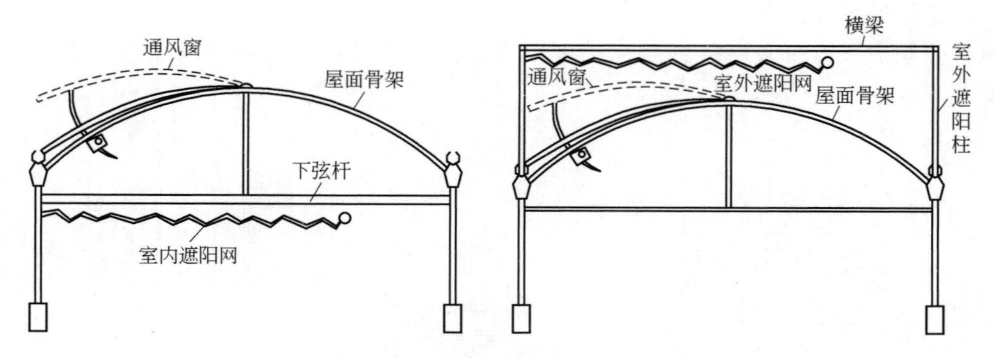

图 4-22　遮阳降温机构示意图

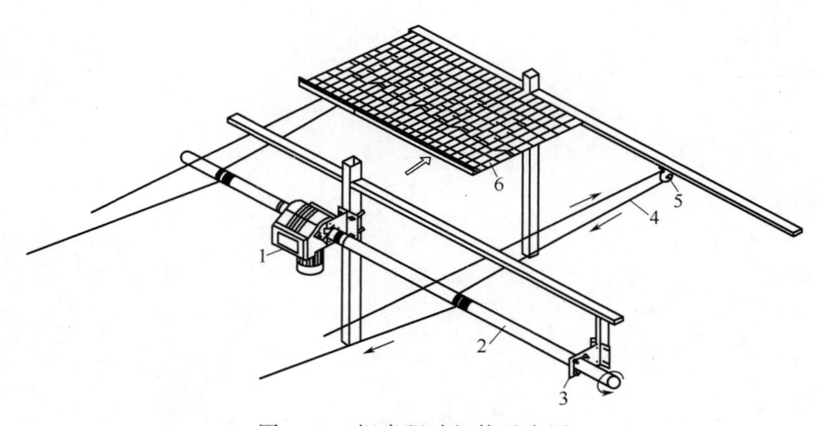

图 4-23　钢索驱动机构示意图

1—减速电机；2—驱动轴；3—轴承架；4—驱动线；5—换向轮；6—遮阳网

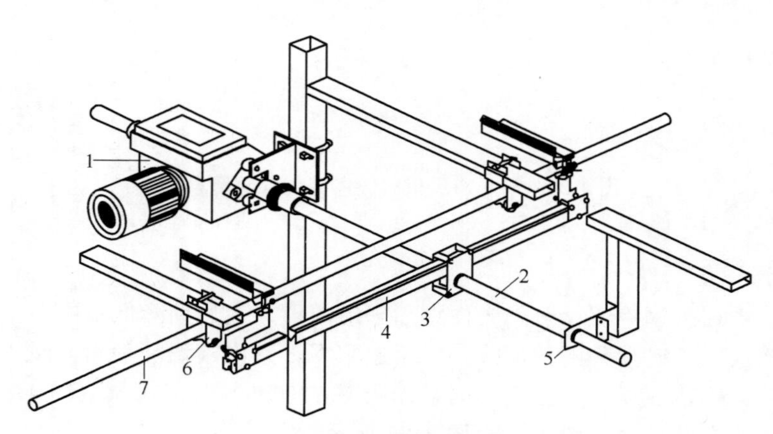

图 4-24　齿轮齿条驱动机构示意图

1—减速电机；2—驱动轴；3—B 型齿轮；4—齿条；
5—轴承座；6—支撑滚轮；7—推拉杆

轴流风机形成室内负压，室外空气流经湿帘，经湿帘内水分蒸发吸热，形成低温气体流入室内，起到降温作用。降温幅度一般可达到 4～10℃。

湿帘的特点：波纹状纸板经特殊处理，结构强度高，耐腐蚀，使用周期长；具有优良的渗透吸水性，可以保证水均匀淋透整个湿帘墙；特定的立体空间结构，为水与空气的热交换

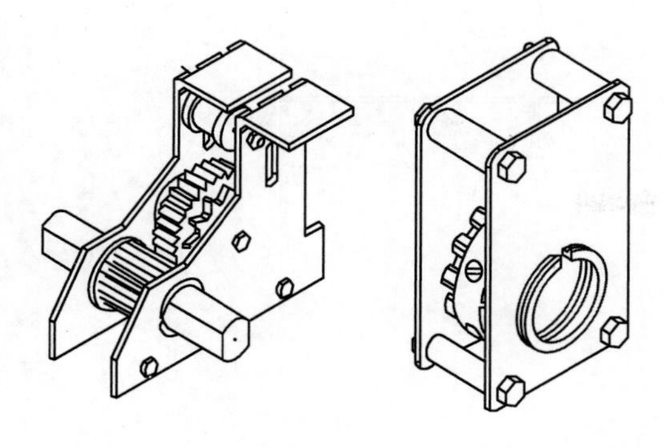

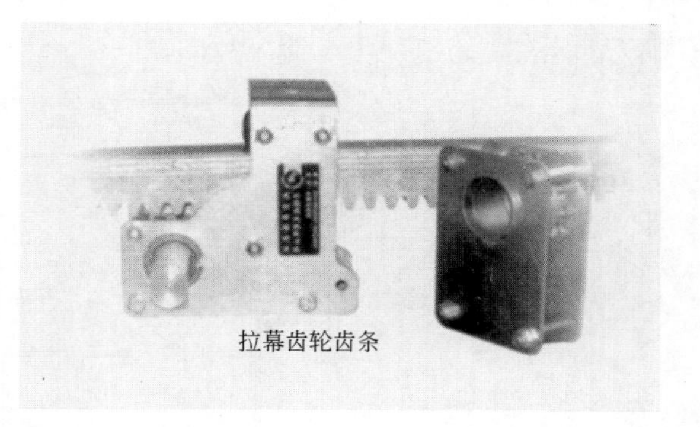

图 4-25　拉幕齿轮齿条示意图

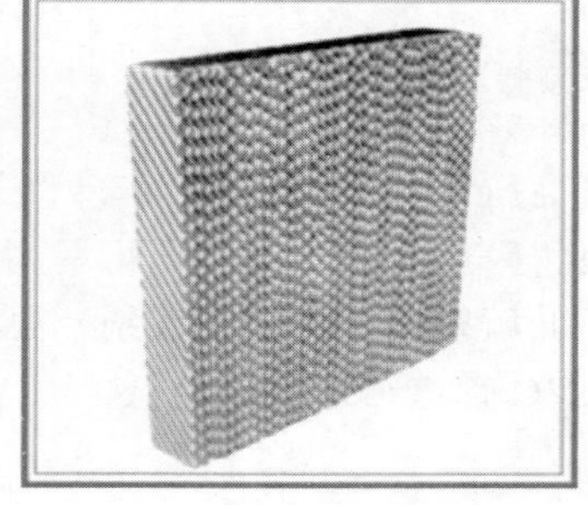

图 4-26　湿帘蒸发降温示意图

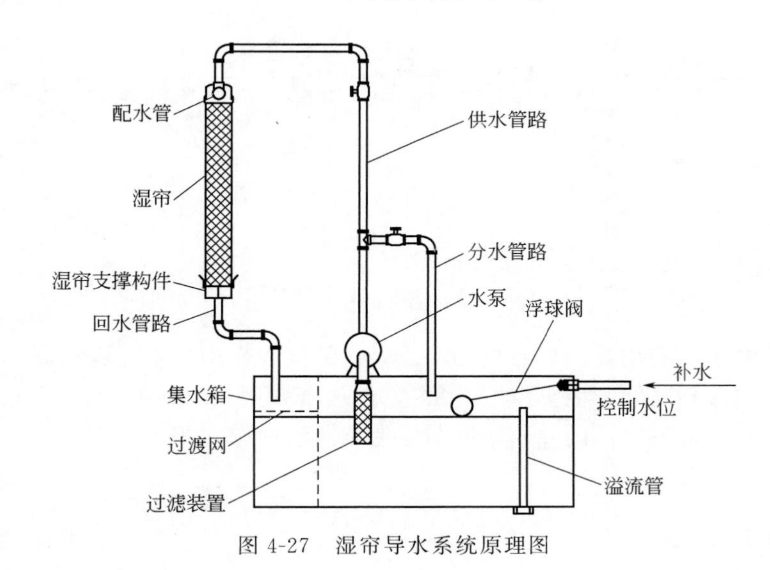

图 4-27　湿帘导水系统原理图

提供了最大的蒸发表面积。

（2）雾化降温

雾化降温的基本原理是普通水经过滤后，加压（4MPa），由孔径非常小的喷嘴（直径 15μm），形成直径 20μm 以下的细雾滴，与空气混合，利用其蒸发吸热的性质，大量吸收空气中热量，从而达到降温目的。降温幅度可达 7℃，降温效率较湿帘提高 15%。也可用物面流水和安装空调来降温。

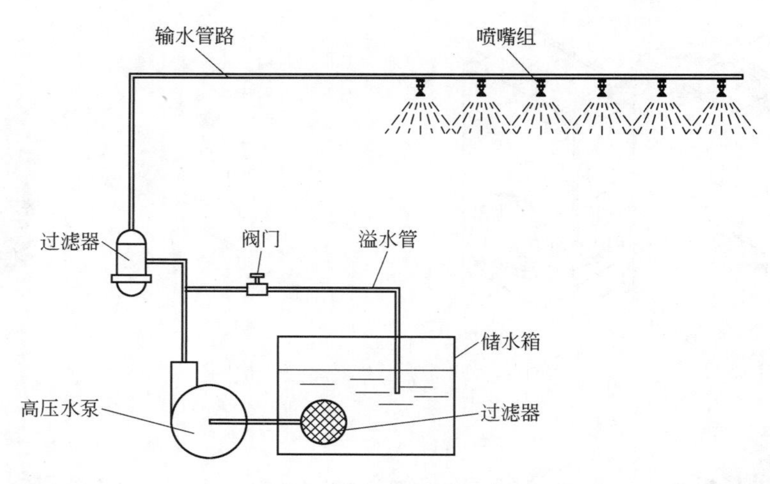

图 4-28　雾化蒸发降温示意图

高压细雾系统，在 3.5～6.0MPa 工作压力下液力雾化，雾化降温效果较好，但喷嘴寿命短，采用高压管道，运行费用高。

低压射流雾化喷雾系统，在 0.2～0.4MPa 工作压力下气力雾化，喷嘴寿命长，采用低压 PVC 管道，运行费用低。

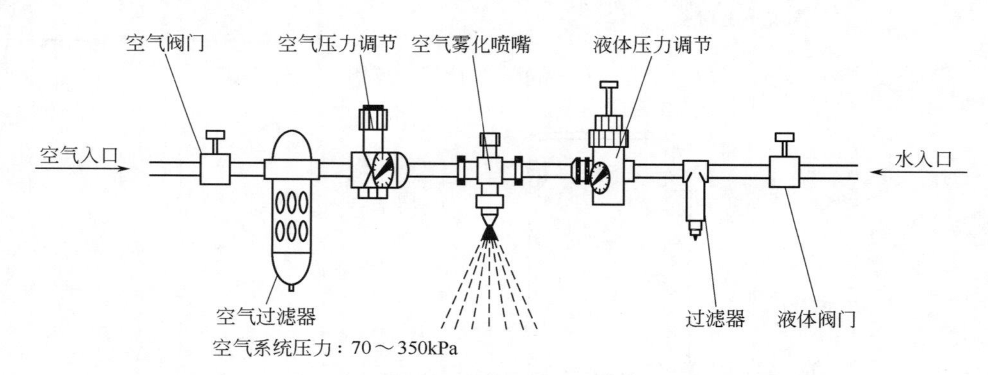

图 4-29　雾化蒸发降温结构示意图

加湿降温喷雾机，利用高速离心机和轴流风机的复合作用将水变成水雾喷射出来，降温效果最好，没有水滴到作物叶面上（图 4-30），但投资费用高，耗电量大。

需要注意的是：蒸发降温的降温幅度与空气相对湿度密切相关，理论上可达到湿球温度的水平。

三、光环境调控设备

光环境调控是设施农业中仅次于热环境调控的另一重要措施。“有收无收在于温，收多收少在于光”。光环境调控一般从补光、遮光两方面实施相应技术。

1. 反射补光

在单屋面温室后墙悬挂反光膜可改善温室的光照条件。反光膜一般幅宽为 1.5～2.0m，长度随室温长度而定。该技术可改善温室内北部 3m 范围内的光照和温度条件。使用时应与北墙蓄热过程统筹考虑。

图 4-30 加湿降温喷雾机示例

2. 低强度补光

低强度补光是为满足感光作物光周期需要而进行的补光措施。补光强度仅需 22～45lx，目的是通过缩短黑暗时间，达到改变作物发育速度的目的。

3. 高强度补光

高强度补光是为作物进行光合作用而实施的补光措施。一般情况下在室内光照＜3000lx 时，可采用人工补光。

国内对镝灯（生物效能灯）、高压钠灯、金属卤化灯三种光源测定结果表明，镝灯补光效果最好，其光谱能量分布接近日光，光通量较高（70lx/W），按照每 4 平方米安装一盏 400W 镝灯的规格，补光系统可在大阴天使光强增加到 4000～5000lx，比叶菜类作物光补偿点高出一倍左右。

高压钠灯理论上光通量很大（100lx/W），但实际测试结果远不如镝灯，同样安装密度条件下，400W 钠灯下垂直一米处，光强从 2200lx 提高到 3200lx（镝灯可提高到 5000lx）。此外，钠灯偏近红外线的光谱能量的比例较大，色泽刺眼，不便灯下操作。

金属卤化灯是近年发展起来的新型光源，理论发光效率较高，但测定结果不如钠灯，且聚焦太集中，不适合作为温室补光之用。

4. LED 灯补光

LED 补光灯是新一代照明光源发光二极管（Light-Emitting Diode，LED），是一种低能耗人工光源。与目前普遍使用的高压钠灯和荧光灯相比，LED 具有光电转换效率高、使用直流电、体积小、寿命长、耗能低、波长固定、热辐射低、环保等优点。LED 光量、光质（各种波段光的比例等）可以根据植物生长的需要精确调整，并因其冷光性可近距离照射植物，使栽培层数和空间利用率提高，从而实现传统光源无法替代的节能、环保和空间高效利用等功能。基于这些优点，LED 灯被成功应用于设施园艺照明、可控环境基础研究、植物组织培养、植物工厂化育苗及航天生态系统等。近年来，LED 补光灯的性能不断提高、价格逐渐下降，各类特定波长的产品逐渐被开发，其在农业与生物领域的应用范围将会更加广阔。

四、设施内气体环境调控设备

气体调控机械是对温室作物增温及增施 CO_2 气肥的共施装置，利用电除尘化学脱硫技术设计制造，能将燃煤产生的烟尘、焦油及有害于植物的烟气成分脱除，而将植物光合作用

所需的 CO_2 以及燃煤产生的热量全部投放到棚室。其主要特点：CO_2 供气量大，增产效果显著。根菜类蔬菜增产幅度一般为 75%～300%，果菜类为 30%～200%，叶菜类为30%～50%。燃煤产生的热量可全部投入到棚室内，使用操作简单，自动化程度高。停电时，可自动将烟气转入外排口并排出室外；炉火熄灭可自动关机；清灰时可自动停机。

CO_2 组合控制的特点：当温湿度控制器控制风机开启通风时，CO_2 控制器自动停止 CO_2 发生器的工作，避免 CO_2 气源浪费（图 4-31、图 4-32）。

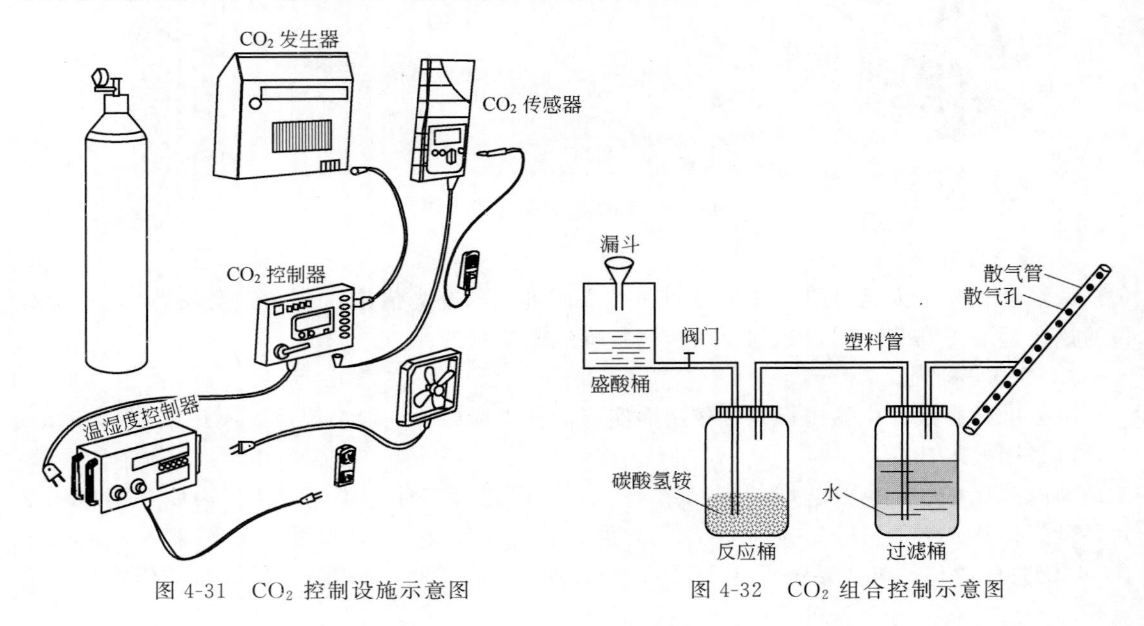

图 4-31　CO_2 控制设施示意图

图 4-32　CO_2 组合控制示意图

目前设施农业环境控制包括诸多相互关联的因子，调控手段已从单因子的控制向综合考虑环境因子的相互影响，以同一环境因子为基准（如太阳辐射）、其它环境因子为变量进行处理的多因素环境控制方向发展，并将专家系统和人工智能控制等技术引入设施农业环境控制系统之中，科技含量和自动化水平不断提高，为设施农业环境调控技术的进一步发展奠定了技术基础。

本章思考与拓展

习近平总书记强调，要紧紧把饭碗端在自己手里。我国是一个人口大国，保障食品安全难度大、任务重。实现农业现代化是保障粮食安全的重要途径，而实现农业机械化是发展现代化农业的基础保障，是提高农业生产效率的重要途径。设施农业是现代农业的主要生产方式，目前我国设施农业机械化程度还比较低，需要加强技术研究和产品开发。

5 第五章

设施农业环境调控技术

第一节 设施光环境及其调控

光是作物进行光合作用以及形成设施内温度条件的能源。光照对设施作物的生长发育会产生光效应和热效应，直接影响光合作用、光周期反应和器官形态建成。在以日光为主要光源与热源的设施作物生产中，光环境具有无与伦比的重要性。

一、设施内的太阳辐射

设施内的光照来源，除少数地区和温室在育苗或栽培过程中采用人工光源外，主要依靠自然光，即太阳光能。人们习惯上用光照度或光照强度（单位为 lx 或 klx）表征光环境，它是指太阳辐射能中可被人的眼睛所感觉到的部分，也即波长 390～760nm 的可见光部分。事实上，不同波长的光亮度存在很大差异。例如，在光波长 550nm 即黄绿光处，是人眼感光最灵敏的峰段，然而对绿色植物而言，该波长却是吸收率较低的波段。除了可见光以外，太阳辐射能中的红外线和紫外线对作物的生长发育都有重要影响。太阳辐射能在可见光（390～760nm）、红外线（＞760nm）和紫外线（＜390nm）波段的分布分别约占辐射能总量的 50%、48%～49%和 1%～2%（图 5-1）。温室作物生产中光环境功能的表达，不仅依赖于可见光，还包括红外和紫外辐射。因此，光照度或光照强度，不如表示太阳辐射能状况的辐射通量密度［单位为 W/m^2 或 $kJ/(m^2 \cdot h)$］，更能客观地反映光对植物的生理作用。

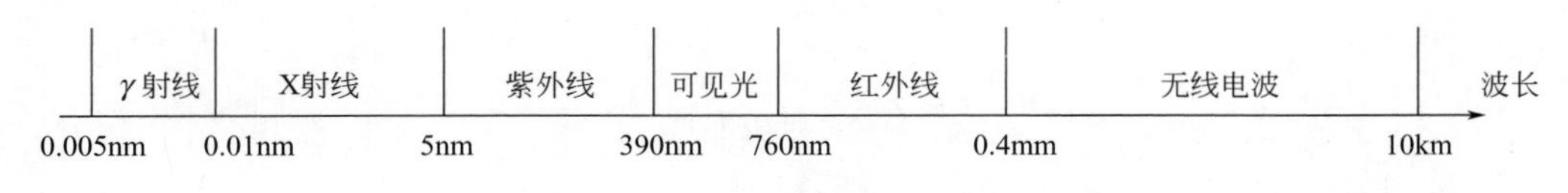

图 5-1 电磁波谱的波长分布

辐射通量密度（又称辐照通量密度）（radiant flux density，RFD）表示太阳光辐射总量，即单位时间内通过单位面积的辐射能。其中，被植物叶绿素吸收并参与光化学反应的太阳辐射称为光合有效辐射（photosynthetically active radiation，PAR），PAR 的单位为 W/m^2 或 $kJ/(m^2 \cdot h)$ 或 $mol/(m^2 \cdot d)$。当涉及与植物生理中光合作用有关的光能物理量时，则采用光量子通量密度（photon flux density，PFD）或光合有效光量子通量密度（PPFD）来表示，前者指单位时间内通过单位面积的光量子数，后者则指在光合有效波长范围内的光量子通量密度，两者的单位均为 mol/(m^2·d)。

二、设施内的光环境

设施内的光照环境不同于露地，光照条件受设施方位、骨架材料和结构、透光屋面形状、大小和角度、覆盖材料特性及其洁净程度等多种因素的影响。影响设施作物生长发育的光照环境除了光照强度、光照时数、光的组成（光质）外，还包括光的分布均匀程度。太阳辐射到达设施表面后，经过反射、吸收和透射而进入设施内部，形成室内光环境，进而对作物的生长发育产生影响。

1. 设施内的光环境特征

（1）光照强度

设施内的光环境明显不同于露地，光照强度较弱。这是因为自然光线透过透明屋面的覆盖材料进入设施内部时，由于覆盖材料的吸收、反射，覆盖材料内表面结露水珠的吸收、折射等原因，使透光率下降。尤其在寒冷的冬春季节或阴雪天，透光率只有自然光的 50%～70%。如果透明覆盖材料染尘而不清洁或者使用时间过长而老化，透光率甚至会降低到自然光强的 50%以下。这种现象往往成为冬季喜光果菜类生产的主要限制因子。

设施内的光照强度受外界环境影响较大，日变化趋势基本上与外界同步，但不同天气条件下光照强度的日变化也不一样（图 5-2、图 5-3）。早晨从日出后开始光照强度逐渐上升，中午 12:00～13:00 之间达到最大值，然后逐渐下降。从上午 10:00 左右开始，随着外界光强度的增加，连栋温室内不同位点的光照分布曲线开始明显分化。晴天的光照强度大于多云天气，光照分布曲线也更明显。由于阴天外界环境中散射光的成分所占比重较大，而晴天进入设施的光线以直射光为主，因此连栋温室的整体透光率阴天高于晴天。

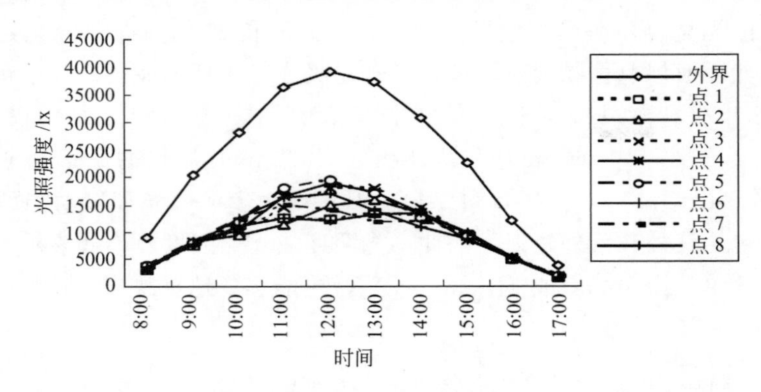

图 5-2 晴天连栋温室光照分布图（周萍等，2007）

（2）光照时数

设施内的光照时数受设施类型的影响。塑料大棚和大型连栋温室，通常没有外覆盖，全面透光，内部的光照时数与露地基本相同。日光温室等单屋面温室内的光照时数一般比露地要短。这是因为在寒冷季节为了防寒保温而使用的蒲席、草苫等不透明覆盖材料揭盖时间直接影响到设施内的受光时数。在寒冷的冬季或早春，一般日出后开始揭草苫，日落前或刚刚日落时盖草苫，1 日内作物的受光时间只有 7～8h，在高纬度地区甚至不足 6h。

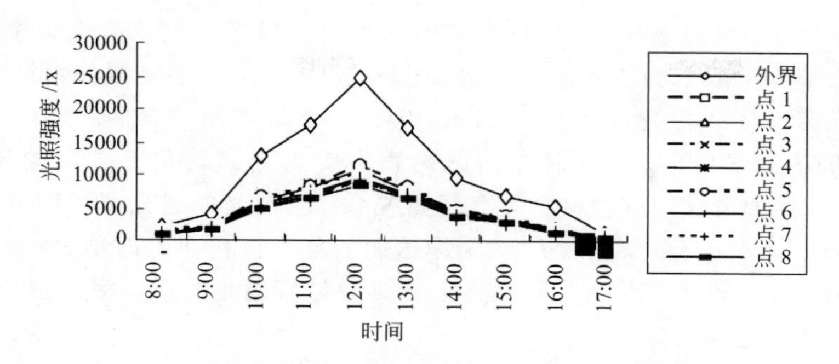

图 5-3 多云天气连栋温室光照分布图（周萍等，2007）

（3）光质

设施内的光组成与自然光不同，光谱结构与室外有很大差异，这主要与透明覆盖材料的性质有关。透光覆盖材料对不同波长光的透过率不同，尤其是对于380nm以下紫外光的透光率较低。虽然有一些塑料薄膜可以透过310～380nm的紫外光，但大多数覆盖材料不能透过波长在310nm以下的紫外光。另一方面，当太阳短波辐射进入设施内部并被作物和土壤等吸收后，又以长波的形式向外辐射，但其中的大多数会被覆盖材料所阻隔，从而使整个设施内的红外光长波辐射增多。此外，覆盖材料还可以改变红光和远红光的比例。

（4）光分布

在自然光下露地的光分布是均匀的，但设施内光分布在时间和空间上则极不均匀，特别是直射光的入射总量。在高纬度地区，冬季设施内光照强度弱，光照时间短，严重影响作物的生长发育。同时，由于设施墙体、骨架以及覆盖材料的影响，也会产生不均匀的光分布，使得作物的生长不一致。例如，高效节能日光温室的东、西、北三面有墙，后屋面也不透光，因此在每天的不同时间和温室内不同部位往往会有遮阴，而朝南的透明屋面下，光照明显优于北部。设施内不同部位的地面，距屋面的远近不同，光照条件也不同。一般而言，靠近顶部的光照条件好于底部。在作物生长旺盛阶段，由于植株遮阴往往造成下部光照不足，导致作物生长发育不良。

2. 影响设施光环境的主要因素

设施内部的光照条件除受太阳位置和气象要素影响外，还受设施结构和管理技术的影响。其中，光照时数主要受地理纬度、季节和天气状况以及防寒保温等管理措施的影响；光质主要受透明覆盖材料特性的影响；光照强度和光分布则随太阳位置而变化，并受设施结构的影响，相对比较复杂。从作物对光环境的需求来看，要求设施的透光率高、受光面积大且光的分布均匀。

（1）设施的透光率

设施的透光率是指设施内的太阳辐射或光照强度与室外的太阳辐射或光照强度之比，以百分率表示。因为太阳光由直射光和散射光两部分组成，设施的透光率也就相应地分为直射光的透光率（T_d）与散射光的透光率（T_s）。若设施内全天的太阳辐射量或全天光照为G，室外直射光量和散射光量分别为R_d、R_s的话，则$G=R_d\times T_d+R_s\times T_s$。一般$T_s$由温室结构与覆盖材料决定，与太阳位置和设施方位无关。

① 散射光的透光率（T_s） 散射光是太阳辐射的重要组成部分，在设施设计和管理上要考虑充分利用散射光的问题。若以T_{s0}表示洁净透明的覆盖材料水平放置时的散射光透光率（当屋面倾斜角度较大时，应折减2%～3%），r_1为设施构架材料等的遮光损失率（一般大

型温室在5%以内，小型温室在10%以内），r_2为覆盖材料老化的遮光损失率，r_3为水滴和尘染的透光损失率（一般水滴透光损失可达20%～30%，尘染透光损失可达15%～20%），则设施的散射光透光率$T_s = T_{s0}(1-r_1)(1-r_2)(1-r_3)$。

② 直射光的透光率（T_d） 直射光的透光率主要与其入射角有关，也与纬度、季节、时间、设施方位、屋面坡度和覆盖材料等有密切关系。直射光的透光率可用下式表示：$T_d = T_a(1-r_1)(1-r_2)(1-r_3)$。其中，$T_a$为洁净透明的覆盖材料在入射角为$a$时的透光率，$a$大小取决于太阳高度、设施方位和屋面角度。提高设施直射光的透光率，必须选择适宜的结构、方位、连栋数和透明覆盖材料。

（2）覆盖材料的透光特性

光照到设施透明覆盖材料表面后，一部分被吸收，一部分被反射，其余部分则透过覆盖材料进入设施内部。干净玻璃或塑料薄膜的光吸收率为10%左右，剩余的就是反射率和透射率。覆盖材料对设施内的光照条件起着决定性的作用。由于不同覆盖材料的光谱特性不同，对各个波段光的吸收、反射和透射能力各异，从而影响设施内部的光谱组成。玻璃能透过310～320nm以上的紫外线，而红外线域的透过率低于其它覆盖材料。至于可见光部分，各种覆盖材料的透光率大多为85%～92%，差异较小。

覆盖材料对太阳辐射的透光率除了与自身的特性有关外，还受其表面附着的尘埃、水滴（膜）以及老化程度的影响。覆盖材料的内外表面很容易吸附空气中的尘埃颗粒，使透光率大大减弱，光质也有所改变。一般PVC膜易被污染，PE膜次之，玻璃受污染较轻。水汽在设施覆盖材料内侧冷凝后对透光率的影响，与所形成的状态有关，水珠影响较大，水膜影响较小，当形成的水膜厚度不超过1.0mm时，几乎没有影响。防雾膜、无滴膜就是在膜的内表面涂抹亲水材料，使冷凝的水汽不能形成珠状，减少其影响（图5-4）。灰尘主要削弱光强中的红外线部分，老化则主要削弱光强中的紫外线部分。一般因附着水滴而使塑料薄膜的透光率降低20%左右，因污染使透光率降低15%～20%，因本身老化使透光率降低20%～40%，再加上设施结构的遮光，透光率最低时仅有40%左右。

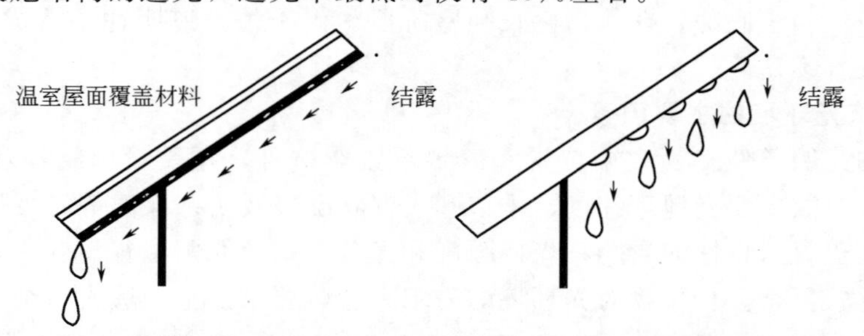

图5-4 温室覆盖材料的结露状态

（3）设施结构和方位

① 建筑方位 温室的建筑方位影响光的透过率。由单栋温室和连栋温室直射光透过率的季节变化可以看出（图5-5），东西向单栋温室的直射光透过率在冬至时最高，以后逐渐下降，夏至时最低。东西向连栋温室的直射光透过率比单栋温室低了许多，随季节的变化也小。南北向单栋温室直射光的透光率和东西向单栋温室刚好相反，冬至时透光率最低，以后逐渐提高，到夏至时达到最高点。南北向连栋温室直射光的透过率和单栋温室呈现相同的变化趋势，只是透过率低5%左右。

温室的方向不仅影响直射光的透光率，而且还会影响光的分布均一性。由图5-6可以看

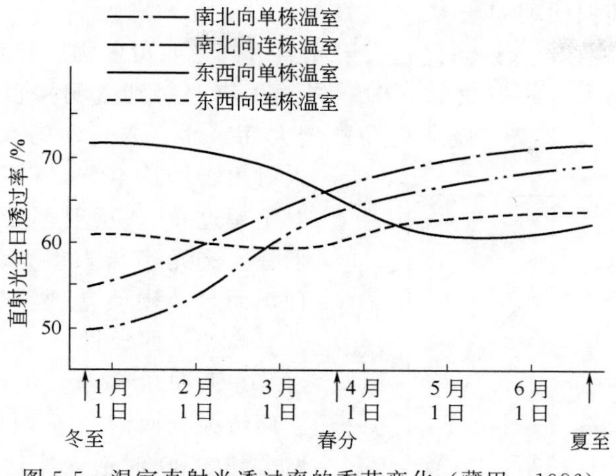

图 5-5　温室直射光透过率的季节变化（藏田，1986）

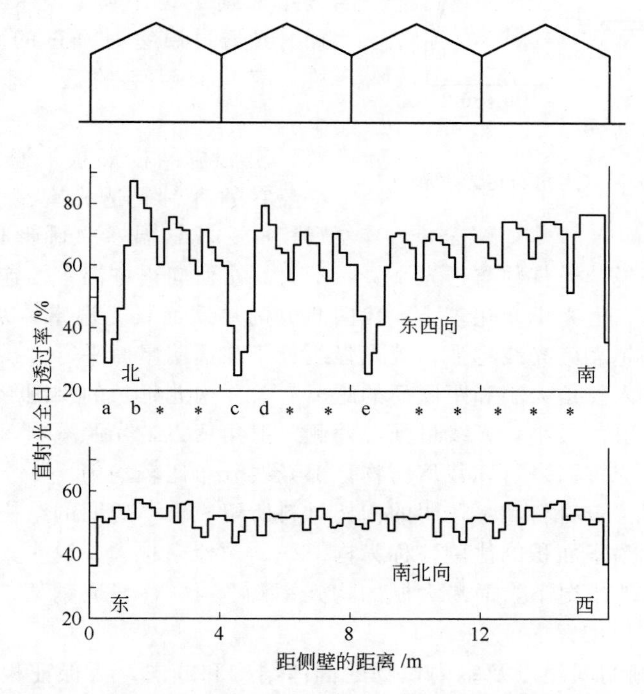

图 5-6　四连栋温室全天直射光透过率的分布（藏田，1986）

*—构造温室架材的阴影；a、c、e—北侧屋面下的弱光带；b、d—反射所形成的强光带

出，东西向温室的直射光透过率比南北向的高，但均一性却很差。温室的天沟等骨架材料和北侧屋面会在温室内形成阴影弱光带，且弱光带在一天中不太移动，导致温室内的直射光分布不均匀。南北向温室，太阳位置从早到晚在不断移动，架材等的阴影和过大入射角所形成的弱光带也在不断移动，因而不会形成特定的弱光带，光照分布相对要均匀一些。

因此，在生产实践中，我国中高纬度地区温室的建造方位是东西向优于南北向。随着纬度的增加，东西向与南北向温室的透光率差值增大，但地面栽培床的光分布均匀程度则是南北向优于东西向。我国北方地区日光温室的向阳面受光，实际建造方位应为东西延长，坐北朝南，以便充分采光，达到防寒保温的目的。在黄淮地区以南偏东 5°～10°为好，而气候寒冷的高纬度地区则以南偏西朝向居多。

② 屋面角　太阳直射光入射角是指直射光照射到透明覆盖物后与其法线所形成的夹角。入射角愈小，透光率愈大，入射角为0°时，光线垂直照射到透明覆盖物上，此时反射率为0。从图5-7中可以看出，透光率随入射角的增大而减小，入射角为0°时透光率约为83%；入射角增加到40°～45°，透光率明显减少；入射角超过60°，反射率迅速增加，透光率急剧下降。透光率与入射角的关系还因覆盖材料种类而异，硬质塑料覆盖材料中波形板的透光率高于平面板材。

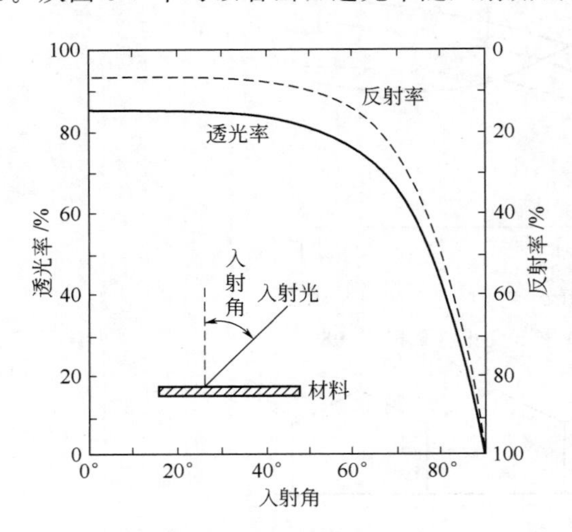

图5-7　玻璃的太阳入射角与透光率和反射率的关系（李式军，2002）

东西向单栋温室的透光率随屋面角的增大而增大。而对于东西向连栋温室，屋面角增大到约30°时透光率达最高值，再继续增大透光率则迅速下降。这是由于屋脊升高后，直射光透过温室时经过的南屋面数增多的缘故。南北向温室的透光率与屋面角的关系不大。

③ 设施结构形状　通常，冬季双屋面单栋温室的直射光透光率高于连栋温室，夏季则相反。塑料温室拱圆形比屋脊形的透光要好。对南北向温室来说，连栋数与透光率关系不大。东西向连栋温室的连栋数越多，透光率越低，但超过5栋后，透光率变化较小。我国北方的单屋面日光温室，东西北三面不透光，虽有部分反光，也是越靠南光线越强，等光强线近于与透明屋面平行。拱圆形屋面的塑料大棚，直射光透光率与入射角大小和距屋面的距离有关。南北延长的拱圆形屋面，当光线从棚上方直射时，顶部入射角最小，光线最强，两侧入射角变大，光照减弱，因此等光强面几乎与地面平行，而不是与拱面平行，栽培作物上部光线分布比较均匀。

温室通常由透明覆盖材料和不透明的构架材料所组成。不透明的结构骨架（或框架）材料的受光面积占整个温室面积的比例，称为构架率。构架率越大，说明其遮光面积越大，直射光透过率越小。一般情况下，简易大棚的构架率约为4%，普通钢架玻璃温室约为20%，Venlo型玻璃温室约为12%。

④ 相邻温室大棚的间距以及室内作物的群体结构和畦向　为保证相邻的温室内获得充足的光照，彼此必须保持一定的间距。单屋面日光温室的前后间距应不小于温室脊高加上草苫高度的2～2.5倍。南北延长的温室，相邻间距要求为脊高的1倍左右。作物群体结构依种类和品种而异，通常南北向畦受光均匀，日平均透射总量大于东西向畦。

三、设施光环境调控

1. 光照强度的调控

（1）遮光

进行设施栽培或育苗时，往往需要通过遮光措施来减弱设施内部的光照强度或者降低温度，抑制气温、地温和叶温升高，促进作物生长发育，改善品质。遮光可分为外覆盖与内覆盖两类（图5-8），也有在透明覆盖材料表面涂白或流水进行遮光降温的。外覆盖的遮光降温效果好，但容易受风害等外界环境影响；内覆盖虽然受外界环境的影响较小，但因为吸热

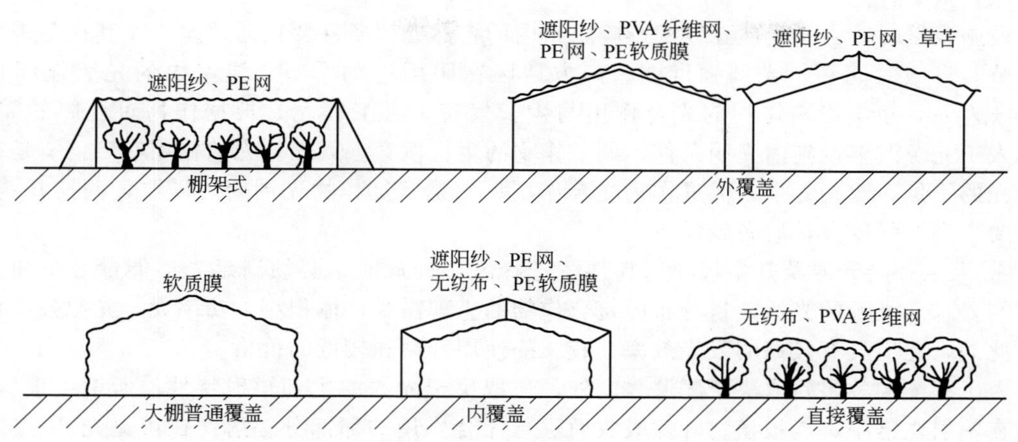

图 5-8 各种遮光材料的覆盖方式与覆盖位置

后再放出，抑制升温的效果不如外覆盖。遮光材料应具有一定的透光率、较高的反射率和较低的吸收率。表 5-1 列出了常见遮光材料的用途、性能及其适宜覆盖方式。

表 5-1 常见遮光材料特性比较

种类	颜色	用途		适宜的覆盖方式						性能						
		降温	日常处理	搭遮阳棚	外部遮阳	外覆盖	内覆盖	隧道式覆盖	贴面覆盖	遮光率/%	通气性	被覆性能	开闭性能	伸缩性能	强度	耐久性
遮阳纱	白	○[1]	×	○	○	×	○	○	○	18～29	○	○	○	△[3]	◎	◎
	黑	○	×	○	○	×	○	○	○	35～70	○	○	○	△	◎	◎
	灰	○	×	○	○	×	○	○	○	66	○	○	○	△	◎	◎
	银	○	×	○	○	×	○	○	○	40～50	○	○	△	△	◎	◎
PE 网	黑	○	×	○	○	×	△	○	○	45～95	○	○	△	○	◎	◎
	银	○	×	○	○	×	△	○	○	40～80	○	○	△	○	◎	◎
PVA 纤维网	黑	○	×	△	○	×	○	○	○	50～70	○	○	○	△	○	○
	银	○	×	△	○	×	○	○	○	30～50	○	○	○	△	○	○
无纺布	白	○	×	△	○	△	○	○	○	20～50	△	◎	◎	○	○	○
	黑	○	×	△	○	△	○	○	○	75～90	△	◎	◎	○	○	○
PVC 软质膜	黑	×[2]	○	×	△	○	○	○	×	100	×	◎	◎	○	○	
	银	△[2]	○	×	△	○	○	○	×	100	×	◎	◎	○	○	○
	半透光银	○	×	×	△	○	○	○	×	30～50	×	◎	◎	○	○	○
PE 软质膜	银	△[2]	○	×	△	△	○	○	×	100	×	◎	◎	○	△	×
	半透光银	○	×	×	△	△	○	○	×	30	×	◎	◎	○	△	×
PP 等铝箔膜		○	×	×	△	△	○	○	×	55～92	×	◎	◎	○	○	△
草苫		○	×	×	○	×	×	△	×	70～90	○	△	△	○	◎	△

① ◎ 优秀、○ 良好、△ 稍差、× 差；
② 日长处理密闭时；
③ △表示有伸缩性。

(2) 人工补光

设施栽培时，由于受覆盖物的影响，室内的自然光照条件要比露地差。尤其在冬季和早春季节，日照时间短，光照强度弱。南方地区在阴雨连绵季节，温室内的光照强度只有2000lx左右，也会影响作物的光合作用与生长发育。人工补光是根据作物对光照的需求，采用人工光源改善设施内光照条件，调节作物的生长发育。人工补光的作用有二：一是补充自然光的不足，改善光强，促进作物光合作用；二是满足作物光周期的需要，调控开花期。前者要求光照强度大，后者较低。

① 人工补光光源及其生理辐射特性　选择人工光源时，必须满足光谱能量分布和光照强度的要求。光源的光谱能量分布应符合作物的生理需要，体积小，功率大，光照强度可调节。此外，还应具有较高的发光效率、较长的使用寿命和较低的价格。

人工补光的效果除取决于光照强度外，还取决于光源的生理辐射特性。所谓生理辐射，是指在辐射光谱中，能被植物叶片吸收而进行光合作用的那部分辐射。在可见光区（390～760nm），植物吸收的光能占生理辐射光能的60%～65%。其中，主要是波长610～720nm的红、橙光，其次是波长400～510nm的蓝、紫光，对波长510～610nm的绿、黄光，植物吸收的光能很少。表5-2列举了几种常见的人工补光光源。

表5-2　补光栽培中常见人工补光光源

发光效率/(lm/W)		光合效率/W(相对值)	寿命/khr	稳定器	光合效率/单灯价格(相对值)	垂直投影面积/(m^2/kW)
白炽灯：300W反射型	5.2	1.0	2	无	100	0.048
荧光灯：40W						
普通型、白色	55[①](1)	5.8	10	无	45	3.73
普通型、昼光色	48[①](1)	4.9	10	无	38	3.73
植物用、BR型	17[①](1)	4.7	10	无	31	3.73
高压水银灯：400W反射型	33	3.9	12	有	130	0.064
金属卤化物灯：						
"阳光灯"400W反射型	24	3.6	6	有	36	0.057
"BOC灯"400W反射型	40	6.0	6	有	53	0.064
高压钠灯：						
普通400W反射型	68	7.8	12	有	92	0.064
色调改良型400W反射型[②]	57	8.2	12	有	98	0.073

①使用反射伞罩时的推定值；②从普通型估计值。

② 白炽灯和荧光灯　白炽灯依靠高温钨丝发射连续光谱，其中大部分是红外线，能量达总能量的80%～90%，红、橙光部分占10%～20%，蓝、紫光部分所占比例很少，几乎不含紫外线。能被植物吸收进行光合作用的光能很少，仅占总辐射的10%左右，大量红外线转化为热能，使温室内和植物体温度升高。

荧光灯的灯管内壁覆盖了一层荧光物质，由紫外线激发而发光。根据荧光物质的不同，有蓝光荧光灯、绿光荧光灯、红光荧光灯、白光荧光灯、日光荧光灯以及卤素粉荧光灯和稀土元素粉荧光灯等，可根据栽培植物的需要选择相应的荧光灯。荧光灯的光谱成分中没有红外线，其光谱能量分布大体为，红、橙光占44%～45%，绿、黄光占39%，蓝、紫光占16%，能被植物吸收的光能约占辐射光能的75%～80%，适于植物人工补光，目前应用较普遍。

③ 高压钠灯　是发光效率和有效光合成效率较高的光源，在人工补光中应用较多。高压钠灯的光谱能量分布为：红、橙光占 39%～40%，绿、黄光占 51%～52%，蓝、紫光占 9%。含有较多的红、橙光，补光效率较高，尤其适用于叶菜类作物补光。

④ 日色镝灯　又称生物效应灯，是新型金属卤化物放电灯。其光谱能量分布近似日光，其中红、橙光占 22%～23%，绿、黄光占 38%～39%，蓝、紫光占 38%～39%。具有光效高、显色性好、寿命长等特点，是较理想的人工补光光源。

⑤ 氖灯和氦灯　两者均属于气体放电灯。氖灯的辐射主要是红、橙光，其光谱能量分布主要集中在 600～700nm 的波长范围内。氦灯主要辐射红、橙光和紫光，各占总辐射的 50%左右，叶片可吸收的辐射能占总辐射能的 90%，其中 80%为叶绿素吸收，对于植物生理过程的正常进行极为有利。

⑥ 微波灯和发光二极管　属于新型的人工光源。微波灯是用波长 10mm～1m 的微波照射封入真空管中的物质，促使其发光，从而获得很高的照度。微波灯的特征除了强度大外，其光谱能量分布与太阳辐射相近，光合有效辐射比例达 85%，高于太阳辐射，而且其辐射强度可以连续控制，寿命也长，具有较高的推广价值（图 5-9）。

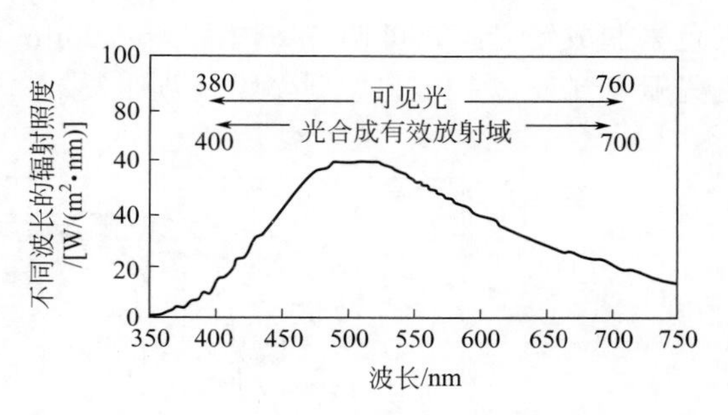

图 5-9　微波灯（3.5kW）照射面的光强分布（350～750nm 的波长）（古在，1993）

发光二极管（LED）蓝光和红光的能量分布如图 5-10 所示，特征是光谱单纯，也就是说，采用二极管可以获得单峰光谱。红光光谱与光合有效光谱接近，因此从光合作用的角度看是效率最好的光源，但仅有红光的栽培会引起植株形态异常，需要和蓝光 LED 或荧光灯等同时使用。LED 本身发热少，光谱中不含红外光，近距离照射不会改变植物温度。目前虽然已开发了不同颜色的 LED，但除红光以外的 LED 价格仍然偏高。LED 抗机械冲击能力强，寿命长。

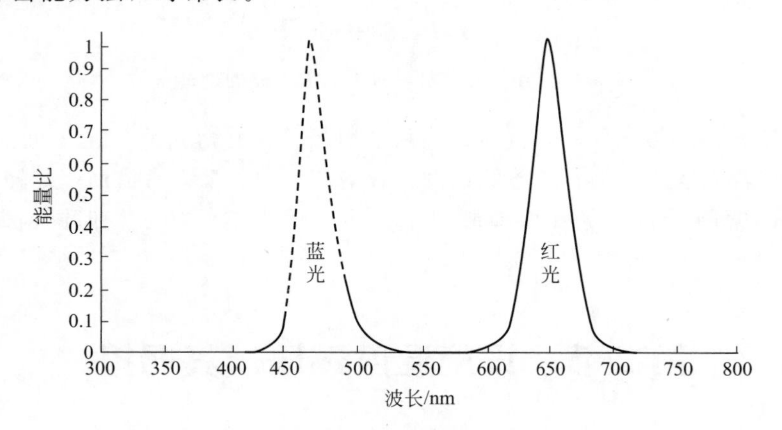

图 5-10　发光二极管蓝光和红光的能量分布

2. 光照时数的调控

为了控制作物的光周期反应，诱导成花，打破休眠或延缓花芽分化，需要进行长日照或短日照处理。短日照处理的遮光通常叫黑暗处理，遮光率必须达到 100%。如菊花遮光处理，可促进提早开花。长日照处理的补光栽培同样在菊花、草莓等植物上广泛应用。草莓补光栽培可阻止休眠或打破休眠，提早上市。一般长日照处理的照度在几十勒克斯即可满足要求，光源多用 5～10W/m^{2}的白炽灯。弱光下进行补光栽培时应用 100～400W/m^2，以高压气体放电灯、荧光灯或荧光灯加 10%～30%白炽灯为宜。

3. 光质的调控

植物的光合作用、形态建成等与光质关系密切，因此生产中配置适当光谱比例的光非常重要。设施栽培利用自然光的场合，由于覆盖材料不同，各种波长光的透过率也不一样(图 5-11)。FRP、PC、PET 不能透过紫外线，但玻璃、PVC、FRA、MMA、PE 可以透过紫外线。但是，若在合成 PVC、MMA、FRA 等材料过程中添加紫外线吸收材料作为辅料，它们也将不再能透过紫外线。在以聚丙烯树脂为原料的塑料薄膜中混入能遮断红光和远红光的色素制成转光膜，可调节室内 600～700nm 的红光（R）和 700～800nm 的远红光（FR）的光量子比（R/FR），控制作物茎节伸长。

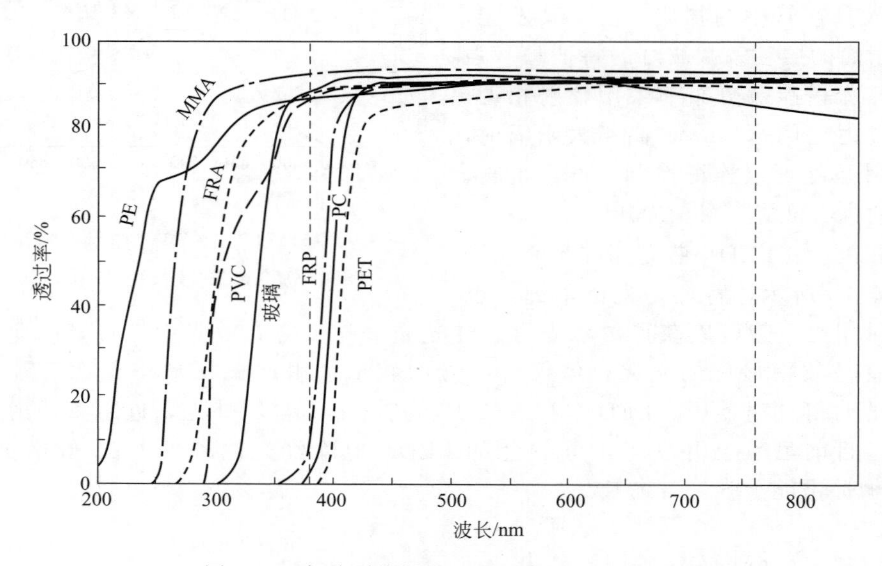

图 5-11 各种覆盖材料对不同波长光的透过率

紫外线与茄子、葡萄、月季等植物的着色密切相关，并对蜜蜂等昆虫的活动产生影响。设施栽培紫茄，若无紫外线则着色不好；设施栽培草莓和甜瓜，常借助蜜蜂辅助授粉，若采用除去紫外线的薄膜覆盖，尽管可抑制蚜虫发生，促进茎叶伸长，但同时却会影响蜜蜂传粉。

第二节　设施温度环境及其调控

温度是影响植物生长发育的最重要的环境因素。植物的所有生命活动都要求一定的温度范围，即存在最高、最适和最低的“三基点”温度。

园艺作物对温度环境的要求是对原产地生态环境条件长期适应的结果。原产于热带、亚热带的多为喜温性作物，不耐低温，甚至短期霜冻就会造成极大危害；原产于温带的则多为喜冷凉性作物，耐寒性较强。即使同一种作物，在生长发育的不同阶段，对温度的要求也不同。一天中要求白天温度高，夜间温度低，具有一定的昼夜温差，这就是所谓的“温周期”现象。

一、设施内温度环境的状况和特点

1. 温室效应

温室效应是指在没有人工加温的条件下，设施内因获得和积累太阳辐射能，从而使内部气温高于外界气温的一种能力。

产生温室效应的原因，一方面，设施内热量的来源主要为太阳辐射，太阳光线透过玻璃、塑料薄膜等透明覆盖物照射到地面上，可以提高室内的地温和气温，但是土壤和大气所发射的长波辐射却大多数被透明覆盖物所阻挡，从而使热能保留在设施内部；另一方面，设施覆盖物的封闭或半封闭状态减弱了内外气流交换，设施内蓄积的热量不易散失，室内的温度自然要比外界高。

2. 温度的季节变化和日变化

设施内温度随外界温度的变化而变化，不仅具有季节变化，而且有日变化。气象学规定，以候平均气温≤10℃，旬平均最高气温≤17℃，旬平均最低气温≤4℃作为冬季指标；以候平均气温≥22℃，旬平均最高气温≥28℃，旬平均最低气温≥15℃作为夏季指标；冬季夏季之间作为春、秋季指标。按照这个标准，在我国北方地区，日光温室内的冬季天数可比露地缩短3～5个月，夏天可延长2～3个月，春秋季也可延长20～30天，所以可以四季生产喜温果菜。普通大棚的冬季只比露地缩短50天左右，春秋比露地只增加20天左右，夏季很少增加，所以对于果菜类只能进行春提前和秋延后栽培，通过多重覆盖才有可能进行冬春季生产。

设施内气温的日变化趋势基本与露地一致，昼高夜低。白天设施内的空气和地面受太阳辐射而逐渐升温，最高值出现在午后13:00～14:00，此后太阳辐射减少，气温逐渐降低。夜间当气温低于地温时，土壤中贮存的热量向空间释放，并通过覆盖物以长波辐射向周围放热，在早晨日出之前气温最低。设施内的日温差受保温比（设施内土壤面积与覆盖及围护结构表面积之比）、覆盖材料和天气条件等影响，晴天大于阴雨天（图5-12）。

3. 设施内“逆温”现象

通常设施内的温度都高于外界，但在无多重覆盖的塑料大棚或玻璃温室中，日落后的降温速度往往比露地快，特别是有较大北风后的第一个晴朗微风的夜晚，设施通过覆盖物向外辐射放热剧烈，室内空气因覆盖物的阻挡得不到热量的及时补充，常常出现室内气温反而比室外气温低1～2℃的逆温现象。温度逆转现象通常出现在凌晨，10月份至翌年3月份容易发生。逆温时间过长或温度过低会对作物造成较大危害。

4. 设施内温度的分布

设施内温度的分布不均匀，无论在垂直方向还是水平方向都存在着温差。设施内气温一般是上部高于下部，中部高于四周。设施内温度分布状况受太阳入射量分布、温度调控设备的种类和安装位置、通风换气方式、外界风向、内外温差以及设施结构等多种因素影响。保护设施面积越小，低温区所占的比例越大，温度分布越不均匀。

与设施内气温相比，不论季节和日变化，地温的变化均较小。

二、设施的热收支状况

设施是一个半封闭系统，它不断地与外界进行能量与物质交换。以温室为例，根据能量

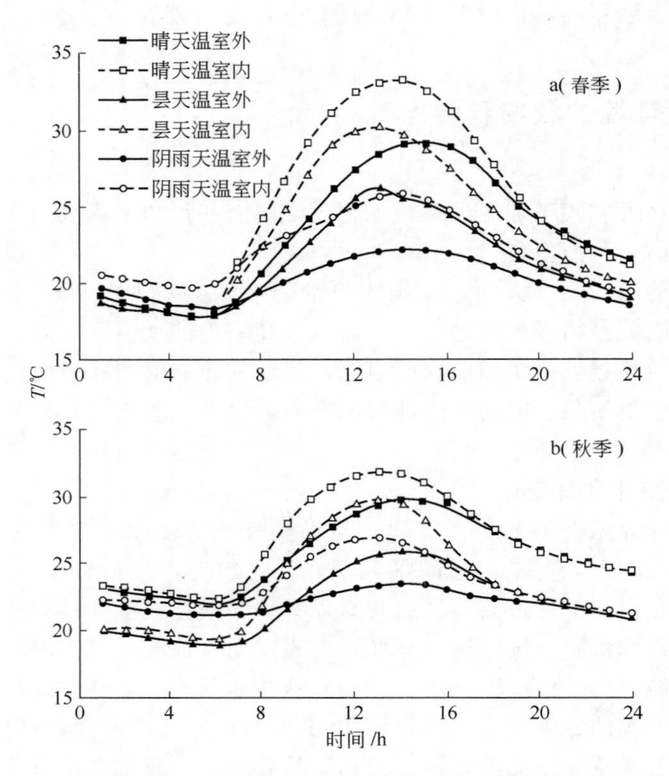

图 5-12 不同天气下温室内外气温的日变化（金志凤等，2007）

守恒原理，蓄积于温室内的热量 ΔQ = 进入温室内的热量(Q_{in}) − 散失的热量(Q_{out})。当 $Q_{in} > Q_{out}$ 时，温室蓄热升温；当 $Q_{in} < Q_{out}$ 时，温室失热而降温；当 $Q_{in} = Q_{out}$ 时，室内热收支达到平衡，此时的温度不发生变化（图 5-13）。基于热平衡原理，人们采取增温、保温、加温和降温措施来调控温室内的温度。

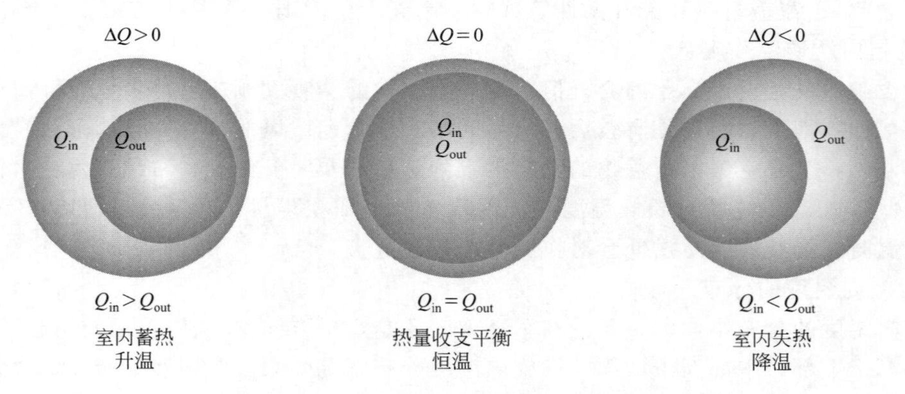

图 5-13 设施内的热量收支示意图

1. 设施的热量平衡方程

设施内的热交换是极为复杂的，因为热量的表现形式和传递方式多种多样，设施内部的土壤、墙体、骨架、空气、植物、薄膜、水分之间，无时无刻不在进行着复杂的热量交换。而且，设施的热状况因地理位置、季节和天气条件而不同，还受结构和管理技术等影响。

图 5-14 表示温室的热量收支模式图，图中箭头到达的方向表示热流的正方向。

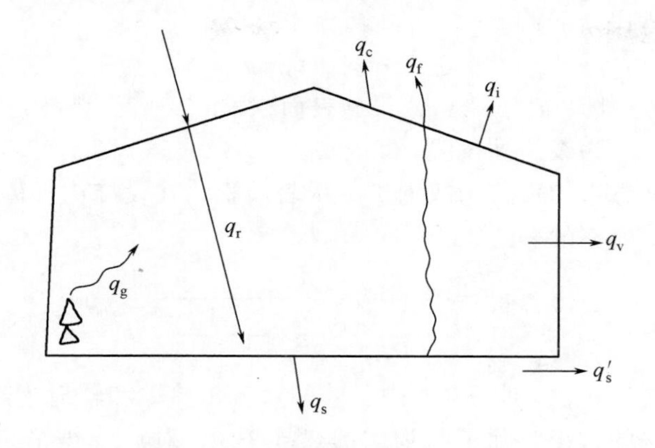

图 5-14 温室热量收支模式图（李式军，2002）

q_r—太阳总辐射能量；q_f—有效辐射能量；q_g—人工加热量；q_c—对流传导失热量（显热部分）；q_i—潜热失热量；q_s—土壤传导失热量；q'_s—土壤横向失热量；q_v—通风换气失热量（包括显热和潜热两部分）

设施内的热量主要来源于两个方面：一是太阳辐射（包括直射光与散射光，以 q_r 表示），另一部分是人工加热（用 q_g 表示）。而热量的支出则包括如下几个方面：①地面、覆盖物、作物表面有效辐射失热（q_f）；②以对流方式，温室内土壤表面与空气之间、空气与覆盖物之间热量交换，并通过覆盖物表面失热（q_c）（显热部分）；③温室内土壤表面蒸发、作物蒸腾、覆盖物表面蒸发，以潜热形式失热（q_i）；④通过排气将显热和潜热排出（q_v）；⑤土壤传导失热（q_s）。由此，在忽略室内灯具的加热量，作物生理活动的加热或耗热，覆盖物、空气和构架材料的热容等条件下，温室的热量平衡方程式如下：

$$q_r+q_g=q_f+q_c+q_i+q_v+q_s \tag{5-1}$$

图 5-15 表示没有人工加温的日光温室内白天和夜间的热量收支状况。

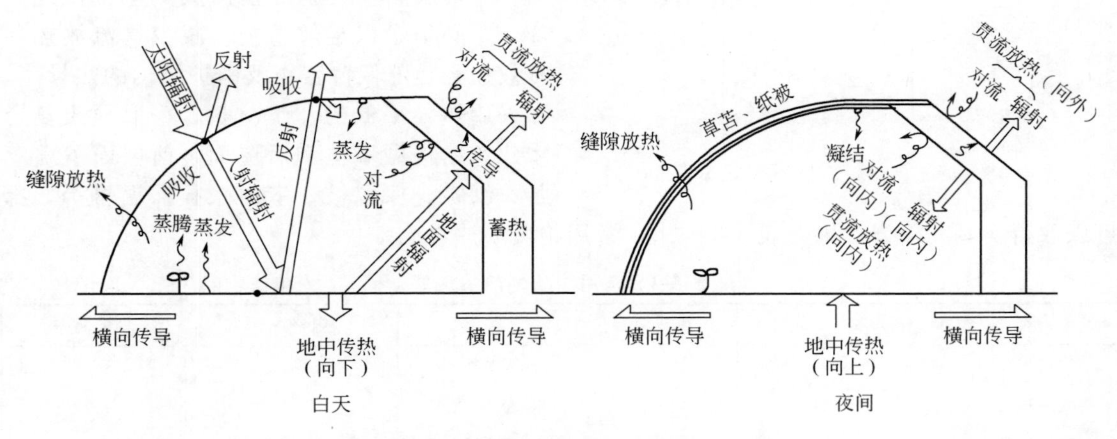

图 5-15 日光温室内热量收支平衡示意图（李式军，2002）

2. 设施的热量支出途径

（1）贯流放热

把透过覆盖材料或围护结构的热量叫做设施表面的贯流传热量（Q_t）。设施贯流传热量的大小与设施内外气温差、覆盖物及围护结构表面积、覆盖物及围护结构材料的热贯流率成正比。

贯流传热量的表达式如下：

$$Q_t = A_w h_t (t_r - t_o) \tag{5-2}$$

式中，Q_t 为贯流传热量，kJ/h；A_w为设施表面积，m^2；h_t为热贯流率，kJ/(m² · h · ℃)；t_r 为设施内气温，℃；t_o 为设施外气温，℃。

热贯流率是指每平方米的覆盖物或围护结构表面积，在设施内外温差为1℃的条件下每小时放出的热量。热贯流率的表达式为：

$$h_t = \frac{1}{\frac{1}{\alpha_r + h_r} + \frac{d}{\lambda} + \frac{1}{\alpha_{ro} + h_{ro}}} \tag{5-3}$$

式中，α_r、α_{ro}、h_r、h_{ro}分别为设施内、外的对流传热率和辐射传热率；λ 为热导率；d 为材料厚度。热贯流率的大小，除了与物质的热导率 λ、对流传热率和辐射传热率有关外，还受室外风速大小的影响。风能吹散覆盖物外表面的空气层，刮走热空气，使室内的热量不断向外贯流。风速 1m/s 时，热贯流率为 33.47kJ/(m² · h · ℃)，风速7m/s 时，热贯流率大约为 100.41kJ/(m² · h · ℃)，增加了 3 倍。一般贯流放热在无风情况下是辐射放热的 1/10，风速增加到 7m/s 时就为 1/3，所以保护设施外围的防风设备对保温很重要。

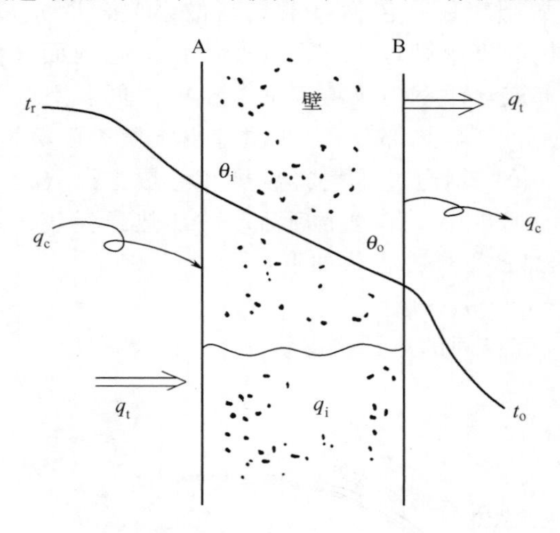

图 5-16 贯流传热模式图（李式军，2002）

贯流传热是几种传热方式同时发生的（图 5-16），它的传热过程主要分为三个过程：首先设施的内表面 A 吸收了从其它方向来的辐射热和空气中来的对流热，在覆盖物内表面 A 与外表面 B 之间形成温差，通过传导方式，将上述 A 面的热量传至 B 面，最后在设施外表面 B，又以对流辐射方式将热量传至外界空气中。

贯流放热在设施的全部放热量中占绝大部分，必须予以足够重视。减少贯流放热的有效途径是降低覆盖物及围护结构的热导率，如采用热导率低的建筑材料，采取异质复合型建筑结构做墙体和后屋面，前屋面覆盖草苫、纸被、保温被，室内张挂保温幕等，都可以取得良好的保温效果。表 5-3 列出了常用物质的热贯流率。

表 5-3 常用物质的热贯流率 单位：kJ/(m² · h · ℃)

种类	规格/mm	热贯流率	种类	规格/cm	热贯流率
玻璃	2.5	20.92	木条	厚 8	3.77
玻璃	3～3.5	20.08	砖墙(面抹灰)	厚 38	5.77
聚氯乙烯	单层	23.01	钢管	—	47.84～53.97
聚氯乙烯	双层	12.55	土墙	厚 50	4.18
聚乙烯	单层	24.29	草苫	厚 40～50	12.55
合成树脂板	FRP,FRA,MMA	20.92	钢筋混凝土	厚 5	18.41
合成树脂板	双层	14.64	钢筋混凝土	厚 10	15.90

(2) 通风换气放热

设施内自然或强制通风，通过覆盖物及围护结构的缝隙（裂缝）、门窗、放风口等，均会造成设施内的热量流失，这种放热称为通风换气放热或缝隙放热。设施内通风换气失热量，包括显热失热和潜热失热两部分，显热失热量的表达式如下：

$$Q_v = RVF(t_r - t_o) \tag{5-4}$$

式中，Q_v为整个设施单位时间的换气失热量；R 为每小时换气次数；F 为空气比热，为 1.3kJ/(m³·℃)；V 为设施的体积，m^3。

换气失热量与换气次数有关。表 5-4 列出了温室、塑料棚密闭不通风时，仅因结构不严，引起的每小时换气次数 R。

表 5-4 每小时换气次数（温室密闭时）（李式军，2002）

保护地类型	覆盖形式	R/(次/h)
玻璃温室	单层	1.5
玻璃温室	双层	1.0
塑料大棚	单层	2.0
塑料大棚	双层	1.1

此外，通风换气传热量还与室外风速有关，风速增大时换气失热量增大。因此应尽量减少缝隙，注意防风。

由于通风时必然有一部分水汽自室内流向室外，所以除有显热失热以外，还有潜热失热。通常在实际计算时，往往将潜热失热忽略。普通设施不通风时因结构不严，由间隙逸出的热量，为辐射放热的 1/5～1/10。

(3) 土壤传导失热

白天进入设施内的太阳辐射能，除了一部分用于长波辐射和传导，使室内的空气升温外，大部分热量传入地下，成为土壤贮热。这部分热量，加上原来贮存在土壤中的热量，将向四周、土壤下部、温室空间等温度低的地方传热。热量在土壤中的横向和纵向传导称为土壤传热，土壤传导失热包括土壤上下层之间的传热和土壤横向传热。但无论是在垂直方向还是在水平方向上传热，都比较复杂。

垂直方向上的土壤传导失热（Q_s），可用下式表示：

$$Q_s = -\lambda \partial T / \partial Z \tag{5-5}$$

式中，$\partial T / \partial Z$ 表示某时刻土壤温度的垂直变化；T 表示土壤温度；Z 表示土壤深度；λ 指土壤的热导率，除与土壤质地、成分有关外，还与土壤湿度有关，随土壤湿度增加而增大。

土壤在水平方向上的横向传热，是保护设施的一个特殊问题。在露地由于面积很大，土壤温度的水平差异小，不存在横向传热。设施则不然，由于室内外土壤温差大，横向传热不可忽视。土壤横向传热占温室总失热的 5%～10%。

三、设施温度环境调控

1. 设施保温措施

在不加温的条件下，夜间设施内空气的热量主要来自土壤供热，而散热途径则包括贯流放热和换气放热。夜间土壤供热量的多少，取决于白天土壤吸热量和土壤面积。因此，提高设施的保温能力，除了白天采取各种措施尽量增加设施内土壤、墙体等对太阳辐射的吸收率以外，重点应从减少贯流放热和通风换气放热、增大保温比和减少土壤散热等方面考虑。

① 减少贯流放热和通风换气放热　为了提高设施的保温能力，通常采用各种保温覆盖。具体方法就是增加保温覆盖的层数，采用隔热性能好的材料，提高设施的气密性。

多层覆盖是最经济、有效的保温方法。常见的多层覆盖方式包括改进透明覆盖材料（中空复合板材、双层玻璃、双层充气薄膜等）、增加室内覆盖（保温幕、中小拱棚等）（图 5-17）、采取外部覆盖（草苫、纸被、棉被等）等。

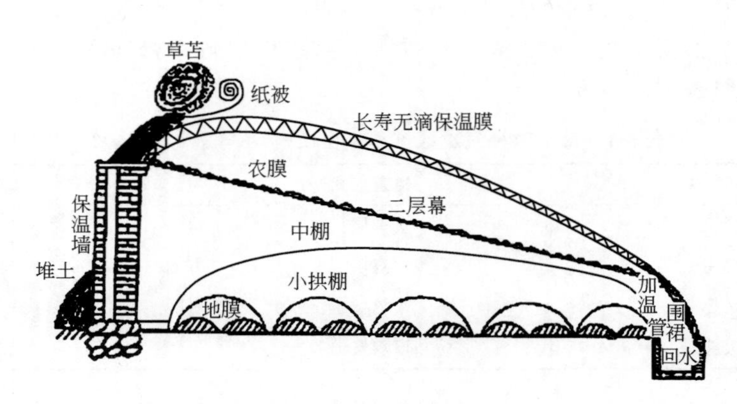

图 5-17　日光温室内二重幕与多层覆盖（温祥珍，1998）

连栋温室的保温多是通过内覆盖实现的，覆盖材料有塑料薄膜、无纺布、保温幕等。在我国长江流域一带，近年推广塑料大棚“三棚五幕”多重覆盖方式，就是利用大棚＋中棚＋小棚，再加地膜和小拱棚外面覆盖的一层幕帘或厚无纺布，这样可以实现喜温果菜的冬春茬栽培。我国北方高效节能日光温室，不仅采光性和密封性好，而且采用草苫、棉被等进行外覆盖，显著提高了保温性能。目前日光温室采用内覆盖的很少，如果将内外覆盖结合进行，会取得更好的保温效果。

传统的温室设计，墙体和后屋面主要是起承重和隔热作用，但是日光温室的墙体和后屋面则要求既能承重、隔热，又能载热，即白天蓄热，夜间放热。为增加墙体和后屋面的保温蓄热能力，一是要设计异质复合墙体，二是要加大厚度。利用空心砖和凹凸不平的内墙砖面可以大大增强对白天太阳光能的吸收，加大墙体的热量贮存能力，提高室温 2～3℃。

② 增大保温比　保温比是指设施土地面积与其覆盖及围护结构的表面积之比。设施越高大，保温比越小，保温性能越差；反之则保温比越大，保温性越好。所以应适当降低设施的高度，缩小夜间保护设施的散热面积，提高设施内温度。

③ 减少土壤散热　在设施周围设置防寒沟，可以切断室内土壤与外界的联系，减少土壤热量横向散出。防寒沟规格根据当地冻土层深度而定，一般宽 30cm、深 50cm 即可，沟内填充稻壳、蒿草等热导率低的材料。据测定，防寒沟可使温室内土壤 5cm 地温提高 4℃左右。此外，减少土壤灌水量，降低土壤湿度，进行地面覆盖减少土壤蒸发等也是有效措施。

2. 设施加温措施

加温技术是现代设施生产最基本的环控技术。由于加温措施投入的设备费和运营成本较高，因此应选择高效、节能、实用的加温技术。常用的设施加温方式的种类和特点见表 5-5。

现代化温室加温消耗的能源种类主要是煤、石油和天然气，其热效应和成本如表 5-6 所示。

表 5-5　常用设施加温方式的种类与特点

加温方式	方式要点	加温效果	控制性能	维修管理	设备费用	适用对象	其它
热风加温	直接加热空气	停机后缺少保温性，温度不稳定	预热时间短，升温快	因不用水，容易操作	比热水加温便宜	各种温室	不用配管和散热器，作业性好，燃气由室内补充时，必须通风换气
热水加温	用 60～80℃ 热水循环，或由热水变换成热气吹入室内	因水暖加热温度低，加热缓和，余热多，停机后保温性好	预热时间长，可根据负荷的变动改变热水温度	对锅炉要求比蒸汽的低，水质处理较容易	需用配管和散热器，成本较高	大型温室	在寒冷地方管道怕冻，需充分保护
蒸汽加温	用 100～110℃ 蒸汽加温，可转换成热水和热风加温	余热少，停机后缺少保温性	预热时间短，自动控制稍难	对锅炉要求高，水质处理不严格时，输水管易被腐蚀	比热水加温成本高	大型温室群。在高差大的地形上建造的温室	可作土壤消毒，散热管较难配置适当，容易产生局部高温
电热加温	用电热温床线和电暖风加热采暖器	停机后缺少保温性	预热时间短，控制性最好	操作最容易	设备费用最低	小型育苗温室，土壤加温辅助采暖	耗电多，生产用不经济
辐射加温	用液化石油气红外燃烧取暖炉	停机后缺少保温性，可升高植物体温	预热时间短，控制容易	使用方便容易	设备费用低	临时辅助加温	耗气多，大量用不经济，有 CO_2 施用效果
火炉加温	用地炉或铁炉，烧煤，用烟囱散热取暖	封火后仍有一定保温性，有辐射加温效果	预热时间长，烧火费劳力，不易控制	较容易维护，但操作费工	设备费用低	土温室	必须注意通风，防止煤气中毒

表 5-6　每美元各种燃料所产生的能量和成本

燃料种类	每美元燃料产生能量/kJ	燃料成本
烟煤	674528.4	41.00＄/t
二级石油	133005.6	0.22＄/L
天然气	241943.5	0.17＄/m^3

大规模温室群多采用热水采暖，燃煤的成本低，热稳定性好，生产安全可靠，但是易污染空气；燃油省时、省工、省力，不污染环境，但成本较高；燃气适合在天然气资源充足、价格便宜的地区使用，否则成本也会很高。热风加温的热利用率高达 80%～90%，但是要注意通风，防止设施内缺氧，燃烧不充分或造成有害气体积累。

3. 设施降温措施

我国大部分地区，尤其是华南地区，夏季太阳辐射强烈，温室效应明显，设施内气温往往会超过 40～50℃，远远超出园艺作物的生长发育适温，容易造成高温伤害。单纯依靠自然通风已不能满足园艺作物的生长发育要求，必须进行人工降温。根据温室热收支平衡原理，设施降温可从增大通风换气量、减少太阳辐射能进入和增加潜热消耗三个方面入手。

① 遮光降温　遮光降温就是利用透光率低的材料阻止太阳辐射进入设施内部，从而降低室内温度，保证作物正常生长。遮光降温分室内遮光、室外遮光和屋面涂白遮光等形式。

室外安装遮阳网的优点是直接将太阳能阻隔在温室外，降温效果好。缺点是室外遮阳需要一定的骨架，对遮阳网的强度、各种驱动设备性能要求较高。在温室大棚顶部相距 40cm 处张挂透气性黑色或银灰色遮阳网，当遮光率达到 60%左右时，室温可降低 4～6℃，效果显著。室内遮光系统简单轻巧，安装方便，成本较低，但室内悬挂遮阳网的降温效果比室外要差。此外，室内遮光系统有时还与保温系统共设，夏天使用遮阳网，降低室温；冬季将遮阳网换成保温幕，夜间可以节约能耗 20%以上。

② 通风降温　通风包括自然通风和强制通风。自然通风与通风窗面积、位置和结构形式有关，最好的降温效果可达到室内外温差 3～5℃。单栋小型设施主要采用自然通风降温。连栋温室的通风效果与栋数有关，栋数越多，通风效果越差。强制通风降温一般只用于连栋温室。强制通风的方式大致分为低吸高排型、高吸高排型、高吸低排型几种形式。

③ 屋面喷淋降温　在玻璃温室屋脊的顶端设置喷淋装置，将水直接喷洒在温室屋面，流水层可吸收投射到屋面的太阳辐射 8%左右，并能用水的吸热和蒸发降低室温 3～4℃。此法在 Venlo 型玻璃温室中应用较多，但需要考虑安装运转费和清除玻璃表面的水垢污染问题，水质硬的地区应对水进行软化处理后再使用。

④ 蒸发冷却降温　其原理是水蒸发时需要吸热，水转化成水蒸气，显热转换成潜热，从而达到降温的目的。目前比较常见的是湿帘降温和细雾喷洒降温。

湿帘降温系统是现代大型温室的通用设备，其核心是让水均匀淋湿湿帘墙，当空气穿透湿帘介质时，在湿帘介质表面进行水汽交换，将空气的显热转化为汽化潜热，从而实现对空气的加湿与降温。湿帘一般安装在温室的北端，风机安装在南端。当需要降温时，通过控制系统的指令启动风机，将室内的空气强行抽出，形成负压，同时用水泵将水打在湿帘上。室外空气被负压吸入室内时，以一定的速度从湿帘的缝隙穿过，导致水分蒸发、降温，冷空气流经温室，吸收室内热量后，经风机排出，从而达到循环降温的目的。

室内喷雾降温是利用加压的水，通过喷头后形成细小的雾滴，飘散在温室内的空气中并与空气发生热湿交换，达到蒸发降温的效果。喷雾降温分为低压喷雾降温（<0.7MPa）、中压喷雾降温（0.7～3.5MPa）和高压喷雾降温（3.5～7.0MPa）。低压喷雾装置喷出的雾滴不够细，很少单独采用，高压喷雾降温是目前温室中应用较多的方法，形成的细雾滴直径在 20μm 以下，悬浮在空气中可迅速蒸发，不浸湿地面。

第三节　设施湿度环境及其调控

空气湿度和土壤湿度共同构成设施内的湿度环境。设施内湿度过大，容易造成作物茎叶徒长，影响正常生长发育。同时，高湿（湿度 90%以上）或结露，常常是一些病害多发的原因。对于多数蔬菜作物来讲，光合作用的适宜空气湿度为 60%～85%。

一、设施内湿度环境特征

由于园艺设施是一种封闭或半封闭的系统，空间相对较小，气流相对稳定，使得内部的空气湿度和土壤湿度有着与露地不同的特性。

1. 设施内空气湿度的形成

空气湿度通常用绝对湿度或相对湿度表示。

① 绝对湿度是指单位体积空气内水汽的含量，以每立方米空气中含有水汽的克数（g/m^3）表示。水蒸气含量多，则空气的绝对湿度高。空气中的含水量有一定限度，达到最大容量时，称为饱和水蒸气含量。当空气的温度升高时，空气的饱和水蒸气含量相应增加；温度降低时，饱和水蒸气含量也相应降低。相对湿度是指在一定温度条件下，空气中水汽压与该温度下的饱和水汽压之比，用百分比表示。干燥空气为0%，饱和水汽下为100%。

② 空气的相对湿度决定于空气含水量和气温，在含水量不变的情况下，随着温度增加，空气的相对湿度降低；温度降低时，相对湿度增加。在设施内，夜间蒸发、蒸腾量下降，但因为温度降低空气湿度反而增高。

在一定温度下，空气中水汽压与该温度下的饱和水汽压之差称为饱和差，单位以kPa表示。饱和差越大，表明空气越干燥。当空气中气压不变时，水汽达到饱和状态时的温度为露点温度。此时的相对湿度为100%，饱和差为0。

常用露点温度表和干湿球温度表测量空气湿度，或者使用湿敏元件，如半导体湿敏元件（硅湿敏元件）、湿敏电阻等。干湿球温度表也可用来测量设施内的空气温度。

设施内的空气湿度是在设施密闭条件下，由土壤水分的蒸发和植物体内水分的蒸腾形成的。室内湿度条件与作物蒸腾、土壤表面和室内壁面的蒸发强度有密切关系。设施内作物生长势强，叶面积指数高，蒸腾作用释放出大量水汽，在密闭情况下很快会达到饱和，因而空气相对湿度比露地栽培要高得多。白天通风换气时，水分移动的主要途径是土壤⟶作物⟶室内空气⟶外界空气。如果作物蒸腾速度比吸水速度快，作物体内缺水，气孔开度缩小，蒸腾速度下降。不进行通风换气时，设施内蓄积大量的水汽，空气饱和差下降，作物则不容易出现缺水。早晨或傍晚设施密闭时，外界气温低，室内空气骤冷会形成“雾”。如图5-18所示。

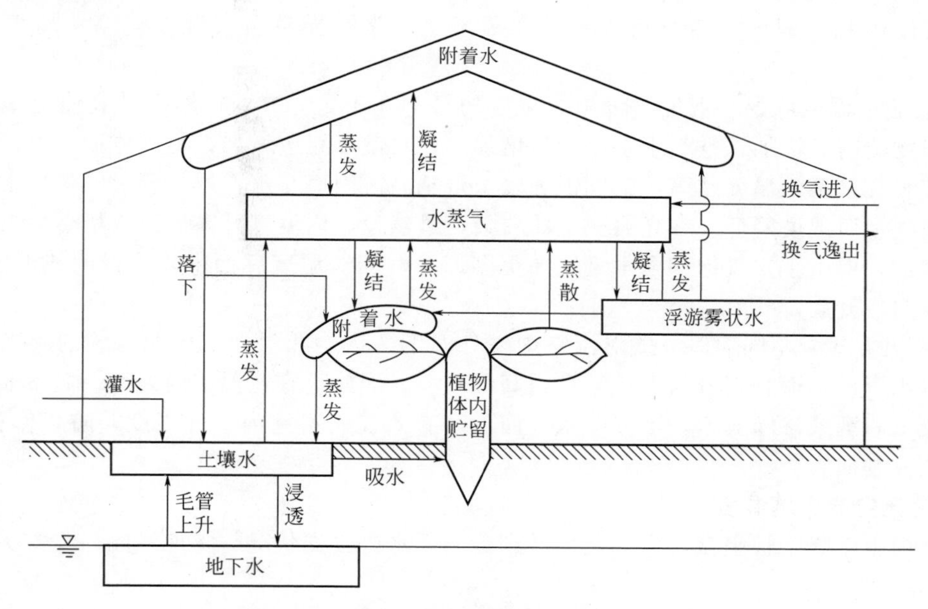

图5-18 温室内水分运移模式图（北宅，1992）

2. 设施内空气湿度的特点

① 空气湿度相对较大　一般情况下，设施内空气相对湿度和绝对湿度均高于露地，相

对湿度一般在90%左右，经常出现100%的饱和状态。日光温室及塑料大、中、小棚，由于设施内空间相对较小，冬春季节为保温很少通风，相对湿度经常达到100%。

② 季节变化和日变化明显　设施内湿度环境的另一个特点是季节变化和日变化明显。季节变化一般是低温季节相对湿度高，高温季节相对湿度低。在长江中下游地区，冬季（1～2月份）各旬平均空气相对湿度都在90%以上，比露地高20%左右；春季（3～5月份）由于温度的上升，设施内空气相对湿度有所下降，一般在80%左右，比露地高10%左右。因此，日光温室和塑料大棚在冬春季节生产，作物多处于高湿环境，对其生长发育不利。

绝对湿度的日变化与温度的日变化趋势一致，相对湿度则与之相反。相对湿度的日变化为夜晚湿度高，白天湿度低，白天的中午前后湿度最低。设施空间越小，这种变化越明显。春季的白天光照好，温度高，可进行通风，相对湿度较低；夜间温度下降，不能进行通风，相对湿度迅速上升。由于湿度过高，当局部温度低于露点温度时，会出现结露现象。

设施内的空气湿度因天气而异。一般晴天白天设施内的空气相对湿度较低，一般为70%～80%；阴天特别是雨天，设施内空气相对湿度较高，可达80%～90%，甚至100%。

③ 湿度分布不均匀　由于设施内温度分布存在差异，导致相对湿度分布也存在差异。一般情况下，温度较低的部位，相对湿度较高，而且经常导致局部低温部位产生结露现象，对设施环境及植物生长发育造成不利影响。此外，空间较大的保护设施内部，局部湿差往往较大。

3. 设施内空气湿度的影响因素

在非灌溉条件下，园艺设施内部空气中的水分来源于土壤水分蒸发、植物叶面蒸腾以及在设施围护结构和栽培作物表面形成的结露等沾湿水分的蒸发。影响设施内空气湿度变化的主要因素有以下几点。

① 设施的密闭程度　在相同条件下，设施密闭性越好，空气中的水分越不易排出，内部空气湿度越高。因此，冬春季节由于通风不足，常常导致空气湿度过高，病虫害发生严重。

② 设施内温度状况　温度对设施内湿度的影响在于：一方面，温度升高使土壤水分蒸发量和植物蒸腾量增加，空气中水汽含量增加，相对湿度相应增加；另一方面，温度影响空气中的饱和含水量，温度越高，空气饱和含水量越高。因而在水汽质量相等的情况下，温度升高，空气相对湿度降低。在光照充足的白天，虽然设施内温度升高导致土壤蒸发量和植物蒸腾量增加，但由于空气饱和含水量增加更多，空气相对湿度反而下降。夜间或低温时间，空气湿度明显升高。

③ 灌溉方式　不同灌溉方式对温室内空气湿度的影响非常大。比如传统的漫灌或沟灌不仅浪费水资源，而且很容易造成温室内高湿环境，因此不宜在温室内采用。温室灌溉应主要采用膜下滴灌或渗灌技术，不但节水，而且可有效控制温室内空气湿度，防止作物沾湿，从而有效控制病害。

4. 设施内的土壤湿度

设施内由于降水被阻截，空气交换受到抑制，水分收支状况与露地不同，收支关系可用下式表示：

$$I_r+G+C=ET \tag{5-6}$$

式中，I_r为灌水量；G为地下水补给量；C为凝结水量；ET为土壤蒸发与作物蒸腾，即蒸散量。

设施内的水分收支状况决定了土壤湿度。设施内的土壤湿度与灌溉量、土壤毛细管上升水量、土壤蒸发量、作物蒸腾及空气湿度有关。与露地相比，由于设施内空气湿度高于室外，土壤蒸发量和作物蒸腾量均小于室外，因而设施土壤相对较湿润。一般而言，设施内的蒸腾和蒸发量为露地的70%左右，甚至更低。土壤湿度直接影响作物根系对水分、养分的吸收，进而影响到作物的生育和产量品质。

二、设施内湿度环境的调控

1. 设施内空气湿度的调控

设施内空气湿度的调控涉及除湿和增湿两个方面。一般情况下，设施内经常发生的是空气湿度过高，因此，降低空气湿度即除湿成为设施湿度调控的主要内容。

(1) 除湿目的

从环境调控方面来说，除湿主要是为了防止作物沾湿和降低空气湿度。设施环境除湿的目的见表 5-7。

表 5-7 设施环境除湿目的

直接目的			发生时间	最终目的
大分类	序号	小分类		
防止作物沾湿	1	防止作物结露	早晨、夜间	防止病害
	2	防止屋面、保温幕上水滴下降	全天	防止病害
	3	防止发生水雾	早晨、傍晚	防止病害
	4	防止溢液残留	夜间	防止病害
降低空气湿度	1	降低饱和差(叶温或空气饱和差)	全天	促进蒸发蒸腾、控制徒长、增加着花率、防止裂果、促进养分吸收、防止生理障碍
	2	降低相对湿度	全天	促进蒸发蒸腾、防止徒长、改善植株生长势、防止病害
	3	降低露点温度、绝对湿度	全天	防止结露
	4	降低湿球温度、焓(潜热与显热之和)	白天	降低叶温

(2) 除湿方法

空气除湿方法可分为两类，即被动除湿和主动除湿，其划分标准是看除湿过程是否使用了动力（如电力能源）。如果使用了动力，则为主动除湿，否则为被动除湿。

① 被动除湿

a. 自然通风　通过打开通风窗、揭开薄膜、扒缝等方式通风，达到降低湿度的目的。目前亚热带地区使用一种无动力自动涡轮状排风扇安置于大棚、温室顶部，靠热气流作用使风扇转动。

b. 覆盖地膜　地膜覆盖可以减少地表水分蒸发，从而降低相对湿度。没有地膜覆盖，夜间温室、大棚内相对湿度可达 95%～100%，覆盖地膜后则可降至 75%～80%。

c. 科学灌溉　采用滴灌、微喷灌，特别是膜下滴灌，可有效降低空气湿度。减少土壤灌水量，限制土壤水分过分蒸发，也可降低空气湿度。

d. 采用吸湿材料　覆盖材料选用无滴长寿膜，在设施内张挂或铺设有良好吸湿性的材料，用以吸收空气中的水汽或者承接薄膜滴落的水滴，可有效防止空气湿度过高和作物沾湿。如在大型温室和连栋大棚内部顶端设置具有良好透湿和吸湿性能的保温幕，普通大棚、温室内部张挂无纺布幕，地面覆盖稻草、稻壳、麦秸等吸湿材料等。

e. 农艺技术　适时中耕，阻止地下水分通过毛细管上升到地表，蒸发到空气中。通过整枝、打杈、摘除老叶等措施，可提高株行间的通风透光条件，减少蒸腾量，降低湿度。

② 主动除湿　主动除湿主要依靠加热升温和通风换气来降低室内湿度，包括强制通风换气、热交换型通风除湿、除湿机除湿、热泵除湿等。其中热交换型除湿是通过通风换气的方法降低湿度，当通风机运转时，室内得到高温低湿的空气，同时排出低温高湿的空气，还可以从室外空气中补充 CO_2。

（3）增加空气湿度的方法

作物正常生长发育需要一定的水分，当设施内湿度过低时，应及时补充水分，以保持适宜的湿度。园艺设施周年生产时，高温季节经常遇到高温、干燥、空气湿度不足的问题。另外，栽培空气湿度要求较高的作物，也需提高空气湿度。

常见的加湿方法有喷雾加湿（常与日中降温结合）、湿帘加湿、喷灌等。

2. 设施内土壤含水量调控

设施内土壤含水量的调控主要依靠灌溉。目前，我国的设施栽培已开始普及推广以管道灌溉为基础的多种灌溉方式，包括直接利用管道进行的输水灌溉，以及滴灌、微喷灌、渗灌等节水灌溉方式。

采用灌溉设备对设施作物进行灌溉就是将灌溉用水从水源提取，经适当加压、净化、过滤等处理后，由输水管道送入田间灌溉设备，最后由田间灌溉设备对作物进行灌溉。一套完整的灌溉系统通常包括水源、首部枢纽、供水管网、田间灌溉系统、自动控制设备等五部分，如图 5-19 所示。当然，简单的灌溉系统可以由其中的某些部分组成。

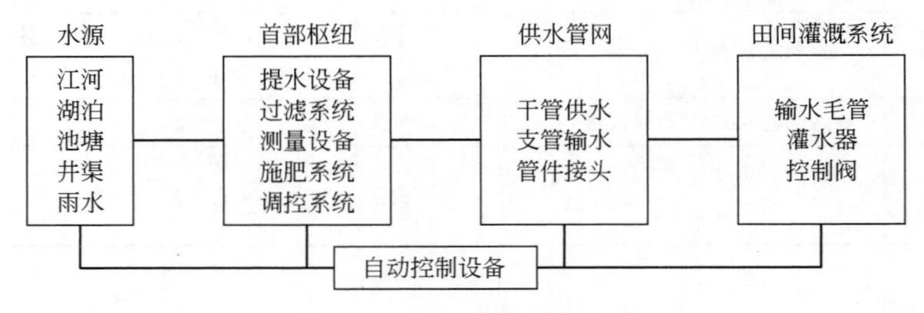

图 5-19　温室灌溉系统组成

（1）水源

江河湖泊、井渠沟塘等地表水源或地下水源，只要符合农田灌溉水质要求，并能够提供充足的灌溉用水量，均可以作为灌溉系统的水源。应尽量选择杂质少、位置近的水源，以降低灌溉系统中净化处理设备和输水设备的投资。设施栽培更多的是在设施内部、周围或操作间修建蓄水池（罐），以备随时供水。

（2）首部枢纽

灌溉系统中的首部枢纽由多种水处理设备组成，从而将水源中的水变成符合田间灌溉系统要求的水，并将其送入供水管网中。完整的首部枢纽设备包括水泵与动力机、净化过滤设备、施肥（加药）设备、测量和保护设备、控制阀门等。有些还需配置水软化设备或加温设备等。

（3）供水管网

供水管网一般由干管、支管两级管道组成，干管是与首部枢纽直接相连的总供水管，支管与干管相连，为各灌溉单元供水。一般干管和支管应埋入地下一定深度以方便田间作业。设施灌溉系统中的干管和支管通常采用硬质聚氯乙烯（UPVC）、软质聚乙烯（PE）等农用塑料管。

（4）田间灌溉系统

田间灌溉系统由灌水器和田间供水管道组成，有时还包括田间施肥设备、田间过滤器、控制阀门等田间首部枢纽设备。灌水器是直接向作物浇水的设备，如灌水管、滴头、微喷头等。根据田间灌溉系统中所用灌水器的不同，灌溉系统分管道灌溉系统、滴灌系统、微喷灌系统、喷雾灌溉系统、潮汐灌溉系统和水培灌溉系统等多种类型。

（5）自动控制设备

现代化温室灌溉系统中已开始普及应用各种灌溉自动控制设备，如利用压力罐自动供水系统或变频恒压供水系统控制水泵的运行状态；采用时间控制器配合电动阀或电磁阀对温室内的各灌溉单元按照预先设定的程序自动定时定量灌溉；利用土壤湿度计配合电动阀或电磁阀及其控制器，根据土壤含水情况进行实时灌溉等。目前，先进的自动灌溉施肥机不仅能够按照预先设定的程序自动定时定量灌溉，还能按照预先设定的施肥配方自动配肥并进行施肥作业。

采用计算机综合控制技术，能够将温室环境控制和灌溉控制相结合，根据温室内的温度、湿度、CO_2 浓度和光照水平等环境因素以及植物生长的不同阶段对营养的需要，及时调整营养液配方和灌溉量。自动控制设备极大地提高了温室灌溉系统的工作效率和管理水平，将逐渐成为温室灌溉系统中的基本配套设备。

第四节　设施气体环境及其调控

在设施栽培条件下，设施内与外界的空气流通受到限制，造成气体环境与露地不同。一方面，在没有人为补充 CO_2 的情况下，白天容易造成设施内 CO_2 匮乏，限制作物的光合作用。与此同时，自然空气中的有害气体含量虽然较低，但在设施内却容易积累，并对作物造成危害。

一、设施内的空气流动与调控

在外界自然条件下，由于空气的流动，作物群体冠层风速一般可达 1m/s 以上，从而促进群体内水蒸气、CO_2 和热量等的扩散。但在设施条件下，尤其是冬季温室密闭时，室内气流速度较低，会对作物的生育产生影响。

1. 空气流动与作物生长发育的关系

气流到达作物的叶片表面时，与叶片摩擦产生黏滞切应力，形成一个气流速度较低的边界层，称为叶面边界层。光合作用所需的 CO_2 和水汽分子进出叶面时，都要穿过这一边界层，因而其厚度、阻力都对叶片的光合与蒸腾作用产生重要影响。研究资料表明，叶面边界层厚度和阻力的大小与气流速度的大小密切相关，当气流速度在 0.4～0.5m/s 以下时，叶面边界层阻力和厚度均增大；而在 0.5～1m/s 的微风条件下，叶面边界层阻力和厚度显著降低，有利于 CO_2 和水汽分子进入气孔，促进光合作用，是设施作物生长适宜的气流速度。气流速度过大，叶片气孔开度减小，尤其在低相对湿度、高光强和高气流速度下，光合强度受到抑制（图 5-20、图 5-21）。

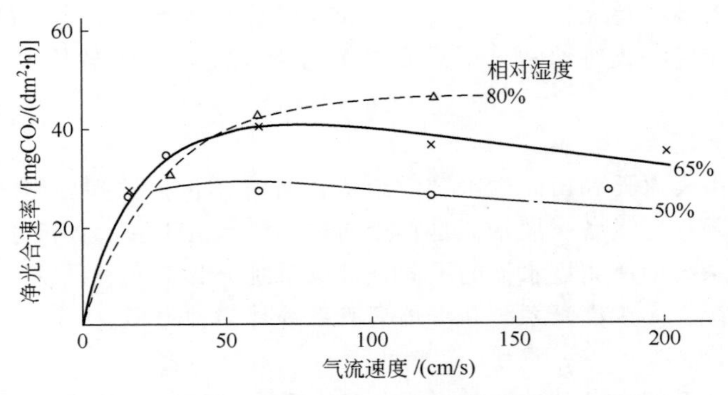

图 5-20　气流速度与相对湿度对黄瓜净光合速率的影响

（气温 25℃，光照强度 420W/m²）（矢吹，1985）

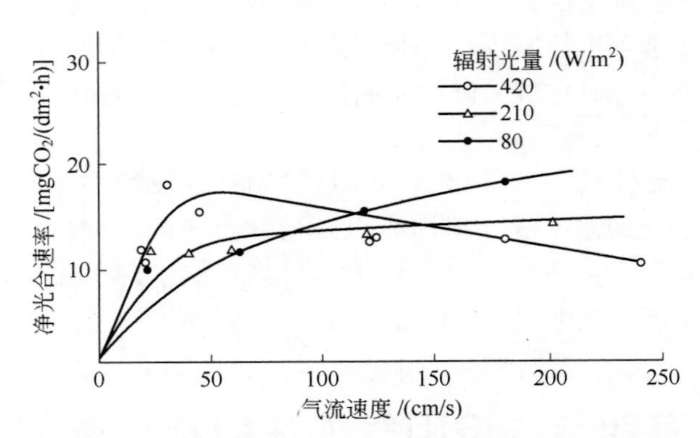

图 5-21　气流速度与光强对黄瓜净光合速率的影响

（气温 25℃，相对湿度 50%）（矢吹，1985）

2. 设施内气流环境的调节

为调控设施内气温、空气湿度和 CO_2 浓度而进行通风时，温室内产生气流。研究表明，面积 200m² 的温室内栽培番茄，当叶面积指数 3.5、开启天窗进行自然通风换气时，室内绝大部分部位的气流速度在 10cm/s 以下；开启排风扇进行强制通风时，室内的气流速度也不超过 30cm/s，群体内大部分不到 10cm/s。

在温室内设置排风扇进行强制通风，可实现室内环境条件均一化，提高净光合速率和蒸腾强度，促进作物生育。将环流风扇安装在室内，冬季温室密闭时启动，搅拌空气使其流动，可使室内大部分部位的气流速度达到 50～100cm/s。

二、设施内的 CO_2 环境及其调控

全球大气 CO_2 浓度已从工业革命前的 280μL/L 上升到 2019 年的 414.7μL/L，并呈逐年上升趋势。由于受气候、生物等因素的影响，大气中 CO_2 浓度具有一定的季节变化和日变化。一般而言，一天中，日出之前最高，10～14 时最低；一年中，11 月份～翌年 2 月份较高，4～6 月份较低。

以塑料薄膜、玻璃等覆盖的保护设施处于相对封闭状态，内部 CO_2 浓度日变化幅度远远高于外界（图 5-22）。夜间，由于植物、土壤微生物呼吸和有机质分解，室内 CO_2 不断积累，早晨揭苫之前浓度最高，超过 1000μL/L。揭苫以后，随着光温条件的改善，植

物光合作用不断增强，CO_2 浓度迅速降低，揭苫后约 2 小时 CO_2 浓度开始低于外界。通风前 CO_2 浓度降至一日中的最低值。通风后，外界 CO_2 进入室内，室内 CO_2 浓度有所上升，但由于通风量不足，补充 CO_2 数量有限，因此，到下午 16 时左右，室内 CO_2 浓度始终低于外界。下午 16 时以后，光照减弱，温度降低，植物光合作用随之减弱，CO_2 浓度开始回升。盖苫后及前半夜的室温较高，植物和土壤呼吸旺盛，释放出的 CO_2 较多，浓度升高较快。第二天早晨揭苫之前，CO_2 浓度又达到一日中的最高值。若在晴天的下午通风口过早关闭，由于植物仍具有较强的光合作用，温室内 CO_2 浓度会再度降低，出现一日中的第二个低谷。

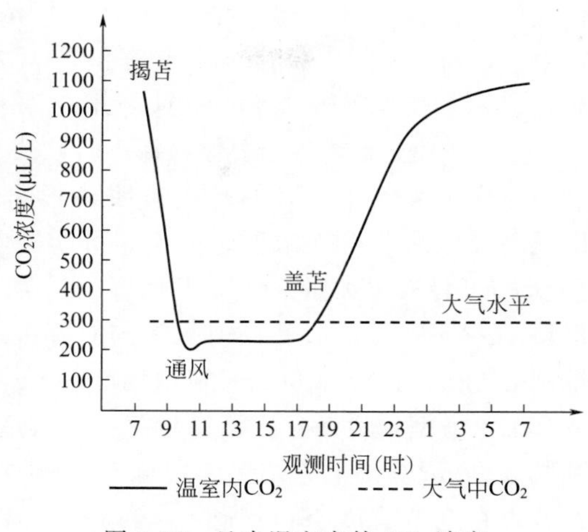

图 5-22　日光温室内外 CO_2 浓度日变化（李式军，2002）

由于设施类型、内部空间大小、通风管理状况、栽培床条件以及栽培作物种类、生育阶段等不同，设施内 CO_2 浓度及其变化存在很大差异。图 5-23 表示温室内 CO_2 的主要收支途径。白天，作物光合作用吸收 CO_2 使室内 CO_2 浓度低于外界，此时外界 CO_2 通过换气进入温室内部。当室内 CO_2 浓度高于外界时，CO_2 则通过换气扩散到温室外面。CO_2 施肥可以提高温室内部的 CO_2 浓度。土壤呼吸也是重要的 CO_2 来源。作物群体白天通过光合作用吸收 CO_2，夜间黑暗条件下则通过呼吸作用释放 CO_2。

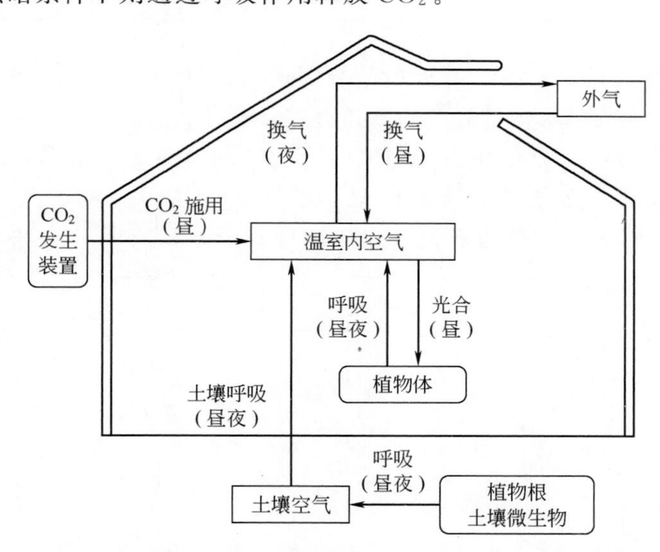

图 5-23　温室内 CO_2 主要收支途径示意图（古在等，2006）

温室 CO_2 收支状况可用下列公式表示：

$$\text{昼}\quad V\frac{\mathrm{d}C_i}{\mathrm{d}t}=A(R+q-P)+NV(C_0-C_i)$$

$$\text{夜}\quad V\frac{\mathrm{d}C_i}{\mathrm{d}t}=A(R+r)+NV(C_0-C_i)$$

式中，C_i、C_0 代表温室内、外的 CO_2 浓度，μL/L；dC_i/dt 代表温室内 CO_2 浓度的变化速率，g/(m³·h)；V 代表温室容积，m³；P、r、q、R 分别代表单位栽培床面积上的净光合速率、植物呼吸速率、CO_2 施用速率和土壤呼吸速率，g/(m²·h)；A 代表栽培面积，m²；N 代表温室换气次数（每小时）。

设施内土壤条件对 CO_2 环境有明显影响。增加土壤中厩肥或其它有机物料的施用量，可以提高设施内部 CO_2 浓度。据中国科学院农业现代化研究所测定，秸秆堆肥施入土壤后 5～6 天即可释放出大量 CO_2，开始释放量为 3g/(m²·h)，6～7 天后开始下降，20 天时还可保持 1g/(m²·h) 水平，30 天后与对照区差别不大，约 0.4g/(m²·h)。如果 1m² 施用秸秆堆肥 4.5kg，折合每 667m² 施用约 3000kg，则在一个月内温室 CO_2 平均浓度可达 600～800μL/L。另据报道，日光温室越冬栽培黄瓜过程中，若在定植前每 667m² 施入鸡粪 10m³、猪圈肥 5～6m³ 基础上，结果前期每 667m² 再冲施鸡粪 0.3m³，则可显著提高温室内 CO_2 浓度；若仅在定植前每 667m² 施入鸡粪 6m³、猪圈肥 3～3.6m³，后期不冲施鸡粪，CO_2 浓度则明显不足（表 5-8）。连续测定发现，追施一次鸡粪，可使温室内 CO_2 浓度在 15～20 天内维持较高水平。

表 5-8　施鸡粪对日光温室内 CO_2 浓度的影响（何启伟等，2000）　　单位：μL/L

测定时间(月.日)	施鸡粪			未施鸡粪		
	测定时间			测定时间		
	8:00	10:00	12:00	8:00	10:00	12:00
12.23	1750	1120	345	692	264	185
12.25	1702	1201	286	652	248	226
12.29	1209	586	238	626	313	215

无土栽培设施内，土壤散发 CO_2 极少，特别是在换气量少的寒冷冬季，CO_2 匮缺更加严重，CO_2 施肥对于设施栽培作物高产高效具有重要意义。

设施内不同部位的 CO_2 分布并不均匀。在天窗、侧窗和入口全部开放的甜瓜栽培温室内 [图 5-24(a)]，夜间由于植物和土壤呼吸，平均 CO_2 浓度较高，尤其在近地层可达到 580μL/L，生育层内部 CO_2 浓度也较高，上层浓度较低。日出后 CO_2 浓度开始下降，中午

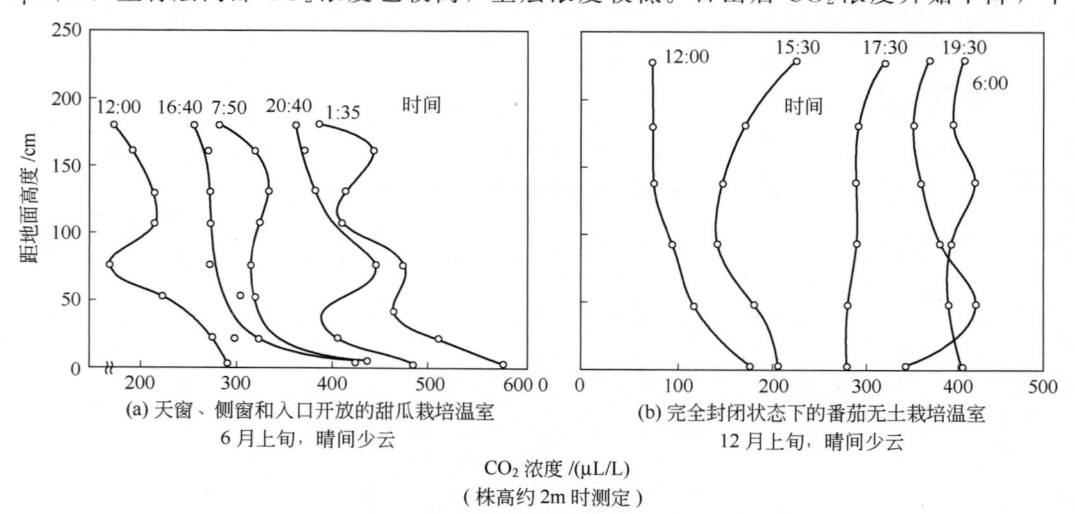

图 5-24　温室 CO_2 浓度垂直分布及日变化（矢吹、今津，1965）

50～180cm 高度的平均 CO_2浓度约为 200μL/L。由于土壤呼吸，近地面处 CO_2浓度仍然较高。即使通风条件下，群体内部的最低 CO_2浓度也只有 135μL/L。图 5-24(b) 则表示换气窗终日不开、几乎完全处于封闭状态下的番茄无土栽培温室内 CO_2分布情况，正午前后生育层内部的 CO_2浓度低至 75μL/L。由于采用无土栽培，土壤呼吸释放出的 CO_2量极少，近地面的 CO_2浓度也较低。设施内部 CO_2浓度分布不均匀，会造成作物光合强度的差异，使各部位的产量和质量不一致。

三、CO_2 浓度与作物光合作用

CO_2 是绿色植物光合作用的原料，其浓度高低直接影响光合速率大小。作物对 CO_2 的吸收存在补偿点和饱和点。在一定条件下，作物对 CO_2 的同化吸收量与呼吸释放量相等，表观光合速率为 0，此时的 CO_2 浓度即 CO_2 补偿点；随着 CO_2 浓度升高，光合作用逐渐增强，当 CO_2 浓度升高到一定程度，光合速率不再增加时的 CO_2 浓度称为 CO_2 饱和点；超越饱和点后一定范围内，光合强度与 CO_2 浓度无关，但极端高 CO_2 浓度下，光合强度随 CO_2 浓度的升高而降低。在正常光强和温度条件下，C3 植物的 CO_2补偿点一般为 30～90μL/L，C4 植物较低，为 0～10μL/L。C3 植物的 CO_2饱和点处于 1000～1500μL/L 范围内。在 CO_2补偿点和饱和点之间，浓度越高，作物光合作用越旺盛。其中 300μL/L 以下，随 CO_2浓度升高，光合速率近直线上升，80μL/L 时的光合速率仅为 300μL/L 时的 25%～35%。300μL/L 以上，光合速率增加逐渐缓慢。在 CO_2 饱和阶段，1,5 二磷酸核酮糖（RuBP）羧化酶活性成为限制光合作用的因素。

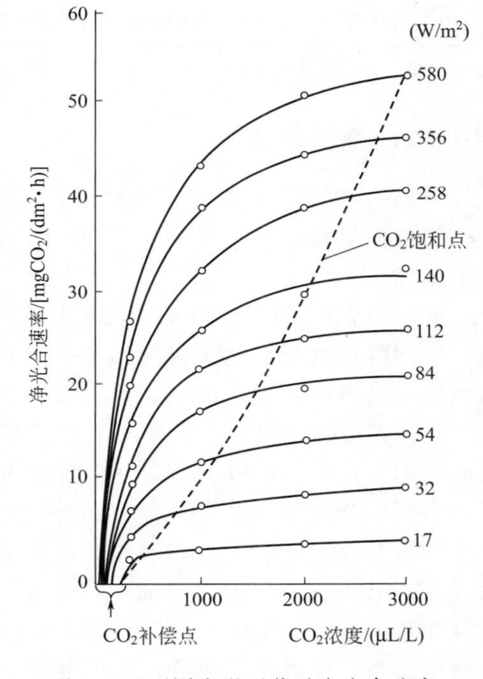

图 5-25　不同光强下黄瓜净光合速率与 CO_2浓度的关系

CO_2 浓度对光合作用的影响与光强度有密切关系。当光强度较低时，330μL/L CO_2 浓度就足以满足作物对 CO_2 的需要，因此即使进一步增加 CO_2 浓度，光合速率也不会升高，只有当光强度提高后再增加 CO_2，光合速率才会升高；而到一定程度后，又需要再提高光强度。反之，当 CO_2 浓度不足时，即使增加光强度，光合速率也不会升高（图 5-25）。

光合作用的暗反应由酶所催化，因而受温度的影响。温度对光合作用的影响在低 CO_2浓度和低光强下较小，在强光和高 CO_2浓度下较大。强光下增加 CO_2浓度，作物的光合适温也随之升高。

提高空气中 CO_2浓度，作物光合速率上升的原因：一方面，CO_2是光合反应的底物，大气 CO_2浓度升高的同时，叶肉细胞间隙 CO_2浓度升高，从而提高 CO_2与 O_2的比值，导致二磷酸核酮糖羧化酶（RuBPcase）活性增加，加氧酶（RuBPoase）活性降低，光呼吸受到抑制，加速碳同化过程（表 5-9）；另一方面，如表 5-10 所示，随着 CO_2浓度的升高，作物的光补偿点下降，光合表观量子产额增加，对弱光的利用能力增强，从而补偿弱光下的光合损失。

表 5-9 CO_2浓度对黄瓜叶片光合速率、Rubisco 活性的影响（于国华等，1997）

CO_2浓度 /(μL/L)	光合速率 /[μmolCO_2/(m^2·s)]	RuBPcase 活性 /[μmolCO_2/(mg·h)]	RuBPoase 活性 /[μmolO_2/(mg·h)]
200	6.5	3.10	3.03
350	12.8	6.15	3.05
500	19.6	10.70	3.10
700	27.1	11.90	2.27
1000	29.0	12.08	1.51

表 5-10 CO_2浓度对番茄光合表观量子产额及光补偿点的影响（侯玉栋等，1996）

CO_2浓度 /(μL/L)	光合作用方程式 [$X<200$μmol/(m^2·s)]	表观量子产额 /(molCO_2/mol 量子)	光补偿点 /[μmol/(m^2·s)]
1000	$Y=-1.2775+0.0705X(r=0.9956)$	0.0705	18.11
800	$Y=-1.2764+0.0622X(r=0.9958)$	0.0622	20.51
340	$Y=-2.1094+0.0345X(r=0.9918)$	0.0345	61.12
200	$Y=-2.2950+0.0143X(r=0.9886)$	0.0143	160.50

注：X—光通量密度，μmol/(m^2·s)；Y—光合速率，μmolCO_2/(m^2·s)。

四、CO_2 施肥技术

设施内昼间 CO_2 浓度显著降低，甚至出现严重匮缺，影响作物光合作用，抑制生长发育，降低产量和品质，因而提高 CO_2 浓度十分必要。相对封闭的设施结构也为 CO_2 调控创造了条件。

温室内施用 CO_2，始于瑞典、丹麦、荷兰等国家。20 世纪 60 年代，英国、日本、德国、美国等相继开展 CO_2施肥试验，目前均进入生产实用阶段，成为设施栽培过程中的一项重要技术措施。我国在该领域的研究和应用起步虽晚，但由于设施栽培的大面积快速发展，CO_2施肥技术得到一定程度的推广普及。CO_2施肥效果受作物种类、环境条件和施用方法的影响。在土壤呼吸少、温室封闭时间长、冷凉寡日照地区，CO_2施肥效果更加显著。黄瓜、番茄、辣椒等果菜 CO_2施肥的平均增产幅度 20%～30%，茄子、草莓甚至高达 50%，并可促进开花，增加果数和果重，改善品质；生菜等叶菜类和萝卜等根菜类的增产幅度更大。花卉 CO_2施肥一般可增加花数 10%～30%，提前开花 1～10 天，并能增加侧枝和茎粗，提高切花质量。在果树上的试验结果表明，CO_2施肥促进葡萄、梨等新梢伸长和树干肥大并维持生长势，促进果实成熟，增加果数、单果重和果实糖度，增产约 10%。

1. CO_2 施肥浓度

从光合作用的角度，接近饱和点的 CO_2 浓度为最适施肥浓度。但是，CO_2 饱和点受作物、环境等多因素制约，在实际操作中难以把握；而且，施用饱和点浓度的 CO_2，在经济方面也未必划算。通常，将 700～1500μL/L 作为多数作物的 CO_2 推荐施肥浓度，具体依作物种类、生育时期、光照和温度等条件而定，如瓜类蔬菜的施肥浓度宜高，草莓等作物宜低；晴天和春秋季节光照强时施肥浓度宜高，阴天和冬季低温弱光季节施肥浓度宜低。CO_2 施肥浓度过高易导致作物生长异常，产生叶片失绿黄化、卷曲畸形和组织坏死等症状。

研究表明，CO_2施肥浓度超过 900μL/L 后，进一步增加收益很少，并且浓度过高易对作物造成伤害和增加渗漏损失，尤其以碳氢化合物燃烧作为 CO_2施肥的肥源，在产生高浓度 CO_2的同时，往往伴随高浓度有害气体的积累。为此，CO_2 施肥浓度宜在 600～

900μL/L。

近年来，依据温室内的气象条件和作物生育状况，以作物生长模型和温室物理模型为基础，通过计算机动态模拟优化，将投入与产出相比较来确定最佳瞬时 CO_2 施肥浓度的研究也取得了较大进展。

2. CO_2 施肥时间

从理论上讲，CO_2 施肥应在作物一生中光合作用最旺盛的时期和一日中光照条件最好的时间进行。

苗期 CO_2 施肥利于缩短苗龄，培育壮苗，提早花芽分化，提高早期产量。苗期施肥应及早进行。定植后的 CO_2 施肥时间取决于作物种类、栽培季节、设施状况和肥源类型。以蔬菜为例，果菜类定植后到开花前一般不施肥，待开花坐果后开始施肥，主要是防止营养生长过旺和植株徒长；叶菜类则在定植后立即施肥。在日本，越冬栽培黄瓜 CO_2 施肥在开始收获前，促成栽培则在定植后。在荷兰，利用锅炉燃气进行 CO_2 施肥通常贯穿作物的全生育期。

一天中，CO_2 施肥时间应根据设施内 CO_2 变化规律和作物的光合特点安排。在日本和我国，CO_2 施肥多从日出或日出后 0.5～1 小时开始，通风换气之前结束。严寒季节或阴天不通风时，可到中午再停止施用。在荷兰以及北欧地区，CO_2 施肥则全天候进行，中午通风窗开至一定大小的时候自动停止。

此外，国外曾有夏季通风期间 CO_2 施肥的报道，保持温室 CO_2 浓度近于或略高于大气水平，既可减少温室内外 CO_2 浓度落差，降低渗漏损失，提高 CO_2 施肥效率，又能促进作物生育，取得明显的增产效果。

3. CO_2 施肥过程中的环境调节

（1）光照

CO_2 施肥可以提高光能利用率，弥补弱光的损失。研究表明，温室作物在大气 CO_2 浓度下的光能转换效率为 5～8μgCO_2/J，光能利用率 6%～10%；在 1200μL/L CO_2 浓度下光能转换效率为 7～10μgCO_2/J，光能利用率 12%～13%。通常，强光下增加 CO_2 浓度对提高作物的光合速率更有利。因此，CO_2 施肥同时应注意改善群体的受光条件。

（2）温度

从光合作用的角度分析，当光强为非限制性因子时，增加 CO_2 浓度提高光合作用的程度与温度有关，高 CO_2 浓度下的光合作用适温升高。由此认为，在 CO_2 施肥的同时提高管理温度是必要的。有人提出将 CO_2 施肥条件下的昼间通风温度提高 2～4℃，同时将夜温降低 1～2℃，以加大昼夜温差，保证植株生长健壮，防止徒长。该法也有利于延长 CO_2 施肥时间，减少换气带来的 CO_2 损失。

（3）湿度

CO_2 施肥条件下，通常实行昼间高温管理，致使通风时间延迟，换气量减少，空气中水蒸气积累多，湿度增大。减少设施内的空气湿度，一方面可采取地面覆盖等措施减少水分蒸散；另一方面，设施内尽量选用内张幕、透湿和抑雾型材料。

（4）肥水

CO_2 施肥促进作物生长发育，增加对水分和矿质营养的需求，因此，增加水分和营养的供给是必要的，但同时又要注意避免肥水过大引起营养、生殖生长失调和植株徒长。氮是光合碳循环酶系和电子传递体的组成成分，增施氮肥有利于改善叶片的光合功能。

4. CO_2 肥源

（1）液态 CO_2

液态 CO_2 不含有害物质，使用安全可靠，但成本较高。通常将其装在高压钢瓶内，通过压力调节器、时间控制器和电磁阀等控制释放，并借助管道输送，较易控制施肥用量和时间。液态 CO_2 主要来源：酿造工业、化工工业副产品；从空气中分离；地贮 CO_2。我国在广东佛山和江苏泰兴均曾发现过地贮 CO_2 资源，纯度高达99%左右。瑞典、挪威等北欧国家均有专门从事 CO_2 运销的公司，我国当前多数地区尚受贮运设备、使用方法等条件限制。

（2）燃料燃烧

在日本和欧美国家，常常利用低硫燃料如天然气、白煤油、丙烷等燃烧释放 CO_2，应用方便，易于控制。1kg 丙烷和白煤油完全燃烧约可产生 3kg CO_2。国外的施肥装置主要有 CO_2 发生机和中央锅炉系统。

CO_2发生机的容积较小，适于温室内使用，以天然气、煤油、丙烷为燃料或专门燃烧煤球（砖）、木炭等（图 5-26）。在日本，CO_2发生机有多种类型，主要以煤油为原料，并可根据栽培面积选择不同的机型。以白煤油为燃料的 CO_2 发生机构造简单，一般分贮油罐和燃烧筒两部分，燃烧筒内有燃烧炉、风扇和电力自动开关装置，白煤油燃烧释放出 CO_2，通过风扇和送气管道吹至温室内各个角落。CO_2 发生机在燃烧释放 CO_2 的同时可产生一定热量，利于提高设施内温度；其缺点是气热分布不均匀，有时因不完全燃烧等原因引起有害气体积累。

图 5-26　以丙烷为燃料的 CO_2 发生机（高野，1997）

中央锅炉系统利用以廉价天然气为燃料的供暖锅炉的烟道尾气作为 CO_2 施肥肥源，在连接锅炉和烟囱的管道上通过一级风机截取燃气，二级风机将空气混入尾气后形成 CO_2 含量 2%～3%的混合气体，然后通过管道输入温室内部（图 5-27）。为了减少进入温室的污染气体数量，在烟囱和一级风机之间安装电磁阀，电磁阀在锅炉刚刚开始或停止运转、二级风机工作失常、混合气体温度超标时自动关闭。有些地区在利用天然气燃烧发电的同时，排出的热量用于温室供暖，排气中的 CO_2 用于温室 CO_2 施肥。

在我国，将燃煤炉具进一步改造，增加对烟道尾气的净化处理装置，滤除其中的 NO_2、SO_2、粉尘、煤焦油等有害成分，输送纯净 CO_2 进入设施内部。此装置以焦炭、木炭、煤

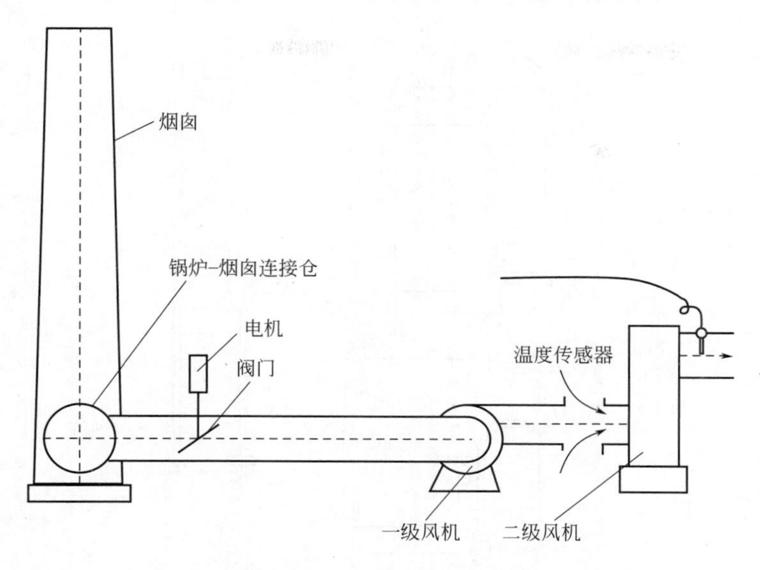

图 5-27　利用中央锅炉尾气 CO_2 施肥装置示意图

球、煤块等为燃料，原料成本较低，施用时间和浓度较易调控。此外，以沼气为燃料的沼气炉或沼气灯、以酒精为燃料的酒精灯在某些地区也被用于 CO_2 肥源。

（3）CO_2 颗粒肥

山东省农科院研制的固体颗粒气肥是以碳酸钙为基料，有机酸作调理剂，无机酸作载体，在高温高压下挤压而成，施入土壤后在理化、生化等综合作用下可缓慢释放 CO_2。该类肥源使用方便，但对贮藏条件要求严格，释放 CO_2 的速度受温度、水分等因素影响，难以人为调控。

（4）化学反应

利用强酸（硫酸、盐酸）与碳酸盐（碳酸钙、碳酸铵、碳酸氢铵）反应产生 CO_2。硫酸-碳酸氢铵反应法是目前应用最多的一种类型。简易施肥方法是在设施内不同位点放置塑料桶等容器，人工加入硫酸和碳酸氢铵产气，此法费工、费料，操作不便，可控性差，且易挥发氨气危害作物。近几年相继开发出多种成套 CO_2 施肥装置，图 5-28 主要结构包括贮酸罐、反应桶、CO_2 净化吸收桶和导气管等部分，通过硫酸的供给量控制 CO_2 生成量，方法简便，操作安全，应用效果较好。

5. 其它提高设施内 CO_2 浓度的方法

（1）通风换气

设施内 CO_2 浓度低于外界时，采用强制或自然通风可迅速补充 CO_2，使内部 CO_2 浓度接近外界大气水平。此法简单易行，但提高 CO_2 浓度的幅度有限。作物旺盛生长期充分换气的温室内一般仍比外界低 10%左右。而且，维持设施内一定的 CO_2 浓度，需要足够的换气次数，寒冷季节以保温为主，通风较少，该办法难以实施。

（2）增加土壤有机质

增施有机肥或有机物料不仅提供作物生长所必需的营养物质，改善土壤理化性状，而且有机质分解可释放出大量 CO_2。但是，有机质分解释放 CO_2 的持续时间短，产气速度受外界环境和微生物活动影响较大，不易调控；而且未腐熟厩肥等在分解过程中还会产生 NH_3、SO_2、NO_2 等有害气体。

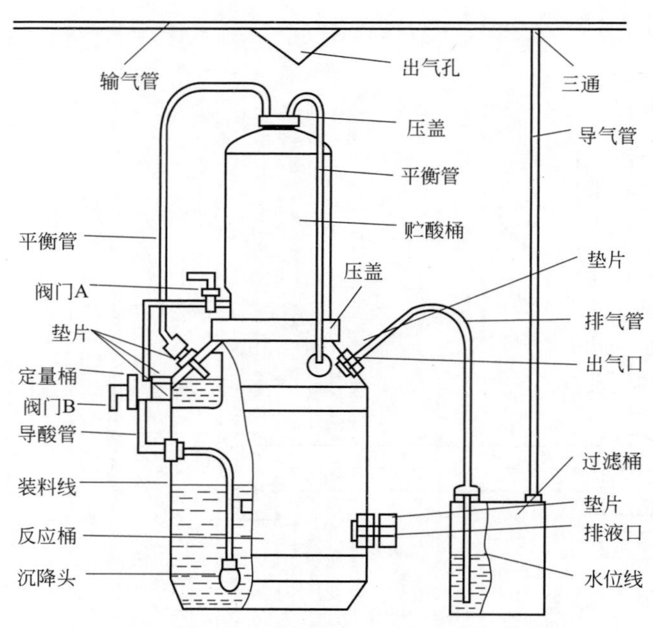

图 5-28　BZ7-Ⅱ型平衡式 CO_2 气肥发生器示意图

（3）生物生态法

将温室作物和食用菌间套作，在菌料发酵、食用菌呼吸过程中释放出 CO_2；或者在大棚、温室内发展种养一体，利用畜禽新陈代谢产生的 CO_2。此法属于被动施肥，易相互污染，难以准确控制。

五、设施内有害气体及其排除

1. 设施内常见有害气体及其来源

（1）氨气和二氧化氮

氨气通常由于施肥不当造成，如直接在密闭的温室地面撒施碳酸氢铵、尿素，施用未腐熟的鸡粪、饼肥，或在温室内发酵鸡粪及饼肥等，都会直接或间接释放出氨气。化学反应法作为 CO_2 施肥的肥源，选择碳酸铵或碳酸氢铵为原料，对反应后气体过滤不彻底，会逸出部分氨气。

氮肥施用量过大，土壤硝酸细菌活性减弱，亚硝酸态的转化受到抑制，造成在土壤中大量积累，在土壤强酸性条件下，亚硝酸变得不稳定而挥发。土壤中铵态氮越多，产生的亚硝酸越多。温室加热装置周围高温条件，催化 N_2 与 O_2 发生反应形成氮氧化物。

（2）SO_2 和 CO

用硫黄粉熏蒸消毒温室，或者在深冬季节燃煤加温，燃料含硫量高易引起 SO_2 在温室内积聚。施用未腐熟的粪便或饼肥，在分解过程中也会产生 SO_2。CO 通常来源于燃料燃烧不充分和烟道漏气。

（3）邻苯二甲酸二丁酯、乙烯和氯气

邻苯二甲酸二丁酯是塑料薄膜增塑剂，当温室内白天温度高于 30℃时，会不断地从塑料薄膜中游离出来。乙烯和氯气也主要来源于不合格的塑料薄膜或塑料管材。

2. 调控措施

（1）施用充分腐熟的有机肥

在有机肥施入前 2～3 个月，加水拌湿，盖严薄膜，经充分发酵后再施用。严禁追施或冲施未经发酵的新鲜鸡粪或人粪尿。

（2）合理使用化肥

设施内使用化肥应注意以下几点：不施氨气、碳酸氢铵、硝酸铵等易挥发肥料；施用尿素、三元复合肥等不易挥发的化肥，提倡沟施、穴施，随后立即埋严、浇水。

（3）选用适宜的塑料制品

使用的地膜、透明塑料薄膜和塑料管材等都必须是安全无毒的，避免用再生塑料制品。

（4）及时排除有害气体

及时通风换气可避免有害气体积累。设施栽培过程中注意每天通风换气，即使在低温季节也要避免长时间处于密闭状态。硫黄消毒需在温室生产前一段时间进行。设施加温时，要选用低硫燃料，保证燃料燃烧能够得到充足的氧气供应，并架设烟道等及时排除尾气，经常检查，防止管道泄漏。

第五节　设施土壤环境及其调控

土壤供给作物生长发育所需要的养分和水分、土壤性状及其营养状况直接影响到作物的生长发育和产量形成，是十分重要的环境条件。设施栽培不同于露地，温度高，空气湿度大，栽培作物复种指数高，生长期长，肥水用量大，轮作倒茬困难，因而导致设施土壤环境与露地土壤有较大差别。

一、设施内土壤环境特征

1. 土壤中水分和盐分运移方向与露地不同

设施是一个相对封闭的空间，自然降水受到阻隔，土壤缺乏雨水淋溶，土壤中积累的盐分不能被淋洗到地下。而且，由于土壤温度高，作物生长旺盛，蒸发和蒸腾强烈，“盐随水走”容易导致土壤表层盐分积聚。设施内特殊的水分运行方式是土壤盐分积累的动力（图 5-29）。

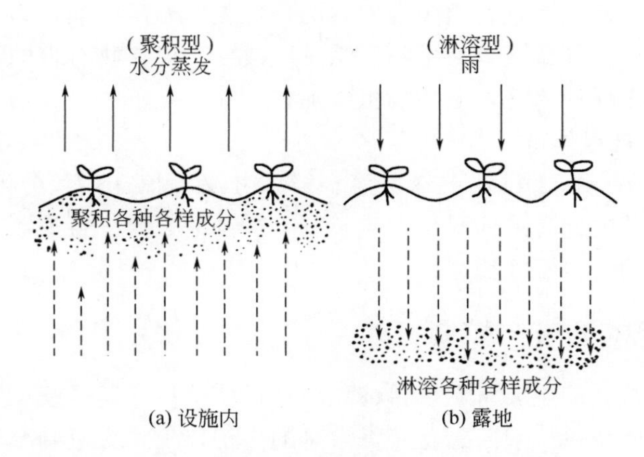

图 5-29　露地土壤与设施内土壤的差别（张福墁，2001）

2. 土壤中有机质和矿质养分含量较高

设施作物栽培，有机肥用量较大，作物根茬残留多，土壤有机质含量高，腐殖质和胡敏酸比例高。据测定，随着温室种植年限的增加，土壤有机质含量逐年升高，8 年、5 年和 3

年棚龄的土壤有机质含量分别为6.34%、4.55%和3.43%，明显高于露地的3.12%。由于设施内土壤有机质矿化率高，化肥施用量大，淋溶少，所以土壤中养分残留量高。土壤温度、湿度较高，土壤中的微生物活动旺盛，加快了土壤养分转化和有机质分解速度。

3. 土壤酸化和次生盐渍化

设施内土壤pH随着种植年限的增加呈逐渐降低趋势，即导致土壤酸化（图5-30）。引起土壤酸化的原因：一是施用酸性和生理酸性肥料，如氯化钾、过磷酸钙、硫酸铵等；二是大量施用氮肥；三是作物对离子的不平衡吸收。土壤酸化除直接伤害作物外，还会影响土壤养分的有效性。在酸性土壤上，pH降低会加重H^+、铝、锰的毒害作用，抑制作物对磷、钙、镁等元素的吸收。土壤酸化和盐类积累会使土壤板结，通透性变差，需氧微生物的活性下降，土壤熟化变慢。

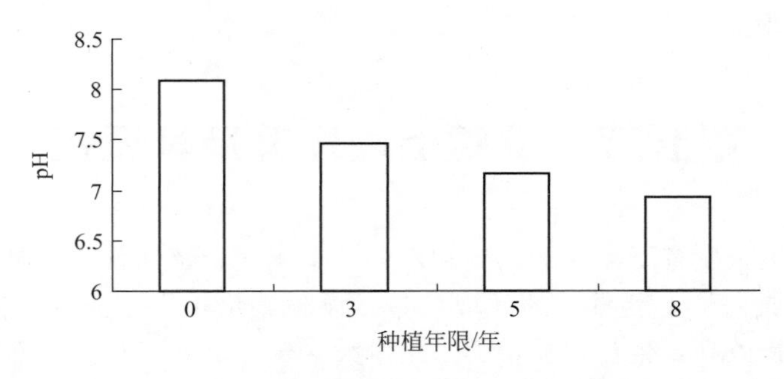

图5-30 设施内土壤pH的变化（邹志荣、邵孝侯，2008）

设施内施肥量大，温度高，土壤矿化作用强烈，土壤蒸发和作物蒸腾作用旺盛，并且长年或季节性覆盖，土壤得不到雨水的充分淋洗，以及由于特殊的水分和盐分运移方式，容易引起盐分在土壤表层聚集，产生次生盐渍化。土壤溶液浓度过高会使作物生育受阻，产量和品质下降。

4. 土壤生物学特性发生变化

由于设施栽培作物种类比较单一，形成了特殊的土壤环境，使硝化细菌、氨化细菌等有益微生物的活动受到抑制。而且，由于设施内的环境相对温暖湿润，为一些病原菌和害虫提供了越冬场所。长期连作导致土壤微生物区系发生改变，对作物有害的微生物明显积累，微生物平衡遭到破坏，多样性降低，土传病虫害加重。

5. 容易发生植物自毒作用

自毒作用是指一些植物通过地上部淋溶、根系分泌和植株残茬分解等途径释放一些物质，从而对同茬或下茬的同种或同科植物生长产生抑制的现象。番茄、茄子、西瓜、甜瓜和黄瓜等多种园艺作物均有自毒作用。

二、设施土壤环境的调节与控制

施肥是设施土壤盐分的主要来源。目前我国在设施栽培尤其是蔬菜栽培上盲目超量施肥的现象比较突出，化肥用量一般超过蔬菜需求量的1倍以上，大量剩余养分和副成分积累在土壤中，引起土壤次生盐渍化，并诱发各种生理病害。因此，施肥是调控土壤养分及其理化性状的重要环节。

1. 增施有机肥和有机物料

施用腐熟有机肥可以改进土壤理化性状，增加土壤疏松程度和透气性，提高地温，减轻或防止土壤盐分积累。设施土壤盐分积累以硝态氮为主，占阴离子总量的50%以上。降低土壤中硝态氮含量是改良次生盐渍化土壤的关键。使用秸秆等有机物料有利于减轻土壤次生盐渍化。除豆科作物秸秆外，禾本科作物秸秆的碳氮比较高，施入土壤后，在被微生物分解过程中，能够同化大量土壤中的氮素。使用秸秆不仅可以防止土壤次生盐渍化，而且还能平衡土壤养分，增加土壤有机质含量，促进土壤微生物活动，减少病害发生。

2. 平衡配方施肥

设施蔬菜配方施肥是在施用有机肥的基础上，根据蔬菜的需肥规律、土壤的供肥特性和肥料效应，提出氮(N)、磷(P)、钾(K) 和微量元素肥料的适宜用量和比例以及相应的施用技术。我国园艺作物配方施肥技术研究要远远落后于大田作物，设施栽培中花卉与果树配方施肥研究更少。目前生产上常用的配方施肥技术有土壤养分平衡法和土壤有效养分校正系数法。

(1) 土壤养分平衡法

平衡配方施肥方案按照计划产量施肥量进行。计划产量施肥量是指在一定的计划产量条件下，需要施入土壤中的N、P、K化肥的数量，单位按 kg/hm^2 计。

计划产量施肥量=[计划产量吸肥量-(有机肥供肥量+土壤供肥量)]/(肥料的有效养分含量×肥料利用率)

计划产量吸肥量是指在一定的计划产量条件下，作物需要吸收的营养元素总量，按下式计算：

计划产量吸肥量=计划产量(或目标产量)×单位蔬菜产量吸肥量

土壤供肥量是指在不施肥条件下，土壤能够提供给蔬菜的各种养分含量，通常需要进行不施肥处理试验，在获得了无肥处理产量以后，再按下式计算：

土壤供肥量=无肥区产量×单位蔬菜经济产量吸肥量

肥料的有效养分含量是根据某肥料的有效成分含量确定的；肥料利用率是指当季作物从所施入肥料中吸收的养分占施入肥料养分总量的百分数。肥料利用率随着肥料的种类、施用量、作物产量和土壤的理化性质及环境条件的不同而变化。一般菜田氮素化肥的利用率为30%～45%，磷素化肥利用率为5%～30%，钾素化肥的利用率为15%～40%。有机肥的养分利用率更为复杂，一般腐熟的人粪尿、鸡粪和鸭粪的N、P、K利用率为20%～40%，猪厩肥的N、P、K利用率为15%～30%。

有机肥供肥量是指施入土壤中的有机肥料对当季蔬菜的供肥量。一般可先把施用有机肥料的数量确定下来，并根据其N、P、K养分的含量和它们的当季利用率，计算出施入有机肥料所能提供的N、P、K数量，余下的用化肥来补。具体计算方法如下：

有机肥料供肥量=有机肥施入量×有效养分含量×利用率

(2) 土壤有效养分校正系数法

土壤有效养分校正系数法，是在土壤养分平衡法的基础上提出的。在土壤养分平衡法中，获得土壤供肥量参数，需要在田间布置缺氮、缺磷、缺钾试验，并分别通过不施氮、磷、钾试验区的产量及蔬菜的经济产量吸肥量，计算出土壤的氮、磷和钾供肥量。土壤有效养分校正系数法可以不用上述试验，通过土壤养分测定和土壤有效养分校正系数来计算土壤的供肥量，公式如下：

计划产量施肥量=(计划产量吸肥量-有机肥供肥量-0.15×Ns×r)/(肥料的有效养分含量×肥料利用率)

式中，Ns代表土壤的有效养分测试值，以 mg/kg 表示；0.15为从土壤养分测试值转换成每 667m^2 土壤耕层有效养分含量的千克数；r 代表土壤的氮、磷、钾有效养分校正系数。

土壤有效养分校正系数，与土壤的理化性质、有效养分含量、土壤有效养分测定方法、蔬菜品种和栽培方式及产量有关。目前一般采用土壤碱解氮的校正系数为 0.6，有效磷 0.5，有效钾 1.0。

氮、磷、钾化肥的施用技术根据不同蔬菜品种的需肥规律和有关栽培措施确定。一般磷肥做基肥一次性施用；钾肥可与磷肥一样，一次性做基肥施用，也可以分两次施用，2/3 做基肥，1/3 做追肥；氮肥的施用方式较多，一般以 1/3 做基肥，2/3 做追肥，并分批随水追施。

3. 合理灌溉

设施土壤次生盐渍化导致表层土壤的盐分含量超出了作物生长的适宜范围。设施土壤中水分的上升运动和通过表层蒸发是造成盐分在土壤表层积聚的主要原因。合理灌溉可以降低土壤水分蒸发量，有效阻止盐分在土壤表层积聚。

灌溉方式和质量影响土壤水分蒸发。传统的漫灌和沟灌加速土壤水分蒸发，促进土壤盐分向表层积聚。滴灌和渗灌节水、经济，有利于防止土壤发生次生盐渍化。目前设施生产中常用的膜下滴灌措施非常有效。

4. 轮作、换土和无土栽培

轮作和休茬可以减轻设施土壤的次生盐渍化，减少病原菌积累，达到改良连作土壤的目的。设施蔬菜连续种植几茬以后，种植一茬玉米、水稻或者葱蒜类蔬菜，对于恢复地力、减少盐分积累和土传病害具有显著效果。换土是解决连作障碍土壤的有效措施之一，但是劳动强度大，实际生产中不容易被接受。

当设施土壤障碍发生严重，用常规方法难以解决时，可以采用无土栽培技术。近年来，在我国各地出现了各种类型的无土栽培形式，成本较低，技术容易掌握，取得了良好的栽培效果。

5. 土壤消毒

正常情况下，土壤中的有害生物和有益生物保持一定的平衡，但在连作土壤中这种平衡遭到破坏，对作物生育造成障碍。减少土壤中的病原菌和害虫等有害生物，可以进行土壤消毒。

（1）化学药剂消毒

化学药剂消毒操作容易，但需要注意药剂的特性及其施用方法，避免对人畜和环境产生危害。

① 甲醛（40%） 可用于温室或温床床土消毒，使用浓度 50～100 倍。用喷雾器均匀喷洒地面，并用塑料薄膜覆盖密闭 2 天，然后揭膜，开门窗，使甲醛散发，两周后可以使用。

② 硫黄粉 用于温室及床土熏蒸消毒，至少在播种前或定植前 2～3 天进行，熏蒸时要关闭门窗，密闭条件下熏蒸一昼夜即可。

③ 氯化苦 用于防治土壤中的病原菌和线虫，也能抑制杂草种子，但同时会杀死部分有益生物。将床土堆高 30cm，每 30cm^3 注入药剂 3～5mL 至 10cm 深处，之后用薄膜覆盖 7～10 天，此后打开薄膜放风 10～30 天，待没有刺激性气味后再使用。该药剂对人体有毒，使用时要注意安全。

此外，还可以用甲霜灵、福美双、多菌灵等 4～5kg/667m^2 进行土壤药剂消毒。

（2）蒸汽消毒

蒸汽消毒安全、高效、快速，但成本较高，在一般生产条件下操作不便。大多数土壤病原菌用60℃蒸汽消毒30min即可杀死，但对TMV（烟草花叶病毒）等病毒，需要90℃蒸汽消毒10min。多数杂草种子，需要80℃左右的蒸汽消毒10min才能杀死。蒸汽消毒必须掌握好消毒时间和温度。在土壤或基质消毒之前，需将消毒的土壤或基质疏松好，用帆布或耐高温的厚塑料布覆盖，四周密封，然后将高温蒸汽输送到覆盖物之下。

（3）太阳能消毒

在炎热的夏季，利用设施休闲期进行太阳能消毒，安全实用，消毒效果较好。方法是先把土壤翻松，然后灌水，用塑料薄膜覆盖，使设施封闭15～20天，达到高温消毒的作用。有些地方将消毒和土壤性状改良有机结合起来，在夏季高温期施用石灰氮和作物秸秆，深翻起垄，浇水覆膜，然后封闭温室，在高温下维持15天以上，可杀死大部分害虫蛹及土传病原菌和线虫。

6. 施用微生物菌肥和控释肥

施用生物有机肥既能改良土壤的理化性状，增进土壤肥力，又能提高土壤微生物总量及其活性，可以有效地减轻蔬菜连作障碍。

控释肥是一种可对养分释放速度进行调节的新型肥料，能够做到肥料中营养元素的供应与作物对养分的需求基本同步，实现动态平衡。这种新型肥料对减少养分流失、提高肥料利用率、保持农业可持续生产具有重要意义，近年来作为高新技术在肥料领域发展很快。

第六节　设施环境的综合调控

在实际生产中，设施内的光照、温度、湿度、养分、CO_2等环境因子互相影响、相互制约、相互协调，形成综合动态环境，共同作用于作物的生长发育及生理生化等过程。因此，要实现设施栽培的高产、优质、高效，就不能只考虑单一因子，而应考虑多种环境因子的综合作用，采用综合环境调控措施，把各种因子都维持在一个相对最佳的组合下，并以最少限度的环境控制设备，实现节能和省工省力，保持设施农业的可持续发展。

随着科学技术、计算机和信息技术的发展，设施调控技术逐步由单因子调控向综合调控及高层次的自动化、智能化和现代化调控方向发展，实现由传统农业向现代化集约型农业的转变。

一、设施环境综合调控的目的和意义

设施生产中，光、温、湿、气、土等环境因子是同时存在的，综合影响作物的生长发育过程，具有同等重要和不可替代性，缺一不可又相辅相成，当其中某一个因子发生变化时，其它因子也会受到影响而随之变化。例如，温室内光照充足时，温度也会升高，土壤水分蒸发和植物蒸腾加剧，使得空气湿度增大，此时若开窗通风，各个环境因子则会出现一系列的改变。因此，生产者在进行管理时要有全局观念，不能只偏重于某一个方面。

设施内环境要素与作物体、外界气象条件以及人为的环境调节措施之间发生着密切的联系，环境要素的时间、空间变化都很复杂。如图5-31所示。

所谓综合环境调控，就是以实现作物的增产、稳产为目标，把关系到作物生长的多种环境要素（如温度、湿度、CO_2浓度、气流速度、光照等）都维持在适于作物生长的水平，而且要求使用最少量的环境调节装置（通风、保温、加温、灌水、施用CO_2、遮光、利用太阳能等各种装置），既省工又节能，便于生产人员管理的一种环境控制方法。这种环境控制

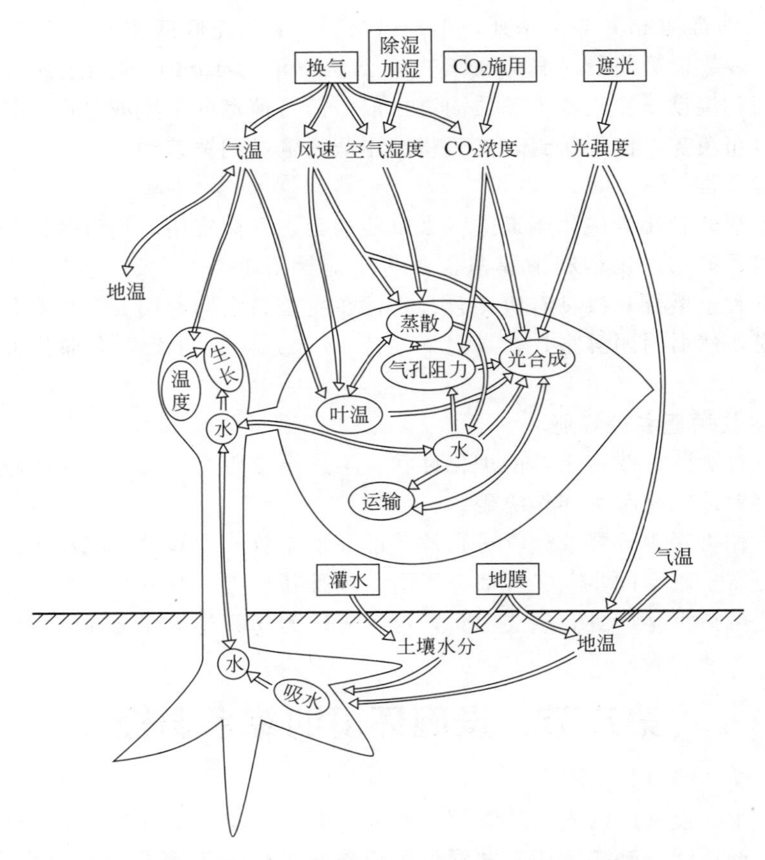

图 5-31　设施内环境和作物生理相互关系模式图（张福墁，2001）

方法的前提条件是，对于各种环境要素的控制目标值（设定值），必须依据作物的生长发育状态、外界的气象条件以及环境调节措施的成本等情况综合考虑。

二、设施环境综合调控的方式

设施环境综合调控有三个不同的层次，即人工控制、自动控制和智能控制。这三种控制方法在我国设施园艺生产中均有应用，其中自动控制在现代温室环境控制中应用最多。

1. 设施环境的人工控制

单纯依靠生产者的经验和头脑进行人工控制，是其初级阶段，也是采用计算机进行综合环境管理的基础。有经验的菜农非常善于把多种环境要素综合起来考虑，进行温室大棚的环境调节，并根据生产资料成本、产品市场价格、劳力、资金等情况统筹计划，合理安排茬口，调节上市期和上市量，通过综合环境管理获取高产、优质和高效益。他们对温室内环境的管理，多少都带有综合环境管理的色彩。比如采用冬前翻耕、晾垡晒土，早扣棚并进行多次翻土、晒土提高地温，多施有机肥提高地力，选用良种、营养土提早育苗，用大温差育苗法培育成龄壮苗，看天、看地、看苗掌握放风量和时间，配合光温条件进行灌水等，都综合考虑了温室内多个环境要素的相互作用及其对作物生育的影响。

依靠经验进行的设施环境综合调控，要求管理人员具备丰富的知识，善于和勤于观察，随时掌握情况变化，善于分析思考，并能根据实际情况做出正确的判断，让作业人员准确无误地完成所应采取的调控措施。

2. 设施环境的自动控制

所谓自动控制，是指在没有人工直接参与的情况下，利用控制装置或控制机器，使机器、设备或生产过程的某个工作状态或参数自动地按照预定的规律运行。例如温室灌溉系统自动适时地给作物浇灌补水等，这一切都是以自动控制技术为前提的。

（1）自动控制的基本原理和方式

自动控制系统的结构和用途各不相同，自动控制的基本方式有开环控制、反馈控制和复合控制。近几十年来，以现代数学为基础，引入电子计算机的新型控制方式，例如最优控制、极值控制、自适应控制、模糊控制等。其中反馈控制是自动控制系统最基本的控制方式，反馈控制系统也是应用最广泛的一种控制系统。

（2）自动控制系统的分类

自动控制系统可以从不同的角度进行分类。比如线性控制系统和非线性控制系统；恒值控制系统、随动系统和程序控制系统；连续控制系统和离散控制系统等。为了全面反映自动控制系统的特点，常常将各种分类方法组合应用。

（3）对自动控制系统的基本要求

尽管自动控制系统有不同的类型，对每个系统也都有不同的要求，但对于各类系统来说，在已知系统的结构和参数时，我们感兴趣的都是系统在某种典型信号输入下，其被控量变化的全过程。对每一类系统被控量变化全过程提出的基本要求都是一样的，且可以归结为稳定性、快速性和准确性，即稳、准、快的要求。

3. 设施环境的智能化综合调控

（1）智能控制技术概况

智能控制是一种直接控制模式，它建立在启发、经验和专家知识等基础上，应用人工智能、控制论、运筹学和信息论等相关理论，通过驱动控制系统执行机构实现预期控制目标。为了实现预期的控制要求，使控制系统具有更高的智能，目前普遍采用的智能控制方法包括专家控制、模糊控制、神经网络控制和混合控制等。其中，混合控制将基于知识和经验的专家系统、基于模糊逻辑推理的模糊控制和基于人工神经网络的神经网络控制等方法交叉融合，实现优势互补，使智能控制系统的性能更理想，成为当今智能控制方面的研究热点之一。近年来，基于混合控制理论的方法在智能控制方面的应用研究非常活跃，并取得了令人鼓舞的成果，形成了模糊神经网络控制和专家模糊控制等多个研究方向。

（2）设施环境智能化的主要表现

① 作物生长评估系统的建立　设施农业的发展使得对作物生长影响因子的研究，从局限于单因子作用转到对作物综合影响因子之间的互动性研究，从而建立更为严密的作物生长评估体系。反过来，根据作物评估体系建立机电控制数据模型，从而达到环境控制系统的智能化。在设施农业中，作物评估体系和环境控制系统的关系十分密切，事实上，作物评估体系也是计算机环境控制系统的有机组成部分。研究作物评估系统成为设施环境调控研究的一个方向。

② 模糊控制理论在设施环境调控中的应用　针对温室环境控制的复杂性，目前许多专家正在研究模糊理论在设施环境调控方面的应用。

③ 设施生产环境自动化、智能化控制　要实现设施生产现代化，必须应用现代科学技术特别是计算机技术，实现设施环境控制自动化。

（3）智能控制技术在现代温室环境控制中的应用

现代温室环境智能控制系统是一个非线性、大滞后、多输入和多输出的复杂系统，其问题可以描述为：给定温室内动植物在某一时刻生长发育所需的信息，并与控制系统感官部件所检测的信息比较，在控制器一定控制算法的决策下，各执行机构合理运作，创造出温室内动植物最适宜的生长发育环境，实现优质、高产（或适产）、低成本和低能耗的目标。温室环境智能控制系统的拓扑结构如图 5-32 所示，智能控制系统通过传感器采集温室内环境和室内作物生长发育状况等信息，采用一定的控制算法，由智能控制器根据采集到的信息和作物生长模型等比较，决策各执行机构的动作，从而实现对温室内环境智能控制的目的。

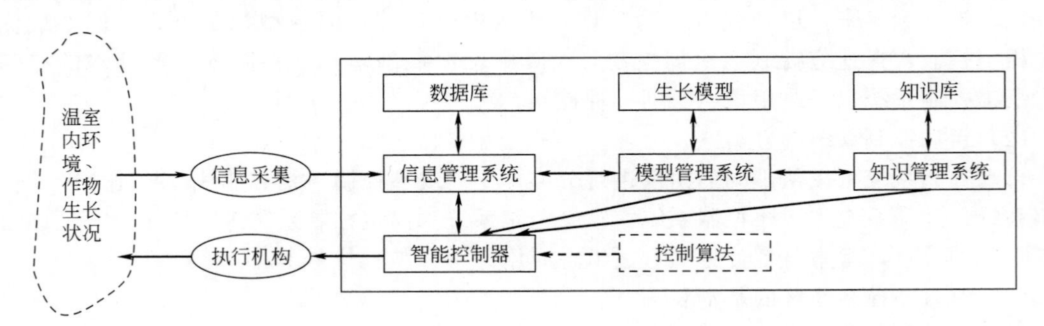

图 5-32　温室环境智能控制系统拓扑结构

（4）设施环境智能化控制系统

现阶段，计算机技术作为重要的高新技术手段，被广泛应用于设施农业领域。传统的设施管理采用模拟控制仪表和人工管理方式，已不能适应现代农业发展的需要，将计算机技术引入设施农业，实现计算机智能控制，是最有效的途径之一。设施环境智能化控制系统的功能在于以先进的技术和设施装备人为控制设施的环境条件，使作物生长不受自然气候的影响，做到周年工厂化生产，实现高效率和高收益。

① 系统组成　为实现对温室环境因子（湿度、温度、光照、CO_2、土壤水分等）的有效控制，本系统采取数据采集和实时控制的硬件结构。该系统可以独立完成温室环境信息的采集、处理和显示（图 5-33）。该系统设计由 A/D、D/A 的多功能数据采集板、上位机、下位机、继电器驱动板及电磁阀、接触器等执行元件组成。这些执行元件形成测量模块、控制输出模块及中心控制模块三大部分。

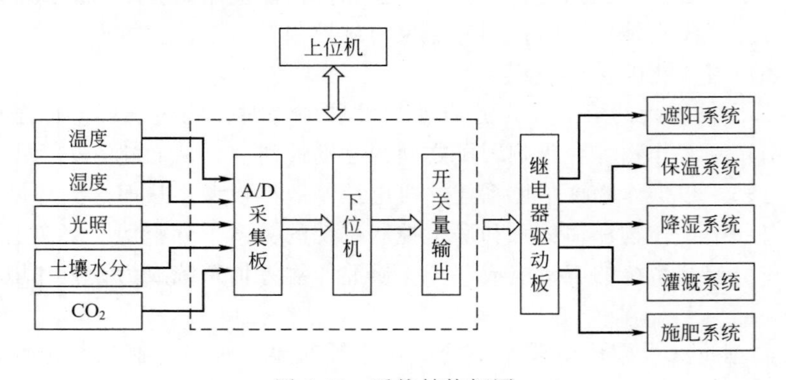

图 5-33　系统结构框图

测量模块是由传感器把作物生长的有关参量采集过来，经过变送器变换成标准的电压信号送入 A/D 采集板，供计算机进行数据采集。传感器包括温度传感器、湿度传感器、土壤水分传感器、光照传感器以及 CO_2 传感器等。

控制输出模块实现了对温室各环境参数的控制，采用计算机实现环境参数的巡回检测，依据四季连续工况设置受控环境参数，对环境参数进行分析，通过控制通风、遮阳、保温、降温、灌溉、施肥设备等，根据温室某环境因子超出设置的适宜参数范围时，自动打开或关闭控制设备，调节相应的环境因子。

中心控制模块由下位机作为控制机，检测现场参数并可直接控制现场调节设备，下位机也有人机对话界面以便于单机独立使用。上位机为管理机，针对地区性差异、季节性差异、种植种类差异，负责控制模型的调度和设置，使整个系统更具有灵活性和适应性。同时，上位机还具有远程现场监测、远程数据抄录以及远程现场控制的功能，在上位机前就有身临现场的感觉。另外，上位机还有数据库、知识库，用于对植物生长周期内综合生长环境的跟踪记录、查询、分析和打印报表，以及供种植人员参考的技术咨询。

② 系统工作原理　植物生长发育要求有适宜的温度、湿度、土壤含水量、光照度和CO_2浓度，所以本系统的任务就是有效地调节上述环境因子使其在相关要求的范围内变化。环境因子调节的控制手段有暖气阀门、东/西侧窗、排风扇、气泵、水帘、遮阳帘、水泵阀门等。根据不同季节的气候特点，环境因子调节的手段不同，因此控制模式也不同。

设施环境因子参考模型的建立以温度控制为核心，根据设施园艺作物在不同生长阶段对温度的要求不同分期调节。同时，要随作物一天中生理活动中心的转移进行温度调节。调节温度以使作物在白天通过光合作用能制造更多的碳水化合物，在夜间减少呼吸对营养物质的消耗为目的。调节的原则是以白天适温上限作为上午和中午增进光合作用时间段的适宜温度，下限作为下午的控制温度，傍晚4～5h内比夜间适宜温度的上限提高1～2℃，以促进运转。其后以下限为夜间控制温度，最低界限温度作为后半夜抑制呼吸消耗时间带的目标温度。调节方法1天分成4个时间段，不同时间段控制不同温度，这也叫变温控制，如图5-34所示。

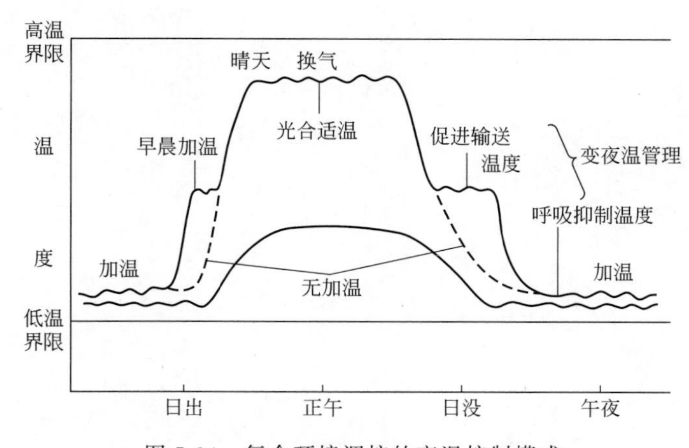

图5-34　复合环境调控的变温控制模式

在不同生长周期内蔬菜对湿度、土壤含水量、地表温度等环境因子的需求有明显的差异，而在同一天内的不同时间段内蔬菜的需求量并无明显差异。

在不同生长周期内蔬菜对光照度、CO_2浓度等环境因子的需求无明显的差异，而在一天的不同时间段内蔬菜的需求量却有明显差异。

③ 系统设计原则　日光温室环境控制系统的设计应遵循简单、灵活、实用、价廉的原则。

简单指结构和操作简单，系统的现场安装简单，用户使用方便，且具有一定的智能化程度，能通过对室内环境参数的测量进行自动控制。

灵活指系统可以随时根据季节的变化和农作物种类的改变进行重新配置和参数设定，以满足不同用户生产的需求。

实用指所设计的系统应充分考虑我国农业生产的实际情况，特别是我国东北等寒冷地区，保证对环境的适应性强、工作可靠、测量准确、控制及时。

价廉指为便于在我国的日光温室中应用及推广，研制的系统应保持在一般农户可以接受的水平上。

本章思考与拓展

设施农业作为现代农业的重要组成部分，是现代化农业建设的基础支撑，其发展程度是农业现代化的重要标志之一。发展高效设施农业，是提升中国农业综合竞争力的重要举措。加强设施农业科技创新、补齐产业短板、提升综合生产能力是保障我国重要农产品稳定供应的现实需要和迫切要求。在此背景下，作为设施农业专业的学生应当努力储备自身知识，创新、完善设施环境调控等专业技术，服务于设施农业科技创新发展，积极投身加快农业农村现代化的实践，使设施农业体现出低投入、高产出的高科技行业特色，服务国家“三农”事业。

6

第六章 工厂化育苗

第一节 工厂化育苗的概念及发展现状

一、工厂化育苗的概念与特点

工厂化育苗是以先进的育苗设施和设备装备种苗生产车间，将现代生物技术、环境调控技术、施肥灌溉技术、信息管理技术贯穿种苗生产过程，以现代化、企业化的模式组织种苗生产和经营，从而实现种苗的规模化生产。

工厂化育苗与传统育苗相比，具有节省能源与资源、提高种苗生产效率、提高秧苗素质、商品种苗适于长距离运输、适合机械化移栽等显著优点，本章不再详细展开论述。

二、工厂化育苗的历史与发展现状

1. 国外工厂化育苗的历史与发展现状

从20世纪60年代开始，发达国家的农业已经大规模实现机械化生产，美国Speedling公司创始人之一Geroge Todd首先推出了使用发泡聚苯材料制作的穴盘，并将其应用到花椰菜的育苗上。与此同时，美国康奈尔大学的Jim Boodley和Ray Sheldrake教授首次提出用泥炭、蛭石作为育苗基质，为穴盘育苗的大规模工厂化生产进一步扩宽了思路。

穴盘育苗在美国等发达国家已经形成了一个新的种苗生产行业，它的出现带动了温室制造业、穴盘制造业、基质加工业、精密播种设备等一批相关产业的技术进步。

国外的工厂化育苗具有穴盘育苗市场需求量和供应量大；宜地育苗，分散供苗，种苗生产专业化程度高；机械化程度高、技术管理规范等特点。

2. 我国工厂化育苗的历史与发展现状

我国在20世纪80年代成立了全国蔬菜工厂化育苗协作组，开始推广工厂化育苗技术，开展了引进消化国外工厂化育苗技术的科技攻关，率先在北京市花乡镇和上海市马桥镇建立了中国第一批工厂化育苗场。“九五”期间，工厂化育苗成为国家科技攻关计划“工厂化高效农业示范工程”项目的重要组成部分，广大农业科技人员在引进、消化、吸收的基础上，根据我国各地区设施农业生产基础，开始探索适合我国国情的园艺作物工厂化育苗技术体系，在基质特性研究、基质选配、育苗生产、种苗质量管理等方面做了不少的工作，研发了具有自主知识产权的精量播种流水线、行走式喷灌车、自动嫁接机、潮汐式灌溉等工厂化育苗核心设备，初步建立起适合我国蔬菜工厂化育苗的生产体系。

如今，在北京、上海、山东、辽宁等地已形成了一批年产亿株以上蔬菜种苗的大型专业化育苗企业，加上各地依托农业专业合作社建立的集约化蔬菜育苗点，我国工厂化蔬菜育苗量已经占年用苗量的30%以上。随着我国设施农业生产模式的转变，对工厂化穴盘苗的需求量也在逐年扩大，这也将进一步推动我国设施农业向规模化、标准化方向发展。

第二节　工厂化育苗设施与设备

工厂化育苗以现代生物技术、环境调控技术、施肥灌溉技术、信息管理技术贯穿于种苗生产过程，现代化温室和先进的工程装备是工厂化育苗最重要的基础。育苗设施主要由育苗温室、播种车间、催芽室、控制室等组成。工厂化育苗最重要的设施是育苗温室，不同类型温室环境控制系统的配置差异也较大，对环境的监测和控制能力具有差异，种苗的生长速度和质量也不同。

从播种到种苗运输，工厂化育苗的主要生产设备有种子处理设备、精量播种设备、基质消毒设备、灌溉和施肥设备、种苗储运设备等，保障种苗培育的机械化、自动化；苗床、育苗架、穴盘、种苗移动车、种苗分离机、嫁接机械等辅助设备。

一、工厂化育苗设施

1. 育苗温室

种子完成催芽后，即转入育苗温室中，直至炼苗、起苗、包装后进入种苗运输环节。育苗温室是幼苗绿化、生长发育和炼苗的主要场所，是工程化育苗的主要生产车间，育苗温室应满足种苗生长发育所需的温度、湿度、光照、水、肥等条件。育苗温室具有通风、帘幕、降温、加温系统及苗床、补光、水肥灌溉、自动控制系统等特殊设备。

2. 播种车间

播种车间是进行播种操作的主要场所，通常也作为成品种苗包装、运输的场所。播种车间一般由播种设备、催芽室、种苗温室控制室组成。播种车间的主要设备是播种流水线，或者用于播种的机械设备。播种车间一般与育苗温室相连接，但不影响温室的采光。播种车间还应该安装给排水设备。

3. 催芽室

催芽室多以密闭性、保温隔热性能良好的材料建造，常用材料为彩钢板。催芽室的设计为小单元的多室配置，每个单元以20m^2为宜，一般应设置三套以上，高度4m以上。催芽室的温度和相对湿度可调控和调节，一般要求相对湿度75%～90%、温度20～35℃、气流均匀度95%以上。主要设备有加温系统、加湿系统、风机、新风回风系统、补光系统以及微电脑自动控制器等；由铝合金散流器、调节阀、送风管、加湿段、混合段、回风口、控制箱等组成。

催芽室的系统正常工作时温度、湿度达到设定范围时，系统自动停止工作，风机延时自动停止；温度、湿度偏离设定范围时，系统自动开启并工作。在设定湿度范围时，加湿器自动停止工作；加热器继续工作，风机继续工作。如风机、加湿器、加热器、新风回风系统等任何部位发生故障，报警提示，系统自动关闭。

4. 控制室

控制室具有育苗环境控制和决策、数据采集处理、图像分析与处理等功能。育苗温室的环境控制由传感器、计算机、电源、配电柜和监控软件等组成，对加温、保温、降温、排湿、补光和微灌系统实施准确而有效的控制。

二、工厂化育苗设备

1. 种子处理设备

种子处理设备是指育苗前根据农艺和机械播种的要求，采用生物、化学、物理和机械的方法处理种子的设备。常用的种子处理设备包括种子拌药机、种子表面处理机械、种子单粒化机械和种子包衣机等，以及用γ射线、高频电流、红外线、紫外线、超声波等物理方法处理种子的设备。广义的种子处理设备还包括种子清洗机械和种子干燥设备。

① 种子拌药机　由种子箱、药粉箱、药液桶和搅拌室组成，可拌药粉或拌药液。在种子箱和药粉箱内设有搅拌推送器，以防物料架空。在搅拌室内装有螺旋片式或叶片式搅拌器。种子箱内的种子通过活门落入搅拌室，与定量进入搅拌室的药粉或药液混合，拌好的种子由排出口排出。

② 种子表面处理机械　用剥绒机或硫酸清洗设备脱去种子表面的短绒，其中以泡沫酸洗设备的处理效果较好，脱绒净度高，对种子的伤害少。

③ 种子单粒化机械　是将种子球剥裂、研磨成单粒种子的机械。种子剥裂机常带斜纹的冷硬铸铁碾辊，其线速度在5m/s以下，刀与铁辊斜纹在入口处的间隙为1～2mm，出口处3～4mm。种球在铁辊与辊筒室内壁之间挤压和搓离作用下被研磨成大小均匀的单粒种子粗制品，经清洗机除去空壳及半仁种子，即可用于播种。

④ 种子丸粒化加工设备　种子丸粒化加工有载锅转动法和气流成粒法两种方法。

a. 载锅转动法　将种子放进一呈圆柱形的载锅中，当载锅转动时，种子沿内壁做定点滚动，在种子翻滚的过程中，把粉状的包衣物料均匀地加入载锅中，与此同时黏结剂通过高压喷枪均匀地喷洒在种子表面，粉状物料被粘在种子表面，形成包衣，每个丸粒中只含一粒种子。

b. 气流成粒法　通过气流作用，使种子在造丸筒中处于飘浮状态，包衣粉料和黏结剂随着气流喷入造丸筒中，粉料便吸附在飘浮着的种子表面上，种子在气流作用下不停地运动，互相撞击和摩擦，把吸附在表面上的粉料不断压实，在种子表面形成包衣。

⑤ 种子包衣机　种子包衣机将种子裹上包衣物料制成大小均匀的球形丸粒，包衣物料由填料、肥料（包括微量元素）、农药及黏结剂组成。常用的种子包衣机有一个倾斜低速旋转的扁圆形不锈钢锅，种子投入锅内后旋转而滚动，喷入黏结剂溶液及分层加入粉状包衣物料并均匀附着后，即可获得丸粒包衣种子，使用丸粒包衣种子播种能促进苗齐苗壮。

2. 工厂化育苗系统与种植装备

工厂化穴盘育苗多采用半自动或全自动播种系统。全自动精量播种生产线由育苗穴盘摆放机、送料及基质装盘机、压穴及精播机、覆土和喷淋机五部分组成。五个部分连在一起是自动生产线，拆开后每一部分又可独立作业。

国外工厂化育苗机械研究起步较早，已经有40多年的发展研制历程，技术比较成熟，研制出的机型多，功能完善，配套设施齐全，自动化程度较高。国外穴盘精量播种机的典型代表有：美国勃兰克莫尔生产的真空式精播机，作业时只完成精量播种一道工序，还需配上填充基质、压实、压坑、刮平和覆盖等工序的机械，才能完成全部工序。美国文图尔公司的N-450精量播种机能够完成混合基质、填充穴盘、精量播种、覆盖、喷水等全套工序。除美国之外，以色列、荷兰、韩国等设施农业发展较成熟的国家均有成熟的机型投入使用。我国以前主要靠手工逐穴点播，生产效率低且作业成本高。目前我国也已开始开发研制播种机，如新疆生产建设兵团研制的全自动气吸式大棚育苗穴盘播种机等，性能、质量、规模都在逐渐成熟中。

成套设备的每一个环节都可以视情况单独使用，下面简单介绍一下。

① 碎土筛土机　碎土筛土机（图6-1）主要进行园艺育苗生产，工作原理是将苗床或制钵用土破碎过筛，是由旋转碎土刀与振动筛组成的组合式机具。使用时土壤水分不能过大，不能混有石块等杂物。生产率为2～3t/h，配套动力为2.2kW。

② 土壤肥料搅拌机　土壤肥料搅拌机（图6-2）是利用搅拌滚筒轴上交错排列的钩形刀的旋转，将土壤和肥料搅拌均匀。生产率为1.2～1.5t/h，配套动力为3kW。

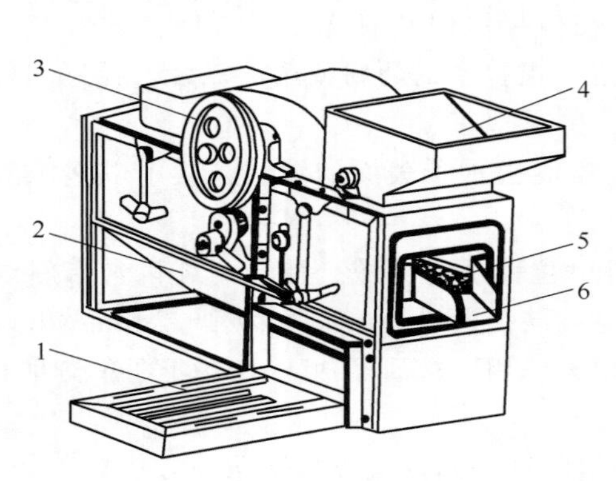

图6-1　碎土筛土机

1—发动机架；2—滑土板；3—碎土滚筒皮带轮；4—料斗；5—方孔筛；6—大土块出口

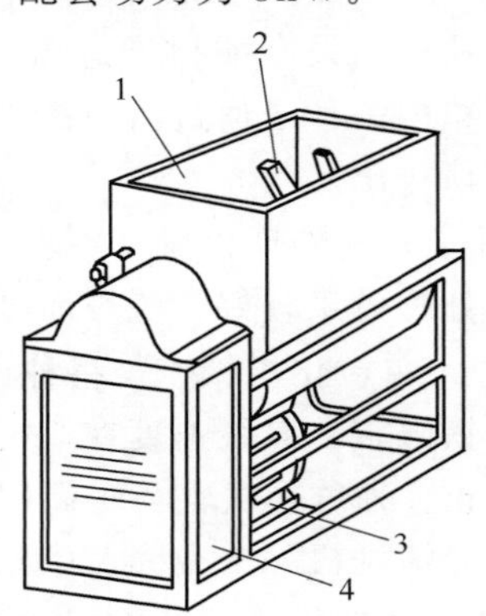

图6-2　土壤肥料搅拌机

1—料斗；2—搅拌滚筒；3—电动机；4—传动箱

③ 精量播种机　在温室中进行营养钵育苗使用单粒精量播种机。

三、工厂化育苗辅助设备

工厂化育苗辅助设备主要包括苗床、育苗架、穴盘、种苗移动车、种苗分离机和嫁接机械等。

1. 苗床

苗床可分为固定式、移动式和节能型加温苗床。节能型加温苗床用镀锌钢管作为育苗床的支架，质轻绝缘的聚苯板塑料泡沫作为苗床的铺设材料，电热线加热，并用珍珠岩等材料作为导热介质，温室内保温、固定式苗床灌溉等设备和方法设计制作了工厂化育苗的苗床设施。在承托材料上铺设珍珠岩等保温和绝热性能好的材料作为填料，在填料中铺设电热加温线，上面再铺设无纺布。电热加温线由独立的组合式控温仪控温。节能型加温苗床具有节能、温度可控性高、可局部控制、操作方便、设备成本低等优点。

2. 育苗架

为了充分利用温室或大棚的空间，现广泛采用立体多层育苗架进行立体多层方式育苗。育苗架有固定式和移动式两种。固定式育苗架因上下互相遮阴和管理不方便逐渐被淘汰，而以移动式育苗架代替。多层移动式育苗架的结构如图 6-3 所示。它由支柱、支撑板、育苗盘支持架及移动轮等组成，其特点是不但育苗架可以移动，育苗盘支持架也可以水平转动，可使育苗盘处于任何位置，保证幼苗得到均匀的光照，管理方便。

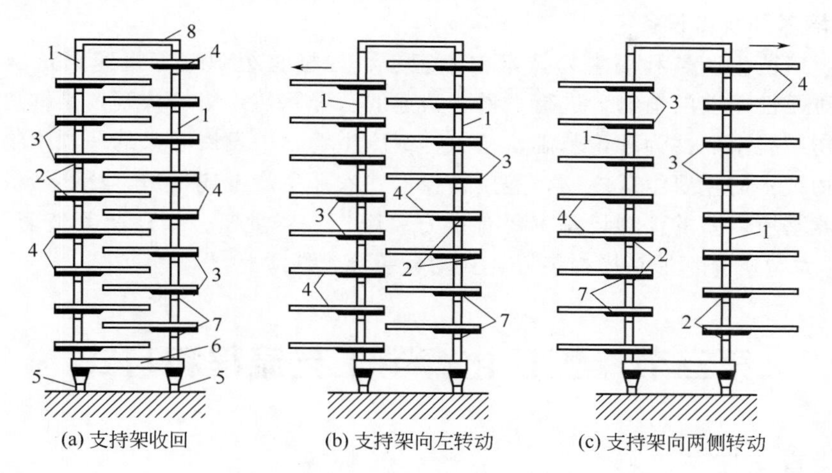

图 6-3　多层移动式育苗架

1—支柱；2—固定件；3—支撑板；4—育苗盘支持架；5—移动轮；6—底框；7—螺丝；8—顶框

3. 穴盘

育苗穴盘是工厂化育苗的必备育苗容器，是按照一定的规格制成的带有很多小型钵状穴室的塑料盘。育苗穴盘根据用途和蔬菜种类的不同其规格不尽相同，用于机械化播种的穴盘规格一般是按自动精播生产线的规格要求制作，多为 28cm×54cm。育苗穴盘中每个小穴的面积和深度依育苗种类而定，因此每张盘上有 32、40、50、72、128、200 等数量不等的小穴组成。小穴深度也各异，3～10cm 不等。

4. 种苗移动车

种苗移动车包括穴盘转移车和成苗转移车。穴盘转移车将播种完的穴盘运往催芽室，车的高度及宽度根据穴盘的尺寸、催芽室的空间和育苗的数量来确定。成苗转移车采用多层结构，根据商品苗的高度确定放置不同种类园艺作物种苗的搬运和装卸。

5. 种苗分离机

种苗分离机有两种方式用来固定穴盘，其一是盖式，把盖子放下，内有许多细杆，把盖子放下时，这些细杆用于固定穴盘；其二是横杆式，穴盘由侧面放入，由横支撑杆来固定穴盘。

6. 嫁接机械

嫁接机器人技术，是近年在国际上出现的一种集机械、自动控制与园艺技术于一体的高新技术，它可在极短的时间内，把蔬菜苗茎秆直径为几毫米的砧木、穗木的茎秆切口嫁接为一体，使嫁接速度大幅度提高；同时由于砧木、穗木接合迅速，避免了切口长时间氧化和苗内液体的流失，从而可大大提高嫁接成活率。

中国农业大学研制的 2JSZ-600 型蔬菜自动嫁接机，采用计算机控制技术，实现了从砧木和接穗的取苗，到切苗、接合、固定、排苗等整个过程的自动化操作。嫁接时，操作者只需把砧木和接穗放到相应的供苗台上即可。其它嫁接作业，如砧木生长点切除、接穗切苗、接合、固定、排苗均由机器自动完成。自动嫁接机可进行黄瓜、西瓜、甜瓜等瓜菜苗的自动化嫁接工作，嫁接砧木可为云南黑籽南瓜或瓠瓜。

嫁接机器人的主要部件由接穗操作端和砧木手柄端组成。接穗操作端有安全盖、嫁接机、控制面板、夹子供应盖、接秧苗工作台、压缩室、刷子和坩埚、容器、传输带等。砧木手柄端包括砧木工作台、序列控制室、容纳电控装置、工具箱、调试螺栓和气枪等。

7. 配制培养基所需设备

工厂化组培苗生产是利用生物技术中细胞工程的植物组织培养快速繁殖（简称组培快繁）技术，对无性繁殖的植物，进行大量、快速的营养繁殖。组培快繁，又称离体快繁、微繁，是以植物细胞全能性为理论基础，从植物细胞生物学中发展起来的一项生物技术。它是目前农业生物技术的重要组成之一，是生物技术在农业生产上应用最广泛、最成功的一个领域。配制培养基所需要的仪器设备主要有量筒、烧杯、容量瓶、细口瓶等玻璃器皿，天平、pH 测试仪、大型培养基加热搅拌装置、自动分装流水线等。

第三节　工厂化育苗工艺流程和方式

一、工厂化育苗工艺流程

工厂化育苗工艺是用轻基质无土育苗或穴盘育苗，在一定容器内用基质和营养液，迅速大量培育各类作物种苗的现代化育苗方法。一般选用泥炭、蛭石、珍珠岩等轻质材料作育苗基质，用育苗盘装填基质，机械化精量播种，在现代化温室内一次成苗，并通过企业化的模式组织种苗生产和经营，供应和推广园艺作物优良种苗，达到节约种苗生产成本、降低种苗生产风险和劳动强度的目的，为园艺作物的优质高产打下坚实的基础。

育苗工厂将种苗培育和储运的全过程变成一个工业化的生产和管理过程：采用专一的育苗基质配方，或将农业生产中的废弃物、畜禽粪便和菇渣等，利用生产基质或有机肥料的设施设备，通过微生物作用，快速腐熟加工成为种苗培育的专用基质；用于工厂化育苗的种子需要经过特殊的种子处理技术，使之出苗整齐一致；精量播种机将不同质量、形状的种子一穴一粒播入穴盘，精准完成基质搅拌、基质装盘压穴、播种、覆盖、浇水等六道工艺流程；催芽室精准控制温度、湿度和气体交换条件，提供种子萌发的最佳条件；种子萌发后及时进入育苗温室，在人工控制环境中，通过温度、湿度、CO_2、灌溉和施肥等调控措施使幼苗茁壮成长，炼苗、包装后进入种苗储运阶段。

① 准备阶段　种子经过处理过程（选种、消毒、丸粒化）、基质处理过程（基质配方的选择、碎筛、加入有机肥、混合、消毒）、穴盘清洗消毒后待用。

② 播种阶段　基质搅拌、装盘、打孔、播种、覆盖、浇水，放入种苗移动车。

③ 催芽阶段　根据不同种子的不同情况，设定昼夜温度、湿度和新风回风时间，一般在 60%种子萌发时送进育苗温室。

④ 苗期管理阶段　控制好苗床温度和温室温度，采用基质施肥或营养液补充施肥。

⑤ 炼苗阶段　降低夜间温度，降低基质含水量，适当使用防病农药。注意当种子和基质达到商品化要求时，种子处理和基质准备过程可以省去。

二、工厂化育苗的方式

1. 穴盘育苗

① 穴盘育苗及其流程　穴盘育苗法是将种子直接播入装有营养基质的育苗穴盘内，在

穴盘内培育成半成苗或成龄苗。这是现代蔬菜育苗技术发展到较高层次的一种育苗方法，它是在人工控制的最佳环境条件下，采用科学化、标准化技术措施，运用机械化、自动化手段，使蔬菜育苗实现快速、优质、高效率的大规模生产。因此，采用的设施也要求档次高、自动化程度高，通常是具有自动控温、控湿、通风装置的现代化温室或大棚，这种棚室空间大，适于机械化操作，装有自动滴灌、喷水、喷药等设备，并且从基质消毒（或种子处理）至出苗是程序化的自动流水线作业，还有自动控温的催芽室、幼苗绿化室等。穴盘育苗的生产工艺流程如图 6-4 所示。

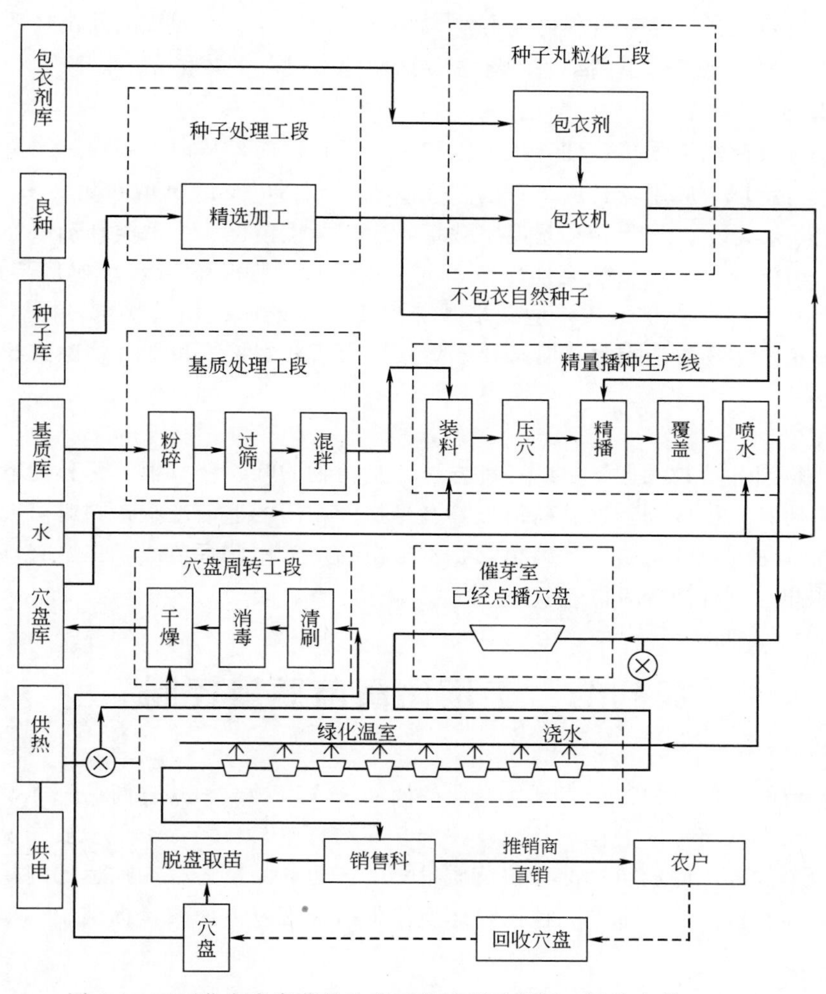

图 6-4　工厂化穴盘育苗的生产工艺流程示意图（周长吉等，1996）

② 穴盘育苗的关键设备　穴盘育苗的关键设备主要有基质消毒机、基质搅拌机、育苗穴盘、自动精播生产线装置、恒温催芽设备、育苗设施内的喷水系统、CO_2 增施机等。以上设备是目前较高级的工厂化穴盘育苗所必备的。实践中可根据所具备的条件和财力，先选用其中一部分设备，以提高育苗效率和效益。

2. 营养土块育苗

营养土块育苗采用设施的自控程度，通常与钵、盘育苗法基本相同，不同的是将配合好的育苗基质直接制成育苗营养土块，而不是填钵、装盘；制成的营养土块内含有种子发芽所需的水分及幼苗生长的营养，播种覆土后不再立即浇水。营养土块育苗因为基质块体积较大，同样面积上的育苗数较少，采用机械嫁接有一定的困难，故多应用于无需嫁接或扦插育苗的作物。

3. 试管育苗

试管育苗不是用种子繁育秧苗，而是利用植物组织的再生能力培养成秧苗，运用营养钵进行快速繁殖扩大，因此，又称无性繁殖。

这种育苗方法对于难以得到种子的植物，或能结籽而种子量很少的植物以及属于营养繁殖植物的快速繁殖来说，是一种很好的方法。在试管内培养基上形成的幼苗极弱，移到试管外后需要在优良的环境条件下精细管理才能逐渐驯化成健壮的成龄苗。

4. 嫁接育苗

嫁接苗较有根苗能增强抗病性、抗逆性和肥水吸收性能，从而提高作物产量和品质。它在世界各国果树栽培中应用较普遍，目前，在欧洲，50%以上的黄瓜和甜瓜采用嫁接栽培。在日本和韩国，不论是大田栽培还是温室栽培，应用嫁接苗已成为瓜类和茄果类蔬菜高产稳产的重要技术措施，成为克服蔬菜连作障碍的主要手段，西瓜嫁接栽培比例超过95%，温室黄瓜占70%～85%，保护地或露地栽培番茄也正逐步推广应用嫁接苗，并且嫁接目的多样化。蔬菜嫁接的主要方法有靠接、插接、劈接、套管式嫁接、单子叶切除式嫁接、平面嫁接等。

5. 扦插育苗

扦插育苗是园艺植物无性繁殖的一种方法，将植物的叶、茎、根等部分剪下，插入可发根的基质中，使其生根成为新株。新植株具有母株中相同的遗传性状，同时可大量繁苗，提早开花。宿根草花、观叶植物、多肉植物、木本植物，常用此育苗法。主要有基尖扦插、茎段扦插、叶插和叶芽扦插等方法。

第四节　工厂化育苗质量控制

工厂化育苗的目的是秧苗作为现代企业的商品进入市场，和其它商品一样，必须有明确的质量标准。制定秧苗标准的作用是规范技术、签约订单与市场竞争。一般来说秧苗质量标准可以分为两个部分，即成苗标准和秧苗质量标准，但商品苗还存在贮运的问题，严格地说应包括成苗标准、秧苗质量标准、秧苗贮运质量保持标准三方面质量标准。

一、成苗标准

原则上，成苗标准应该和秧苗出厂所要求的规格一致。具体的成苗标准应根据不同的作物种类、不同的育苗目的和生产条件来定。

二、秧苗的质量标准

同样达到成苗标准，秧苗质量可能会有所不同。质量标准着重于反映秧苗的生产潜力，即秧苗的增产潜力。生产厂家，必须有明确的质量标准，甚至可以将标准制订得更具体一些，不仅有形态指标，还要有一些生理指标，这样便于厂家对秧苗质量进行检查，也有利于分析与改进技术，促使产品质量的不断提高。

1. 形态指标

单一的形态指标往往难以代表真实的秧苗质量，根据多种复合形态指标与产量的相关性分析，目前生产中多采用如下指标作为判断秧苗质量的壮苗指标：

① G 值，即全株干重/育苗天数。

② 壮苗指数：茎粗/株高×全株干重。

③ 叶面积/株高。

还有其它代表秧苗质量的壮苗指标表示方法，实际生产中应灵活选择应用。

2. 生理指标

通过测定一些生理（生化）指标用以说明某些生理上的变化或某项育苗技术所产生的生理上的反应，从而作为判定秧苗质量的一个标准。这在工厂化育苗条件下是另一类更实用和可靠的壮苗指标，因为工厂化育苗条件下有先进的测试手段和条件，这类指标往往更能代表秧苗的真实活力和质量。这些指标主要包括代谢活性指标（光合强度、呼吸强度、根系活力、吸水力、过氧化物酶活性）、体内物质含量（如碳、氮含量及其比值，糖、蛋白、生长激素类物质等）及其抗逆性（相对电导率、脯氨酸、丙二醛）等的测试。

三、秧苗贮运质量保持标准

秧苗质量标准不可忽视秧苗贮运的质量保持标准，因为在工厂化育苗条件下，大量的秧苗主要用于异地栽植，贮运是不可避免的生产环节，因此秧苗质量的保持标准必须有一个明确的指标。

秧苗质量标准可按秧苗质量评价标准分级。

优级贮运苗：子叶发育正常，无黄化，无萎蔫。

1 级贮运苗：子叶发育正常，有部分子叶（10%）发黄萎蔫但不脱落。

2 级贮运苗：子叶变黄（10%），少量脱落（10%）。

3 级贮运苗：子叶全部发黄，大部分子叶（70%）脱落。

3 级苗以外应视为等外苗。

但现代工厂化育苗要尽可能用量化指标来衡量秧苗质量的保持标准，常用的有：

1. 秧苗质量保持率

秧苗质量保持率指蔬菜秧苗育成后到定植以前的贮运过程中秧苗质量保持程度的一种特定含义的数量化指标。秧苗质量保持率经验公式：

$$Y_n = 0.31 + 0.19X_1X_2 + 0.21X_2X_3$$

$$Q_n = Y_n / Y_0$$

式中，Q_n 为贮运第 n 天秧苗质量保持率；Y_n 为贮运第 n 天秧苗质量保持值；Y_0 为贮运第 0 天秧苗质量保持值；X_1 为呼吸强度；X_2 为根系活力；X_3 为叶绿素含量。

根据此公式可以确定秧苗质量的保持标准，一般认为秧苗质量保持率达到 80%以上就可视为较好的秧苗质量。

2. 叶片褪变指数或叶片健全指数

叶片褪变分级标准为：

0 级：叶片发育正常，无黄化，无萎蔫。

1 级：叶片发育正常，10%叶片发黄萎蔫，但不脱落。

2 级：叶片 10%脱落，未脱落叶片有 10%发黄。

3 级：叶片 20%～70%脱落，叶片全部发黄。

4 级：叶片 20%～70%脱落，叶片全部发黄。

5 级：叶片全部脱落。

叶片褪变指数的计算公式

$$\sum x_a/(n\sum_x)=(x_1a_1+x_2a_2+x_3a_3+\cdots\cdots+x_na_n)/n\sum x$$

式中，$x_1\cdots x_n$ 为各级叶片伤害的幼苗株树；$a_1\cdots a_n$ 为叶片褪变等级。

叶片健全指数的计算公式：叶片健全指数=1－叶片褪变指数

叶片健全指数在 0.8 以上视为质量合格秧苗。

四、秧苗质量控制关键技术

1. 穴盘的选择

一般瓜类如南瓜、西瓜、冬瓜、甜瓜多采用 50 穴，黄瓜多采用 72 穴或 128 穴，茄科蔬菜如番茄、辣椒采用 128 穴和 200 穴，叶菜类蔬菜如西蓝花、甘蓝、生菜、芹菜可采用 200 穴或 288 穴。穴盘孔数多时，虽然育苗效率提高，但每孔空间小，基质也少，对肥水的保持性差，同时植株见光面积小，要求的育苗水平更高。

2. 基质的选择和配比

适合穴盘根系生长的栽培基质应该具备以下特色：保肥能力强，能够供应根系发育所需养分，避免养分流失；保水能力好，避免根系水分快速蒸发干燥；透气性佳，使根部呼出的 CO_2 容易与大气中的氧气交换，减少根部缺氧情况发生；不易分解，利于根系穿透，能支撑植物。

3. 对水质的要求

水质是影响穴盘苗质量的重要因素之一，由于穴盘基质少，对水质与供给量要求极高。水质不良会对作物造成伤害，轻则减缓生长降低品质，严重时导致植株死亡，不同的水质评价可参考表 6-1。

表 6-1 穴盘育苗水质评价标准

指标	很好	好	尚可	差	极差
EC/(mS/cm)	小于 0.25	0.25～0.75	0.75～2	2～3	大于 3
pH	5.5～6.5	5.5～6.5	6.5～8.4	大于 8.4	大于 8.4

4. 播种和催芽

穴盘苗生产对种子的质量要求较高。出苗率低，造成穴盘空格增加，形成浪费；出苗不整齐则使穴盘苗质量下降，难以形成好的商品。因此，蔬菜穴盘育苗通常需要对种子进行预处理。种子处理的方法包括温汤浸种、药剂浸（拌）种、搓洗、催芽、引发等。

5. 苗床管理

在大规模育苗下，穴盘苗因穴孔小，每株幼苗生长空间有限，穴盘中央的幼苗容易互相遮蔽光线及湿度高造成徒长，而穴盘边缘的幼苗通风较好而容易失水，边际效应非常明显。因此，为了维持正常生长同时防止幼苗徒长，水量的平衡需要精密控制。穴盘苗发育阶段可以分为四个时期：第一期，种子萌发期，对水分和氧气要求较高，以利于发芽，相对湿度维持在 95%～100%，供水以喷雾粒径 15～80μm 为佳；第二期，子叶及茎伸长期（展根期），水分供应稍微减少，相对湿度 80%，使基质通气量增加，以利根部在通气较佳的基质中生长；第三期，真叶生长期，供水应随着幼苗成长而增加；第四期，炼苗期，限制给水以健化植株，阴雨天日照不足且湿度高时不宜浇水，浇水应在正午前，15:00后绝不可以浇水，以免夜间潮湿使幼苗徒长。穴盘边缘苗易失水，必要时进行人工补水。

6. 穴盘苗的炼苗

穴盘苗在播种至幼苗养成过程中的水分或养分供应充分，且在保护设施内幼苗生长良好。当穴盘苗达到出圃标准，经包装贮运定植至无设施保护的田间，各种生长逆境如干旱、高温、低温、贮运过程的黑暗弱光等，往往会造成种苗品质降低，定植成活率差，使农户对穴盘苗的接受度大打折扣。因此炼苗很重要。

穴盘苗在供水充裕的条件下生长，地上部发达，有较大的叶面积。但在移植后，田间日光直晒及风的吹袭下叶片水分蒸腾速率快，容易发生缺水情况，使幼苗叶片脱落以减少水分损失，并伴随光合作用减少而影响幼苗恢复生长能力。若出圃定植前进行适当控水，则植物叶片角质层增厚或脂质累积，可以反射太阳辐射，减少叶片温度上升过快，减少叶片水分蒸散过快，以增强对缺水的适应能力。

出圃前应增加光照，尽量创造与田间比较一致的环境，使其适应，可以减少损失。冬季出圃前必须炼苗，将种苗置于较低的温度环境下3～5天，可以达到理想的效果。

常见园艺作物穴盘种苗生产主要参数和常见的问题及对策见表6-2、表6-3。

表6-2 常见园艺作物穴盘种苗生产主要参数和管理要点

种类	浸种时间/h	发芽温度/℃	催芽时间/d	要点
青花菜	—	18～21	2	用热水处理种子，可防止黑腐病。适当减少浇水，加强通风，施用杀菌剂以防止霜霉病的发生。调节昼夜温差，适当控制浇水，以控制植株高度。控制温度不超过25℃
结球甘蓝	—	18～21	3	与青花菜相同
花椰菜	—	18～21	3	与青花菜相同
芹菜	—	21～24	5～7	用热水处理种子，防止种皮带菌。低于15℃或高于25℃会降低发芽率和延迟发芽时间；发芽要求水分较多，播种后覆盖不宜过厚。适当增施磷肥
黄瓜	2	25	2	发芽后晚上应降低温度，以防止植株徒长，低温高湿容易引起霜霉病，高温易发生白粉病
茄子	3	24～25	5～6	避免过冷的环境，以利于发芽。发芽后还应保持较高的介质温度，否则根系发育不良，并易引起死苗和僵苗。适当减少浇水，加强通风，以防止苗期病害。调节昼夜温差，加强光照以避免植株的徒长
生菜	—	18～21	3	控制湿度，注意通风。施用杀菌剂，以防止霜霉病的发生。调节昼夜温差，适当加强光照，防止植株徒长
甜瓜	3	25	2	属喜光喜热作物。对低温特别敏感，调节昼夜温差，控制湿度，加强光照，以防止徒长
洋葱	4	21～24	4～8	发芽到子叶展开期间的胚根生长非常缓慢，要注意不能缺水。控制湿度，加强通风，施用杀菌剂以防止灰霉病的发生
辣(甜)椒	3	25	5～7	避免过湿和冷凉的环境，以利于种子发芽，并有利于防止病害的发生。控制湿度，注意通风。施用含铜的杀菌剂，以防止细菌性的叶斑病

续表

种类	浸种时间/h	发芽温度/℃	催芽时间/d	要点
南瓜	4	25	2	发芽避免施肥过度，同时加强通风，晚上要注意降低温度，以防止植株徒长
番茄	3	24～25	3	控制湿度，加强通风，施用杀菌剂以防止苗期病害。调节昼夜温差，加强光照以防止徒长
西瓜	4	28	2	喜高温、干燥环境，不耐寒。播种前用热水处理种子

表 6-3　工厂化穴盘育苗常见问题及对策

常见问题	问题分析	对策
不发芽	水分过多，导致介质缺氧，种子腐烂	选择合格可靠的介质，根据种子发芽条件的要求供给适宜的水分
	种子萌动后缺水，导致胚根死亡	选择合格可靠的介质，根据种子发芽条件的要求供给适宜的水分，易发生于西瓜
	基质 EC 值与 pH 不当	一般纯草炭的 pH 只有 3.4～4.4，不能直接使用。因此，若购买的不是已经配制的育苗草炭，则必须自己调节 pH 和 EC 值。一般调节 pH 5.5～5.8，EC 值 0.75
	种子被老鼠吃掉	易发生于瓜类的育苗，注意防鼠
	拆包后未播完的种子，储存不当	种子应保存在低温干燥的地方。尤其是干燥条件，比低温更为重要。一般情况在室温下保存，如干燥条件好，也可以保存较长时间
发芽率低	水分过多或介质黏性重，引起介质氧气不足	选择合格可靠的介质，根据种子发芽条件的要求供给适宜的水分
	水分较少或介质沙性重，发芽水分不足	选择保水性好的基质，根据种子发芽条件的要求供给适宜的水分
	发芽温度过高	保证在适宜的温度下发芽
	发芽温度过低	主要发生在冬季育苗，加炭保温，必要时加温
	施用基肥过多，引起盐分积累	适当使用肥料，严格控制 EC 值
	pH 不当	调节 pH 至适宜的范围
成苗率低	病害	基质消毒，种子处理，加强预防，经常观察，注意防治
	浇水过多，基质过湿，引起沤根死亡	注意浇水，干湿交替
	移出催芽室后湿度不够，引起带帽(种壳未掉)	保持合适的湿度
	虫害	加强防治
	肥害，药害	合理施肥，施药
	浇水不及时，过干	注意浇水
僵苗或小老苗	早春温度低	保持适宜的温度
	生长调节剂使用不当	合理使用生长调节剂
	缺肥	注意施肥
	经常缺水	注意浇水
	喷药时施药工具上残留有矮壮素等	农药残留，打过矮壮素后应仔细清洗喷药工具
早花	环境恶劣，缺肥、缺水、苗龄过长等	提供适宜的环境条件，根据需要适当施肥，及时浇水，注意播种期的计划，保证适宜的苗龄

续表

常见问题	问题分析	对策
徒长	氮肥过多	平衡施肥
	挤苗	选择合适的穴盘规格
	光照不足	连续阴雨天气应尽可能加强光照，并结合温度、水分供应以控制徒长
	水分过多，过湿	合理控制水分和湿度
顶芽死亡	虫害（如蓟马为害）	注意防虫
	缺硼	增施硼肥
叶色失常	缺氮引起的叶色偏淡	注意施氮肥
	缺钾会引起下部叶片黄化，易出现叶色失常斑，叶尖枯死，下部叶片脱落	增施钾肥
	缺铁会引起新叶黄化	补充铁肥，或施用叶面肥增施全营养微量元素肥料
	pH 不适引起叶片黄化	浇水时注意 pH 的调节

五、秧苗的贮藏与运输

1. 运前准备

① 运输计划　运输前要做好计划，买方要做好定植之前的准备。注意收听天气预报，选择天气较好的时候运输。

② 运前处理　如运输距离远，必须对秧苗进行保鲜处理，防止水分过度蒸发及根系活力减退，增强缓苗力。

③ 根系保护　在运输时，可以带盘运输，也可以不带盘运输，但后者应特别注意根系保护。带盘运输时运输量小，但对根系保护好；不带盘运输应密集排列，以防止因基质散落而造成根系散落。

2. 包装与运输工具

① 秧苗包装　运输秧苗的容器有纸箱、木箱、塑料箱等，应该根据运输距离选择不同的包装容器。容器应有一定的强度，能经受一定的压力与路途中的颠簸。远距离运输，每箱装苗不宜太满，装车时既要充分利用空间，又要有一定的空隙，防止秧苗呼吸热的伤害。

② 秧苗运输工具　汽车运输，可以减少中间的卸装环节。长距离运输应采用保温空调车。苗箱选择结实并且价格低的。

3. 秧苗贮运质量保持技术

① 防止秧苗受冻

a. 秧苗锻炼　在秧苗运输前 3～5 天逐渐降温锻炼。在育苗前就应将锻炼的时间计划在内，保证秧苗有足够的苗龄。

b. 喷施植物低温保护剂　在运输前用 1%低温保护剂喷施 2～3 次，可获得耐低温的良好效果。

c. 选用较好的装箱方法　在冬季贮运秧苗，不要采用穴盘包装方法，否则秧苗容易受冻。应采取裸根包装。包装箱四周垫上塑料薄膜或其它保温材料，防止寒风侵入伤害秧苗。

d. 做好覆盖保温　装箱后在顶部和四周用棉被覆盖严实保温，并用绳子固定，防止大风吹开。

② 防止秧苗“伤热”　避免高温装箱，喷施秧苗保鲜剂。在贮运时温度适宜或在适宜温

度范围内温度偏低，可以通过装箱前浇水或喷水以增加贮运期间的箱内小环境的空气湿度；如果大环境气温高而贮运工具无法控温，可以采用根部微环境的保水处理措施（如在根系水分较好时用保温材料包裹根系等），以保持秧苗不萎蔫。因而提倡夜间运输。

③ 防止秧苗“风干” 通过育苗期喷施植物生长调节剂，使用抗蒸腾剂来防止秧苗“风干”。在运输过程中，车厢整体覆盖，每个包装箱留有一定的通气孔，箱与箱之间要留有一定的空隙。

本章思考与拓展

党的“二十大”提出了“中国式现代化”，农业现代化是“中国式现代化”的重要组成部分。工厂化育苗以先进的育苗设施和设备、装备种苗生产车间，以现代生物技术、环境调控技术、施肥灌溉技术、信息管理技术贯穿种苗生产过程，以现代化、企业化的模式组织种苗生产和经营，从而实现种苗的规模化生产。工厂化育苗提高了土地利用率和劳动生产率，改变了传统育苗用工量大、难管理、风险高的操作模式，保证了作物良种的推广和“菜篮子”稳产保供，它是设施农业迈入工厂化农业的第一步，将引领我国农业农村现代化的持续发展。本专业学生以工厂化育苗为例，思考农业现代化包括了哪些方面。

7

第七章 设施农业种植技术

设施栽培技术是指在不适宜露地栽培园艺作物的季节或地区，创造人工可控制的环境条件，使作物能够正常生长发育，从而获得高产、优质、高效的一种先进的农业生产方式。

第一节 设施种植方式

目前，我国现有的设施园艺栽培的类型主要有以下几种分类方法：

1. 按种植内容分类

① 设施蔬菜 含食用菌、草莓。

② 设施花卉 含盆花、鲜切花、观叶植物。

③ 设施果树 葡萄、桃、大樱桃、杏等。

④ 设施药用植物 人参、西洋参等。

⑤ 设施种苗业 蔬菜和花卉工厂化育苗。

⑥ 芽苗类 含各种芽苗菜及软化栽培作物。

2. 按栽培季节与形式分类

① 长季节栽培 一年一作，从秋季至翌年夏季。

② 冬春栽培 从10月份青苗到翌年5月份结束。

③ 早春栽培 一般深冬定植，早春上市，6月份结束。

④ 早熟栽培 又称春提早栽培，是指栽培作物的主要生长发育期在2～6月份的栽培方式。

⑤ 越夏栽培 春末夏初播种或定植，7～8月份上市，可利用遮阳网、防虫网、避雨棚栽培。

⑥ 秋延后栽培 又称抑制栽培，一般8月份播种或定植，12月份结束，供应早霜后市场。

⑦ 秋冬栽培 秋季定植、初冬上市，一般可以6月份结束栽培。

3. 按栽培设施类型分类

① 阳畦 主要用于青苗与叶菜类栽培。

② 塑料拱棚 有大、中、小型塑料棚，可以用于蔬菜和花卉提早熟、越夏和秋延后

栽培。

③ 日光温室　主要用于园艺作物的冬春茬栽培以及提早熟、秋延后栽培。

④ 现代日光温室　主要用于园艺作物长季节栽培的结构类型，具有调控功能的大型温室。

⑤ 植物工厂　是目前最高级的种植设施类型，可以严格控制内部环境和控制营养供应。

在设施结构的选用上，蔬菜和花卉可以利用以上各种类型结构，而果树栽培一般选用大型塑料拱棚、日光温室和现代化温室，特别要注意根据种类和品种的大小选择高大棚体才行。如：种植樱桃的棚体要宽大，高度应在 3m 以上较为合适。

4. 按照栽培方式分类

① 土壤栽培　以土壤为栽培介质，种植各类设施作物的一种种植方式（图 7-1、图 7-2）。

图 7-1　土壤栽培的黄瓜

图 7-2　土壤栽培的茄子

② 无土栽培　是指不用天然土壤，而用营养液或固体基质加营养液栽培作物的方法。其包含固体基质栽培（图 7-3～图 7-6）和非固体基质栽培（图 7-7），是现代设施农业的一种重要种植方式。

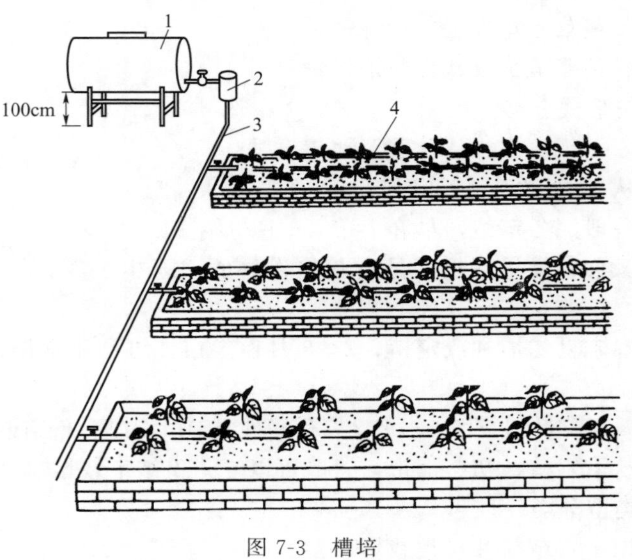

图 7-3　槽培

1—贮液罐；2—过滤器；3—供液管；4—滴灌带

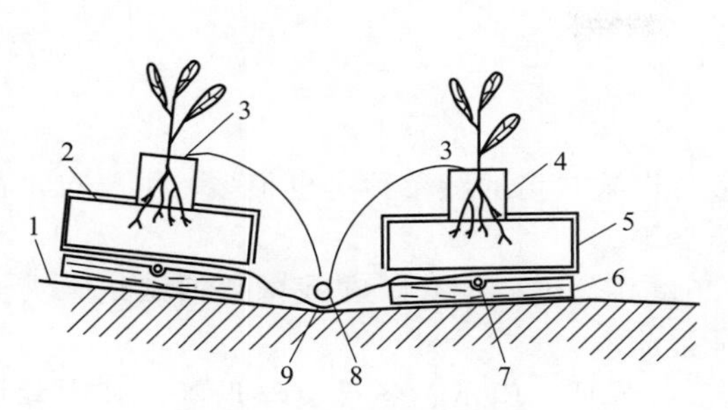

图 7-4　开放式岩棉培

1—畦面塑料薄膜；2—岩棉种植垫；3—滴灌管；4—岩棉育苗块；5—黑白塑料薄膜；6—泡沫塑料块；7—加温管；8—滴灌毛管；9—塑料薄膜沟

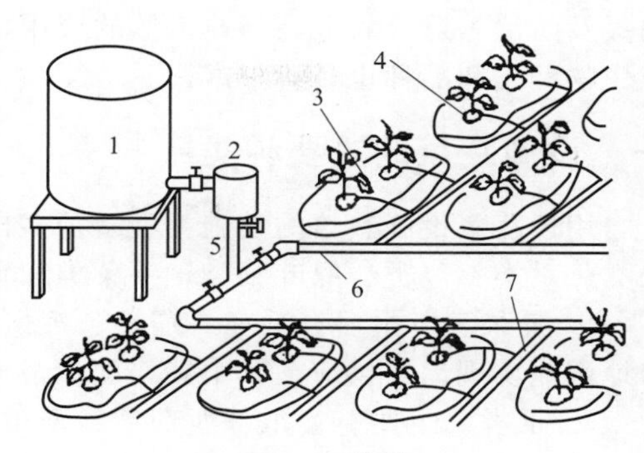

图 7-5　袋培

1—营养液罐；2—过滤器；3—水阻管；4—滴头；5—主管；6—支管；7—毛管

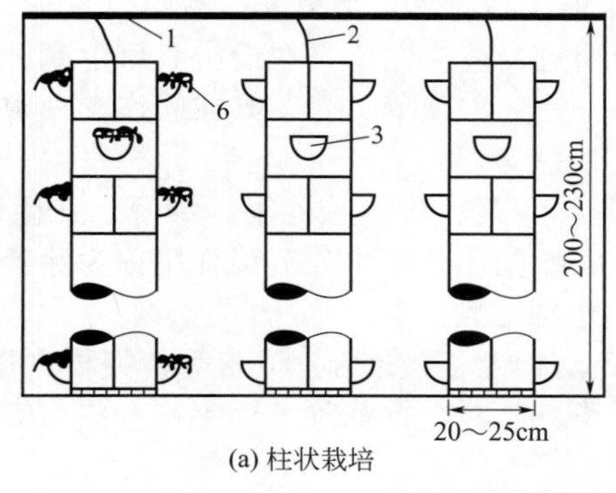

(a) 柱状栽培　　(b) 长袋状栽培

图 7-6　立体栽培

1—供液管；2—滴灌管；3—种植孔；4—薄膜袋；5—挂钩；6—作物；7—排水孔

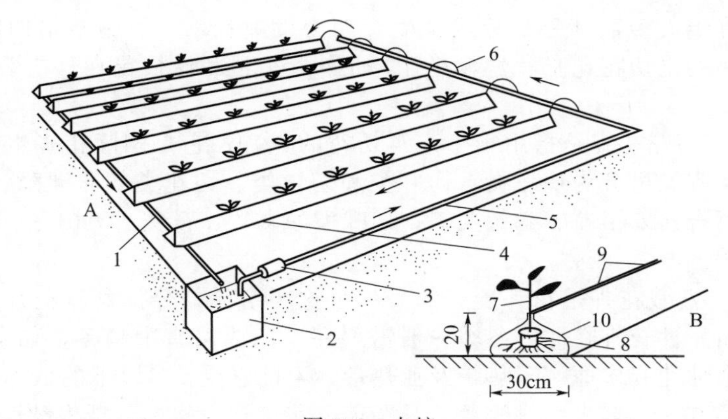

图 7-7　水培

1—回流管；2—贮液池；3—泵；4—种植槽；5—供液主管；6—供液；7—苗；8—育苗钵；9—木夹子；10—聚乙烯薄膜

第二节　设施作物种类

在设施作物栽培过程中，夏季遮阳降温技术设备的改善，反季节和长周期栽培技术成果的应用，设施环境和肥水调控技术的不断优化和改善，人工授粉技术的应用，病虫害预测、预报及防治等综合农业高新技术等的应用，使设施栽培的经济效益和社会效益不断提高，设施作物种类和品种也日益丰富。

一、设施蔬菜的主要种类

用于蔬菜设施栽培的设施类型多种多样，适合设施栽培的蔬菜种类也很多，主要有：茄果类、瓜类、豆类、绿叶菜类、芽菜类和食用菌类等。

① 茄果类　主要有番茄、茄子、辣椒等。产量高，供应期长，在我国普遍栽培，大部分地区能实现周年供应，其中栽培面积最大的是番茄。

② 瓜类　主要有黄瓜、西葫芦、西瓜、甜瓜、苦瓜、南瓜、冬瓜、丝瓜等，其中栽培面积最大的是黄瓜。

③ 豆类　主要有菜豆、豇豆和荷兰豆。在蔬菜淡季供应中有重要作用，特别是在冬季早春露地不能生产的季节，更受人们的欢迎。

④ 绿叶菜类　主要有芹菜、莴苣、油菜、小白菜、小萝卜、菠菜、蕹菜、苋菜、茼蒿、芫荽等。绿叶菜类，一般植株矮小，生育期短，适应性广，在设施栽培中既可单作还可间作套种。小白菜、油菜、苋菜、茼蒿、菠菜、芫荽、蕹菜、荠菜等在间作套种中利用较多，北方单作面积较大的绿叶菜为莴苣、芹菜。

⑤ 芽菜类　主要有豌豆、香椿、萝卜、荠菜、苜蓿、荞麦、绿豆、花生等种子，遮光发芽培育成黄化嫩苗或在弱光条件下培育成绿色芽菜，作为蔬菜食用称为芽菜类。适于工厂化生产，是提高设施利用率、补充淡季的重要蔬菜。

⑥ 食用菌类　主要有双孢蘑菇、香菇、平菇、金针菇、草菇等；特种食用菌如鸡腿菇、鸡松茸、灰树花、木耳、银耳、猴头、茯苓、口蘑、竹荪等，近年来一些菌类工厂化栽培发展很快。

二、设施观赏植物的主要种类

目前商品花卉绝大多数都是部分或全生育期为设施栽培。设施栽培的花卉种类十分丰富，栽培数量最多的是切花花卉和盆栽花卉，此外，宿根和球根花卉、花坛花卉在设施中的栽培也较常见。

① 切花花卉　切花花卉是指用于生产鲜切花的花卉，它是国际花卉生产中最重要的组成部分。切花类花卉又可分为切花类、切叶类和切枝类。切花类如非洲菊、菊花、香石竹、月季、唐菖蒲、百合、安祖花、鹤望兰等；切叶类如文竹、肾蕨、天门冬、散尾葵等；切枝类如松枝、银柳等。

② 盆栽花卉　盆栽花卉是花卉生产的另一个重要组成部分。盆栽花卉多为半耐寒和不耐寒性花卉。半耐寒性花卉在北方冬季一般需要在冷床或温室中越冬，如金盏花、桂竹香、紫罗兰等。不耐寒性花卉多原产于热带及亚热带，不能忍受0℃以下的低温，这类花卉也叫温室花卉，如一品红、仙客来、蝴蝶兰、马蹄莲、花烛、大岩桐、球根秋海棠等。

③ 宿根和球根花卉　许多多年生宿根和球根花卉也进行一年生栽培，用于布置花坛，如四季秋海棠、芍药、地被菊、一品红、郁金香、风信子、大丽花、美人蕉、喇叭水仙等。

④ 花坛花卉　多数一、二年生草本花卉均可作为花坛花卉，如万寿菊、金盏菊、矮牵牛、羽衣甘蓝、三色堇、凤仙花、鸡冠花、旱金莲、五色苋、银边翠、雏菊等。花坛花卉一般抗性和适应性较强，设施栽培可人为调控花期。

三、设施果树的主要种类

设施栽培的果树品种要具有需冷量低、早熟、品质优、季节差价大特点。目前，世界各国进行设施栽培的果树已超过35种，其中常绿果树23种，落叶果树12种。常绿果树主要包括香蕉、柑橘、杧果、枇杷、杨梅等。木本果树中，葡萄的设施栽培面积最大，其它如桃(含油桃)、樱桃、苹果、梨、李、杏、柿、枣、无花果等。在落叶果树中，除板栗、核桃、梅和黑穗醋栗、树莓等寒地小浆果外，其它果树种类均有设施栽培。

当今世界上以日本果树设施栽培面积最大，技术最先进。其果树设施以塑料大棚为主，设施果树栽培面积占果树生产总面积的3%～5%。目前我国设施栽培主要有葡萄、樱桃、李、桃、枣、柑橘、无花果、番木瓜和枇杷等树种。

四、设施药用植物主要种类

常见的药用植物主要包括：

① 一、二年生草本药用植物　如牛蒡、红花、补骨脂、荆芥、菘蓝、紫苏和薏苡等。

② 多年生草本药用植物　如人参、西洋参、八角莲、三七、大黄、川芎、川续断、天麻等。

③ 木本药用植物　如山茱萸、天师栗、木瓜、月季、玉兰、杜仲、连翘、吴茱萸、牡丹、忍冬、玫瑰、枸杞等。

④ 药用真菌　如灵芝、茯苓、银耳、猪苓和猴头等。

近年来，地黄、射干、延胡索、人参、白前、银杏等药用植物栽培技术取得了较好成效。其中地膜覆盖栽培主要在草本药用植物的栽培中逐步得到了应用，增产增收效果明显，如三七增产36%，每667m^2增收1000元以上；甜叶菊增产24%。

人参、西洋参等喜阴药用植物栽培中，遮阴栽培应用较多。

第三节　设施蔬菜栽培茬口

一、北方地区的主要茬口类型

东北、华北地区的设施类型以日光温室和塑料拱棚（大棚和中棚）为主，蔬菜设施栽培的主要茬口也是根据设施类型来制定的。

① 早春茬　一般是12～翌年1月份播种育苗，1～2月上中旬定植，3月份始收。早春茬是该地区目前日光温室生产中采用较多的种植形式，几乎所有蔬菜都可生产，如早春茬的黄瓜、番茄、茄子、辣椒、冬瓜、西葫芦及各种速生叶菜。

② 秋冬茬　一般是夏末秋初播种育苗、中秋定植、秋末到初冬开始收获，直到深冬的1月份结束。如秋冬茬番茄、黄瓜、辣椒、芹菜等。

③ 冬春茬　指栽培作物经历前一年的冬季和翌年的春季栽培的生产类型。一般9～10月份播种育苗，10～11月份定植，翌年1～2月份开始上市，6～7月份拉秧（拉秧，指瓜类和某些蔬菜过了收获期，把秧子拔掉），收获期一般可达120～160天。冬春茬栽培的主要蔬菜作物有黄瓜、番茄、茄子、辣椒、西葫芦等，是北方地区日光温室蔬菜生产应用较多、效益也较高的一种茬口类型，多利用节能型日光温室，通称长季节栽培。

④ 春提早栽培　一般在12月下旬到翌年1月上旬于温室内利用电热温床育苗，苗龄30～90天不等。在3月中旬定植，4月中下旬开始供应市场，比露地栽培可提早收获30天以上。喜温果菜如黄瓜、番茄、豆类及耐热的西瓜和甜瓜等都可采用这一栽培茬口。

⑤ 秋延迟栽培　一般是在 7 月上中旬至 8 月上旬播种，7 月下旬至 8 月下旬定植，9 月上中旬开始采收供应市场，12 月至翌年 1 月结束。同类蔬菜供应期一般可比露地延后 30 天左右，大部分喜温果菜和部分叶菜均可作为这一茬口栽培的作物种类。

二、长江流域主要茬口类型

长江流域适宜蔬菜生长的季节很长，这一地区设施栽培方式在冬季多以大棚为主，夏季则以遮阳网、防虫网覆盖为主，也有一定面积是利用现代加温温室进行长季节栽培。本地区喜温性果菜设施栽培茬口主要有：

① 大棚春提早栽培　一般是初冬播种育苗，翌年 2 月中下旬至 3 月上旬定植，4 月中下旬始收，6 月下旬至 7 月上旬拉秧的栽培茬口，常见的蔬菜种类有大棚黄瓜、甜瓜、西瓜、番茄、辣椒等。

② 大棚秋延迟栽培　此茬口育苗期多在炎热多雨的 7～8 月份，需采用遮阳网加防雨棚育苗，定植前期进行防雨遮阳栽培，栽培后期通过多重覆盖保温，采收期可延迟到 12 月至翌年 1 月。

③ 大棚多重覆盖越冬栽培　此茬口仅适用于茄果类蔬菜，也叫茄果类蔬菜的特早熟栽培。其栽培技术核心是选用早熟品种，实行“矮密早”栽培技术，运用大棚进行多层覆盖(大棚膜、二道幕、小拱棚、草帘、地膜)，使茄果类蔬菜安全越冬。上市期比一般大棚早熟栽培提早 30～50 天，多在春节前后供应市场，故栽培效益很高，但技术难度大。该茬口一般在 9 月下旬至 10 月上旬播种育苗，12 月上旬定植，翌年 2 月下旬至 3 月上旬开始上市，持续采收到 4～5 月份结束。

④ 遮阳网、防雨棚越夏栽培　为喜凉叶菜的越夏栽培茬口。大棚果菜类蔬菜早熟栽培拉秧后，将裙膜去掉以加强通风，保留顶膜，上盖黑色遮阳网（遮光率 60%以上），进行喜凉叶菜的防雨降温栽培，是南方夏季主要设施栽培类型。

三、华南地区茬口类型

华南地区全年无霜，生长季节长，喜温的茄果类、豆类，甚至耐热的西瓜、甜瓜，均可在冬季栽培。但夏季高温、多台风和暴雨的危害形成蔬菜生产与供应上的夏淡季。这一地区设施栽培主要以防雨防虫和降温为主，故遮阳网、防雨棚和防虫网栽培在这一地区有较大面积。

四、大型温室长季节栽培

利用大型连栋温室所具有的环境控制能力，可进行果菜一年一大茬生产即长季节栽培。一般均于 7 月下旬至 8 月上旬播种育苗，8 月下旬至 9 月上旬定植，10 月上旬至 12 月中旬始收，翌年 6 月底拉秧。对于多数地区而言，此茬茄果类蔬菜采收期正值元旦、春节及早春淡季，蔬菜价格好、效益高，但也要充分考虑不同区域冬季加温和夏季降温的能耗成本，在温室选型、温室结构及栽培作物类型上均应慎重选择，以求得低投入、高产出。

第四节　设施作物栽培技术

一、黄瓜设施土壤栽培技术

黄瓜喜温不耐高温，对低温弱光忍耐能力较强，管理相对容易，产量高，是我国各地区大棚和温室主栽类型之一。日光温室栽培的主要茬口为早春茬、秋冬茬和冬春茬（越冬一大茬、越冬长季节栽培）；大棚茬口主要为春提早和秋延迟栽培，此外还有小拱棚覆盖春早熟栽培；现代温室多采用无土栽培进行一年春、秋两茬栽培。黄瓜设施土壤栽培技术要点如下。

1. 品种选择

黄瓜设施栽培品种原则上选用耐低温弱光、雌花节位低、节成性好、生长势强、抗病虫性强、品质好、产量高的品种。目前生产上常用的品种有：津冬 68、津春 4 号、津优 35、博耐 18B、博耐 4000 等，以及由荷兰、以色列等国家引进的温室专用品种及“水果型”黄瓜品种。

2. 育苗

黄瓜设施栽培多采用育苗栽培，常采用穴盘、营养钵等护根育苗技术，有条件的地区应大力提倡嫁接育苗，可以提高抗性，特别是重茬、土壤连作障碍严重的地区。

3. 定植

黄瓜根系易老化，应以小苗移栽为宜，定植时间根据不同茬口要求进行。增施有机肥，施肥量 4000～5000kg/667m^2，其中 2/3 普施，1/3 施于定植沟中。增施有机肥可提高地温，促进根系生长，加强土壤养分供应，还可提高设施内 CO_2 浓度，保证黄瓜在低温季节生长发育正常。

定植密度一般为每 667m^2 定植 3000～4500 株，并根据不同栽培形式和栽培季节可进行适当调整。早熟栽培应适当密植，但过密则影响通风，易导致病害发生。采用垄作或高畦栽培。

4. 环境调控

（1）温度管理

定植初期保持较高温度，促进植株生长。开花前应提高昼夜温差，促进植株营养生长，提高前期产量。生长前期（从开花到采收后第 4 周）的温度控制至关重要，产量与这一时期的温度直线相关。日平均温度在 15～23℃ 范围内，平均温度每升高 1℃，总产量提高 1.17kg/m^2，因此这段时间宜尽量提高温度；生长后期（采收后第 4 周至结束）的温度控制不严格，对产量影响不大，可降低控制要求。

（2）光照管理

设施栽培多处于秋、冬、春季，光照弱是这一季节的气候特点，也是限制黄瓜产量和品质的重要环境因子，应重视改善环境内光照条件：选用长寿无滴、防雾功能膜，并经常清扫表面灰尘；在保证室内温度的前提下，温室外保温覆盖物如草苫应尽量早揭、晚盖；在日光温室北墙和山墙张挂镀铝反光膜，增强室内光强、改善光照分布；栽培上采用地膜覆盖和膜下灌水技术，降低温室内湿度；采用宽窄行定植，及时去掉侧枝、病叶和老叶，改善行间和植株下部的通风透光。

（3）湿度管理

湿度的控制主要通过通风和灌溉来实现。低温季节晴天应短时放风排湿，时间一般为 10～30min，浇水后中午要放风排湿，低温季节一般只放顶风，春季气温升高后，可以同时放顶风、腰风，放风量大小及时间长短应根据黄瓜温度管理指标和室内外气温、风速及风向等的变化来决定。

（4）肥水管理

总的原则是少量多次，采收之前适量控制肥水，防止植株徒长，促进根系发育，增强植株的抗逆性。开始采收至盛果期以勤施少施为原则，一般自采收起第3～5天浇稀液肥一次，施肥量先轻后重，以氮磷钾复合肥为主，避免偏施氮肥，每次施肥量为每667m² 10～30kg。结果后期及时补充肥水，防止早衰。

(5) CO_2 施肥

黄瓜生长盛期增施 CO_2 可增产20%～25%，还可提高果实品质，增强植株抗性。通常在结果初期（在定植后30天左右）进行，在日出后30min至换气前2～3h内施 CO_2 气肥，浓度为 1000×10^{-6}～1500×10^{-6}L/L，阴天施浓度低些，为 500×10^{-6}～800×10^{-6}L/L。

(6) 植株调整

当黄瓜植株长到15cm左右，具4～5片真叶时开始插架引蔓或吊蔓。在果实采收期及时摘除老叶和病叶、去除侧枝、摘除卷须、适当疏果，可以减少养分损失，改善通风透光条件。摘除老叶和侧枝、卷须应在晴天上午进行，有利于伤口快速愈合，减少病菌侵染；引蔓宜在下午进行，防止绑蔓时造成断蔓。越冬长季节栽培的生长期长达9～10个月，茎蔓不断生长，可长达6～7m以上，因此要及时落蔓、绕茎，将功能叶保持在最佳位置，以利光合作用。落蔓时要小心，不要折断茎蔓，落蔓前先要将下部老叶摘除干净（图7-8）。

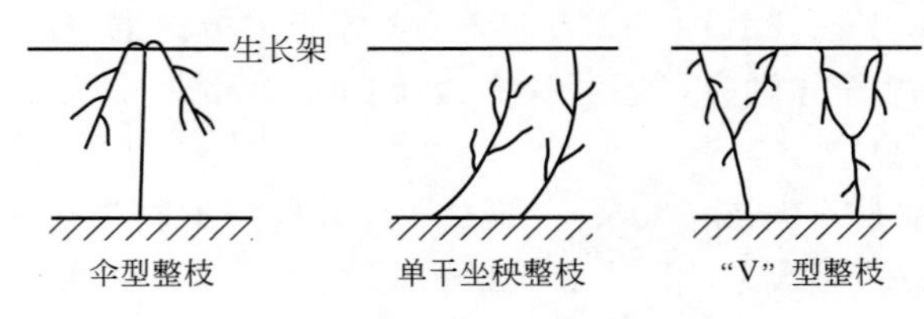

图7-8　黄瓜整枝方式

5. 病虫害防治

黄瓜设施栽培的主要病害有猝倒病、霜霉病、疫病、细菌性角斑病、白粉病、炭疽病、枯萎病、病毒病等。病害以农业综合防治为主，做好种子和育苗基质消毒，增施有机肥、高垄高畦、膜下滴灌技术、夏季土壤进行高温密封消毒、选用嫁接苗、防止重茬并注意控制温室和大棚的温、湿度。化学防治选用高效低毒农药，注意用药浓度、时间及方法，提倡使用粉尘剂和烟雾剂。

6. 采收

黄瓜以嫩果为产品器官，采收期的掌握对产量和品质影响很大。从播种至采收一般为50～60天。黄瓜必须适时采收，采摘太早，果实保水能力弱，货架寿命短；采摘太迟，则果实老化，品质差，而且大量消耗植株养分，使植株生长失衡，后期果实畸形或化瓜（刚坐下的小瓜或果实在膨大时中途停止，由瓜尖至全瓜逐渐变黄，干瘪，最后干枯，俗称化瓜）。尤其是根瓜应及早采收，结瓜初期2～3天采收一次，结瓜盛期1～2天采收一次。

二、设施黄瓜袋式栽培技术

袋式栽培是无土栽培的一种类型，其将无土栽培的固体基质（如草炭、蛭石等基质）填装到由尼龙布或者抗紫外线的聚乙烯塑料薄膜制成的栽培袋中，植株定植到栽培袋中，所需水肥由供液系统按需提供。袋式栽培便于肥水的控制，节约肥水；每个植株的根系都有自己的活动空间，根系舒展；一旦发生病害，整个植株比较容易清理；所用的基质全部经过消毒灭菌，本身无污染，生产的产品清洁卫生无污染；与非袋式无土栽培相比，空气相对湿度较低，有利于减轻霜霉病、白粉病等病害的发生，特别在冬季。栽培袋一般分为筒式栽培袋和枕头式栽培袋2种。下面以黄瓜枕头式袋式栽培技术为例作简要介绍。

1. 基质的准备和栽培袋的摆放

根据当地的实际情况，可分别选用稻壳、草炭、珍珠岩、蛭石、煤渣、菇渣、粉碎的秸秆等。

在栽培黄瓜前进行消毒处理，可以采用蒸汽消毒或者太阳能消毒。栽培袋规格可以是25cm×40cm×20cm（长×宽×高）或120cm×25cm×20cm（长×宽×高）。现在也有生产厂家专门生产处理好的基质袋，可以购买后直接种植。将混合好的基质装入基质栽培袋。封好袋后在底部离四角处3～4cm开孔打2个直径为1～2cm的孔，用以排除多余的水分以防沤根。栽培袋沿着滴灌毛管两侧摆放，两个基质袋南北方向的间距为20cm（以确保植株的株距为40cm），在栽培袋南北方向中线位置上用刀片划两个7～8cm长的十字口，十字中心点间距40cm，防止水分过多发生沤根。

在温室或塑料大棚地面铺设白色或者黑色的无纺布，以防止黄瓜根系扎入土壤，感染土传病害。为保证采光和充分利用场地，一般基质袋南北摆放，大小行放置。

2. 播种育苗

适宜播种期采用穴盘基质育苗有利于避免土壤传病。将处理过露白的黄瓜种子进行播种育苗，每个穴盘1粒种子，然后用草碳土覆盖。

3. 定植

适时定植有利于黄瓜的高产，提早产瓜时间，待黄瓜幼苗的第2片真叶完全展开时定植。在高温季节一般在晴天的下午进行定植，低温季节可以在晴天上午定植。

定植前，将栽培袋内的基质浇透，并在栽培袋的顶部中间割长8cm的“十字”，取出少量的基质。为提高成活率，减少缓苗时间，将黄瓜幼苗与育苗基质一起栽入“十字”切口的栽培袋中，使育苗基质充分与栽培基质接触，为防止水分的过度散发，可在上面用不透光膜覆盖，定植后即进行滴灌浇水，防止幼苗失水萎蔫。

4. 定植后管理

（1）温、湿度管理

适宜的昼温22～27℃，夜温18～22℃，基质温度25℃，空气湿度保持在80%左右。

（2）营养液的管理

定植后3～5天需配合滴灌人工浇营养液，每天上、下午各浇1次，每次100～250mL/株。3～5天后再滴灌供液，每天3次，每次3～8min，单株供水量为0.5～1.5L，最多2L，具体随天气及苗的长势而定。可选用日本山崎黄瓜配方，pH为5.6～6.2。如果栽培基质选用的是新的锯木屑，则定植到开花，营养液中应加硝酸铵400mg/L以补充木屑被吸收的氮素；开花后，营养液的浓度应提高到1.2～1.5倍剂量；坐果后，营养液剂量继续提高，并另加磷酸二氢钾30mg/L，EC值维持在2.4mS/cm左右，如果营养生长过旺可降低硝酸钾的用量，加进硫酸钾以补充减少的钾量，加入量不超过100mg/L；结果盛期，营养液EC可以提高到3.0mS/cm。

（3）植株调整和果实采收

袋式基质栽培黄瓜的植株调整和果实采收与土壤栽培管理技术一致。

三、番茄设施栽培技术

番茄在果菜类蔬菜中较耐低温，适应性较强，也是重要的设施蔬菜之一，栽培面积仅次于黄瓜。我国番茄设施栽培以日光温室和塑料大棚为主要形式，小拱棚覆盖早熟栽培也有较大面积。此外，利用现代温室进行长季节无土栽培也有一定面积。主要茬口有：日光温室和现代温室冬春茬（也称长季节栽培），生长期可持续 10 个月左右；日光温室早春茬和秋冬茬，生长期一般为 6～7 个月；大棚多重覆盖特早熟栽培，也称“矮密早”促成栽培，是长江流域一种高效栽培模式；大棚春提早和秋延后栽培，是南方地区常见的茬口类型，生长期一般 6 个月左右。番茄设施栽培的技术要点如下：

1. 品种选择

冬春及春季栽培时宜选择耐低温弱光、抗病、早熟、植株开展度小、丰产的品种；秋、冬季栽培时宜选择抗病性强、耐热、根系发达、生长势强的无限生长类型的中晚熟品种。我国近年来设施栽培的番茄品种主要有早丰、苏抗 3 号、中杂 11 号、苏抗 9 号、西粉 3 号、佳粉 15 号、L-402、L-401、合作 908。进口品种有荷兰的卡鲁索、佳西娜、以色列 144 及其它品种。樱桃番茄有千禧、龙金珠及日本引进品种。

2. 播种育苗

番茄的设施栽培以育苗移栽为主。番茄壮苗的标准是株高 15～25cm，茎粗 0.5～0.6cm，子叶完整，具 7～9 片真叶，带大花蕾，叶大而厚，色浓绿，侧根多而白，无病无损伤。苗龄一般早熟品种 55～65 天，中熟品种 60～70 天，晚熟品种 80 天。有条件的地区应提倡穴盘育苗，省工省时，成本低，效率高，种苗质量好。

3. 整地作畦

要求耕作层深 20～25cm，做成（连沟）宽 1.2～1.5m、高 15～20cm 的畦，畦面铺设地膜并使地膜紧贴畦面。

番茄生育期长，需肥量大，尤其对钾肥需要量大。施肥原则是前期重施氮、磷肥，中后期增施钾肥和微量元素，N.P.K 三要素的配合比例应为 1∶1∶2。施肥方法为每 667m^2 施腐熟有机肥 3000～4000kg、过磷酸钙 20～25kg、碳酸氢氨 50kg 或尿素 20kg、硝酸钾 30kg（或用三元复合肥 50～60kg）。

4. 定植

定植密度应根据品种特性、整枝方式、肥力条件和施肥数量来决定。一般（连沟）畦宽 1.4～1.5m，每畦两行，株距 30～40cm，每 667m^2 定植 3000 株左右。大棚秋延后栽培苗龄可短些，5～6 片真叶即可定植。为防夏秋高温，定植后可在畦面覆稻草或在棚顶覆盖遮阳网。

5. 定植后管理

（1）温度管理

日温可控制在 25℃左右，上限温度为 30℃，夜温在 10℃以上，以 14～17℃为最适，利用揭盖农膜及覆盖物、调节通风口大小和通风时间长短进行调控。当棚内最低气温稳定在 15℃以上时，白天温室大棚顶侧通风口可全部揭开，这样既可通风，又能增加光照。

（2）湿度（水分）管理

在栽培前期要注意降低设施内湿度。在番茄整个生育期内，要求土壤水分供应均衡。进入结果期后，土壤更不能忽干忽湿，以防番茄裂果，最好应使设施内土壤含水量维持在 70%～80%（土壤水分张力 pF 为 2.3～2.5）。可以采用膜下滴灌施肥技术，降低设施内湿度。秋季栽培切忌在土温高时灌水，否则易引起落花落果。在日光温室栽培中要注意保温，超过 25℃才开始通风，下午温度降到 20℃左右时停止通风。

（3）光照管理

冬春季节设施内的番茄栽培中，白天应该尽量揭开室内外覆盖物，即使是阴、雨、雪天，也要把不透明的覆盖物揭开，但要晚揭早盖。在后墙张挂反光膜，经常清除透明覆盖物上的污染等，有利于增加光照。

（4）施肥管理

设施番茄施肥的原则是重施基肥，及时追肥。坐果前要控制施肥，在第一花序坐果后，果实至核桃大时开始追肥。追肥应分次进行，第一次每667m^2施8～10kg复合肥或磷酸二铵，第二次在第一穗果采收后追肥，一般每667m^2施15～20kg复合肥，或每667m^2施8kg左右尿素加8kg硫酸钾，以后根据植株的生长情况再行追肥。

设施内的CO_2追肥具有显著的增产效果。可在第一果穗开花至采收期间，在日出或揭除不透明覆盖物后0.5～1.0h开始，持续施用2～3h。施用浓度为800～1000μL/L，阴天施用量减半。

（5）植株调整

当番茄植株长到30cm时，需要搭架或吊蔓，一般在离根部15cm处插一根竹竿或用吊绳支撑植株。

设施栽培一般采用单秆整枝，在番茄的整个生育期，尤其在中后期，要注意摘除老叶、病叶，以利通风透光，同时还要对萌生的侧枝进行打杈。打杈的时间不能过早，尤其对生长势弱的早熟品种，过早打杈会抑制营养生长；过迟会使营养生长过旺，影响坐果。长季节栽培当植株高度达到生长架横向缆绳时，要及时放下挂钩上的绳子使植株下垂，进行坐秧整枝（图7-9）。

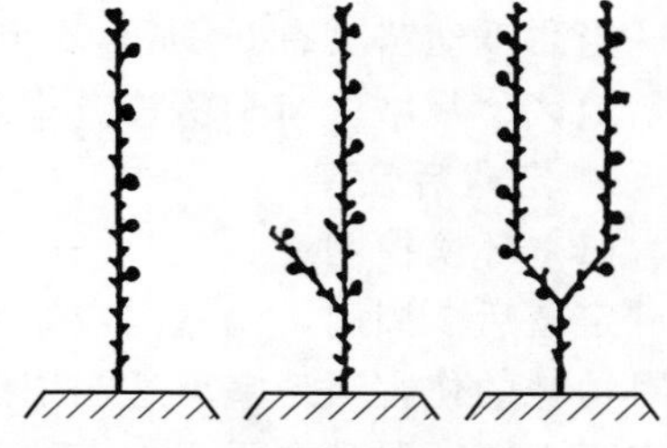
图7-9　番茄整枝方式

（6）授粉保果疏果

设施栽培常因棚温偏低、光照不足、湿度偏大而发生落花落果现象。除了要加强栽培管理外，可适时应用植物生长调节剂，如2,4-D和防落素，使用时注意温度低时用较高浓度，温度高时用较低浓度，并避免溅到生长点或嫩茎叶上产生药害。

现代温室多采用放置熊蜂授粉或在每天10:00～15:00用电动授粉器授粉，这种方法较使用生长调节剂省工省力又安全卫生。

如果花序的结果数过多，导致果实偏小，应适当疏果，大果形品种每个花序保留2～3个果实，中果形品种可保留3～4个果实。

（7）病虫害防治

番茄栽培上的主要病害有猝倒病、立枯病、早疫病、灰霉病、菌核病、叶霉病、病毒病、青枯病等，主要虫害有蚜虫、蓟马、茶黄螨、棉铃虫等，应及时采取措施加以防治。病虫防治应以预防为主，综合防治，禁止使用高毒高残留农药。

6. 采收

设施栽培的番茄由于温度较低，果实转色较慢，一般在开花后45～50天方能采收。短途外运可在变色期采收，长途外运或贮藏则在青果期采收。

四、设施甜瓜槽式栽培技术

槽式栽培是将无土栽培的固体基质（如草炭、蛭石等基质）填装到由砖、木板、泡沫等材质制成的栽培种植槽内。种植槽的长度一般根据栽培设施的长度而定，栽培槽的宽度48～90cm。下面以甜瓜为例作简要介绍。

槽式栽培是选用固体栽培槽或在地面上用砖、木板、泡沫等材质制成宽度为40～95cm、高度为15～20cm的栽培槽，槽底铺一层塑料薄膜，然后填充栽培基质用于定植作物的一种方法。

1. 栽培槽准备

在没有标准规格的成品栽培槽时，可用砖、水泥、混凝土、木板、泡沫等材料制作栽培槽。为了防止渗漏并使基质与土壤隔离，应在槽的底部铺1～2层0.1mm厚塑料薄膜。栽培槽的内径宽度为48cm，槽深15cm。槽坡降不少于1∶250，在槽的底部铺设粗炉渣等基质或一根多孔的排水管，以利于排水，增加透气性。

2. 滴灌系统

采用膜下滴灌装置，在设施内设置贮液（水）池或罐，通过水泵向植株供给营养液或清水。滴灌采用多孔的软壁管，一个栽培槽铺设1根软壁管，滴灌带上覆一层0.1mm厚薄膜。

3. 育苗

采用50孔穴盘基质育苗。

4. 定植

当甜瓜幼苗具有3～4片真叶时即可定植。一般晴天上午定植为宜。定植密度依品种、栽培地区、栽培季节和整枝方式而有所不同，设施内一般1500～1800株/667m^2。

5. 定植后管理

（1）环境控制

定植后1周内，温室内应维持较高的气温，白天30℃左右，夜间18～20℃。为防止高温对植株的伤害，温室可适当增湿。开花坐果期，要求白天温度25～28℃，夜间15～18℃；果实膨大期，要求白天温度28～32℃，夜间15～18℃，保持13～15℃的昼夜温差直至果实采收。整个生育期要保持较高光强，特别是在坐果期、果实膨大期、成熟期。在保温的同时要加强通风换气，环境湿度控制在60%～70%。如有条件可增施CO_2气肥。

（2）营养液管理

营养液配方选用日本山崎甜瓜配方。定植至开花期、果实膨大期、成熟期至采收期的EC值分别控制在2.0mS/cm、2.5mS/cm、2.8mS/cm。pH控制在6.0～6.8。定植后供液1～2次/天，每次的供液量，根据植株大小按照0.5～2L/株的标准灌溉，原则是植株不缺素，不发生萎蔫，基质水分不饱和。晴天可适当降低营养液的浓度，阴雨天和低温季节可适当提高营养液浓度，一般1.2～1.4个剂量为好。

（3）植株调整

甜瓜植株调整的方法主要有整枝、摘心和授粉。

① 整枝与摘心　整枝、摘心可使植株间获得充分的光照，并达到调整植株体内养分分配的目的。整枝方式以单蔓整枝、子蔓结果为主。即当主蔓长到20～22片叶时进行摘心，选留10～15片叶之间的子蔓，将10片叶以下和15片叶以上的子蔓去掉，结果最后从结果子蔓中选留1个健壮坐果好的子蔓，其它立即摘除，留1～2片叶进行摘心。

② 授粉　需用人工辅助授粉或利用雌蜂授粉。人工授粉在上午8～12时进行。

6. 病虫害防治

甜瓜病害主要有蔓枯病、霜霉病、白粉病。

① 蔓枯病　提高茎蔓基部距地面高度，降低近地面处空气湿度，对栽培环境、特别是基质应彻底消毒，育苗基质不应连茬、采用抗病砧木进行嫁接换根等。发病前用40%达科

宁悬浮剂、70%代森锰锌可湿性粉剂喷雾预防，发病后可刮除病部，再用50%甲基托布津或50%多菌灵加水调成糊状涂抹病部，均有较好预防效果。

② 白粉病和霜霉病　主要为害叶部，影响叶片光合作用，进而造成品质和产量下降。霜霉病可用72%可湿性粉剂1000倍，69%安可锰锌可湿性粉剂1000倍喷雾防治；白粉病可用62.25%仙生可湿性粉剂800～1000倍，42%悬浮剂粉必清160～200倍液喷雾。

7. 采收

采收以清晨为好，用剪刀在瓜柄与瓜秧连接处的两侧各留3cm剪断，形成“T”型。早晨采收的瓜含水量高，不耐运输，故远途运输的瓜宜在13:00～15:00采收。

五、叶用莴苣的深液流水栽培技术

深液流水栽培技术（DFT）是指植株根系生长在较为深厚并且是流动的营养液层的一种水培技术。种植槽中盛放5～10cm有时甚至更深厚的营养液，将作物根系置于其中，同时采用水泵间歇开启供液使得营养液循环流动，以补充营养液中氧气并使营养液中养分更加均匀。DFT是最早开发成可以进行农作物商品生产的无土栽培技术，能栽培番茄、黄瓜、辣椒、节瓜、丝瓜、甜瓜、西瓜等果菜类以及菜心、小白菜、莴苣、雍菜、细香葱等叶菜类。DFT营养液的液层较深，植株根系可伸展到较深的液层中，每株占有的液量较多，因此，DFT营养液浓度、溶解氧、酸碱度、温度以及水分存量都不易发生急剧变动，为根系提供了一个较稳定的生长环境。

1. 育苗

可以采用岩棉块、穴盘、育苗床育苗。种子用20℃左右的水浸泡3～4h，然后在15～20℃下催芽。如果采用穴盘育苗，可将发芽的种子插入128孔穴盘，每孔1粒种子。幼苗3叶期前只浇清水，其后结合喷水喷施2次叶面肥或每隔2天喷施1次$\frac{1}{2}$剂量的日本园式配方营养液。苗期温度控制在白天18～20℃，夜间8～10℃。

2. 定植

莴苣幼苗苗龄达到25～30天，具有5～6片真叶时即可定植。散叶莴苣定植密度为30～35株/m^2，结球莴苣定植密度为20～25株/m^2。

3. 定植后的管理

（1）环境调控

设施内环境温度控制为白天15～20℃，夜间10～12℃，尽量加大昼夜温差，当温度高于25℃，应采用降温措施，营养液温度调节至15～18℃。

（2）营养液管理

可选用日本园式营养液配方1/2剂量、日本山崎莴苣配方等。营养液浓度的调控根据栽培品种和营养液配方进行。如果是散叶莴苣且生长期较短，可不补充营养液，直接以原营养液循环；如果是结球莴苣，生长期较长，定植后需50～70天才收获，应每隔20天补充一次营养液。也可通过测定营养液的EC值来确定。一般刚定植时营养液的EC值调控为1.2～1.4mS/cm，生长旺盛期为1.8～2.0mS/cm，结球期为2.0～2.5mS/cm。

（3）采收

散叶莴苣可以根据市场需求随时采收，结球莴苣一般在心球较为坚实时采收。一般散叶莴苣定植后15～40天，结球莴苣50～70天采收。采收时间因品种和季节不同存在差异。

六、非洲菊设施栽培技术

非洲菊又名扶郎花，原产于南非。由于非洲菊风韵秀美，花色艳丽，周年开花，又耐长途运输，瓶插寿命较长，是理想的切花花卉，目前已成为温室切花生产的主要种类之一。除切花类型外也有矮化品种用于盆栽。

非洲菊喜温暖，但不耐炎热，生长适温 20～25℃；根系为肉质根，不耐湿涝；要求通风条件良好，否则易发生立枯病和茎腐病；喜光但不耐强光，夏季应适当遮阳；要求土壤肥沃疏松，排水良好，土壤微酸性；不宜连作，否则易发生病害，可采用无土栽培，避免连作障碍。

1. 设施要求

我国南方地区的云南、广州、海南多采用防雨棚、竹架塑料大棚，辽宁、山东、河北、陕西、甘肃等地利用日光温室、塑料大棚，上海、江苏等地非洲菊主要用塑料大棚或连栋温室进行栽培。

2. 品种选择

非洲菊有单瓣品种，也有重瓣品种；有切花品种，也有适于盆栽的品种；从花色上划分为橙色系、粉红色系、大红色系和黄色系品种。在品种选择上应根据市场要求，同时注意到产量性状和抗性。

3. 繁殖方式

非洲菊繁殖可以采用播种繁殖、分株繁殖和组培快繁技术，组培快繁是非洲菊现代化生产的主要繁殖方式。采用茎尖、嫩叶、花托、花茎等作为外植体，均可进行组培快繁。

4. 栽培管理

（1）定植

非洲菊根系发达，栽培床应有厚度 25cm 以上疏松肥沃的沙质壤土层。定植前应多施有机肥，如果是基质栽培，肥料应与基质充分混匀。定植的株距 25cm，一般 9 株/m^2，不能定植过密，否则通风不良，容易引起病害。

（2）定植后管理

当非洲菊进入迅速生长期以后，基部叶片开始老化，要注意将外层老叶去除，改善光照和通风条件，以利于新叶和花芽的产生，促使植株不断开花，并减少病虫害的发生。

在温室中非洲菊可以周年开花，因而需在整个生长期不断施肥以补充养分。肥料可以氮、磷、钾复合肥为主，注意增施钾肥，N∶P∶K 比例为 15∶8∶25。为保证切花的质量，要根据植株的长势和肥水供应条件对植株的花蕾数进行调整，一般每株着蕾数不宜超过 3 个。冬季应加强光照管理，夏季强光季节应适当遮阳。

（3）病虫害防治

设施栽培非洲菊，主要病害有褐斑病、疫病、白粉病和病毒病。病害的防治应以预防为主，定植时注意不能过深，保证日光充足，通风良好，加强苗期检疫，提高植株的抗病性。还可以用茎尖培养的方法生产脱毒苗，结合基质消毒，减少发病概率。非洲菊设施栽培的主要虫害有红蜘蛛、棉铃虫、地老虎。发生病虫害时，应进行药剂防治。

（4）采收、包装、保鲜

单瓣非洲菊品种，当两三轮雄蕊开放时即可采收；重瓣非洲菊品种，当中心轮的花瓣开放展平且花茎顶部长硬时即可采收。国产的非洲菊一般 10 枝/把用纸包扎，干贮于保温包装箱中，进行冷链运输，在 2℃下可以保存 2 天。

七、花烛设施栽培技术

花烛又称安祖花、红掌、火鹤花等，是天南星科花烛属常绿宿根花卉。叶革质，鲜绿色，长椭圆状心脏形，长30～40cm，宽10～12cm。花梗50cm左右，超出叶上；佛焰苞阔心脏形，长10～20cm，宽8～10cm，表面波状，像漆过一样有光泽，以鲜红色居多，目前已有深桃红色、浅红色、绿色、乳白色、五彩色等品种，十分美丽；肉穗花序长6cm，圆柱形，直立，带黄色。

花烛原产于热带，全年需高温多湿的环境栽培。生长适宜的昼温为25～28℃，夜温19～20℃，不能低于15℃。对环境湿度要求高，80%～85%的相对湿度最为理想。花烛为耐阴花卉，全年宜在荫蔽的弱光下栽培，光照15～20klx为宜，尤其冬季需给予弱光，根系发育良好，生长健壮。土壤要求排水良好。花烛自然授粉不良，若要杂交育种和用种子繁殖，需要进行人工授粉。

1. 品种选择

生产中除栽培原种外，还有许多园艺变种。

① 可爱花烛（cv. *Amoenum*，Hort） 苞深桃红色，肉穗花序白色，先端黄色。

② 克氏花烛（cv. *Closoniae Lind*. Et Rodlig） 苞长20cm，宽10cm，心脏形，中央带淡红色。

③ 大苞花烛（cv. *Grandiflorum Lind*. Et Rodig） 佛焰苞大，长21cm，宽达14cm。

④ 粉绿花烛（cv. *Rhodochlorum*） 高达1m，苞粉红，中心绿色。

⑤ 五彩色 镶嵌黄色、绿色、红色、乳白色、粉红色等色泽的佛焰苞品种，亦有佛焰苞有精巧红边的品种。

2. 繁殖方法

主要用分株、高枝压条和播种法繁殖，国外大量繁殖时采用组织培养法。

分株繁殖与高枝压条繁殖系数低，不适于大量生产，播种与组培方法适于大规模生产，但播种苗自播种开花需经3～4年才开花，所以如果要大量生产切花，还是用组培苗比较合适。通常用无菌叶片或幼嫩叶柄和叶片作外植体，经过愈伤组织的诱导和生长、芽和根的诱导和生长等阶段，直至出瓶移植，育成幼苗。

3. 温室栽培与管理

（1）栽培基质

原则上要有很好的透气性，具体选择应因地制宜，选择容重（即密度）在$1g/cm^3$以下、通气孔隙在30%以上的基质较为理想。如北方常用腐烂后的松针土、南方广东肇庆地区常用木泥炭等。无论选用哪一种介质栽前都必须消毒。

（2）种植床准备与定植

① 种植床结构 种植床应设置于地面，高35～40cm，宽100～120cm，畦间距40～50cm。

② 种植床准备 先给床底铺10～15cm厚的粗沙和石块，再铺25cm厚人工栽培基质。

③ 定植 以40～50cm定植，4株/m^2，用苗量为每$667m^2$ 1500～1700株。

（3）管理

① 温度 花烛生长适温为昼温25～28℃，夜温19～20℃，高出35℃生长迟缓，40℃引起植株受害。夜温不可低于15℃，低于10℃时生长不良，恢复极慢。一般而言，冬季夜温尽可能维持在19℃，日温25℃；夏季夜温维持24℃，日温30℃，夏季温室遮光网下最好不

要超过35℃，温度高于25℃时须注意通风，温度低于15℃时须注意防寒。

② 光照　花烛在光照低于5klx时开花品质与数量受到影响，超过20klx以上易发生叶面日灼。在冬季，日射量差异较大的地方，须有双层遮光网装置以调节光照度，上层采用固定式遮光网，遮光率在80%，而下层则使用活动式遮光网，遮光率在60%。光度调节控制以下层活动操作为主，在阴天时，则收起下层遮光网，以增加光度。

③ 湿度与灌溉　较高的湿度是花烛栽培成功的一个关键，其理想湿度为80%～85%，幼苗移植，则要求80%～90%。若相对湿度控制不好，在夏天低于80%，再遇高温，则易出现畸形花，佛焰苞不平整，顶端褐化。湿度的调节主要靠高空喷雾法，遮阳网也有保湿功能。由于叶、花沾水后容易引起病虫害，不可用喷洒方式给植株供水，浇水可采用滴灌或底面上渗方式，以减少病菌滋生，预防叶部病害。

④ 施肥　花烛依品种不同需肥也不相同，标准液肥含量见表7-1。表中所提供数据仅供参考。花烛因其花苞颜色、品质与Ca、Mg关系很大，应慎重区别对待不同的品种进行合理配制液肥。

表7-1　花烛无土栽培标准液肥含量

主要成分	浓度/(mg/L)	主要成分	浓度/(mg/L)
NH_4^+	14	Fe^{2+}	0.8
K^+	176	Mn^{2+}	0.16
Ca^{2+}	60	B	0.22
Mg^{2+}	24	Zn^{2+}	0.2
NO_3^-	91	Cu^{2+}	0.03
SO_4^{2-}	48	Mo	0.05
$H_2PO_4^-$	31		

按常规，基肥应与追肥相结合，基肥以有机肥花生麸、骨粉为佳。由于花烛栽培基质渗漏性高，追肥应为主要施肥方式。追肥浓度原则是盐量不超过100mg/L，成龄苗需肥量大，耐肥浓度也较高，总之施肥应根据介质、季节、肥料、植株状况不同，因地制宜施用。

若肥料供应不足，则叶片变小、叶色淡、生长缓慢；若肥料过浓，则产生肥害，出现畸形叶、叶片残缺、皱缩等症状。

增添基质，由于植株不断生长，老茎也在升高，每年应增添1～2次栽培基质，使植株生长挺直。

4. 采收

花烛最适的采收时期为：佛焰苞充分展开，花序变色1/3或少于2/3时，采收过早，花苞色、形均不理想，影响商品质量；采收过晚，会增加植株营养负担，对以后花枝生长、发育不利，而且会影响瓶插寿命。

5. 病虫害防治

主要病害有炭疽病与根腐病，一般用组培苗繁殖，严格掌握应用无污染栽培基质，可以防止传染，发病可用杀菌药剂防治。

主要虫害为线虫与蛞蝓，也会有蜗牛、松毛虫、青虫等，利用土壤消毒。人工栽培基质，使用充分腐熟农家肥及无机肥预防，或施用适量杀虫剂防治。

八、葡萄设施栽培技术

果树栽培的设施主要有塑料薄膜拱棚和塑料薄膜温室两种类型，其中塑料薄膜拱棚在设施栽培中应用更为广泛。果树设施栽培的主要技术要点有增加光照、施用CO_2、调节土壤和空气湿度、控制温度、人工授粉、应用生长调节剂、整形修剪、土肥水管理、病虫害防治等。果树设施栽培条件下，合理运用防虫网进行虫害防治，防止雨水冲刷，减轻或隔绝了病虫传播途径，可相应减少喷药次数与数量，为无公害果品的生产开辟了新途径。

葡萄避雨栽培是以避雨为目的，将薄膜覆盖在树冠顶部以躲避雨水、防病、健树、提高葡萄品质和扩展栽培区域的一种技术措施，是我国长江流域及南方栽培欧亚种高品质葡萄的一项有效措施。

避雨栽培一般在开花前覆盖，落叶后揭膜，全年覆盖约7个月。避雨覆盖最好采用抗高温高强度薄膜，可连续使用两年，不能用普通薄膜。棚架和篱架葡萄均可进行避雨覆盖，在充分避雨的前提下，覆盖面积越小越有利于增强光照和通风透气。

1. 栽培设施

（1）塑料大棚

即普通塑料大棚，适于采用小棚架栽培。大棚两侧裙膜可随意开启，最好顶膜能卷膜开启。根据覆膜时间和覆盖程序，分为单纯避雨棚或促成加避雨棚栽培模式。

① 避雨小拱棚　适用于双十字“V”形架和单壁架，一行葡萄搭建一个避雨棚。葡萄架立柱地面以上高2.3m，入土深0.7m。如原架立柱较低，可用竹竿或木料加高至距地面2.3m，使每根柱的高度一致。在每根柱柱顶下方40cm处架1.8m长的横梁。为了加固避雨棚，每行葡萄的两头及中间每隔一个立柱，横向用长毛竹将各行的立柱连在一起，在此立柱上不需另架横梁。柱顶和横梁两端拉3条铁丝，两端并在一起用锚石埋在土中深约40cm。用2.2m长、3cm宽的竹片作拱杆，每隔70cm一片，中心点固定在中间顶铁丝上，两边固定在边丝上，形成拱架。用2.2m宽、0.03mm厚的塑料薄膜盖在遮雨棚的拱架上，两边每隔35cm用竹（木）夹将膜边夹在两边铁丝上，然后用压膜线或塑料绳从上面往返压住塑料薄膜，压膜线固定在竹片两端。

② 促成加避雨小拱棚　主要在浙江一带应用，在双十字“V”形架基础上建小拱棚。在立柱距地面1.4m处拉1道铁丝，用3.6m长竹片上部靠在铁丝上，两端插入地下做成保温棚拱架，拱架跨度1.3m左右，竹片间距1m，形成保温拱棚。顶部利用葡萄架立柱用竹竿加高至2.4m，柱顶拉1道铁丝，在低于柱顶60cm处的横梁两侧75cm处各拉较粗的铁丝，两条铁丝的距离1.5m，用2m长的弓形竹片固定在3道铁丝上做成避雨棚拱架，竹片间距0.7m，形成避雨棚。

一般2月底保温拱棚盖膜，两边各盖2m宽的薄膜，两膜中间连接处用竹（木）夹夹在中间铁丝上，两边的膜压入土内或用泥块压实，膜内畦面同时铺地膜。盖膜前结果母枝涂5%～20%的石灰氮浸出液用以打破休眠，使萌芽整齐。4月下旬左右（开花前）揭除保温拱膜，同时在上部盖2m宽的避雨膜。

（2）连栋大棚

适于小棚架栽培葡萄，2连栋至5连栋均可。连栋大棚跨度5～6m，顶高3m左右，肩高1.8～2m，每个单棚两头、中间均应设棚门。每一跨种2行葡萄，一座连栋大棚面积控制在1500m^2以内，面积过大，不利于温、湿、气的调控。

2. 品种选择

南方葡萄避雨栽培主要选择品质好、坐果多、需冷量低及耐贮运的欧亚种葡萄品种。如京玉、绯红、森田尼无核、里扎马特、秋红、意大利等。

3. 管理要点

（1）露地期管理

萌芽后至开花前为露地栽培期，适当的雨水淋洗对防止土壤盐渍化有益，此时须注意防止黑痘病对葡萄幼嫩组织的危害。

（2）盖膜期管理

欧亚种宜在开花前盖膜，如萌芽后阴天多雨，则宜提早盖膜，起到防治黑痘病的作用。覆膜后白粉病危害加重，虫害也有增加趋势。白粉病防治主要抓好合理留梢和及时喷药两个环节，可在芽眼萌动期和落花后各喷一次石硫合剂。

（3）揭膜期管理

早、中熟品种，尤其是易裂果品种宜在葡萄采果后揭膜，晚熟品种在南方梅雨期过后可揭膜，果穗必须预先套袋，进入秋雨期再行盖膜，至采果后揭膜。

（4）水分的管理

覆盖后土壤易干燥，要注意及时灌水，滴灌是避雨栽培最好的灌水方法。

（5）温度管理

夏季如覆盖设施内出现35℃以上的高温，应打开顶部通风降温，其它管理基本与露地葡萄相同。

（6）畦面管理

坐果后畦面覆盖草，有利于保持土壤湿润和防除杂草。

九、桃设施栽培技术

由于桃（含油桃）以鲜食为主，不耐贮藏，季节差价大；树体相对较小，易于栽培管理；生长期短，结果早，产量高，这些特性使桃成为最具设施栽培价值的树种之一。通过设施栽培，采收期可提前20～60天；通过设施延后管理，采收期又可推迟10～30天，同时提高产量40%～50%。

1. 设施要求

桃设施栽培可利用日光温室、塑料大棚、防雨棚等进行，生产上多进行促成加防雨棚栽培。防雨棚是在树冠上用塑料薄膜和各种遮雨物覆盖形成的简易设施，达到避雨、增温或降温、防病、提早或延迟果实成熟等目的。桃树设施栽培的主要设施类型为日光温室和塑料大棚，有加温和不加温两种栽培方式。一般桃的冬季促成栽培主要采用高效节能日光温室，实行一棚三膜覆盖；春季提早栽培采用塑料大棚，扣棚升温时间一般在2月份以后，大部分采用一棚二膜覆盖，不再加盖草帘或纸被；秋季延迟栽培时，一般也用塑料大棚。

2. 品种选择

提早成熟是桃树促成加防雨棚栽培的主要目的，需较露地桃上市早，因此品种应具备如下条件：成熟期明显早于露地极早熟桃，果实发育期为50～70天为宜，最多不超过80天；果实品质优于露地优良极早熟和早熟品种；成花需冷量最好在850h以下；花粉量大，自花结实能力强，坐果率高；果实大而美观，着色鲜艳，易于成花，早丰产等特性。

适于设施栽培的水蜜桃品种主要有京春、霞晖1号、布目早生、雨花露、庆丰、砂子早生等，蟠桃品种如早硕蜜，硬肉桃品种如五月鲜，油桃品种主要有五月火、早红珠、曙光、早红宝石、艳光、瑞光2号。除水蜜桃和油桃外，硬肉桃和蟠桃也可进行设施栽培。

3. 栽培技术要点

（1）定植建园

设施栽培桃园应选择背风向阳、排灌便利、土层较厚的沙壤土地。目前生产中桃设施栽培大都采用密植建园，以增加早期产量。但由于桃树的年生长量较大，扩冠快，1年的露地生长量即可达到理想覆盖率，故一般不搞计划密植，而采用行株距为(2.0～2.5)m×(1.0～1.5)m的永久性定植。在定植时，每个温室或大棚均需配植授粉品种或选用能相互授粉的两个以上品种，以提高结实率。定植前，要对土壤进行改良，结合土壤深翻，每667m^2施入充分腐熟的鸡粪5000kg或土杂肥7000kg、全元复合肥20kg，并将土肥混匀置于定植穴中。

（2）整形修剪

① 定干　苗木定植后，要及时定干，定干高度30～40cm，在一面坡温室栽培时，要注意掌握南低北高。

② 树形　目前设施栽培中采用较多的树形主要有两大主枝开心形、纺锤形、多主枝自然形和自然开心形。两大主枝开心形也称“Y”形，即在距地面30cm左右高的主干上反向着生两大主枝，主枝上着生结果枝组；纺锤形类似于苹果树的纺锤形，中央领导干强壮直立，其上自然着生8～12个小主枝或大中型结果枝组；多主枝自然形树体无中心干，在主干留4～6个大枝，在大枝上着生中小型结果枝组。

③ 修剪原则　设施桃修剪以生长季节修剪为主，冬季修剪为辅。生长季节修剪在新梢长到20cm左右时开始反复摘心，促发二、三次枝，及时疏除直立枝和过密枝，改善光照条件，促进花芽形成。冬季修剪以更新、回缩、疏枝、短截相结合，疏除无花枝、过密枝、细弱枝，尽量多留结果枝，并适度轻截，多留花芽，适当回缩更新，控制树势，稳定结果部位。

（3）温湿度调控

① 温度调控　桃树的自然休眠期比其它果树相对较短，大多数品种为30～40天，需低温时间850h以下，一般12月底至翌年1月中旬便可通过自然休眠期。此时可扣膜升温。温度管理有三个关键时期必须严格加以控制：一是扣棚初期，扣棚后1～5天，打开通风口，使温度缓慢升高，防止气温升高过快，地温与室温相差太大，造成根系尚未生长而枝条已经萌芽，一般室内温度应控制在20℃以下；二是开花期，要求白天温度为20～25℃，夜间不低于5℃；三是果实膨大期，要求白天控制在25℃左右，不超过28℃，夜间不低于10℃。温度可通过通风和揭盖草苫来调控。果实采收后，可揭去棚膜。

② 湿度调控　从扣膜到开花前，相对湿度要求保持在70%～80%，花期保持在50%～60%，花后到果实采收期控制在60%以下。湿度过大可通过放风或地膜覆盖来调节，湿度过低可进行地面洒水、喷雾或浇水。

（4）花果管理

桃花虽属于自花结实的虫媒花，但在设施栽培条件下缺乏传粉条件，并且有的品种本身无花粉或少花粉，必须进行异花授粉。除配植好授粉树外，还应进行人工辅助授粉，以提高坐果率，增加产量。辅助授粉可采用人工点授法和鸡毛掸子滚授法，还可在温室内放蜂进行授粉。

应本着“轻疏花重疏果”的原则进行疏花疏果。疏花最好在蕾期，只摘除过密的小花小蕾。疏果应在生理落果后能辨出大小果时进行，具体可根据桃树的树龄、树势、品种、果形大小等疏除并生果、畸形果、小果、发黄萎缩果等，保留适宜的果量。

(5) 土壤管理

土壤管理主要是松土、除草，每次灌水后应适时划锄，松土保墒。施肥时应注意基肥和追肥配合施用。基肥一般在9～10月份秋季落叶前施用，以鸡粪、圈肥等有机肥为主，每株40～50kg。追肥可根据桃树各物候期的需肥特点和生长结果情况灵活掌握，一般在开花前、果实膨大期、摘果后追施硫酸钾等速效肥。灌水的时期和次数与追肥基本一致，即根据土壤湿度结合追肥，在萌芽前、开花后、果实膨大期、采果后等重要物候期进行。因桃树较抗旱而不耐涝，所以要防止土壤过湿，雨季要注意排水。

(6) 病虫害防治

设施栽培桃的病虫害主要有蚜虫、红蜘蛛、潜叶蛾、细菌性穿孔病、炭疽病、根癌病和根腐病等，应注意及时防治。

温室内湿度大，通风差，药液干燥慢，吸收多，因此不能按露地的常规浓度使用，一般宜稀不宜浓，应采用较安全的低毒、低残留农药，以免产生药害，引起落花落果，造成经济损失。

本章思考与拓展

设施农业的核心目的是利用现代农业设施、设备和技术，通过对环境调控与作物智能化的决策管理、机械化的系统作业，高质量地生产出优质农产品。所以设施种植是设施农业的产业目的之一。在新的历史时期，如何集成现代设施农业工程技术、环境科学技术和生物技术，在乡村振兴的产业振兴中，发挥设施种植生产优势，实现设施农业优质、高产、高效，规模化、自动化、智能化生产，是本专业学生学习的主要目标之一。

8 第八章 设施养殖

设施养殖是以科学技术进步为依托，在有效保护生态环境的前提下，通过不断提高装备水平，改善生产工艺，从而提高畜禽生产水平和产品质量，追求最大的经济效益。设施养殖是在人为控制下进行的高效养殖业。生产上采用优良品种以及先进设施和饲养管理技术，为畜禽创造适宜的生活环境，并保证饲料营养和疫病防治。使畜禽养殖实现规模化、工厂化，实现养殖业“高产、高效、优质”的目的。设施养殖业是现代设施农业的新领域，是养殖业现代化的重要标志，具有广阔的发展前景。

设施畜牧业是设施养殖业最重要的组成部分，现代畜牧业在迅速发展中由数量型逐渐向质量效益型发展，可持续发展是其必然的选择。相比于传统养殖业，设施养殖具有明显的经济效益，设施养殖以其设施技术高科技化、生产方式集约化、生产目标标准化等特点，成为养殖业现代化的重要标志。

第一节　设施养殖基础知识

一、设施养殖的特点

1. 工厂化、规模化生产

设施养殖是将现代工业技术和现代生物学技术相结合，按照工艺过程的连续性和生产过程的流水性原则，在半自动或全自动的系统中进行的高密度养殖，设施内饲养的动物尽可能达到最大规模，对生产全过程实行半封闭或全封闭管理，对养殖的各个环节实行全人工控制，将畜禽作为生产机器，使养殖场像现代化工厂一样源源不断地生产出大量的动物及动物产品。

2. 高生产效率，高生产水平

设施养殖中广泛应用畜牧机械，如：喂料设备、环境控制设备、自动集蛋设备、挤奶设备、清粪设备等，这些机械和设备的应用减轻了生产的劳动强度，提高了养殖业的生产效率。在设施养殖生产中，畜禽养殖表现出了较高的生产水平。

3. 标准化生产，产品质量有保证

设施养殖业采用标准化的配套设施，在标准化的环境条件下，实行标准化饲养管理，并对生产过程的各个环节进行严格的监督管理，从而确保畜产品质量和安全，提高了畜产品的信誉度和市场竞争力，实现了高产、高效、优质的目的。

4. 减少环境污染

畜禽设施养殖中会产生大量废弃物，如粪便和污水等，这些废弃物如不进行处理会对环境造成严重的污染。设施养殖中应用各种有效措施，对畜禽粪便及污水进行多层次、多环节的综合治理，减少了环境污染，保护了生态环境。

二、设施养殖的技术保证

1. 畜牧工程设施

畜牧工程设施在畜禽生产中的应用是设施养殖的重要特点，如喂料、饮水、通风降温、供暖保温、集蛋、挤奶、孵化、粪便和污水处理等机械和设备，通过畜牧工程设施的应用，提高了设施养殖的劳动效率，改善了畜禽的生产环境，提高了畜禽的生产水平，减少了环境污染。

2. 优良品种

畜禽品种是人类社会赖以生存和发展的重要生物资源之一，是实现畜牧业持续、稳定、高效发展的基础，优良品种是实现养殖业稳产、高产的前提条件。畜禽不同品种间或品系间杂交，可以产生杂种优势，即杂种具有生活力强、增重快、饲料转化率高、生产性能高等优点，所以，畜禽设施养殖的品种多为杂交品种。

3. 饲料工业体系

通过对畜禽不同生长阶段和不同生产状态下的营养需要研究，制定出饲养标准，并按标准制定出饲料配方，通过饲料加工厂生产出配合饲料。饲料工业是设施养殖业的基础，通过饲料提供的营养，动物维持了生命并保持了健康状态，同时能正常生长和生产而且节约了粮食。

4. 疫病防治体系

设施养殖规模大、密度高，如果没有疫病防治体系作为保障，一旦发生疫病流行，将带来巨大的损失，因此，设施养殖中必须建立疫病防治体系，采取各种措施，减少病原微生物对畜禽的危害，使动物处于最佳的生长状态。

5. 科学的管理

设施养殖的高生产水平来自科学的管理，在生产中要加强饲养管理，规范养殖场的日常管理，确保生产过程的科学、规范，从而充分发挥畜禽的生产潜力，保证产品质量。

6. 产品销售加工体系

设施养殖生产水平和效率均较高，产品的销售和加工显得尤为重要，企业只有做好产品销售和加工工作，才能使生产持续运行。

三、设施养殖的疫病综合防治

近些年疾病对养殖业造成较大的危害，现代畜禽设施养殖中，对疾病必须坚持以防为主的原则，严格执行综合防疫措施。

1. 选址布局

选择场址时，应根据养殖场的经营种类、规模、生产特点、饲养管理方式等特点，对地势、地形、土质、水源以及居民点的配置、交通、电力、废弃物处理等条件进行全面的考察。养殖场一般要选择地势高、通风、排水良好、背风向阳、水源方便的地方建舍，距交通要道 1000m 以上，周围环境无污染源。规划时要根据实际情况，充分利用地形进行布局，生产、生活区要分开，生产区应建在主风向的上风口，不受生活区的影响，生产区之间相互间隔，场内净道和污道互不交叉，各自形成环形道。各舍力求紧凑合理，互不干扰，严格做到各生产单元全进全出，形成稳定的生产流水线。养殖场除各生产环节建筑和设备外，还需外围的配套条件，包括饲料来源、供水设施、排污设施、办公、宿舍、交通运输、防疫消毒等生产和附属设施。

2. 加强饲养管理

① 全价饲料　全价饲料不仅可以保证畜禽的生长发育，而且能保证畜禽健康，对疾病有一定的抵抗能力。饲料不能霉烂变质，营养要全价，微量物质如必需氨基酸、微量元素或维生素等的缺乏或者含量不足，都会使畜禽出现抵抗力下降，容易感染疾病。

② 合理密度和适当通风　畜禽的饲养密度要适中，高密度饲养且通风不畅，则舍内的NH_3、CO_2、H_2S等有害气体增加，畜禽发病率和死亡率偏高，所以要求饲养密度适中，通风良好。

③ 环境净化　重视养殖场内及周围环境的净化，要树立全方位彻底消毒的观念，要对养殖场大门口、各舍进出口、人员的进出、水源、场内地面环境等进行消毒，对设备等进行清洗和消毒，畜禽舍、运动场等保持清洁干燥。

④“全进全出”的饲养制度　“全进全出制”是在养殖场同一场区的畜禽，同一日龄进场，全群一起出场，空场后进行场内房舍、设备、用具等彻底清扫、冲洗、消毒，空闲一段时间后进行下一批畜禽的饲养，这种方式可以最大限度地消灭场内的病原体，防止各种传染病的循环感染。

⑤ 废弃物的处理　养殖场的废弃物包括粪便、污水等，它们容易产生大量病原微生物，对健康畜禽产生威胁，所以废弃物要及时处理，使之无害化。粪便应每天清扫，病死畜禽要及时焚烧或坑埋，污水要合理处置并排放到固定地点。

⑥ 减少应激　畜禽处于应激状态下不仅会减缓生长发育，而且会使畜禽的抗病力下降，易患疾病，所以在生产中预防应激具有重要的意义。逆境是引起应激的主要因素，生产中应保持禽舍环境条件适宜，按常规进行日常管理，尽量避免连续引起畜禽应激的技术措施，预知逆境时，可向饲料或饮水中增加抗应激药物的供给。

3. 免疫接种

免疫接种是通过疫苗接种使畜禽产生免疫力，是预防某些特异性疾病的有效手段。养殖场必须制定科学的免疫程序，并进行免疫监测，了解群体的免疫水平。

第二节　设施养猪

猪可为人类提供肉食品、优质有机肥料、工业原料，还可作为实验动物。养猪业是畜牧业的重要产业。猪属于全年发情动物，一般4～5月龄可达到性成熟，6～8月龄即可初配，妊娠期为114天，每年可繁殖二胎以上，每胎产仔10头左右。猪生长快、饲料利用率高。猪出生后2个月内生长很快，30日龄体重为出生体重的5～6倍，2月龄体重为1月龄的2～3倍，在满足营养的情况下，一般5～6月龄体重可达到约100kg，即可出栏上市。

设施养猪采取全年均衡生产方式，各工艺阶段严格设计，实行流水作业。养猪生产包括配种、妊娠、分娩、哺乳、仔猪培育和生长育肥等环节，按饲养管理阶段可分为4个阶段：第一是配种、妊娠阶段（16～17周），第二是分娩、哺乳阶段（5～6周），第三是仔猪培育阶段（5～6 周），第四是肉猪育肥阶段（13～14 周）。不同阶段在不同的专用舍里完成，直至出栏。

一、设施养猪所需的设备

① 围栏设备　猪栏是工厂化养猪场的必备设备，用它来隔离不同类型、不同日龄的猪群，形成猪场最基本的生产单元。规模化养猪的围栏分为公猪栏、配种栏、妊娠栏、分娩栏、保育栏、育肥栏等。

② 饲喂设备　在我国，饲料成本占养猪成本的70%左右，所以减少饲料浪费，提高饲料利用率，对降低养猪成本、提高猪场经济效益至关重要。目前采用的主要有干湿料箱、干料自动输送设备、液态饲料自动输送设备和群养单喂采食站设备等。

③ 饮水设备　目前使用比较广泛的是自动饮水器，自动饮水器可以避免疾病的交叉传播，节约用水，保持栏舍干燥。自动饮水器分为鸭嘴式、乳头式、吸吮式和杯式四种，由饮水管道、过滤器、减压阀等部分组成。

④ 环境控制设备　我国大部分地区冬季舍内温度都达不到猪只的适宜温度，需要提供采暖设备。供热保温设备主要用于分娩栏和保育栏，猪场用的保温设备，除北方冬季给猪舍供暖的锅炉散热器外，还有给乳猪和仔猪局部保温的一些设备，常用的有红外线灯、远红外线发热器、自动恒温电热板、保温箱、保温帘幕等。

猪舍通风降温设备主要包括各种低压大流量风机、喷雾降温、滴水降温和湿帘降温设备。湿帘降温应用较为广泛，湿帘风机降温系统是空气通过湿帘进入猪舍，夏季可以降低进入猪舍空气的温度，起到降温的效果。

此外还有刮粪机、猪场粪液污水处理系统等。

二、种猪的饲养管理

种猪饲养管理的好坏，直接影响母猪的产仔数和后代仔猪的质量，所以，种猪的饲养管理和利用是整个养猪生产管理中的关键环节。

1. 种公猪的饲养管理

① 营养需要　全价的日粮可以增进种公猪的健康、提高配种能力和精液品质。种公猪性情活泼，代谢旺盛，尤其是在配种季节，要保持健壮的体格和较强的性反射，就必须供给足够的热能及丰富的蛋白质、维生素、矿物质。

② 适当运动　运动可以增强种公猪的体质，保持种用体况，改善精液品质，因此日常管理工作中应重视公猪的运动，一般每天上、下午各运动一次，每次1h左右。

③ 合理利用　种公猪的利用要合理，要注意初配年龄和配种频率，一般地方猪种的初配年龄在6～8月龄，体重60～70kg；大中型品种应在8～10月龄，体重达110kg以上，或占成年体重的50%～60%开始配种较为适宜。配种最好1～2天配一次，最多一天一次，夏天要做好防暑降温工作。

2. 妊娠母猪的饲养管理

母猪的生产任务是繁殖仔猪，妊娠母猪饲养管理与胚胎的生长发育、产仔数、初生重、仔猪成活率、日增重、泌乳力和下一周期的发情配种等直接相关。为确保生产出头数多、初生体重大、均匀一致和健康的仔猪，并为哺育仔猪做准备，因此加强妊娠母猪的饲养管理尤为重要。

后备母猪达到性成熟后，生长发育继续进行，待各组织器官发育成熟后即达到体成熟才能开始配种。母猪的初配年龄和体重因品种而异，我国地方猪种的初配年龄为7月龄，体重达50～60kg；培育品种8～10月龄，体重达90～100kg时开始配种较好。一般母猪配种后表现安静、食欲增加、贪吃贪睡、容易上膘、皮毛光亮、性情温驯、行动稳重、腹围逐渐增大等都是怀孕的表现。母猪的怀孕期平均为114天。

① 妊娠初期　妊娠初期是指配种后4周内，这期间胚胎几乎不需额外的营养，此时若母猪采食量大，将会增加胚胎死亡，所以此阶段应限制采食，对体况特别差的母猪可以多喂一些饲料，但必须注意饲料的质量，供给优质的全价饲料，尤其是蛋白质、微量元素、维生素的供给。

② 妊娠中期　妊娠中期是指配种后4周至产前4周，这一阶段要根据母猪体况限制饲喂量，同时饲料应适当提高粗纤维的水平，增加饱腹感，防止便秘。要防止出现日粮采食过多，导致母猪肥胖。

③ 妊娠后期　妊娠后期是指产前4周至产仔，仔猪初生重的60%～70%都是在这一阶段快速生长的，因此对产前4周的妊娠母猪应加强营养，促进胎儿快速生长，并为泌乳做好储备。一般在这一阶段就可开始饲喂哺乳母猪料。临产前做好产前准备工作，产房内要求温暖干燥，湿度适宜，舒适安静，空气新鲜，在母猪产前3～5天把其赶入产房，同时准备好分娩用具和充足的垫草，粪便随时清扫，冬季注意防寒保温，夏季注意防暑降温。

3. 泌乳母猪的饲养管理

泌乳母猪饲养管理的好坏，不仅直接关系到仔猪的成活率和健壮与否，而且也关系到母猪本身的健康以及断奶后能否及时发情，因此养好泌乳母猪的主要标志，就是既能够分泌大量的乳汁，又能保持继续繁殖的体况，以达到断奶后能及时发情配种的目的。

哺乳母猪产后体弱，消化机能尚未完全恢复，开始可喂些汤料等易消化的流食，2～3天后逐渐增加饲喂量，至第7天左右恢复正常饲喂，供给营养平衡且浓度高的哺乳母猪料，保证适宜的能量和蛋白质水平，同时要保证矿物质和维生素含量，否则不但影响母猪泌乳量，还易造成母猪瘫痪。到第10天之后开始加料，一直到25～30天泌乳高峰期后停止加料。饲料应按照哺乳母猪的饲养标准进行配制，选择优质、易消化、适口性好、体积不太大、新鲜、无霉、无毒、营养丰富的原料。

三、幼猪的饲养管理

1. 哺乳仔猪的饲养管理

哺乳仔猪生长发育快但消化机能不完善，体温调节机能发育不全，该阶段的任务是使仔猪成活率高、生长发育快、整齐度好、健康活泼、断奶体重大，为以后的生长发育打好基础。

① 早吃初乳　初乳中富含免疫球蛋白，可以使仔猪获得被动免疫力；初乳中蛋白质含量高，且含有轻泻作用的镁盐，可促进胎粪排出；初乳酸度较高，可弥补初生仔猪消化道不发达和消化腺机能不完善的缺陷；初乳的各种营养物质，在小肠内几乎全被吸收，有利于仔猪增强体力和御寒。

② 固定乳头　仔猪天生有固定乳头吸乳的习惯，开始几次吸食某个乳头，一经认定就不肯改变，如不人为干预，强壮的仔猪就先占领最前边的乳头，而弱小的仔猪难以占到理想的乳头，因此，必须人工辅助固定。一般可让仔猪先自寻乳头，再对弱小和强壮的仔猪作个别调整。

③ 加强保温，防冻防压　初生仔猪的体温调节机能不完善，对环境温度变化十分敏感，

应做好猪舍的防寒保暖工作。产房的温度保持在20～25℃，仔猪保温区温度为28～35℃。常用的加温设备有红外线灯、暖床、电热板等，同时要保证舍内以及仔猪的活动区内无贼风。初生仔猪个体小，反应迟钝，易被母猪压死，可采用高床饲养，分娩母猪身体两侧设护栏，以减少仔猪的死亡。

④ 及时补铁补料　仔猪出生时，体内铁质储量很少，生后3～4天，仔猪体内的铁储量就会被消耗完，母乳中的铁质也远远不能满足仔猪的需要，易造成缺铁性贫血，生长受阻，所以要及早补铁，生后3～4日龄就要补充。初生仔猪易发生缺硒，要及时补硒。仔猪在出生后6～7日龄进行开食训练，诱料可用专门的乳猪颗粒料让仔猪拱、咬，开食后，要逐渐向全价仔猪料过渡。

⑤ 预防疾病　仔猪在哺乳期间，消化机能不完善，新陈代谢旺盛，体温调节机能不完善，导致哺乳仔猪对外界的抵抗力弱，对母猪依赖性强，因此要同时做好仔猪和母猪的疫病防治。对初生仔猪危害最严重的是仔猪的下痢病，生产中要保持圈舍清洁、干燥、通风良好，也可采用药物和疫苗进行预防。

2. 断奶仔猪的饲养管理

断奶期是仔猪离开母猪独立生活的开始，若断奶仔猪饲养管理不当，往往会造成仔猪下痢，体重下降，甚至死亡，因此，要加强仔猪断奶前后的饲养管理。

① 断奶方法　为了提高母猪的繁殖率，仔猪培育上一般采用早期断奶，即断奶提前到21～35天。早期断奶对仔猪是很大的应激，若断奶不当，往往会引起仔猪生长发育停滞，形成僵猪，严重的会患病或死亡。目前常用的断奶方法有逐渐断乳法和分批断乳法，逐渐断乳法在仔猪断奶前4～6天，逐渐减少哺乳次数，经3～5天断净。分批断乳法是按仔猪体重大小、体质强弱、采食情况区别对待，分批断乳，强的先断乳，弱小的后断乳，先断乳仔猪所留的空奶头，让留下的仔猪继续吸食。

仔猪早期断奶无论采用哪种断奶方法，都必须做好断乳前的准备工作：一是断乳前一周，要逐渐减少母猪的饲料喂量，使泌乳量较少，并适当减少饮水；二是断乳前半个月，应及时补料，促进仔猪肠胃发育；三是在断乳时，应让仔猪先吃食后再哺乳，使仔猪饱食后对乳汁不感兴趣，这样容易断乳。

② 饲养管理　仔猪断奶后由于生活条件的突然改变，往往表现出食欲不振、增重缓慢甚至减重，尤其是补料晚的仔猪更为明显。为了让仔猪顺利度过断奶关，要做到维持在原圈培育，并维持原来的饲料、饲养制度和环境条件，让仔猪能逐步适应。

a. 分群　仔猪断奶后即转入仔猪培育舍，产房内的猪实行全进全出，猪转走后立即清扫消毒，再转入待产母猪。断奶仔猪转群时一般采取原窝培育，即将原窝仔猪（除个别发育不良个体）转入培育舍同一栏内饲养。如果原窝仔猪过多或过少时，需要重新分群，可按其体重大小、强弱进行并群或分群，同群仔猪体重相差不应超过1～2kg，将各窝中的弱小仔猪合并分成小群进行单独饲养，合群后要加强管理，防止咬伤。

b. 良好的环境条件　仔猪各阶段适宜的环境温度为：断奶后1～2周，26～28℃；3～4周，24～26℃；5周后，保持20～22℃，相对湿度应保持在40%～60%。冬季要采取保温措施，在炎热的夏季则要防暑降温。猪舍内外要经常清扫，定期消毒，杀灭病菌，防止传染病发生，同时要加强通风，保持猪舍内空气清新。

c. 加强日常管理　每日早、中、晚观察仔猪精神状态、呼吸、吃食、粪尿等情况，发现病情要及时隔离治疗。

d. 免疫接种　在做好消毒驱虫的基础上，接种疫苗进行疾病预防，断奶仔猪应接种猪瘟、猪丹毒、口蹄疫、猪肺疫、仔猪副伤寒等疫苗。

四、商品肉猪的饲养管理

1. 猪种的选择

由于各品种和类型的培育方向不同，人们对肉猪产品要求的不同，肉猪各品种类型的生长性能、胴体性能和肉质均有一定差异。在猪的生产中，开展不同品种或品系间的经济杂交，可以产生明显的杂种优势，即杂交猪生活力提高，生长发育加快，肥育期缩短，日增重、饲料利用率、胴体品质明显提高，商品猪整齐一致，生产成本大大下降。

2. 确定合理的饲料营养水平

营养水平对肥育效果影响极大，它不仅能影响增重速度，且能改变胴体脂肪、肌肉、骨骼和皮肤等的组成比例，对胴体品质有显著影响。营养水平高，饲养期短，饲料利用率高；营养水平低，饲养期长，饲料利用率低。日粮的能量和蛋白质水平高低，对猪的胴体成分、日增重等影响不同。一般能量摄取越多，日增重越快，饲料利用率越高，屠宰率、胴体脂肪含量也越高，膘越厚。

3. 合理分群

为了有效地利用栏舍面积和设备，提高劳动效率，降低饲养成本，缩短肥育期，提高出栏率，应根据实际情况科学地组织猪群，同品种、同类型的猪尽可能组成一群；同期出生或出生期相近、体重一致的应组织在一群；同窝仔猪尽可能整窝组群肥育。组群原则一般要保持猪群的稳定，不要轻易拼群或调群，但遇到个别体弱或患病的猪应及时挑出另外饲养。

4. 创造适宜的环境条件

环境条件包括温度、湿度、通风、光照、声音、舍内空气、舍内微生物等。在肥育猪生产中，应尽量克服不利因素的影响，营造适宜的环境条件。生长育肥猪最佳温度17～22℃，适宜的温度15～23℃，舍内温度高于最适温度时日增重和饲料利用率都会降低，舍温偏低则增加了维持体温的需要，使采食量和料肉比增大；猪舍适宜的湿度为65%～75%。适当的光照对猪的健康和生长有利，但对于育肥猪应适当降低光照强度。夏季注意通风降温，冬季注意防寒保暖，切不可因注意保温而忽视了通风换气。猪舍要有合理的饲养密度，如密度过大，相应会增加猪的咬斗次数，造成休息时间和采食时间减少，从而影响肥育效果。

5. 严格防疫与消毒

规模化猪场的免疫接种必须严格按照一定的程序进行，对一种传染病的免疫程序设计必须与传染病的流行病学和疫苗特点相结合，制定的程序必须适合本养殖场的实际情况，同时要做好猪群的驱虫工作。

为保证猪只健康，在进猪之前有必要对猪舍、圈栏、用具等进行消毒，要清扫猪舍走道、猪栏内的粪便、垫草等污物，冲洗干净后再进行消毒。定期对圈舍、槽具等进行消毒，要做好大门、生产区入口的消毒，可用消毒剂喷雾消毒猪体及猪舍。要做好环境消毒，包括对猪舍外道路、空地和车辆、用具等进行消毒。

6. 适时出栏

猪在不同体重时屠宰，其育肥的增重速度、饲料利用率、胴体品质不同。猪养得过肥过大，会造成瘦肉降低，浪费饲料，并与消费者对肉质的要求不相适应，而体重过小时屠宰，瘦肉率虽高，但肌肉中水分含量过大，脂肪少，肉质不佳，经济效益差。我国地方早熟品种的最佳屠宰体重约80kg，培育品种约90kg，杂交猪约100kg，个别大型杂交猪可达110kg。

7. 减少应激

应激对养猪生产的影响越来越严重，应激可导致猪的生长发育缓慢，生产性能下降，免疫力减弱，产品质量下降，严重时引起死亡，给养猪业造成巨大损失。常见的导致应激的因素有惊吓、驱赶、拥挤、混群、斗殴、捕捉、保定、运输、噪声、温度、振动、通风、营养状况、饲养操作、外科手术、疾病感染、防疫接种等，其中以炎热、营养不良、疾病感染及免疫接种带来的经济损失最大，因此，在养猪生产中要给予足够的重视，不能将断奶、称重、去势、预防接种、转群、运输、换料等生产环节安排在同一天或连续几天内进行，最好间隔几天进行，以免造成严重的应激反应。

第三节　设施养家禽

家禽是由野生鸟类经人类长期驯化和培育而来，在家养条件下可以正常繁衍并能为人类提供肉、蛋等产品。家禽主要包括：鸡、鸭、鹅、鹌鹑、火鸡、鸽子、珠鸡、鸵鸟等。家禽具有繁殖能力强、生长迅速、饲料转化率高、适合于高密度饲养等特点。禽产品营养价值高，是人类理想的动物蛋白质来源。家禽生产的主要技术环节包括孵化、蛋鸡生产、肉鸡生产和种鸡生产。

一、家禽的饲养方式

饲养方式是指家禽的生活环境，不同的饲养方式需要不同的建筑和设备，生产中根据不同的特点，采用适宜的饲养方式。舍饲是家禽整个饲养过程完全在舍内进行，是鸡和鸭的主要饲养方式。舍饲主要分为平养和笼养两种，平养指鸡在一个平面上活动，又分为落地散养、离地网上平养和混合地面平养。平养禽舍的饲养密度小，建筑面积大，投资相对较高，一般肉鸡生产上使用较为广泛。笼养可较充分地利用禽舍空间，饲养密度大，管理方便，家禽不接触粪便，减少了疫病的发生。

① 落地散养　又称厚垫料地面平养，即直接在水泥地面上铺设厚垫料，家禽生活在垫料上面，肉仔鸡、肉鸭生产较多采用这种形式。

② 离地网上平养　家禽离开地面，生活在金属或其它材料制作的网片或板条上，粪便落到网下，家禽不直接接触粪便，有利于疾病的控制。

③ 混合地面饲养　混合地面饲养就是将禽舍分为地面和网上两部分，地面部分铺厚垫料，网上部分为板条棚架结构。舍内布局主要采用“两高一低”或“两低一高”，国内外肉种鸡的饲养多采用混合地面饲养方式，国外蛋种鸡也有采用这种饲养方式。

④ 笼养　根据鸡种、性别和鸡龄设计不同型号的鸡笼，将鸡饲养在用金属丝焊成的笼子中。笼养大部分采用阶梯式笼养，阶梯式笼养的形式主要是全阶梯、半阶梯和全重叠式笼养。笼养由于饲养密度高，相对投资较少且管理方便，目前家禽设施养殖多采用这种饲养方式。

二、家禽品种

现代家禽品种大多是配套品系，又称杂交商品系，是经过配合力测定筛选出来的杂交优势最强的杂交组合。现代商品鸡分为蛋鸡系和肉鸡系，蛋鸡系是专门生产商品蛋鸡的配套品系，有白壳蛋鸡、褐壳蛋鸡、粉壳蛋鸡和绿壳蛋鸡，该鸡一般体型较小，体躯较长，后躯发达，皮薄骨细，肌肉结实，羽毛紧密，性情活泼好动。肉鸡系主要通过肉用型鸡的杂交配套选育成肉用仔鸡，该鸡体型大，体躯宽且深而短，胸部肌肉发达，动作迟缓，生长迅速且容易肥育。

三、设施家禽业所需的设备

① 孵化机　孵化机是利用自动控制技术为禽蛋胚胎发育提供适宜的环境条件，从而获得大量优质雏禽的机器。孵化机包括箱体、盛蛋装置、转蛋装置和各种控制设备，其中控制设备分别对孵化过程中的温度、湿度、通风换气、转蛋及凉蛋等进行控制，从而满足家禽胚胎发育所需要的环境条件。

② 育雏保温设备　由于幼雏羽毛发育不全，且体温调节机能不完善，对外界温度变化敏感，因此需要保持适宜的温度。一般有热风炉、电热育雏伞、电热育雏笼等。

③ 笼具设备　鸡笼设备按组合形式可分为全阶梯式、半阶梯式、层叠式、复合式和平置式，按鸡的种类可分为雏鸡笼、育成鸡笼、蛋鸡笼、种鸡笼和公鸡笼。

④ 饮水设备　饮水设备有乳头式、杯式、水槽式、吊塔式和真空式，目前趋向于使用乳头饮水器，当鸡啄水滴时便触动阀杆顶开阀门，水便自动流出，由于全密封供水线确保饮水新鲜、洁净，杜绝了外界污染，减少了疫病的传播。

⑤ 喂料设备　家禽生产中采用机械喂料系统，机械喂料设备包括贮料塔、输料机、喂料机和饲槽等部分。喂料时，由输料机将饲料送往禽舍的喂料机，再由喂料机将饲料送往饲槽，供家禽采食。

⑥ 清粪设备　目前多使用机械清粪，有牵引式刮粪机、传送带清粪等。牵引式清粪机主要由主机座、转角轮、牵引绳、刮粪板等组成，电机运转带动减速机工作，通过链轮转动牵引刮粪板运行完成清粪工作。该清粪机结构比较简单，维修方便，主要是为鸡的阶梯式笼养及肉鸡高床式饲养而设计的纵向清粪系统。传送带清粪常用于高密度重叠式笼的清粪，粪便经底网空隙直接落于传送带上，可省去承接粪板和粪沟程序。

⑦ 环境控制设备

a. 光照设备　光照对蛋鸡的性成熟、产蛋量、蛋重、蛋壳厚度、蛋形成时间及产蛋时间等都有影响。对育雏期第一周，一般采用长时间光照，使雏鸡能够熟悉环境，及时饮水和吃料；育雏 1 周后至育成结束一般保持自然光照或 8h 左右光照时间，切勿增加。鸡群开产后，逐渐增加光照时间，产蛋阶段采用长时间光照（一般 16h），光照时间保持恒定，不能减少。一般采用白炽灯泡或荧光灯作为光源，光源在禽舍内应分布均匀。

b. 通风降温系统　通风是将禽舍内产生的不良气体排出，补充新鲜空气，通风包括鸡舍建造结构上的自然通风、人工安装风扇正压通风、安装排气扇负压通风。湿帘风机降温系统是空气通过湿帘进入禽舍，夏季可以降低进入禽舍空气的温度，起到降温的效果。

四、人工孵化

家禽为卵生动物，自然条件下进行抱窝，繁衍后代。人工孵化是通过孵化设备为家禽种蛋提供合适的环境条件，使胚胎正常发育。鸡的孵化期为 21 天。

1. 种蛋选择

种蛋应来自生产性能高、无经蛋传播的疾病、饲料营养全面、管理良好、受精率高的种禽，种蛋表面要清洁、无裂缝，存放时间一周内，大小和蛋壳颜色要符合品种标准。

2. 孵化条件

① 温度　温度是人工孵化中最重要的条件，以鸡为例，鸡种蛋在温度35～40.5℃进行孵化，都会有一些种蛋孵化出雏鸡，在这个温度范围内有一个最佳温度，在环境温度得到控制的前提下（如24～26℃），立体孵化器最适宜孵化温度（1～19天）为37.5～37.8℃，出雏期间（19～21天）为36.9～37.2℃。其它家禽的孵化适宜温度和鸡相差在1℃内。孵化期越长的家禽，孵化适宜温度相对低一些，而孵化期越短的家禽，孵化适宜温度相对高一些。

② 湿度　温度适宜时胚胎对相对湿度的适应范围较宽，入孵机内的相对湿度为50%～55%为宜，出雏机内的相对湿度为65%～70%为宜。

③ 通风换气　为了保证胚胎的正常气体代谢，必须不断供给新鲜空气，排出CO_2，在孵化中，随着孵化天数的增加，应将风门逐渐加大，直至完全打开。

④ 转蛋　孵化时转蛋可减少胚胎异位的发生，防止胚胎或胎膜与壳膜粘连。转蛋角度应达90°，转蛋次数为每两小时1次，鸡种蛋17天后停止转蛋。

⑤ 凉蛋　鸭、鹅等禽蛋内脂肪含量高，蛋壳较厚且相对表面积小，在孵化后期胚胎会产生大量的热，需要散发多余的热量，以防超温，所以在孵化中后期进行凉蛋，凉蛋一般采用机内凉蛋或机外凉蛋。

3. 照蛋

孵化进程中通常对胚蛋进行2～3次灯光透视检查，以了解胚胎的发育情况，及时剔除无精蛋和死胚蛋，同时根据照蛋结果及时调整孵化条件。

4. 出雏

鸡种蛋孵化19天时，将种蛋转到出雏器中，出雏后及时检雏并进行分级、剪冠、雌雄鉴定、注射疫苗等操作。

五、育雏期饲养管理

雏鸡从出壳到6周龄为育雏期，育雏期是整个蛋鸡饲养环节中非常重要的阶段，此阶段雏鸡生长发育旺盛，体温调节能力差，消化力差，如果饲养管理不当，容易发病，死亡率高，且影响后期的生长发育和生产性能，因此加强育雏期的饲养管理，才能为后期的生长发育、生产奠定良好的基础。

1. 初饮与开食

雏鸡出壳后12～24h要及时给水，可以饮用温水，也可向水中加5%的葡萄糖，再加1%的维生素C饮用，在整个育雏期供给清洁饮水，饮水器每天清洗一次。首次饮水后2h即可开食，将开食饲料放在雏鸡容易发现的地方并引诱雏鸡前来啄食。育雏阶段的饲喂应采用少喂勤添，开始阶段可采用自由采食，随着日龄的增加逐渐减少至日喂8次，直至日喂4～5次。

2. 环境控制

① 温度　育雏期雏鸡体温调节系统不完善且羽毛发育不健全，体温不稳定，所以需要保持较高的环境温度。一般1～2日龄雏鸡适宜的环境温度为35℃，1周龄雏鸡温度为31～35℃，2周龄温度为29～31℃，3周龄温度为27～29℃，4周龄温度为21～27℃。若温度过高，雏鸡出现呼吸困难，张口呼吸，易发生呼吸道疾病；温度过低，雏鸡出现尖叫并密集成堆，易发生挤死或感冒等。育雏温度是否合适除用温度计检查外，还要经常观察雏鸡的活动表现，根据鸡群的表现来调节温度。

② 湿度　湿度适宜，则小鸡食欲良好，发育正常，育雏期间适宜的相对湿度为56%～70%。

③ 饲养密度　雏鸡1～2周饲养密度为平养30只/m^2，笼养60只/m^2；3～4周龄为平养25只/m^2，笼养40只/m^2。雏鸡适宜的饲养密度应根据鸡的日龄大小、品种、饲养方式、季节和通风条件等进行调整。

六、育成期饲养管理

育成期为7～20周龄，蛋鸡育成期的目的是要培育出鸡体健康、体重达标、群体整齐、性成熟一致的后备母鸡。

① 限制饲喂　限制饲喂是人为控制家禽采食量的方法。鸡在育成阶段如采用自由采食，会造成体重过大，这样会使鸡过早成熟，而且成年后体重相应增大，产蛋减少，为了控制体重而采用限制饲喂。限制饲喂主要应用在肉用种鸡，也应用于蛋鸡特别是中型蛋鸡，此外除育成阶段外在产蛋阶段（尤其是产蛋后期）也应适当限制喂量。限制饲喂采用的方法有限量法和限质法，限量法是喂给鸡群自由采食量的70%、80%或90%饲料量，限质法是限制日粮中的能量和蛋白质水平。

② 补喂沙砾　沙砾能提高鸡的消化能力，避免肌胃缩小。7周龄开始，100只鸡每周应给予不溶性沙砾500g，将沙砾装在吊桶或投入料槽。

③ 体重测定及均匀度　育成期的体重是评价鸡群发育的最适指标，从6周龄开始，每隔1～2周进行个体体重测定，其结果与标准体重进行比较，如果实际体重低于标准体重，则下一周的喂料量应比标准量适度增加；如果实际体重高于标准体重，就要限制饲喂来控制体重。

④ 卫生和免疫　家禽生产中由于疫病造成的损失相当大，而保持环境卫生和免疫接种是预防疫病的有效措施，要根据本地区或本场疫病流行的情况，制定出合理科学的免疫程序，严格执行免疫程序，同时要做好卫生消毒制度，搞好舍内外环境卫生，加强饲养管理，进行抗体监测，杜绝疫病的发生。

七、产蛋期饲养管理

鸡群产蛋有一定的规律性，20周龄左右开产，开产后最初5～6周内产蛋率迅速增加，达到产蛋高峰，产蛋率达90%以上，产蛋高峰一般能够维持3～4周，以后每周下降不超过0.5%～1%，直到72周龄产蛋率下降至65%～70%。如因饲养管理不当或疾病等应激引起的产蛋下降，产蛋率低于标准产蛋曲线。如发生在产蛋的上升阶段，后果将极为严重，该鸡群的产蛋率将达不到其标准高峰。

1. 及时转群和更换饲料

育成期结束后要将鸡群由育成舍转到产蛋鸡舍，转群前要对鸡舍、设备、用具等进行严格消毒，检查各种设备是否安装齐备，是否合乎要求。选择晴好天气进行转群，注意剔除体重不达标及病弱鸡，把发育相同的鸡安排在同排笼舍里，以便于生产管理。当鸡群有5%母鸡开产时，逐渐更换为产蛋期饲料，使鸡群快速进入产蛋高峰。

2. 饲养环境

成年鸡的产蛋适温为13～25℃，其中13～16℃时产蛋率较高，气温过高、过低对产蛋性能都有不良影响。夏季要做好鸡舍的防暑降温工作，常用的方法有加大通风量、风机湿帘降温、喷雾降温，同时适当降低饲养密度，保证清凉饮水，在饲料或饮水中加入抗热应激药物，冬季要做好保温工作。

蛋鸡场的规模越来越大，且多采用高密度饲养，为保持禽舍的空气卫生，应重视通风换气，减少舍内空气中有害气体（NH_3、H_2S、CO_2、粪臭素等）含量，使舍内空气清新。

3. 防止应激影响

在产蛋高峰期间，由于鸡群产蛋率很高，鸡体受相当大的内部应激，如再出现外部应激，如并群、驱虫、防疫等，会使鸡群在多重应激作用下，出现产蛋高峰急剧下降，以后一般恢复不到原来的水平，最多只能回到该周龄产蛋曲线的高限，使产蛋量出现大幅度的减少。可采用以下措施来预防应激：

① 保持各种环境条件（温度、湿度、光照、通风等）尽可能适宜、稳定或渐变；

② 注意天气预报，及早预防热浪与寒流，采取有效的防暑或保温措施；

③ 按常规进行日常的饲养管理，使鸡群免受惊吓；

④ 禽群的大小与密度要适当，提供数量足够、放置均匀的饮水、饲喂设备等；

⑤ 接近禽群时给以信号，捉鸡时轻捉轻放，尽可能在弱光下进行；

⑥ 尽量避免连续引起家禽骚乱不安的技术操作；

⑦ 谢绝参观者入舍，特别是人数众多或奇装异服者；

⑧ 预知家禽处于逆境时，将饲料中的维生素加倍供给。

八、肉仔鸡的饲养管理要点

肉鸡生长快、产肉多、饲料转化率高、饲养周期短，适于大规模化生产，劳动生产率高。刚出壳时肉仔鸡体重只有40g左右，而长到7～8周龄时，体重可达2.5kg左右，是出壳时体重的60多倍，一般料肉比为2∶1左右；每栋鸡舍一年可饲养4～5批肉仔鸡。

① 采用弱光　采用弱光制度是肉用仔鸡饲养管理的一大特点，弱光照可降低鸡的兴奋性，使鸡群保持安静状态，有利于肉仔鸡的快速生长。在育雏的第1、2天实行通宵照明，并给予较强的光照，随后逐渐降低，第4周开始采用较弱光照，每20m^2用15W光源，只要鸡只能看到采食、饮水位置即可。

② 提供适宜的环境条件　适宜的温度是养好雏鸡的关键，1、2、3、4、5～7周龄肉仔鸡鸡舍的温度应分别控制在35～33℃、31～29℃、29～26℃、26～23℃、23～21℃。由于肉鸡饲养密度大且生长快，代谢旺盛，所以要加强舍内通风，保持舍内空气新鲜。

肉仔鸡采用高密度饲养，饲养密度过大，则会限制鸡的活动，造成舍内空气污浊，湿度加大，环境卫生差，同时也会诱发鸡的互啄等恶癖的发生，造成肉仔鸡生长发育不良，增重不均。一般入雏时每平方米30～50只，以后随着鸡日龄的增长而逐渐降低密度，后期饲养密度平养为每平方米10～15只。

③ 满足营养需要　肉仔鸡饲养要求采用全价配合饲料，任何营养成分的不足都会影响生长发育，肉仔鸡的饲料营养水平要求高能量、高蛋白，且各种营养成分比例适当，只有这样，才能使肉仔鸡生长发育迅速，提高饲料利用率。由于肉用仔鸡生长速度很快，相对生长强度大，如果前期生长受阻，以后很难补偿。出壳后的雏鸡早入舍、早饮水、早开食，加强早期饲喂，保证鸡群有一定的采食量。

九、种禽设施养殖

饲养种禽的目的是为了提供优质的种蛋和种雏，种禽质量的好坏直接关系到商品雏禽质量的高低。在种鸡的饲养管理中，重点是保持良好的体质和旺盛的繁殖能力，从而尽可能多地生产合格的种蛋，通过孵化，生产出高质量的雏鸡。种鸡的基本饲养管理技术与商品蛋鸡相似，这里主要概述种鸡一些特殊的饲养管理措施。

1. 体重控制

应重视雏鸡及育成鸡骨骼的充分发育，在育雏期使雏鸡达到良好的体形和适宜的胫长是饲养管理的主要目标。如种鸡8周龄胫长低于标准，可暂不更换育成料，直到胫长达标后才更换，育成期除注重体重均匀度外，还要增加胫长均匀度指标，并定期监测和调控。

肉种鸡具有增重快的特点，实施限制饲养可以使种鸡达到理想的产蛋体况，如果不进行限制饲喂，则会造成鸡体重过大，体内有大量脂肪，不但增加了饲养成本，还会影响种鸡产蛋率、成活率和种蛋的合格率。

2. 光照管理

光照是刺激种鸡发育、促进种鸡性成熟的一个重要因素，合理的光照制度是种鸡育成期的关键措施。育成期的正常光照能促进种鸡健康生长，成活率高，但要防止种鸡过早达到性成熟，为了生产出更多合格种蛋，种鸡增加光照刺激的时间应比商品蛋鸡晚2～3周。

3. 公母混群

公母混群一般在20周龄左右时进行，把留种公鸡均匀地放入母鸡舍内，要在较弱光线下混群，以减少公鸡因环境改变而产生的应激。如采用人工授精，应在人工授精前对其精液品质进行严格检测，合格的种公鸡才能进行采精。

4. 种公鸡的选择

种公鸡的质量直接影响到种蛋受精率及后代的生产性能，其影响大于种母鸡，必须进行更严格的选择。

① 第一次选择　在育雏结束公母分群饲养时进行，选留个体发育良好、冠髯大而鲜红者。留种的数量按1∶(8～10)的公母比例选留(自然配种时公母比例为1∶8，人工授精时为1∶10)，并做好标记。

② 第二次选择　在17～18周龄时选留体重和外貌符合品种标准、体格健壮、发育匀称的公鸡。自然交配的公母比例为1∶9；人工授精的公母比例为1∶(15～20)，并选择按摩采精时性反应强的公鸡。

③ 第三次选择　第三次选择在20周龄，自然交配的公鸡已经配种2周左右，此时主要把那些处于劣势的公鸡淘汰掉，如鸡冠发紫、萎缩、体质瘦弱、性活动较少的公鸡，选留比为1∶10。进行人工授精的公鸡，经过1周按摩采精训练后，主要根据精液品质和体重选留，选留比例可在1∶(20～30)。

5. 人工授精

人工授精可以减少公鸡的饲养量，提高种蛋受精率，种蛋清洁卫生、破损少。通过背腹按摩的方法采精，隔日采精一次，输精时将泄殖腔外翻，暴露出输卵管口，将吸有精液的移液器吸嘴插入输卵管口2～3cm，将精液挤入输卵管内，间隔4～5天输精一次。

6. 种蛋的管理

种蛋品质优良与否，对孵化率和雏鸡的质量都有很大的影响。种蛋应来源于管理完善、免疫科学、饲喂全价饲料、体质健康、生产性能好的种鸡群。要求鸡群产蛋率在80%以上，才可以收集种蛋入孵，产蛋率和受精率低时不宜孵化。种蛋收集后要及时消毒，在适当的条件下贮藏。

第四节　设施养牛

家牛包括奶牛、肉牛、黄牛。牛和羊是草食家畜，最大的特点是瘤胃微生物具有发酵功能，可将单胃动物与人不能利用或利用率低的草类和秸秆转化为畜产品。

一、设施养牛所需的设备

养牛生产需要的机械和设备主要包括饲草饲料收割与加工、挤奶、牛舍通风及防暑降温、供料、饮水、饲喂、滑粪等机械和设备，这些机械和设备提高了养牛业的生产水平。

① 饮水供料　奶牛的饲喂设施包括饲料的装运、输送、分配设备以及饲料通道等设施，牛舍内饮水设备包括自动饮水器或水槽。

② 通风降温设备　通风设备有电动风机和电风扇，轴流式风机是牛舍常见的通风换气设备，这种风机既可排风，又可送风，而且风量大。电风扇也常用于牛舍通风，一般为吊扇。喷淋降温系统是目前最实用且有效的降温方法，它是将细水滴喷到牛背上湿润皮肤，利用风扇及水分蒸发以达到降温散热的目的。

③ 滑粪设备　牛舍的清粪方式有机械清粪、水冲清粪、人工清粪。机械清粪中采用的主要设备有：连杆刮板式，适于单列牛床；环行链刮板式，适于双列牛床；双翼形推粪板式，适于散栏饲养牛舍。

④ 挤奶器　挤奶器的原理是利用挤奶机形成的真空，将乳房中的奶吸出。挤奶器挤奶效率高，奶不易受到污染，工人劳动强度低。规模较大的奶牛场，基本实现了机器挤奶。

二、奶牛的饲养管理

1. 犊牛的饲养管理

犊牛指初生至断乳这段时期的小牛，乳用牛的哺乳期通常为60～90天。

（1）犊牛饲养

① 早喂初乳　初乳是母牛产犊后5～7天内所分泌的乳。初乳色深黄而黏稠，干物质总量较常乳高1倍，初乳中除乳糖较少外，其它营养物质含量都较常乳高，尤其是蛋白质、矿物质和维生素A的含量，初乳蛋白质中含有大量免疫球蛋白，它对增强犊牛的抗病力起关键作用；初乳中含有较多的镁盐，有助于犊牛排出胎便，初乳对犊牛的健康与发育有着重要的作用。犊牛出生后应尽快让其吃到初乳，一般犊牛出生后0.5～1h，便能自行站立，此时要引导犊牛接近母牛乳房寻食母乳，若有困难，则需人工辅助哺乳。

② 饲喂常乳　犊牛经过3～5天的初乳哺乳后，即可开始饲喂常乳，进入哺乳期饲养，哺乳期60～90天，哺乳量300～500kg，日喂奶2～3次，奶量的2/3在前50天内喂完。

③ 早期补料　为了促进犊牛瘤胃尽早发育，可提早补饲精、粗饲料，使消化器官得到锻炼，还可以提高日增重，有利于断奶。一般犊牛初生后1～2周，就可给予一定量的含优质蛋白质的精料和优质干草、多汁饲料和青贮饲料。

④ 饮水　牛奶中的含水量不能满足犊牛正常代谢的需要，必须训练犊牛尽早饮水。最初饮用36～37℃的温开水；10～15日龄后可改饮常温水；1月龄后可在运动场内备足清水，任其自由饮用。

⑤ 早期断奶　早期断奶可以节约商品奶，降低犊牛培育成本，既不影响犊牛的生长发

育，还可以促进消化器官的迅速发育，提高母牛生产力。

犊牛出生后1～2周即可以训练其采食全价颗粒料与优质干草，全价颗粒料是根据犊牛生理特点制成，具有营养全面、消化率高、使用方便、减少下痢等优点，还可以促进犊牛瘤胃发育。两个月时可逐渐断奶，断奶时要保持良好的卫生条件，预防疾病特别是腹泻的发生。

（2）犊牛管理

① 注意保温、防寒　在我国北方，冬季要注意犊牛舍的保暖，防止贼风侵入。在犊牛栏内要铺柔软、干净的垫草，舍温保持在0℃以上。

② 去角　对于将来做肥育和群饲的牛，去角有利于管理。去角多在出生后7～10天进行，常用的方法有电烙法和固体苛性钠法两种。

③ 刷拭　在犊牛期，由于采用舍饲方式，皮肤易被粪便及尘土黏附而形成皮垢，从而降低了皮毛的保温与散热力，影响皮肤血液循环，而且容易患病，因此对犊牛每天必须刷拭一次。

④ 运动与放牧　运动可以促进犊牛的采食量和健康发育，犊牛从出生后8～10日龄起，即可开始在犊牛舍外的运动场做短时间的运动，以后可逐渐延长运动时间，场内要常备清洁的饮水，在夏季必须有遮阴条件。如果犊牛出生在温暖的季节，开始运动的日龄还可适当提前，但需根据气温的变化，掌握每日运动时间。在有条件的地方，可以从出生后第二个月开始放牧。

2. 育成牛的饲养管理

犊牛断奶至第一次配种的母牛，或做种用之前的公牛，统称为育成牛，此期间是生长发育最迅速的阶段，精心的饲养管理，不仅可以获得较快的增重速度，而且可使幼牛得到良好的发育。如有放牧条件，育成牛应以放牧为主，在优良的草地上放牧，精料可减少30%～50%；放牧回舍，若未吃饱，则应补喂一些干草和适量精料。育成牛不同阶段的饲养管理要点如下。

① 6～12月龄　6～12月龄为母牛性成熟期，在此时期，母牛的性器官和第二性征发育很快，体躯向高度和长度两个方向急剧生长，前胃已相当发达，容积扩大1倍左右。因此，在饲养上既要提供足够的营养，饲料又必须具有一定的容积，以刺激前胃的生长，所以对这一时期的育成牛，除给予优质的干草和青饲料外，还必须补充混合精料，精料约占饲料干物质总量的30%～40%。

② 12～18月龄　12～18月龄时育成牛的消化器官更加扩大，为进一步促进其消化器官的生长，其日粮应以青、粗饲料为主，其比例约为日粮干物质总量的75%，其余25%为混合精料，以补充能量和蛋白质的不足。

③ 18～24月龄　18～24月龄时母牛已配种怀孕，生长强度逐渐减缓，体躯显著向宽深方向发展，若营养过剩，在体内容易蓄积过多脂肪，导致牛体过肥，影响繁殖；但若营养过于缺乏，又会导致牛体生长发育受阻，体躯狭浅、四肢细高，成为产奶量不高的母牛，因此，在此期间应以优质干草、青草或青贮饲料为基本饲料，精料可少喂。到妊娠后期，由于体内胎儿生长迅速，则须补充混合精料。

育成牛在管理上首先应与成年母牛分开饲养，可以系留饲养，也可围栏圈养。每天刷拭1～2次，每次5min，同时要加强运动，促进肌肉组织和内脏器官发育，尤其是心、肺等循环和呼吸系统的发育，使其具备高产母牛的特征。配种受胎5～6个月后，母牛乳房组织处于高度发育阶段，为促进其乳房的发育，还要采取按摩乳房的方法，以促进乳腺组织的发育，按摩乳房还可使母牛性情温顺，一般早晚各按摩一次，产前1～2个月停止按摩。

3. 泌乳期奶牛的饲养管理

奶牛泌乳性能与遗传和环境有关，环境因素主要是饲料、饲养管理、气候等，因此应重视饲养管理，采取有效的措施，才能养好牛，多产奶。

奶牛的一个泌乳期分为4个阶段，即为泌乳初期（分娩后1～2周，通常也称为围产后期）、泌乳盛期（分娩后15～100天）、泌乳中期（产后101～180天）、泌乳后期（产后180天至干乳开始，大约至300天）。在一个泌乳期中，按奶牛所处的泌乳阶段和产奶量及体况膘情，应采取相应的饲养管理措施，达到科学饲养。首先日粮组成应多样化，并且日粮要由多种多样适口性好的饲料组成，这样才能增加采食量，使奶牛摄入的营养物质更加全面，从而提高日粮的营养价值；其次精、粗饲料合理搭配，奶牛的日粮应以青粗饲料为主，适当搭配精料为辅，同时要注意供给充足的饮水，每天擦拭牛体，消除牛身上的污垢，保持牛体清洁，还要加强运动。根据奶牛泌乳期的特点，各阶段的饲养管理要点如下。

① 泌乳初期　指母牛分娩后15天以内的时间，此时母牛一般仍在产房内进行饲养，产后母牛体虚力乏，消化机能减弱，尤其高产牛乳房呈明显的生理性水肿，生殖道尚未复原，时而排出恶露，这一阶段饲养管理的目的是促进母牛体质尽快恢复，为泌乳盛期打下良好的体质基础，不宜过快追求增产。

② 泌乳盛期　泌乳盛期指母牛分娩15天以后到泌乳高峰期结束，一般指产后第15～100天。此阶段母牛体况开始恢复，产奶量逐日增加，为了发挥其最大的泌乳潜力，一般可在产后15天左右开始，在整个泌乳盛期，精料的供给量随着产乳量的增加而增加，所遵循的原则是在喂给足量的优质干草和多汁饲料的基础上，多产乳就多喂精料，直至奶量不增加为止，随即把多给的精料撤掉，看其奶量是否下降，如不明显下降，精料量可继续维持这一水平，以后随奶量下降，而逐渐降低饲养标准，改变日粮结构，减少精料比例，增喂青绿多汁饲草、青贮饲料和干草，使泌乳量平稳下降，这样整个泌乳期可获得较高的产奶量。

③ 泌乳中期　泌乳中期指产后101～180天，泌乳盛期过后，产奶量开始逐渐下降，每月奶量的下降如能保持5%～8%，即为稳定下降的泌乳曲线。这一时期饲养管理的主要目的是减缓产奶量的下降，在日粮中应逐渐减少能量和蛋白质的供给，即适当减少精料喂量，增加青粗饲料，让牛尽量采食品质好、适口性强的青粗饲料。

④ 泌乳后期　指产后第180天至干乳时为止。奶牛经过180天的大量泌乳后，体膘明显下降，产奶量下降到最低水平，泌乳后期的饲喂应以粗饲料为主，同时根据膘情调整饲料。

4. 干乳期的饲养管理

为了保证母牛在妊娠后期体内胎儿的正常发育，在泌乳期后能有充分的时间休息，使其体况得以恢复，乳腺得以修复与更新，在母牛妊娠的最后两个月都应采用人为的方法，使母牛停止产奶，即通常说的干乳，干乳期平均为60天。

三、肉牛的饲养管理

1. 肉牛肥育方式

肉牛肥育方式一般可分为放牧肥育、半舍饲半放牧肥育和舍饲肥育等三种。

① 放牧肥育　放牧肥育是指从犊牛到出栏牛，完全采用草地放牧而不补充任何饲料的肥育方式，也称草地畜牧业，这种肥育方式适宜于人口较少、土地充足、草地广阔、降雨充沛、牧草丰盛的牧区和部分半农半牧区，例如新西兰肉牛育肥基本上以这种方式为主，一般

采用出生到放牧饲养至 18 个月龄，体重达 400kg 出栏。

② 半舍饲半放牧肥育　夏季青草期牛群采取放牧肥育，寒冷干旱的枯草期把牛群在舍内圈养，这种半集约式的育肥方式称为半舍饲半放牧肥育。一般夏秋季牧草丰盛，可以满足肉牛生长发育的需要，而冬季低温少雨，牧草生长不良或不能生长。我国东北地区，也可采用这种方式，但由于牧草不如热带丰盛，故夏季一般采用白天放牧，晚间舍饲，补充一定精料，冬季则全天舍饲。

③ 舍饲肥育　肉牛从出生到屠宰全部实行圈养的肥育方式称为舍饲肥育。舍饲肥育的突出优点是使用土地少，饲养周期短，牛肉质量好，经济效益高，缺点是投资多，需较多的精料，适用于人口多、土地少、经济较发达的地区。美国盛产玉米，且价格较低，舍饲肥育已成为美国的一大特色。

2. 肉牛肥育技术

在生产实践中根据不同的分类标准将肉牛肥育分为以下几个体系，按性能划分为普通肉牛肥育和高档肉牛肥育；按年龄划分为犊牛肥育、青年牛肥育、成年牛肥育、淘汰牛肥育；按性别划分为公牛肥育、母牛肥育、阉牛肥育；根据饲料类型可分为精料型直线肥育、前粗后精型架子牛肥育。这里结合生产实际，主要介绍犊牛肥育、青年牛肥育和架子牛肥育技术。

① 犊牛肥育　犊牛肥育又称小肥牛肥育，是指犊牛出生后 5 个月内，在特殊饲养条件下，完全用全乳、脱脂乳或代用乳进行饲喂，育肥至 90～150kg 时屠宰，生产出风味独特，肉质鲜嫩、多汁的高档犊牛肉。犊牛肥育以全乳或代乳品为饲料，在缺铁条件下饲养，肉色很淡，故又称“白牛”生产。犊牛肥育一般利用奶牛业中不作种用的公犊进行肥育，在我国，多数地区以黑白花奶牛公犊为主，黑白花奶牛公犊前期生长快，育肥成本低，便于组织生产。

② 青年牛肥育　青年牛肥育主要是利用幼龄牛生长快的特点，在犊牛哺乳后直接转入肥育阶段，给以高水平营养，进行直线持续强度育肥，13～24 月龄前出栏，出栏体重达到 360～550kg，这类牛肉鲜嫩多汁、脂肪少、口味好。

a. 舍饲强度肥育　我国常用的舍饲强度肥育方法为育肥期采用高营养饲喂法，使牛日增重维持在 1～2kg，周岁时结束育肥，体重达到 400kg 以上。开始育肥时要有一个月左右的适应期，适应期内应让其自由活动，充分饮水，饲喂少量优质青草或干草。适应期过后进入增肉期，一般 7～8 个月，增肉期饲喂时采用定时定量的原则，先粗后精，最后饮水，每日饲喂 2～3 次，饮水 2～3 次。最后进入催肥期，催肥期主要是促进牛体膘肉丰满，沉积脂肪，一般为两个月。

b. 放牧补饲强度肥育　放牧补饲强度肥育是指犊牛断奶后进行越冬舍饲，到第二年春季结合放牧适当补饲精料。这种育肥方式精料用量少，肥育饲养成本低，肥育效果较好，适合于半农半牧区。

③ 架子牛快速肥育　架子牛快速肥育也称后期集中肥育，是指犊牛断奶后，在较粗放的条件饲养到 2～3 周岁，体重达到 300kg 以上时，采用强度肥育方式，集中肥育 3～4 个月，充分利用牛的补偿生长能力，达到理想体重和膘情后屠宰，这种肥育方式成本低，精料用量少，经济效益较高，应用较广。架子牛的肥育要注意以下几个环节：

a. 购牛前的准备　购牛前 1 周，应将牛舍清扫干净，用水清洗后，对牛舍地面、墙壁、器具进行喷洒消毒。如果是敞圈牛舍，冬季应有塑料膜暖棚，夏季应搭棚遮阳，通风良好，使其温度不低于 5℃。

b. 架子牛的选购　架子牛快速育肥，应该选择用西门塔尔、利木赞、夏洛来等国外良种肉牛与本地牛杂交的后代，年龄在1～3岁，体型大，皮松软，膘情较好，体重在300kg以上，健康无病的个体。

c. 饲养管理　育肥期内应尽量为牛创造温暖、安静、舒适的环境。一般宜采取拴养育肥，采用短缰拴系，适当限制其活动。架子牛入栏后应立即进行驱虫，为增加食欲，改善消化机能，应进行一次健胃。饲喂要定时定量，先粗后精，少给勤添。刚入舍的牛因对新的饲料不适应，头一周应以干草为主，适当搭配青贮饲料，少给精料，以后逐渐增加精料。肥育前期，每日饲喂2次，饲喂要定时定量，饮水3次；后期日饲喂3～4次，饮水4次，每天上、下午各刷拭一次。育肥期间做好卫生防疫，采用全进全出育肥制度。

本章思考与拓展

2022年中央一号文件明确提出鼓励发展工厂化集约养殖、立体生态养殖等新型养殖设施。随着我国乡村振兴中社会经济的变化，规模化、标准化、大型化设施养殖产业不断加大，快速发展，要重视设计标准化的畜舍，能够使畜舍的性能满足肉羊、肉牛等畜禽的生长需求，进而促进肉羊、肉牛等畜禽的良好生长。本专业学生要重视环境保护与工厂化养殖中的农业废弃物资源的合理利用，为建设美丽乡村、实现乡村振兴的生态宜居做出贡献。

9 第九章 设施环境消毒与病虫害防治

第一节 环境与基质消毒

一、环境消毒

1. 设施养殖环境消毒

设施养殖业规模化、集约化的特点，为疾病的传播创造了有利条件，便于疾病特别是传染性疫病的发生和流行，如果不能很好地加以控制，一旦引发传染病将造成巨大的经济损失。因此，确保设施养殖场的生物安全成为日常管理的第一原则，影响到设施养殖产业的健康发展。

生物安全是一个综合性理念，它包括了畜禽场隔离、防疫、消毒以及良好的饲养管理所应采取的一切措施。其中，消毒是贯彻生物安全“预防为主”方针的首要措施。消毒是指杀灭或去除外环境中各种病原微生物的过程。外环境是指无生命的物体表面以及生命体的体表和浅表体腔；病原微生物是指各种能对动物治病的微生物，包括细菌、病毒、真菌、立克次氏体、衣原体等。

病原微生物的传播方式分为直接接触传播和间接接触传播。直接接触传播的特点是点对点传播，一般不容易造成广泛的流行。间接接触传播因为能够借助于外界环境因素，其散播范围大，传播速度快，造成的危害更大，所以传染病的控制更侧重于切断间接接触的传播途径。间接接触感染的途径通常可以分为呼吸道和消化道：一是病原微生物经空气传播，通过飞沫、飞沫核或尘埃为媒介散播，通过畜禽的呼吸道感染；二是经污染的畜禽舍内的地面、用具、人员直接或间接污染饲料和饮用水，通过畜禽的消化道感染。因此对畜禽舍内环境包括地面、水槽、料槽、用具、饮用水和空气消毒具有重要的现实意义。消毒的目的就是消灭被传染源散播于外界环境中的病原体，以切断传播途径，确保设施养殖环境的生物安全，阻止传染病继续蔓延。

传染病在畜群中蔓延流行，必须具备三个相互联结的条件，即传染源、传播途径以及对传染病易感的动物，这三个条件常统称为传染病流行过程的三个基本环节，当这三个条件同时存在并相互联系时就会造成传染病的蔓延。控制传染病就必须从这三个条件着手，消灭传染源、切断传播途径、保护易感动物。消毒工作的重要性在于消灭传染源散播到环境中的病原体、切断传播途径，从而使动物生产的主体——畜禽免受病原微生物的侵害。传染病流行的三个条件中两个可以通过卫生与消毒措施来实施，因此做好消毒净化工作是预防、控制和扑灭疫病的重点。

消毒可以极大降低设施养殖场内外环境中病原微生物的数量，降低设施养殖场的污染程度，显著降低细菌性疾病及病毒性疾病的发生率，并将昂贵的治疗费和疾病带来的直接和间接损失降低到最小。通过清扫、高压冲洗和药物消毒分别可消除40%、30%和20%～30%的细菌，三者相加可消除90%～100%的病菌。空气喷雾消毒实验证明，喷雾消毒30min以后环境中的细菌数量下降超过70%，并能持续维持一定的杀菌效能。所以当以空气传播为主的传染病来临时，为了切断传播途径，空气消毒显得尤为重要。洁净的饮用水对家禽的健康及良好性能的表现十分重要，食物在体内的消化、营养物质在体内的运输、体温的调节以及废物的排除都与水密切相关，如果水源是清洁无污染的，那么水在通过饮水系统进入家禽口中这一过程将是十分重要的环节，因此保持水系统的清洁卫生应引起饲养者及技术人员的高度重视。

（1）消毒的种类

根据消毒的目的可以将其分为两大类：预防性消毒和疫源地消毒。

① 预防性消毒　指尚未发生动物疫病时，结合日常饲养管理对可能受到的病原微生物或其它有害微生物污染的场舍用具、场地和饮水等进行的定期消毒。

② 疫源地消毒　疫源地是传染源排出的病原微生物所能波及的范围，疫源地消毒指对存在着或曾经存在着传染病传染源的场舍、用具、场地和饮水等进行的消毒，其目的是杀灭或清除传染源。疫源地消毒又分为两种：一是随时消毒，随时消毒是在发生传染病时，为了及时消灭病原携带者排出的病原微生物而采取的消毒措施。消毒的对象包括病畜（禽）所在的畜（禽）舍、隔离场以及被病畜（禽）的分泌物、排泄物污染或可能污染的一切场所、物品。二是终末消毒，终末消毒是病畜（禽）解除隔离、痊愈或死亡后或者是在疫区解除封锁之前，为了消灭疫区内可能残留的病原体所进行的全面彻底的大消毒。

（2）消毒的方法

① 物理消毒法　指使用物理因素杀灭或清除病原微生物及其它有害微生物的方法。常用的物理消毒法有自然净化、辐射灭菌、热力灭菌、超声波消毒及微波消毒等。

a. 清扫和洗刷圈舍，保证通风换气　清扫、洗刷圈舍地面，将粪尿、垫草、饲料残渣等及时清除干净，洗刷畜体被毛，除去体表污物及附在污物上的病原体，如果再配合其它消毒方法，常可获得较好的消毒效果。通风换气虽不能直接杀灭病原体，但可通过交换圈舍空气，减少病原体数量。

b. 阳光、紫外线照射和干燥法　紫外线具有较强的杀菌消毒作用，阳光中的紫外线具有较强的杀菌消毒作用。一般病毒和非芽孢病原菌在强烈阳光下反复曝晒，其致病力会减弱甚至死亡，而且阳光照射的灼热以及水分蒸发所致干燥亦具杀菌作用。但日光中的紫外线在通过大气层时，经散射和被吸收后损失很多，到达地面的紫外线的波长在300nm以上，其杀菌消毒作用相对较弱。所以，要在阳光下照射较长时间才能达到消毒作用。利用阳光消毒应根据实际情况灵活掌握，并配合其它消毒方法进行。

在实际饲养中，如养殖场生产区出入口、更衣间、实验室等处，常用人工紫外线灯来对空气和物体表面进行消毒。紫外线灯是人工设计以发出波长253.7nm长（其杀菌力最强）为主的装置，所产生的紫外线为一般阳光照射物品时有效紫外线的50倍。紫外线的杀菌作用受多种因素影响，在使用紫外线灯时应注意以下内容：在室内安装紫外线灯消毒时，灯管以不超过地面 2m 为宜，灯管周围 1.5～2.0m 处为消毒有效范围。被消毒物表面与灯管相距以不超过 1m 为宜。紫外线灯的功率，按每 0.5～1.0m^2 房舍面积计算，无菌室不得低于 4W/m^2。紫外线穿透力弱，只能对直接照射的物体表面有较好的消毒效果，但对被遮盖的阴影部分及畜禽的排泄物等无杀菌作用。普通玻璃能吸收几乎全部紫外光，故紫外光对经玻璃隔离的物品无消毒作用。平时，应除去紫外光灯管表面的灰尘，以减少对消毒作用的影响。

紫外线每次照射消毒物品的时间应在 1h 以上。环境相对湿度不宜超过 40%～60%，并应尽量减少空气中的灰尘和水雾。紫外线灯照射消毒时，人员应离开现场。否则，可因紫外线直射而导致急性眼结膜炎、皮炎等。

c. 高温消毒法

ⅰ. 火焰焚烧：结合平时清洁卫生工作，对清扫的垃圾、污秽的垫草等进行焚烧，对病畜禽或可疑病畜禽的粪便、残余饲料以及被污染的价值不大的物品均可采用焚烧的办法来杀灭其中的病原体。对不易燃烧的圈舍、地面、栏笼、墙壁、金属制品可用喷火消毒，注意安全。

ⅱ. 煮沸消毒：此法简单、方便、经济、实用而效果确切，是经常应用的消毒方法。大部分非芽孢病原菌、真菌、立克次氏体、螺旋体、病毒在 100℃ 的沸水中迅速死亡；大多数芽孢经煮沸消毒 15～30min 被杀灭死亡。此法适于金属制品和耐煮物品的消毒。在铁锅、铝锅或煮沸器中放入被消毒物品，加水浸没，加盖煮沸一定时间即可。在水中加入 1%～2%苏打或 0.5%肥皂有防止金属器械生锈和增强消毒的作用。

ⅲ. 流通蒸汽消毒：蒸汽湿度大（相对湿度 80%～100%），温度高（100℃左右），流通蒸汽消毒是利用常压蒸汽来达到消毒目的。此法可以用来对多数物品如各种金属、木质、玻璃制品和衣物等进行消毒，其效果与煮沸消毒相似。在农村，可用铁锅或铝锅加热蒸隔或蒸笼进行。一般加热至水沸腾，维持半小时，可达到消毒目的，但不能杀灭细菌和芽孢。

ⅳ. 干热消毒：通常在干热灭菌箱（烘箱）内进行，适于在高温下不损坏、不变质、不蒸发的物品消毒，常用于实验室玻璃器皿金属器械等的消毒、烘干。一般应控制在 160℃ 维持 2h，或 170℃ 维持 1h。

② 化学消毒法　化学消毒法指使用化学消毒剂进行消毒的方法。各种化学物质对微生物的影响是不相同的，有的可促进微生物的生长繁殖，有的可阻碍微生物新陈代谢的某些环节而呈现抑菌作用，有的使菌体蛋白质变性或凝固而呈现杀菌作用，即使是同一种化学物质，由于其浓度、作用时的环境温度、作用时间的长短及作用对象等的不同，或呈现抑菌作用，或呈现杀菌作用。化学消毒法就是利用化学消毒剂对微生物的毒性作用这一原理，对消毒物品用消毒剂进行浸洗浸泡、喷洒及熏蒸，以达到杀灭病原体的目的。化学消毒法包括如下几种方法。

a. 浸洗或清洗法　如接种或打针时，对注射局部用酒精棉球、碘酒擦拭即属此消毒法。在发生了传染病后，对圈舍的地面、墙裙用消毒药液清洗也属于这种消毒法。

b. 浸泡法　是将被消毒物品浸泡于消毒药液中。此法常用于医疗剖检器械的消毒。此外，在动物体表感染寄生虫等时，采用杀虫剂或其它药剂进行药浴也是一种浸泡消毒法。

c. 喷洒法　是消毒中较常用的有效消毒方法。消毒时将配好的消毒药液，装入喷雾器内，对畜禽圈舍、地面、墙壁、用具、放牧地、车、船以及畜禽产品等进行喷雾消毒。

d. 熏蒸消毒法　是利用某些化学消毒剂易于挥发，或是两种化学制剂起反应时产生的气体对环境中的空气及物体进行消毒的方法。如过氧乙酸气体消毒法、甲醛熏蒸消毒法等。

③ 生物消毒法　指利用微生物间的抑制作用或用杀菌性植物进行消毒的方法。常用的是发酵消毒法，该法利用自然界广泛存在的微生物在氧化分解污物（如垫草、粪便等）中的有机物时所产生的大量热能来杀死病原体，如堆肥发酵法即属此。在粪便和土壤中有大量的嗜热菌、噬菌体及其它抗菌物质，嗜热菌可以在高温下发育，其最低温度为35℃，适温为50～60℃，高温限为80℃。在堆肥内，开始阶段由于一般嗜热菌的发育，堆肥内的温度高达30～35℃，此后嗜热菌便发育而将堆肥的温度逐渐提高到60～75℃，在此温度下大多数病毒及除芽孢以外的病原菌、寄生虫幼虫和虫卵在几天到3～6周内死亡。粪便、垫料采用此法比较经济，消毒后不失其作为肥料的价值。发酵消毒方法有许多，在畜禽生产中常用的有地面泥封堆积发酵法、地上台式堆肥发酵法及坑式堆肥发酵法等。

在三种消毒方法中，物理消毒法和生物消毒法由于条件要求高、消毒对象单一等原因，应用受到了一定的限制。例如，高温消毒、蒸气消毒等虽然效果可靠，但对条件要求较高。而化学消毒法因使用方便、价格便宜、处理面积大、正确使用能够达到较好的消毒效果等原因，是目前在设施养殖业生产中最经常使用的消毒方法，化学消毒剂因此也得以大量应用。

（3）消毒剂的分类

通常依据消毒剂作用水平的不同，分为高、中、低三类。

a. 高效消毒剂　这类消毒剂能杀灭所有微生物，包括各种细菌繁殖体、细菌芽孢、真菌、结核杆菌、囊膜病毒和非囊膜病毒等，这类消毒剂也称灭菌剂。常用的高效消毒剂有过氧乙酸、环氧乙烷、甲醛、戊二醛、碘制剂及有机汞类。

b. 中效消毒剂　这类消毒剂除不能杀死细菌、芽孢外，可杀死细菌繁殖体、真菌和病毒等其它微生物，如：乙醇、氯制剂等。

c. 低效消毒剂　低效消毒剂可杀死部分细菌繁殖体、真菌和囊膜病毒，不能杀灭结核杆菌、细菌芽孢和非囊膜病毒，如季铵盐类等阳离子表面活性剂。

（4）消毒剂的作用机理

消毒剂的种类较多，但作用机理基本上可归纳为以下几方面。

① 对细胞壁的作用　许多消毒剂低浓度时就可使微生物细胞壁完全溶解而达到杀菌目的；如酚类消毒剂可溶解繁殖期的大肠杆菌，因为此时细菌的胞膜脆弱而且磷脂含量低，易被破坏；阳离子表面活性剂对革兰氏阴性菌的细胞壁有解聚破坏作用；而戊二醛则可以和微生物胞壁脂蛋白发生交联、和胞壁磷脂酸中的酯联残基形成侧链，从而封闭微生物细胞壁，阻碍微生物对营养物质的吸收和废物的排出。

② 对细胞膜的作用　消毒剂可通过对微生物氧化磷酸化的解偶联及其它方式抑制或破坏微生物细胞膜的结构和功能。表面活性剂等消毒剂可穿透具有大量微孔的微生物细胞壁而进入细胞内，并能和膜上的类脂-蛋白质复合物反应，破坏局部或整个组织结构，从而使得低分子量的化合物（如核苷酸、氨基酸）从胞浆内逸出，甚至可诱使自溶酶引起细胞壁溶解。有实验表明浓度低时，随着消毒剂浓度的增加，微生物细胞内小分子内容物的漏出也增多；但当浓度达到一定程度时，细胞膜和细胞质发生变形萎缩、凝固，内容物漏出反而减少。此时微生物许多结构都遭受破坏，例如细菌很快就死亡。消毒剂干扰微生物氧化磷酸化的解偶联和胞膜的正常运输功能或者破坏膜酶的结构，使其活性功能丧失。

③ 对病原体内成分的作用　使病原体胞浆内蛋白质和酶发生不可逆的变性、凝固，导致病原体结构蛋白和功能蛋白都遭受严重破坏；同时参与各种生理代谢活动的细菌酶结构和

功能被破坏，这样细菌就处于瘫痪状态而迅速死亡。不少消毒剂可与核苷酸发生反应，如嘌呤和嘧啶环上的氨基常常是消毒剂作用的靶点，从而破坏病原体的生活功能。某些消毒剂可破坏病原体核糖体的结构和功能，阻碍蛋白质的合成。

（5）常用消毒剂

化学消毒剂应用范围不断扩大，单一有效成分的消毒剂已不能满足实际使用的需要，为此经常将几种消毒剂复配后使用，不仅改善单消毒剂使用存在的不足，而且各成分之间有协同作用，提高杀菌效果。目前在设施养殖生产中常用的消毒剂根据化学性质可以分为卤素类消毒剂、季铵盐类消毒剂、醛类消毒剂、酚类消毒剂、氧化类消毒剂、强碱类消毒剂等。

① 卤素类消毒剂　包括含氯消毒剂、含碘消毒剂、含溴消毒剂。代表性产品是次氯酸钠、漂白粉、二氯异氰尿酸钠复方制剂、二氧化氯、碘酊、碘伏、二溴海因、溴氯海因等。含氯消毒剂虽有较好的杀菌效果，但因性质活泼，稳定性比较差，很难贮存；含碘消毒剂含量不够稳定，对皮肤和黏膜又有刺激性和较强的腐蚀性，而且易受环境酸碱性影响等缺点。

② 双链季铵盐类消毒剂　双链季铵盐类消毒剂以百毒杀为代表性产品，可以杀灭各种微生物，包括细菌芽孢，属于高效消毒剂。此类消毒剂杀菌效果好、浓度低、使用方便、性质稳定、耐热、耐光、耐贮存。另外，由于双链季铵盐类消毒剂无色、无味，稳定性好、腐蚀性低，无刺激性、不污染环境，非常适合于做带体喷雾消毒。

③ 醛类消毒剂　醛类消毒剂主要有甲醛和戊二醛，此类产品抗菌谱广、杀菌力强而且价格便宜，但其缺点是对人畜有较强的刺激性和毒性，而且挥发较快、性质不稳定，对其缺点的改进是此类消毒剂的研究方向，广东农科院动物卫生研究所的复方甲醛制剂是比较成功的一种产品。

④ 酚类消毒剂　主要有煤酚皂（又名来苏尔）、复合酚等，此类消毒剂杀菌作用不是很强，易受碱性物质影响，有刺激性气味，对黏膜有刺激性。现在市场上的代表性产品有美国产的农福（Farmot）烷基酚，又称复合酚，它是一种中效的广谱杀菌剂，可杀灭细菌、真菌和部分病毒。国产的同类商品有：菌毒杀、农富牌复合酚、菌毒净、菌毒灭、杀特灵等。

⑤ 氧化类消毒剂　氧化类消毒剂主要是过氧化物中的过氧化氢、过氧乙酸、高锰酸钾和臭氧。氧化类消毒剂属于高效广谱消毒剂，但稳定性差，易挥发、易分解，而且有刺激性和腐蚀性。利用高锰酸钾的氧化性能来加速福尔马林蒸发而起到空气消毒作用是最常用于空舍消毒的方法。

⑥ 强碱类消毒剂　目前常用的强碱类消毒剂是氢氧化钠（又叫烧碱或火碱）、生石灰。氢氧化钠的杀菌力持久强大，价格便宜，用在地面、门等部位消毒能够取得很好的效果，但是其最大缺点是腐蚀性强，对皮肤和黏膜有刺激性，而且对环境会造成污染，目前在畜牧生产中的应用也在逐渐减少。

（6）影响消毒剂消毒效果的主要因素

由于消毒剂都是化学物质，又由于化学物质本身所具有的不同性质，其消毒效果必然会受到外界条件的影响，总的来讲主要有下列几种影响因素。

① 浓度　任何一种消毒剂的消毒效果都取决于其与微生物接触的有效浓度。一般来讲，浓度越高，杀菌效果越好，但达到一定程度以后杀菌效果不会再增加，但此时其所具有的副作用可能会带来一些不利的影响，因此一个合适的浓度是很重要的。

② 作用时间　消毒剂与微生物接触的时间越长，灭菌效果越好，接触时间太短往往达

不到良好的杀菌效果，由于各种消毒剂的杀菌时间不同，在应用消毒剂时应该根据其特性使用并保证作用时间。

③ 温度　一般来讲温度越高，杀菌效果越好，温度每增加10℃，消毒效果会提高1～2倍，但同时温度对消毒剂本身的稳定性又提出了要求，即稳定性好才能保证效果。

④ 有机物　由于绝大多数的消毒剂都会和蛋白质发生结合，因此当环境中存在有机物质的时候，都会中和、吸附掉一部分消毒药而减弱其消毒作用，因此清除有机物质和提高消毒剂抗有机物质干扰的能力对于保证消毒效果非常重要。

⑤ 消毒方法　实际生产中必须根据各种消毒剂的不同特性选择应用消毒方法才能达到最佳的使用效果。

(7) 选择消毒剂的原则

由于消毒对象和应用场合的不同，所要考虑的因素也有所不同，但作为优秀的消毒剂应具备下述特点：①消毒广谱，对各种微生物都有效；②高效，低浓度时仍具有很好的杀菌能力；③消毒速度快，作用持久；④在低温下使用仍然有效；⑤受有机物影响小，耐酸碱环境；⑥易溶于水，使用方便；⑦无刺激性，无腐蚀性，无毒性，对人畜安全；⑧无味无臭，消毒后易于除去残留药物；⑨不易燃易爆，便于运输；⑩性质稳定，不易分解、降解，耐贮存，价格低廉，可以大量供应。

(8) 使用消毒剂的注意事项

① 消毒剂与水的比例应准确，不能随意量取；

② 要用洗干净的容器配制消毒液；

③ 消毒剂应现配现用，不宜久放；

④ 不同的消毒剂不要混用，但可轮流使用；

⑤ 消毒剂原液常有一定的腐蚀性，应加强操作人员的自我保护；

⑥ 按说明书规范操作。

在使用过程中，不同种类、不同杀菌原理的消毒剂要交替使用，才不会使病原微生物产生抗药性，才能保证消毒剂在比较低的使用浓度下达到需要的消毒杀菌效果。使用一种消毒剂消毒后，残余的病菌经过一段时间的适应又繁殖起来，第二次又用该消毒剂消毒，要达到同样的消毒效果，必须要提高浓度才行，这就叫适应性或叫抗药性。若改用不同种类，不同杀菌原理的消毒剂来消毒，病菌还无适应性，也可视为无防避，在低浓度下就可达到同样的杀灭效果。所以消毒剂交替使用，才能确保安全健康养殖。

2. 设施种植环境消毒

农业设施内温度高，空气湿度大，气体流动性差，光照较弱，而作物种植茬次多，生长期长，施肥量大，根系残留也较多，病原菌、虫害等有害生物残留较多，因此消毒对设施种植生产较为重要，是保证设施农产品产量和质量的重要措施。

(1) 高温闷棚消毒

在炎热的夏季，太阳直射时间长，设施内部温度高，且正值设施种植业的休闲期，此时可以利用太阳能进行消毒，消毒效果较好。具体方法为：拔除田间老株，多施有机肥料，深翻土壤，然后灌水，用塑料薄膜覆盖地表，将大棚、温室棚膜盖严，密封15～20天，土壤温度可升至50℃，利用高温进行消毒。为提高消毒效果，可以在深翻土壤前均匀地撒施石灰或者喷洒广谱性杀菌药物。采用该方法能杀死大部分病原菌和虫卵，且不占用耕作时间，是常用的消毒方式。这种消毒方法因为设施内温度很高，需要将棚室内不耐热的物品搬出。

（2）烟雾剂熏蒸消毒

① 硫黄熏蒸法　在温室、大棚播栽前的3～4天，封闭温室。每667m^2用500g硫黄粉、锯末1kg，混匀后分成6份均匀放在棚室内，点燃后闭棚12h以上，然后大放风。此法成本很低，取材方便，架材上及墙体缝内的病原菌和害虫都可熏杀，尤其对白粉病菌、红蜘蛛等消毒效果较好。注意棚内有作物时不能采用此法。

② 百菌清烟雾熏蒸法　用25%的百菌清烟雾剂：每667m^2用药剂250g，均匀地分布于大棚、温室内的各点，用暗火点燃后使大棚、温室内的烟雾弥漫均匀，闭室闷棚12～15h后，即可达到消毒灭菌的目的。这种熏蒸方法对多数真菌性病害有防效。除百菌清外，也可以有针对性地选择其它药剂进行熏蒸消毒杀菌，如选用速克灵烟熏剂防治灰霉病为主的病害。

（3）蒸汽消毒

大型园艺设施，可用蒸汽或70℃以上热水消毒，较安全。

① 蒸汽消毒法　通过导管把高压蒸汽锅炉产生的高温蒸汽（80℃以上）送到覆盖有保温膜的土壤中，使土壤温度升高，以达到消除土壤中病虫害的目的。该消毒法的蒸汽不易到达土壤深层，对20cm以下土层消毒不彻底。另外，高压蒸汽锅炉设备比较复杂，操作也较烦琐。

② 热水消毒法　将普通常压热水锅炉产生的80～95℃热水通过开孔洒水管灌注到土壤中，为增强保温效果，在土壤表面铺盖保温覆盖膜，此法可使30cm深处的土壤温度达到50℃以上，从而起到消灭土壤中病虫害的作用。由于水的热容量大于蒸汽，因此此法使土壤保持高温的时间较长，土壤底层消毒效果好。但是，该法耗水量较大，注水量为100～200L/m^2，在水资源不足的地区使用受限。

（4）化学药剂消毒

化学药剂常用于设施内的土壤消毒。

① 甲醛（40%）　多用于温室或温床消毒，消灭土壤中的病原菌，使用浓度为50～100倍。先将土壤翻松，然后用喷雾器均匀喷洒在要消毒的土壤上，使土壤均能沾到药液，然后用薄膜覆盖2～3天，使药液充分发挥其作用以后揭膜，打开门窗，使甲醛散发出去，2周后可以使用温床。

② 波尔多液　苗床可用等量式（硫酸铜∶石灰∶水比例为1∶1∶100）波尔多液2.5kg/m^2喷洒地表。此法对防治黑斑病、斑点病、灰霉病、锈病、褐斑病、炭疽病等效果明显。

③ 氯化苦　主要用于防治土壤中的线虫。将床土堆成高30cm的长条，宽由覆盖薄膜的宽幅而定，每平方米用药3～5mL，渗入土层10cm处，然后覆盖7天，揭膜后冬天通风30天，夏天通风10天，然后再使用，因为该药对人畜有害。

其它常用广谱杀菌消毒剂还有溴甲烷、甲基托布津、代森锰锌、百菌清、多菌灵、五氯硝基苯等。

二、基质消毒

在无土栽培生产过程中为降低生产成本，固体基质会重复利用，基质的养分和理化性能允许重复利用2～3茬。但基质在长时间使用后，会聚集病菌和虫卵，尤其是连作同一科作物时，病虫害会在后作中发生得更为严重，因此，前茬作物在收获后应进行基质消毒，这样可以减少或杜绝下一茬的病虫害。

1. 物理消毒法

① 太阳能消毒　利用夏季太阳辐射热能，在7、8月份气温达35℃以上时，将基质堆成20～25cm高，长度视情况而定，用水将基质喷湿，使含水量超80%，然后用塑料薄膜覆盖，温度至50～60℃，密闭15～20天杀死病菌。此方法安全、廉价、简单、实用，适合北方地区的大棚和温室，但消毒不均匀，消毒时间长，受天气制约。

② 热水消毒　利用普通常压热水锅炉产生80～95℃的热水，通过开孔洒水管道灌注基质中，铺盖保温膜，30cm深处的温度可达到50℃以上。此法存在营养流失、需要排水设施和耗水量较大等问题。

③ 蒸汽消毒　蒸汽消毒是利用高温蒸汽杀死基质中的有害生物。将基质装入消毒箱等容器内，消毒箱内设置蒸汽管道，管道上分布有通气孔，当蒸汽锅炉产生蒸汽后，通过送汽管将产生的高温蒸汽通入管道，然后经通气孔对栽培基质进行加热消毒。如图9-1所示。也可将基质块或种植垫等堆叠一定的高度，全部用防水防高温布或者薄膜盖严，蒸汽锅炉产生高温蒸汽，通过导管把水蒸气通入覆盖好的栽培基质中。蒸汽消毒时间需达到40min以上，基质温度升高到80℃以上，高温蒸汽才可有效干预大部分有害微生物积累和繁殖、杀死病原菌。不同的病原菌对温度的耐受力是不同的，据研究，栽培基质温度达80℃时，可消灭大多数病原菌、害虫（图9-2）。实际操作中，具体消毒温度和时间要根据基质情况和主要消灭的目标病原菌灵活掌握，如黄瓜病毒等需100℃才能将其杀死，裸露岩棉蒸汽消毒需2h，包裹的岩棉蒸汽消毒则需5h。蒸汽消毒效果良好，而且也比较安全，但成本较高。

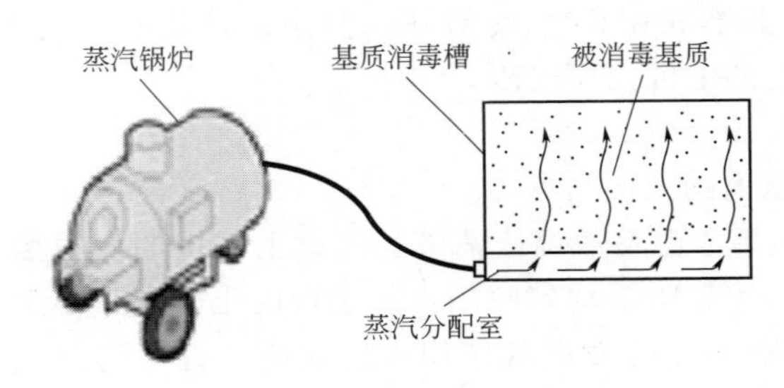

图9-1　基质蒸汽消毒原理

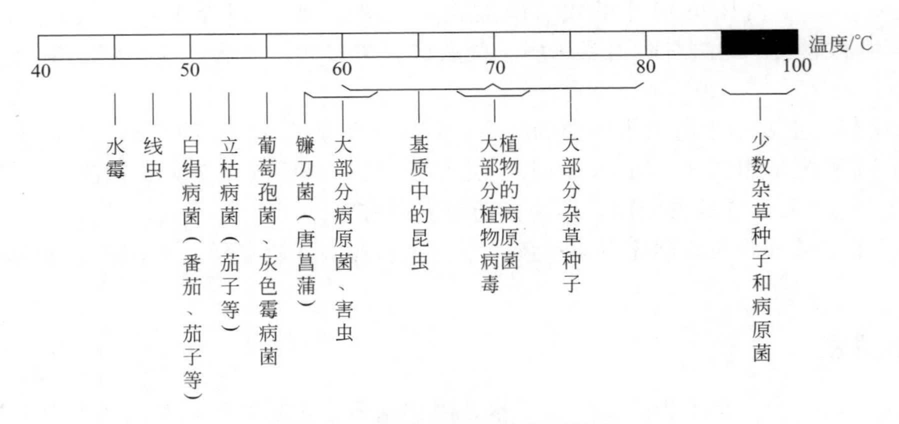

图9-2　病菌和害虫的灭死温度

使用蒸汽消毒时需注意：每次进行消毒的基质体积不可过多，否则可能造成基质内部有部分基质在消毒过程中温度未能达到杀灭病虫害所要求的高温而降低消毒的效果。进行蒸汽消毒时基质不可过于干燥，消毒前应向基质内浇水，但含水量过高也会降低消毒效果，适宜的基质含水量为35%～45%，浇水后基质松整后再进行消毒。蒸汽消毒处理后，不可马上种植作物，需经4～7天，让基质的净菌作用恢复后，才能进行种植。基质蒸汽消毒的方法简便易行，效果良好，但在大规模生产中的消毒过程较麻烦。蒸汽消毒安全有效，但成本较高。

2. 化学药剂消毒

通常情况下，化学药剂消毒的效果不及蒸汽消毒的效果好，且对操作人员有一定的副作用。但其较为简便，特别是大规模生产中使用较方便，因此使用广泛。

① 甲醛消毒　将消毒基质平铺在干净的塑料薄膜上，厚约10cm，用40%甲醛溶液50～100倍液将基质喷湿后再铺第二层，同样用甲醛溶液喷湿，直至所有要消毒的基质均喷湿甲醛溶液为止，最后用塑料薄膜覆盖封闭1～2天后，将消毒的基质摊开，曝晒2天以上，直至基质中没有甲醛气味方可使用。甲醛具有刺激性气味，且对人体有害，在使用时要做好自身防护。

② 溴甲烷消毒　利用溴甲烷进行熏蒸，是相当有效的消毒方法，可杀灭大多数线虫、昆虫、杂草种子和一些真菌。但由于溴甲烷具有剧毒，因而必须严格遵守操作规程。

溴甲烷常温下为气态，作为消毒用的溴甲烷为贮藏在特制钢瓶中、经加压液化了的液体。熏蒸方法是：槽式基质栽培在许多时候可在原种植槽中进行，将种植槽中的基质稍加翻动，挑除植物残根，然后在基质面上铺上一根管壁上开有小孔的塑料施药管道（可利用基质培养基上原有的滴灌管道），盖上塑料薄膜，用黄泥或其它重物将薄膜四周密闭，用特别的施入器将溴甲烷通过施药管道施入基质中，以每立方米基质用溴甲烷100～200g的用量施入，封闭塑料薄膜3～5天之后，打开塑料薄膜让基质暴露于空气中4～5天，以使基质中残留的溴甲烷全部挥发后才可使用。使用溴甲烷消毒时基质的湿度要求控制在30%～40%。袋式基质栽培在消毒时要将种植袋中的基质倒出来，剔除植物残根后将基质堆成一堆，然后在堆体的不同高度用施药的塑料管插入基质中施入溴甲烷，施完所需的用量之后立即用塑料薄膜覆盖，密闭3～5天之后，将基质摊开，曝晒4～5天后方可使用。

溴甲烷具有强烈刺激性气味，并且有一定的毒性，使用时如手脚和面部不慎沾上溴甲烷，要立刻用大量清水冲洗，否则可能会造成皮肤红肿，甚至溃烂，使用时要特别注意。

③ 氯化苦消毒　氯化苦为液体，对病原菌和虫卵杀灭效果较好。使用方法：将基质堆放30cm厚度，然后在基质每隔30～40cm的距离打一个深10～15cm的小孔，每孔注入5～10mL氯化苦溶液，立即用一些基质塞住放药孔。一层基质放完药后，再在其上堆放第二层基质，然后再打孔放药，如此堆放3～4层后用塑料薄膜覆盖基质，经过1～2周的熏蒸之后，揭去塑料薄膜，把基质摊开晾晒4～5天后即可使用。

④ 高锰酸钾消毒　高锰酸钾是一种强氧化剂，只能用在石砾、粗沙等没有吸附能力且较容易用清水清洗干净的惰性基质的消毒上，而不能用于泥炭、木屑、岩棉、蔗渣和陶粒等有较大吸附能力的活性基质或者难以用清水冲洗干净的基质上，因为高锰酸钾容易残留在这些基质内，造成植物锰中毒。

用高锰酸钾消毒时，先配制好浓度约为1/5000的高锰酸钾溶液，将要消毒的基质浸泡在此溶液10～30min后，用大量清水反复冲洗基质以排除高锰酸钾溶液残留。高锰酸钾消毒也可用于其它易清洗的无土栽培设施、设备上，如种植槽、管道、定植板、定植杯等。消毒时也是先浸泡，然后用大量水冲洗干净即可。高锰酸钾消毒时浓度不可过高或过低，浸泡时间也不宜过长，否则会留下黑褐色的锰的沉淀物，这些沉淀物经营养液浸泡后会逐渐溶解出来而影响植物生长。一般浸泡时间40min～1h。

⑤ 次氯酸钠或次氯酸钙（漂白剂）消毒　次氯酸钠或次氯酸钙是利用溶解在水中产生的氯气来杀灭病菌的。次氯酸钙为白色固体，俗称漂白粉，次氯酸钙在使用时用含有有效氯0.07%的溶液浸泡需消毒的物品4～5h，浸泡消毒后要用清水冲洗干净。次氯酸钙通常用来消毒无吸附能力或易用清水冲洗的基质或其它水培设施和设备，但不可用于具有较强吸附能力或难以用清水冲洗干净的基质上。次氯酸钠的性质不稳定，没有固体的商品出售，一般可利用大电流电解饱和氯化钠（食盐）的次氯酸钠发生器来制得次氯酸钠溶液，每次使用前现制现用，使用方法与次氯酸钙的消毒方法相似。

第二节　设施作物病虫害及其防治

一、设施作物病虫害发生概况

1. 设施作物病虫害发生特点

设施栽培是在人工创造的设施环境下进行的，作物的生产特点、生长时间、管理方式及环境条件等都有别于露地栽培，因而设施作物病虫害的发生特点、流行规律和危害程度也形成了自身的特点。如病虫害发生期提早，流行与危害明显加重，当然也有少数病虫害比露地发生较轻。具体表现在以下方面。

（1）设施作物病害发生特点

① 土传病害发生严重　由于温室、大棚等设施建成后难以移动，设施内作物又经常高密度连作栽培，复种指数高、种植作物种类单一、轮作倒茬困难，致使土传病害病原菌大量积累和传播，土传病害的发生严重，且防治起来十分困难。如黄瓜枯萎病、菌核病、根结线虫病、疫病、蔓枯病等都比露地发生更为严重。

② 低温高湿病害发生严重　我国生产用的设施类型主要是塑料大棚及节能日光温室，棚室内环境相对密闭，棚内水分不易散失，早晚空气相对湿度常达饱和状态，又因不设加温设备，寒冷季节夜间极易出现低温，夜间棚内温度下降1℃，湿度就会提高3.5%～4.5%，作物表面长时间结露，抵抗力下降。因而喜低温高湿的病害可迅速发展，如灰霉病、黄瓜霜霉病、番茄晚疫病、辣椒疫病等都比露地作物发生严重。

③ 生理病害普遍发生　目前我国现有栽培设施人为控制程度较低，因此作物在生产过程中常常会遇到棚室小气候异常（如温度不适、光照不足、气体毒害）、管理不善（营养元素缺乏或过剩、水分过多或过少、土壤次生盐渍化）或品种不适宜等，从而引起作物生长受阻，并表现出各种生理障碍症状，直接影响蔬菜产品的产量和质量。如黄瓜化瓜、畸形瓜和苦味瓜，低温冷害；番茄的畸形果、裂果、空洞果、日灼病、缺素症及2,4-D药害等。

④ 部分病害有所减轻　设施内不受雨水淋洗，所以那些依靠雨水飞溅进行传播的病害（如茄子绵疫病等）在棚室内很少发生；另外因棚室内湿度大，植株表面长期有水存在，白粉病孢子会在水中胀裂，发病较轻；病毒病也因棚室内湿度大、光照弱，不利于传毒昆虫的繁殖和病毒病的发生，危害程度一般轻于露地。

⑤ 病虫害抗药性发展快　设施栽培过程中，由于过度使用和滥用农药，导致药物与靶标位点的相互作用降低甚至失去防治效果。目前，世界上已发现500多种害虫产生了抗药性，我国已有50多种重要农业有害生物对农药产生了抗性，其中植物病原菌约20种，害虫

（螨）超过 30 种。

（2）设施作物虫害发生特点　在棚室内，害虫的发生有许多不同于露地栽培的地方。由于棚室内环境密闭、空气湿度大、昼夜温差也大，不会出现露地常有的大风、暴雨，那些体型小的害虫（如潜叶蝇类、害螨类和粉虱类）不会发生意外死亡，因而危害极为严重如菜蚜一年发生 10～30 代，粉虱一年发生 10 代余。其它类别的害虫一般危害较露地轻。

2. 作物病虫害发生的主要原因

近年来，随着设施栽培面积增加，设施作物病虫害种类也随之增加，危害程度加重，同时增加了露地作物的病源、虫源。主要原因是温室、大棚等为病虫害发生创造了有利的土壤、温度和湿度等环境条件，助长了病虫害的发生与流行。具体如下。

① 设施栽培为病虫害的发生和越冬提供了场所及寄主植物　设施栽培作物可以一年多季生产，这就为原本在北方冬天不能露地越冬的病虫害（如黄瓜霜霉病、白粉虱、美洲斑潜蝇等）提供了安全越冬和周年循环危害的寄主植物条件，而且同时使大田作物也增加了大量菌虫源。

② 土壤为病虫害的发生提供有利条件　土壤是作物根系的生存环境，也是多种病原菌的越冬场所。设施内土壤光照少，温度高，湿度大，极利于病原菌繁殖；同时由于作物根系的分泌物质和病根的残留，使土壤微生物逐渐失去平衡，土壤中病原菌数量不断增加，逐代积累；另外加上设施栽培土壤利用率高，轮作倒茬困难，经常连续多年种植少数几种经济价值较高的作物。这些都为设施内土传病虫害的日益严重创造了客观条件。

③ 湿度为病虫害的发生提供有利条件　温室、大棚等是一个相对密闭的环境，水气不易散失，尤其是冬春低温季节，为保持棚室内的温度，通风换气经常受到限制，导致棚室内湿度大，特别是连阴雨天气，湿度经常可以达到饱和状态，且高湿持续时间长，植株表面大量结水。这都为那些需要高湿度的病害创造了有利条件。如黄瓜霜霉病、番茄叶霉病、晚疫病、辣椒疫病、茄子菌核病等真菌性病害和黄瓜细菌性角斑病、番茄溃疡病等细菌性病害。

④ 温度为病虫害的发生提供有利条件　设施内温度白天高、夜间低、昼夜温差大，植株叶面易结露，这会导致另一类病害发生。如灰霉病，其孢子在夜间气温低时易萌发，高湿度又有利于其病菌的生长；又如黄瓜叶面结露持续 4～5h 就可被霜霉病菌侵染。

3. 作物病虫害的主要类型

（1）设施作物病害的主要类型

植物病害种类很多，按照侵害作物的病原类别可分为侵染性病害和非侵染性病害两大类。侵染性病害又可分为真菌病害、细菌病害、病毒病害、线虫病害和寄生性植物病害等。设施内作物发生较多的有：

① 真菌病害　由各种真菌病原菌侵染设施作物的根、茎、叶、果等部位而引起的病害。如霜霉病、灰霉病、疫病、白粉病等。

② 细菌病害　由植物病原细菌侵染引起的蔬菜病害。如黄瓜细菌性角斑病、大白菜软腐病、菜豆细菌性疫病等。

③ 病毒病害　由各种植物病毒侵染而发生的病害。如辣椒、西红柿、豇豆、瓜类、大白菜等蔬菜的病毒病。

④ 线虫病害　由植物寄生线虫侵染引起的病害。如黄瓜、茄子、番茄、芹菜等的根结线虫病。

⑤ 生理性病害　属非侵染性病害，是由于外界环境条件不合适如温湿度、光照、水分、土壤盐分不合适及肥料缺乏、微量元素缺乏引起的蔬菜生长失调，而导致减产和损失。如畸

形果、苦味瓜、缺素症、低温障碍等。

（2）设施作物虫害的主要类型

危害设施作物的虫害有多种，绝大多数是昆虫，此外还有螨类及软体动物等，如：

① 苗期虫害　种蝇、蝼蛄、蛴螬、蚯蚓、卷球鼠妇、地老虎等。

② 生育期虫害　蚜虫、温室白粉虱、美洲斑潜蝇、茶黄螨、红蜘蛛、小菜蛾、韭蛆、蜗牛、棉铃虫、黄守瓜等。

4. 设施作物病害的主要症状

病害症状是指植物感病后一切不正常的外部表现，它包括病状和病征两方面：病状是指感病作物本身所表现的不正常状态；病征是指病原物在病部的特征性表现，只有真菌和细菌病害才有病征出现。

（1）设施作物病害的主要病状

① 变色　是指植物生病后局部或全株失去正常的颜色，如褪绿、黄化、红叶、花叶等。

② 坏死　是指植物细胞和组织受到破坏而死亡。常见的有斑点、穿孔、猝倒、立枯、溃疡或疮痂等，坏死一般不改变植物原来的结构。

③ 腐烂　是指植物的组织、细胞受病原物的分解和破坏从而发生腐烂。按腐烂组织的质地可分为干腐、湿腐和软腐3种。

④ 萎蔫　是指植物的整株或局部因脱水而枝叶下垂的现象。主要是因植物根部受害，水分吸收运输困难或病原毒害引起导管堵塞造成植物缺水。如青枯、立枯、黄萎等。

⑤ 畸形　是指植物受害部位的细胞分裂和生长发生促进性或抑制性的病变，致使植株整株或局部的形态异常。如矮化、丛枝、皱叶、蕨叶、扁枝等。

（2）设施作物病害的主要病征

① 粉状物　是某些真菌孢子密集在一起所表现的特征，一般直接产生于植物表面、表皮下或组织中，以后破裂而散出。主要有白粉、黑粉、锈粉等。

② 霉状物　是真菌的菌丝、孢子梗和孢子在植物表面构成的特征，不同的病害，霉层的颜色、质地、结构、着生部位变化较大，主要可分为霜霉、灰霉、绿霉、黑霉、赤霉等。

③ 点状物　是真菌的子囊壳、分生孢子器（盘）等形成大小、性状、色泽、排列方式各不相同的小颗粒状物，针尖至米粒大小，生于病部。

④ 颗粒状物　是真菌菌丝体变态形成的一种特殊结构，其形态大小差别较大，有菜籽形、鼠粪状的，黑褐色或白色，生于植株受害部位。

⑤ 脓状物　是细菌性病害特有的特征性结构，一般呈露珠状或散布为菌液层，干燥时形成菌膜或菌胶粒。

二、设施作物常见病害及其防治

1. 侵染性病害

（1）枯萎病

① 症状及病原　又称蔓割病、萎蔫病，是设施瓜类的严重病害。该病的典型症状是萎蔫，瓜类幼苗即可发病，子叶萎蔫，茎基部变褐缢缩、猝倒。成株期发病叶片从下至上逐渐萎蔫，叶色黄绿，病株白天萎蔫，早晚恢复正常，茎基部、节、节间有黄褐色条斑，病部易纵裂，潮湿时病斑表面生白色至粉红色霉层且维管束变褐。病原为尖镰孢菌，属半知菌亚门真菌。

② 发病规律　病菌以菌丝体、菌核或后垣孢子在土壤、病残体上越冬，种子、土壤、

肥料、灌溉水、昆虫、农具等都可带菌传播病害。病菌首先侵入根系，然后由下向上扩展，堵塞导管，致使植株萎蔫。病菌可在土壤中存活5～6年，甚至10年以上。高温是发病的重要条件，发育最适宜气温为24～27℃，土温为24～30℃，酸性土壤利于发病。

③ 防治方法　选用无病种子，可用50%多菌灵可湿性粉剂500倍液浸种1h，或用40%甲醛150倍液浸种1.5h对种子进行消毒处理；采用无病菌的土壤育苗，严格进行土壤消毒，同时可采用嫁接换根增强植株抗性；在发病初期可用50%多菌灵可湿性粉剂500倍液、50%甲基托布津可湿性粉剂400倍液或10%双效灵水剂200～300倍液灌根，每株灌0.25kg药液隔7天灌1次，在发病初期连灌2～3次。

（2）根结线虫病

① 症状及病原　主要危害根部，根部受害后发育不良，侧根多，根端部产生肥肿畸形瘤状物，瘤状物初为白色，后为褐色至暗褐色，表面有时龟裂，被害株地上部生育不良、叶发黄、植株矮小、结果少，干旱时中午萎蔫，最后提前枯死。病原由几种根结线虫组成，其中南方根结线虫为各地普遍分布的优势种，其次有爪哇根结线虫、北方根结线虫和花生根结线虫等。

② 发病规律　该虫多在土壤表层5～30cm生存，常以2龄幼虫为侵染虫态，在土壤中或以卵随病株残根一起越冬。在条件适宜时，越冬卵孵化为幼虫，继续发育并侵入寄主根部，刺激根部细胞增生而形成根结或瘤。线虫发育至4龄交尾产卵，卵在根结里孵化，发育至2龄后离开卵壳进入土中越冬或再侵染。病原可在育苗土中或育苗温室传播至幼苗，形成病苗，然后随病苗、病土及灌溉水进行传播蔓延。

③ 防治方法　选用无病菌的土壤育苗，深翻土壤，施用腐熟有机肥，清除病残株，种植前土壤用1.8%阿维菌素乳油每平方米1～1.5mL，兑水6L消毒，或定植时穴施10%粒满库或米乐尔颗粒剂，每667m^2 5kg；亦可用石灰氮穴施于苗周围，定植后再喷施600倍爱福丁进行防治，合理轮作，可与石刁柏实行2年轮作或有条件的实际水旱轮作效果更好。

（3）菌核病

① 症状及病原　从苗期至成株期均可发病，发病部位以距离地面30cm以下发病最多。典型症状是病部组织迅速软腐，并密生白色菌丝，最后产生黑色菌核。茎部被害，多由叶柄基部侵入，初产生褪色的水渍状病斑，后扩大呈淡褐色，病部以上叶、蔓枯萎。果实染病始于果柄，后向果面蔓延。病原为子囊菌亚门核盘菌属的真菌。

② 发病规律　病菌遇不良条件即形成菌核，菌核在土壤中越冬，遇适宜条件即萌发形成子囊盘，产生的子囊孢子靠气流传播至衰老的叶、花上，形成初侵染，适宜条件植株发病后主要通过病株与健株接触形成再侵染。菌核在干燥的土壤中可存活3年，潮湿的土壤只能存活1年。设施内通风不良，湿度大，发病重。

③ 防治方法　加强栽培管理，收获后彻底清除病残体，发病初期及时摘除病叶病果，覆盖地膜阻止孢子扩散。发病初期也可选用40%菌核净可湿性粉剂1000～1500倍液，50%腐霉利可湿性粉剂1000倍液，50%异菌脲可湿性粉剂1000倍液或50%乙烯菌核利可湿性粉剂800倍液喷雾。每10天1次，连续喷2～3次。合理轮作，与非寄主作物实行3年以上轮作。

（4）灰霉病

① 症状及病原　该病主要危害花、果实、叶片及茎。果实染病多从残留的柱头或花瓣被侵染而诱发顶端发病，然后向果面及果柄扩展，致果皮呈灰白色、软腐，病部长出大量灰绿色霉层，即为病原菌的子实体，同一穗果上的果实常由于相互感染而使整穗果实发病。叶

片染病始自叶尖，然后呈“V”字形向内扩展，初为浅褐色至黑褐色水浸状斑，后干枯表面生有灰霉致叶片枯死。病原是半知菌亚门灰葡萄孢属的真菌。

② 发病规律　主要以菌核在土壤中或以菌丝及分生孢子在病残体越冬或越夏，低温高湿利于发病，特别是棚膜滴水可使菌核萌发，产生菌丝体和分生孢子梗及分生孢子。分生孢子成熟后脱落，借棚顶水滴、气流及农事操作进行传播，萌发时产生芽管，从伤口或枯死组织如残留花瓣中侵入为害。果实膨大期浇水后病果剧增，此后病部产生的分生孢子可借气流传播进行再侵染。本菌发育适温为20℃，最低发育温度为2℃，光照不足，相对湿度持续90%以上的多湿状态下易发病。

③ 防治方法　重点抓生态防治，控制好棚室内的温湿度，掌握好通风时间，上午封棚升温，下午通风降温降湿，夜间加强保温增温，减少叶面结露以缩短适于病害发生的时间；控制灌水，采用膜下灌溉；清洁棚室，及时清除病残体；与非寄主作物合理轮作。关键期可用药防治，如50%烟酰胺水分散粒剂1200～1500倍液、25%啶菌恶唑乳油1000倍液，也可选用50%烟酰胺水分散粒剂1000倍液混50%异菌脲1000倍液，几种杀菌剂轮换交替使用。

（5）早疫病

① 症状及病原　又称轮纹病，以叶片和茎叶分枝最易发病，叶片初呈针尖大的暗绿色水浸状小斑点，后不断扩展为轮纹斑，边缘深褐色，上有较明显的浅绿色或黄色同心轮纹；茎部染病，多在分枝处产生褐色至深褐色不规则圆形或椭圆形病斑，叶柄受害，可产生黑色或深褐色轮纹斑；青果染病，常在萼片附近形成椭圆形病斑。病原系茄链格孢，属半知菌亚门真菌。

② 发病规律　病菌以菌丝或分生孢子在病残体或种子上越冬，高温高湿利于发病，特别是棚膜滴水易于发病，分生孢子还可借水滴、空气等传播，连阴天易蔓延流行。日均温21℃左右，空气相对湿度大于70%的时数大于49h，该病就有可能发生和流行。菌丝或分生孢子可从植株表面气孔、皮孔或表皮直接侵入，形成初侵染，经2～3天潜育后出现病斑，以后病斑产出分生孢子，可通过气流、水滴进行再侵染。

③ 防治方法　注意清洁棚室，及时清除病残体，与非寄主作物实行2年以上轮作；加强棚室内的温、湿度管理，特别是灌水后，应设法加大通风，降低温、湿度以缩短适于病害发生的时间，减缓病害发生和蔓延速度。

早疫病菌潜育期短，在发病前可选用45%百菌清烟雾剂或10%速可灵烟雾剂，每667m^2施用200～250g熏蒸棚室，亦可结合翻耕，每667m^2撒施70%甲霜灵·锰锌可湿性粉剂2.5kg，杀灭土壤中残留病菌；初发病时，可以喷施25%嘧菌酯悬浮剂40g、52.5%霜脲氰·唑菌酮可湿性粉剂40g交替兑水喷雾，每7天1次，视病情连续防治3～4次。若茎部发病，除叶片喷施外，还可将50%扑海因可湿性粉剂配成200倍液，涂抹病部来抑制病害发展。

（6）晚疫病

① 症状及病原　主要危害叶片、茎部和青果。一般先从叶片开始发病，然后向茎、果扩展，接近叶柄处呈黑褐色、腐烂，病斑初为暗绿色水浸状，渐变为深褐色；茎秆上病斑为黑褐色，稍凹陷，边缘不清晰；青果易被害产生油浸状暗绿色病斑，后呈暗褐色至棕褐色，边缘明显，云纹不规则，湿度大时其上可长少量白霉，迅速腐烂。病原是致病疫霉，属鞭毛菌亚门真菌。

② 发病规律　病菌主要在棚室的番茄或马铃薯块茎上越冬，也可以厚垣孢子在落入土

中的病残体上越冬，孢子囊靠气流或棚膜水滴传播到植株上，从气孔或表皮直接侵入，在棚室形成中心病株，首先从下部叶片发病，逐渐向上发展。病菌孢子囊的大量形成，需要有95%以上的相对湿度，即白天气温24℃以下的16～22℃，夜间10℃以上，相对湿度高于85%以上且持续时间长，易于发病。相对湿度高于85%，孢囊梗从气孔中伸出，相对湿度高于95%，孢子囊形成。空气水分饱和，植株叶片表面形成液滴水膜时，休眠孢子才能萌发，因此长时间高温和饱和湿度是该病流行发生的重要条件。中心病株的病菌营养菌丝在寄主细胞间扩展潜育3～4天后，病部长出菌丝和孢子囊，经水汽、空气传播再侵染、蔓延。

③ 防治方法　注意严格控制棚室内的温、湿度条件，特别是放草苫前后高温高湿，易于结露，应设法加大通风，降低湿度，预防病害发生，延缓病害蔓延速度；可与非茄科植物实行3年以上轮作；若温室温、湿度适于病害发生，可采用喷粉尘法如每667m^2喷撒5%百菌清粉尘剂1kg，亦可使用45%百菌清烟雾剂熏蒸，每667m^2施用200～250g，每7～9天施用1次来预防病害发生；若发现中心病株，则应立即除去病叶或病果，拔除病株，然后采用药剂防治。初发病时，可以喷施72.7%普力克水剂800倍液或50%甲霜铜可湿性粉剂600倍液或64%杀毒矾可湿性粉剂500倍液交替喷施，每7～10天施用1次，视病情连续防治5～6次。若茎部发病，除叶片喷施外，还可将64%杀毒矾可湿性粉剂配成200倍液，搅匀后涂抹病部来抑制病害扩展。

（7）病毒病

病毒病是夏秋季栽培由害虫口器传播的病害。主要为三种类型：花叶型、蕨叶型和条纹型。分别由不同的病毒所引起，尚无有效治疗药剂，故应以预防为主。

① 症状及病原

a. 花叶型　叶片上出现黄绿相间或深浅相间的现象，病株矮化，主要由烟草花叶病毒（TMV）侵染后产生。

b. 蕨叶型　植株不同程度矮化、由上部叶片开始全部或部分变成线状，中、下部叶片向上微卷，花冠加大形成巨花，主要由黄瓜花叶病毒（CMV）引起。

c. 条纹型　可发生在叶、茎、果上，病斑形状因发生部位不同而异，在叶片上为茶褐色的斑点，在茎蔓上为黑褐色斑块，变色部分仅处于表层，系烟草花叶病毒及黄瓜花叶病毒与其它病毒复合侵染引起，在高温和强光照下易于发生。变细，变黑，有些植株感染部位缢缩，潮湿时可见其上有白色或褐色丝状物。

② 发病规律　常见于越夏栽培和夏秋季育苗期，TMV病毒可通过种子带毒或烟草作为初侵染源，CMV主要由蚜虫从杂草传播，因此应针对毒源，采取预防措施。

③ 防治方法　选用抗病毒品种；实行无病毒种子生产，播种前对种子用10% Na_3PO_4或0.1% $KMnO_4$消毒40～50min；注意栽培管理，小水勤浇，防止高温干旱，注意田间操作时对手及工具的清洗消毒；早期防蚜，使用50%抗蚜威可湿性粉3000倍与20%病毒A可湿性粉剂500倍交替喷洒，或用“912”钝化剂2000倍浸出液于定植后、初果期、盛果期进行喷雾防治。

（8）猝倒病

① 症状及病原　俗称“卡脖子”“小脚瘟”，是冬春季育苗时常见的真菌侵染性病害。常见症状有烂种、死苗和猝倒三种，其中猝倒是幼苗出土后，茎基发生水渍状暗斑，继而绕茎扩展，逐渐缢缩呈细线状，而使幼苗倒地枯死。苗床湿度大时，在病苗附近床面上常密生白色棉絮状菌丝。其病原为瓜果腐霉菌，属鞭毛菌亚门真菌。

② 发病规律　病菌以卵孢子随病残体在土壤中越冬，在土壤温度低于15℃，高湿且光

照不足的连阴天时，利于病害发生蔓延。病菌主要靠风雨、流水、带病菌的粪肥及农事操作等传播。条件适宜时，游动孢子借灌溉水从茎基部传播到幼苗上发病。当幼苗皮层木栓化后，真叶长出，则逐渐进入抗病阶段。

③ 防治方法　采用无土基质育苗，改善温室光温条件，加强苗床管理，避免低温高湿条件出现，苗期不要在阴雨天浇水；苗期适当喷施0.1% KH_2PO_4，提高幼苗抗病力；播种前用种子质量0.4%的50%福美霜可湿性粉剂，或65%代森锌可湿性粉剂拌种，防止出苗前后受土壤菌源侵染发病。如未进行床土消毒，出苗后可床面喷洒70%代森锰锌可湿性粉剂500倍液或75%百菌清可湿性粉剂600倍液，或72.2%霜霉威水利，每7天施用1次，视病情连续防治1～2次即可。

（9）白粉病

① 症状及病原　该病主要侵染叶片，其次是茎和叶柄。发病初期在叶面正反面出现白色小粉点，扩大后呈不规则粉斑，上生白色絮状物，即菌丝和分生孢子梗及分生孢子。初霉层较稀疏，渐稠密后呈毡状，病斑扩大连片可覆满整个叶面，叶片逐渐变黄，发脆，一般不落叶。病原为鞑靼内丝白粉菌，属子囊菌亚门真菌。

② 发病规律　主要以菌核在土壤中或以菌丝及分生孢子在病残体越冬或越夏，低温高湿利于发病，特别是棚膜滴水可使菌核萌发，产生菌丝体和分生孢子梗及分生孢子。分生孢子成熟后脱落，借棚顶水滴、气流及农事操作进行传播，萌发时产生芽管，从伤口或枯死组织如残留花瓣中侵入为害。果实膨大期浇水后病果剧增，此后病部产生的分生孢子可借气流传播进行再侵染。本菌发育适温为20℃，叶面有水滴时，孢子吸水易破裂，因而寄主受旱时白粉病发病更严重。

③ 防治方法　重点抓生态防治，注意加强棚室温、湿度管理，彻底清除病残体，减少越冬菌源；采用膜下滴灌，若发病则应适当控制浇水，防止结露；可采用5%百菌清粉尘剂1kg喷粉，亦可使用45%百菌清烟雾剂每667m^2施用200～250g熏蒸棚室预防病害发生；初发病时，应及时摘除病叶，然后喷施25%嘧菌酯悬浮剂、50%硫悬浮剂200～300倍液、15%三唑酮可湿性粉剂1500倍液、40%福星乳油8000倍液喷雾，每隔7～15天喷1次，连续防治2～3次。

2. 生理性病害

（1）畸形果

① 症状及病因　设施栽培的园艺植物时常可能出现畸形果或畸形瓜，如番茄的瘤形果、大脐果、突指果、尖顶果等，黄瓜的弯瓜、尖嘴瓜、大肚瓜、细腰瓜等。其可能原因有植株生长发育过程中出现了温度过高或过低、光照不足、肥水不当或生长激素使用不当等。如番茄幼苗期养分过多可使花芽过度分化，易形成多心皮畸形花，进而发育出桃形、瘤形或指形等畸形果；而苗期低温、干旱等易使花器木栓化，后转入适宜条件时，易形成裂果、疤果或籽外露果实。黄瓜花期如遇持续高温、干燥，易出现尖嘴瓜、细腰瓜、大肚瓜等，氮肥施用过量易形成苦味瓜。

② 防治方法　可选用果型周正的品种，注意疏花疏果，及时摘除畸形花果；做好温度、湿度、光照及水分的调控管理，番茄苗期温度不宜过低，黄瓜夜温不可过高，不要在地温和气温偏低时过早定植；加强肥水管理、采用配方施肥避免偏施氮肥，防止植株徒长；番茄保花保果时要合理使用生长调节剂。

（2）土壤次生盐渍化

① 症状及病因　设施栽培的土壤由于长期处于半封闭状态，缺乏雨水淋洗，加之棚室

内温度高，蒸发量大，土壤下层盐类易随水上移积累于表层；同时为追求高产量，农民经常会过量施肥，造成棚内土壤盐分大量积累，超过了作物生长的浓度范围，形成日益严重的土壤次生盐渍化现象。

土壤出现次生盐渍化最明显特征是土表出现红苔。作物生长发育受阻，如盐类累积影响作物对水分和钙的吸收，造成烂根，土表硬壳，铵浓度升高，钙吸收受阻，叶色深而卷曲。作物表现出叶色浓绿，有蜡质，有闪光感，严重时叶色变褐，下部叶反卷或下垂，根短、量少，根头齐或钝，变褐色；植株矮小，叶片小，生长僵，严重时中午凋萎，早晚恢复，几经反复后枯死。不同作物中毒反应不同，番茄幼苗老化，茎尖凋萎，果实畸形；芹菜心腐；白菜烧叶；黄瓜茎尖萎缩、叶片小等。

② 防治方法　解决土壤盐渍化应以预防为主，避免在盐碱土地区发展设施种植；要注意平衡施肥，多施有机肥，少施化肥，化肥可选用过磷酸钙、磷酸铵、磷酸钾这些易被土壤吸收的肥料；要开好排水沟，进行合理灌溉，如尽量采用膜下滴灌或渗灌；在夏季高温多雨季节，可撤掉棚膜或利用棚内灌溉设施，以水排盐；种植吸肥力强的作物除盐，如禾本科作物或绿肥；深翻除盐或换土除盐。

（3）筋腐病

① 症状及病因　又称污心果，是设施栽培中发生较严重的一种生理性病害。主要发生在果实膨大至成熟期，病果质硬、着色不匀，横切后可见果肉维管束呈黑褐色。病果多发生在背光面，特别是下部花穗，主要原因是秋冬季棚室温度较低、光照不足、缺钾和铵态氮素过多所致，病害特别是病毒病的毒素亦是诱发筋腐病的重要原因。氮肥施肥量大，灌水过多致使地温偏低、土壤中氧气供应不足时发病较重。不同品种发病情况也不同，施用未腐熟农家肥、密植、摘心过早或感染病毒都可诱发此病。

② 防治方法　选用耐低温弱光、抗筋腐病的品种；施用腐熟有机肥，合理施用复合肥和铵态氮肥，避免偏施氮肥；实行高垄或高畦栽培，提高地温，在果实着色期合理灌水，最好使用膜下滴灌防止土温明显下降；采用增光技术，改善开花结果期的温度光照条件。

（4）裂果病

① 症状及病因　是番茄栽培中一种常见的生理性病害，根据裂纹分布和形状可分为：环状裂果，以果蒂为中心呈环状浅裂；放射状裂果，以果蒂为中心向果肩部延伸；条状裂果，在果顶花痕部不规则浅裂。裂果主要发生在果实发育后期或转色期，如遇高温、烈日、干旱等情况，特别是果实成熟前土壤水分突然变化，造成果肉与果皮组织的生长速度不同步，膨压增大，而使果皮开裂。当然品种不同对裂果的抗性有很大差异。

② 防治方法　种植时注意选用抗裂、枝叶繁茂、果皮较厚且较韧的品种；在果实着色期合理灌水，最好使用滴灌，采用小水勤浇，减少大水沟灌导致土壤水分忽干忽湿引起的裂果；果实应避免阳光直射，适度打杈，保证植株叶片繁茂，摘心不可过早，打底叶不宜过早过狠，以利遮盖果实，减少水分变化影响；采用深沟高畦栽培，增施有机肥，以改良土壤结构、提高土壤的保水保肥能力；对于春季延后栽培而言，最好不揭大棚顶膜，如果非揭不可，则必须在大雨前及时采收；在维持较为稳定的土壤含水量的基础上，果实进入膨大期后，用0.3%～0.4%的波尔多液喷洒植株，对防止裂果有明显的效果。

（5）空洞果病

① 症状及病因　空洞果病常见症状为果面凹陷、有棱角、果肉与果皮间有空洞，胶状物质少，果实膨大不良。切开果实可见胎座发育不良，胎座组织生长不充实，果皮与胎座分离而有空腔，果肉不饱满，果皮很薄，看不见种子。它主要是因棚室内高温或低温使花粉活

力不稳定，受精不良，种子形成少，致使胎座组织发育跟不上果皮发育而产生。此外种子形成少，便会缺少大量果胶物充实果腔，也可引起果实空洞。植物生长调节剂处理过早或浓度过大，也会影响种子形成而诱发空洞果。氮肥施用过多致使果实生长过快也是空洞果形成的重要原因。

② 防治方法　选用心室多、果腔多或不易发生空洞果的品种；用植物生长调节剂处理时，要注意使用的浓度及时期，避免重复蘸花；温室还可使用振动器或熊蜂辅助授粉，促进花果受精和种子发育；同时注意合理施肥，防止偏施氮肥；适时摘心，防止摘心过早而使养分分配变化出现空洞果。

三、设施作物常见虫害及其防治

1. 蚜虫

① 危害特点及发生规律　蚜虫（*Aphis gossypii*）俗称腻虫，属同翅目、蚜科。危害种类主要是棉蚜（瓜蚜）和桃蚜（烟蚜）。以成虫及若虫刺吸植物汁液，被害部位失绿变色，皱缩卷曲或形成虫瘿，老叶提前枯落，影响植株正常生长发育。此外，其分泌的蜜汁可引发煤污病，同时还能传播病毒病，病毒病蔓延后所造成的危害远大于虫害本身。蚜虫分为有翅蚜和无翅蚜，都为孤雌胎生方式繁殖，一般4月底露地迁飞于春栽蔬菜上，6～7月份虫口密度最大，秋季迁进温室大棚危害，高温高湿不利于蚜虫生长繁殖，而低温干旱有利于蚜虫生活。

② 防治措施　秋冬茬栽培及育苗时可在棚室风口处安装防虫网，使用银灰-黑双面地膜覆盖畦并悬挂银灰色塑料膜避蚜和防病毒病；棚室内秋冬季若有蚜虫，为避免增大湿度，可选用10%灭蚜烟剂每667m^2 400～500g，分散成4～5堆，于傍晚将棚密闭后熏烟3h，灭蚜效果在90%以上；可选用2.5%敌杀死或天王星或功夫乳油3000倍液，亦可选50%抗蚜威可湿性粉剂2000～3000倍液叶片喷施进行防治。

2. 茶黄螨

① 危害特点及发生规律　茶黄螨（*Polyphagotarnemus latus*）属蜱螨目、跗线螨科。茶黄螨以成虫和幼虫集中在植物幼嫩部位刺吸植物汁液，受害叶片变窄、变脆，僵硬直立，背面呈灰褐色或黄褐色，具油质光泽或油浸状，边缘向下卷曲，皱缩或扭曲畸形，严重时嫩茎、嫩枝、嫩花变为黄褐色、木质化，植株畸形和生长缓慢乃至顶部干枯、秃尖。螨体积小，雌螨长约0.02cm，淡黄色至橙黄色，表皮薄而透明，因此螨体呈半透明状。在田间主要靠风传播，危害时往往会先形成中心被害点，然后向四周扩散。温室全年都可发生，但冬季繁殖能力较低，适宜发育繁殖温度为16～28℃，相对湿度为80～90%。螨虫有强烈的趋嫩性，喜欢在幼嫩部位取食和繁衍。卵和幼螨对湿度要求高，只有相对湿度大于80%才能发育，因此高温高湿环境有利于茶黄螨的发生。

② 防治措施　设施内作物采收后，应及时清除残枝落叶，集中烧毁，并用溴甲烷或敌敌畏熏蒸杀死幼螨或成虫。茶黄螨生活周期短，繁殖力极强，应加强虫情观察，在发生初期进行防治。喷药重点是植株上部，尤其是嫩叶背和嫩茎。可用20%三氯杀螨醇乳油500～1000倍喷雾，每隔10天施用1次，交替用药连喷2～3次。

3. 温室白粉虱

① 危害特点及发生规律　温室白粉虱（*Trialeurodes vaporariorum*）又名小白蛾，属同翅目、粉虱科。主要在我国北方地区为害，已成为蔬菜生产上的大敌。以成虫和若虫群居于嫩叶背面用口器刺入植物叶面组织吸食汁液，使叶片褪绿变黄、萎蔫，还分泌大量蜜露，

污染叶片、果实引发煤污病，可造成减产和降低果实商品性，另外还可传播病毒病。白粉虱繁殖力强，增长迅速，成虫活动适温为25～30℃。白粉虱不能在露地越冬，一般在秋季迁进温室大棚，至第二年春季迁飞露地。

② 防治措施　应以农业防治为主，首先应注意培育无虫苗，秋冬茬栽培特别是育苗温室应在棚室风口处设置尼龙纱防虫网，并注意清除杂草，控制外来虫源；在棚室内设置黄板诱杀成虫；当白粉虱密度达0.5～1头/株时，可通过释放丽蚜小蜂3～5头/株进行防治，控制效果良好；若虫口密度较大，可选用22%敌敌畏烟雾剂，每667m^2 500g，分散成4～5堆，于傍晚将棚密闭后熏烟1晚上，对成虫杀灭效果在80%以上；熏烟后次日清晨日出前选用25%扑虱灵可湿性粉剂1500倍或2.5%敌杀死或天王星或功夫乳油3000倍液叶片全株喷施可杀灭若虫及残留成虫，防效显著，或用5%噻螨酮乳油30mL、22.4%螺虫乙酯悬浮剂20～30mL兑水喷雾。

4. 美洲斑潜蝇

① 危害特点及发生规律　美洲斑潜蝇（*Liriomyza sativae*）又名蔬菜斑潜蝇，属双翅目、潜蝇科。以幼虫潜叶危害，叶片正面形成白色的蛀虫道，严重时可使叶肉组织几乎全部受害，甚至枯萎死亡，以植株中下部叶片危害较严重。成虫体小，长1.3～2.0mm，翅展0.1～0.2cm，浅灰黑色，幼虫蛆状，老熟幼虫体长2～2.5mm，蛹椭圆形，浅橙黄色。雌虫刺伤寄主植物后，作为取食和产卵的场所，雄虫不能刺伤植物，但可以从雌虫造成的伤口中取食。幼虫孵化后即潜入叶肉中取食，破坏叶肉细胞，并使叶片出现空腔，致使光合作用减弱而减产。北方斑潜蝇春秋季发生较重，完成一代所需时间15～30天，世代重叠明显。其近距离传播主要是通过成虫的迁移或随气流扩散；远距离传播主要靠寄主植物或蛹随土壤或交通工具进行。该蝇属喜温性害虫，温度是制约其发生的重要因素，而空气相对湿度对其影响不大。

② 防治措施　温室大棚应在棚室风口处设置防虫网，控制外来虫源；棚室内可用番薯或胡萝卜煮液为诱饵，加0.05%敌百虫为毒剂制成诱杀剂点喷植物来诱杀成虫，每隔3～5天喷1次，连喷5～7次；结合整枝、打杈及摘心摘除有虫病叶或在阳光下将叶中可见幼虫用手捏死；因美洲斑潜蝇的蛹和卵耐药性非常强，喷药防治应在成虫盛发期或始见幼虫潜蛀隧道时进行，20%灭蝇胺可溶粉剂30g、或98%杀螟丹可湿性粉剂30g、或1.8%阿维菌素乳油20g交替兑水喷雾，每隔7～10天喷1次，连喷2～3次。

5. 小菜蛾

① 危害特点及发生规律　小菜蛾（*Plutella xylostella*）又名小青虫，两头尖，属鳞翅目、菜蛾科。主要危害十字花科植物，初龄幼虫仅取食叶肉，留下表皮，在菜叶上形成一个个透明的斑，3～4龄幼虫可将菜叶食成孔洞和缺刻，严重时全叶被吃成网状。在苗期常危害中心叶，影响包心。在留种株上，危害嫩茎、幼荚和籽粒。成虫体长6～7mm，翅展12～16mm，卵椭圆形，稍扁平，长约0.5mm，宽约0.3mm，初孵幼虫深褐色，后变为绿色。北方以春季危害重，成虫昼伏夜出，日落后取食、交尾、产卵，卵多产于寄主叶背靠近叶脉凹陷处，发育适温20～26℃。

② 防治措施　合理布局，尽量避免大范围内十字花科蔬菜连作，收获后及时处理残株败叶，减少虫源；利用小菜蛾的趋光性，棚室内可放置黑光灯诱杀成虫；同时因小菜蛾抗逆性强，对农药易产生抗性，药剂防治时应掌握在卵孵化盛期至幼虫2龄期，可使用灭幼脲700倍液、25%快杀灵2000倍液、24%万灵1000倍液、10%虫螨腈悬浮剂30mL，或15%茚虫威悬浮剂30mL喷施。注意交替使用或混合配用，以减缓抗药性的产生。

四、设施作物病虫害的综合防治

设施栽培作物病虫害繁殖快、危害重，防治时必须贯彻“预防为主，综合防治”的方针，即本着安全、有效、经济、简便的原则，有机协调使用农业、生物、物理和化学的配套防治措施，以及其它有效的生态学手段，把病虫害控制在经济允许水平以下，达到高产、优质、低成本和无农药污染的目的。具体的防治方法有以下六种。

1. 植物检疫

植物检疫是控制检疫性病虫发生与传播的一项最有效措施。现今，国际及国内不同地区间的贸易不断增加，搞好植物检疫，防止病虫传播显得尤为重要。如番茄溃疡病、黄瓜黑星病、美洲斑潜蝇等危险病虫害仅在我国部分地区发生，应严格检疫防止它们传播到保护区去。

2. 农业防治

农业防治就是根据作物生长、生态环境与有害生物之间发生的相互制约关系，利用耕作、栽培等技术，改变设施内小环境，创造有利于作物生长发育而不利于有害生物发生与危害的环境条件，从而达到控制病虫害的目的。具体有：①选用抗（耐）病虫品种；②建立合理的栽培制度；③培育无病虫壮苗；④合理肥水灌溉，加强田间管理等。

3. 生物防治

生物防治是利用寄生性、捕食性生物和病原微生物来控制病虫害的发生，以减少化学农药的用量，降低农业污染，病虫不易产生抗药性，对人畜安全，对天敌杀伤小。由于温室大棚创造了相对封闭的生态环境，生物防治较易进行。如用苏云金杆菌制剂防治菜青虫，利用丽蚜小蜂防治温室白粉虱，利用赤眼蜂防治棉铃虫、姬小蜂、寄生斑潜蝇以及利用微生物产生的抗生素或植物自身的物质来抑制病虫，效果都较好。

4. 物理防治

物理防治就是利用病害虫的某些生理特性或习性，用物理的方法防治病虫害的方法。常用的有：热治疗，如晒种、温汤浸种、高温消毒土壤等；利用防虫网、地膜覆盖等防病、抑虫；利用害虫的趋光性、趋黄性、趋味性以及对其它物质的趋性可对其进行诱杀。如频振杀虫灯可诱杀 6 目 29 科 230 多种害虫。

5. 化学防治

化学防治是目前防治有害生物最好的应急措施，具有见效快、使用方法简单的特点，但同时也会污染环境，长期使用后，病虫害容易产生抗药性。因此在利用化学防治时要注意科学、合理使用农药，既能有效防治病虫害，又把化学农药的副作用降到最低水平。

6. 生态防治

生态防治是利用蔬菜与病虫害生长发育对环境条件要求不同，创造有利于蔬菜生长发育而不利于病虫害发生发展的生态环境条件，从而减轻病虫害发生。如温度高于 32℃、相对湿度低于 80％时，霜霉病、灰霉病和白粉病极少发生。

本章思考与拓展

病虫防治是农业生产的重要内容。我国地域广阔，病虫害种类多，发生频繁。设施农业由于环境长期进行单一作物种植或者养殖，容易滋生病害，在农药使用、防治措施方面必须科学防控，一方面要保障食品安全，另一方面要保护生态环境，是国之大计，必须严格执行。在农药使用与食品安全方面我们国家制定了严格的法律法规，遵纪守法是每个公民应尽的义务。

10

第十章

设施农业信息技术

信息技术（information technology，简称 IT），是主要用于管理和处理信息所采用的各种技术的总称。它主要是应用计算机科学和通信技术来设计、开发、安装和实施信息系统及应用软件。它也常被称为信息和通信技术（information and communications technology，ICT），主要包括传感技术、计算机技术和通信技术。设施农业是现代化农业的一个典型代表，信息技术在设施农业中的应用主要包括设施内部环境的自动化控制技术、设施作物管理专家系统和温室作物生长模型等几个方面。

第一节　设施农业环境自动化控制技术

随着社会的进步，尤其是计算机的应用，单因素的简单控制正逐步向自动化控制技术迈进，目前这方面的研究和应用荷兰处于世界领先地位，这种技术的应用使设施生产走向工业化、科学化，作物的生产潜力被充分地发挥出来，设施的经营者也不再局限于农民或农户。

一、温室环境控制系统的发展过程

在温室发展的初期（19 世纪），环境控制就是种植者根据经验为避免一些恶劣气候环境的影响采取的一些措施。如在荷兰，夏季高温期在玻璃窗上涂上石灰以减少过多的光照，为防止高温危害采用手动通风系统；在冬季低温期采用简单加热系统。随着种植者要求的提高，不仅在温度上，而且对光照、湿度、CO_2 浓度的控制要求也加强，使得环境控制箱也做得越来越复杂，到后来一个环境控制箱上的按钮会多达 30 多个。到了 20 世纪 70 年代，计算机系统逐渐取代了环境控制箱，计算机程序替代电子元件，并能不断升级换代，使设施环境能够随季节、作物生长阶段、生产者的要求进行智能控制。种植者也可根据计算机中所显示的图表或表格更直接地了解温室内的环境情况，并能对一些参数进行选择或调整，以保证作物的健康生长和发育。

二、温室环境控制的目标和原则

温室环境控制是设施栽培中非常重要的事情，因为它能使种植者控制生产过程，而不依赖于外界天气条件。在温室气候控制中，最重要的目标如下。

① 提高单产　这是环境控制的最主要目标，也是提高土地生产效率最有效的手段。

② 理想的收获时间与产品质量　园艺产品的时效性很强，如节假日的花卉，鲜食用的水果、蔬菜，能够在市场需要的时候及时上市，就会获得较高的收益。随着生活水平的提高，人们对农产品的质量要求也愈来愈高，环境控制的目标之一就是适时提供高质量（均一性）的农产品。在国际贸易中，保证产品的供货期和产品质量的统一具有重要意义。

③ 节能与省力　设施环境控制是一项耗能的过程，加温降温、加湿除湿、强制通风、保温被与二层幕的揭盖、照明等动力设备的采用都是耗能过程，通过计算机控制管理能够实现经济生产的能耗目标控制，在更高层次上实现节能目标；同时设施生产是高耗劳动力的，通过自动化控制实施温室管理与作物管理的专业化，能大幅度减轻体力劳动，扩大经营规模，提高生产效率。

④ 险情或灾害性预防　设施生产受自然的影响依然很大，设施本身遭受风灾、雪灾、雹灾、火灾等自然和人为灾害的可能性一直存在着，控制系统及时预测和自动采取必要的措施加以预防是有效减灾的手段。

⑤ 环境保护　农药、化肥、农膜的生产资料的使用，可能对产品及周边环境产生不利影响，通过环境控制减少病虫的侵入、提高作物的抗病能力，可有效地减少农药化肥的使用量，减轻环境压力。

⑥ 成本管理（如 CO_2、能源、劳力等）　温室环境控制的成本主要来自用于加热、降湿、降温或补光等的能量消耗，此外，CO_2 的施用也需要额外的成本。降低这些成本，绝不是本身的目标，必须考虑由于额外投入成本所产生的额外经济效益。因此气候控制的原则就是在经济合理的范围内实施操作。也就是要在恰当的时候，在可接受的成本和可接受的风险范围内，获得高质量产品的高产量，并要尽可能地限制对环境的影响。换言之，必须考虑温室生产是一种经济行为，就是要经济核算，在此基础上尽量理想化作物的生长条件。因此，气候控制通常被认为是与商业目标相关联的。

三、温室环境控制的设备与技术

温室环境控制系统主要是基于光量、光质、光照时间、气流、CO_2 浓度、水量、水温、肥料等多种因素对温室环境进行控制。完整的温室环境控制是通过一些设施设备来实施的，不同的温室结构其性能不同，达到类似环境需要的设备及其配置也不同，因此不同的设施要求不同的设备配置。在我国日光温室单栋规模较小，使用环境控制设备相对成本较高，因此极少进行自动控制。现代化温室设施中常见的环境调控设备主要包括：加温、降温、保温设备，加湿、降湿设备，遮光、补光设备，CO_2 施用以及通风系统，集雨、集热系统，营养液管理系统以及气象站等，为有效地管理这些设备，多采用计算机智能管理系统，实现自动化管理。

1. 控制系统原理及基本构成

（1）控制系统理论　设施环境控制系统已演化成复杂系统，它融合了自动控制技术、计算机技术、通信技术等。温室环境控制系统常基于反馈控制原理。所谓反馈原理，就是根据系统输出变化的信息来进行控制，即通过比较系统行为（输出）与期望行为之间的偏差，并消除偏差以获得预期的系统性能。在反馈控制系统中，既存在由输入到输出的信号前向通路，也包含从输出端到输入端的信号反馈通路，两者组成一个闭合的回路。因此，反馈控制系统又称为闭环控制系统。反馈控制是自动控制的主要形式。反馈控制系统由控制器、受控对象和反馈通路组成。在反馈控制系统中，不管出于什么原因（外部扰动或系统内部变化），只要被控制量偏离规定值，就会产生相应的控制作用去消除偏差。因此，它具有抑制干扰的能力，对元件特性变化不敏感，并能改善系统的响应特性。

常用的控制算法包括开关式控制、比例积分微分控制、模糊控制等。

① 开关式控制　在商业生产温室中，最简单的控制器是开关控制器，可用于对换气扇、加温设备、补光设备的控制，这些设备不具备模拟调控的条件，只是在温度或湿度高出或低于设定值时启动设备的运行，是最简单也是很有效的控制方式，但是在测定值与设计值附近开关会频繁启动，对设备本身不是很好。在实际中，为了防止设备开关太频繁，对期望输出有一个上下的浮动。

② 比例积分微分控制　温室环境系统是一个多变量、大惯性、非线性的系统，且存在交连、延时等现象，单纯依靠简单的开关控制难以达到理想效果，多采用比例积分微分控制（PID 控制）。该方法是依据理想设定值 S 与实际采集值 Y 相减，得到偏差 e，再按偏差进行比例（P）、积分（I）、微分（D）组合运算，输出控制量 U，驱动控制设备对环境实施控制。

$$U=K_P e+K_I\int e\mathrm{d}t+K_D\mathrm{d}e/\mathrm{d}t$$

式中，K_P、K_I、K_D、t 分别是比例运算常数、积分运算常数、微分运算常数、时间。

式中，第一项为比例输出项，构成输出的主要成分，能对偏差立即响应，输出控制量；第二项为积分输出项，它能消除前项可能产生的误差；而第三项微分输出项，能够改善系统的响应时间。

③ 模糊控制　模糊控制是模糊数学在现代控制理论中的应用。模糊控制技术基于模糊数学理论，通过模拟人的近似推理和综合决策过程，使控制算法的可控性、适应性和合理性提高，成为智能控制技术的一个重要分支。它不需要建立被控对象的数学模型，是用模糊的描述语言、人性思维化的规则和人性思维化的推理来对被控对象进行控制的一种方法。模糊控制是将计算机采集的精确量，经过计算机处理变为模糊量，按照模糊控制规则，作出模糊决策。模糊决策简单归纳为："如 A 则 B""如 A 则 B 则 C""如 A 则 B 否则 C"等。模糊决策输出的仍然是模糊量，在执行控制前还需要转换成精确量。模糊控制系统具有强弹性，适合于非线性、时变、滞后系统的控制，尤其适合于实现温室控制，能降低系统的成本，提高整个系统的运行效率及可靠性。

（2）控制系统的硬件和软件　设施农业环境控制系统根据控制的范围不同，一般分为单独控制、联合控制、远程控制。单独控制是一座温室采用一个控制系统，多采用单片机实行较为简单的自动控制；联合控制是多个温室采用一套计算机系统来控制，随着互联网的发展，通过光缆实行远距离的温室设备运行与监控成为可能。

2. 系统控制核心

设施环境控制系统的核心通常由单片机、计算机、工控机、可编程控制器等承担。它们的共同特点是具有中央处理单元（CPU）或处理器。具体而言，设施中温度、湿度、辐射等各种信息输入到 CPU，按照设定的算法及时进行处理运算，做出决策，发出控制信号，通过输出设备实施控制。其测定值、计算值、图形、表格、设备的运行状态都可以在屏幕上显示；通过键盘输入参数等可以调控设备的运行；通过光缆或电话线将设施信息传到其它计算机，实现信息共享、异地管理；设备出现故障能够及时通知用户或自动采取相应的保护措施，避免或减少不必要的损失等。

软件系统是为了运行、管理和维护计算机而编制的各种程序的总和，广义的软件还应该包括与程序有关的文档，是计算机系统的重要组成部分，它可以使计算机更好地发挥作用。

3. 传感器

设施智能管理系统要求一个定量的数据流的持续输入，这些数据来自物理、化学的测量和在温室内、温室周围气候现象的测量，完成这一功能的设备就是传感器。传感器是一种专用设备，是借助敏感元件接受一种物理信息，按照一定的函数关系将该信息转换成一定的电量输出的器械，也被称作发送器、变送器、换能器。传感器的作用是能够从提供的大量信息中发现信号、选择信息，并以可测量的形式传输信号。

园艺设施中常用的监测传感器有：温度、湿度、辐射、CO_2、风速风向、雨量、pH、EC、液温、流量、重量传感器等（图 10-1），现介绍如下。

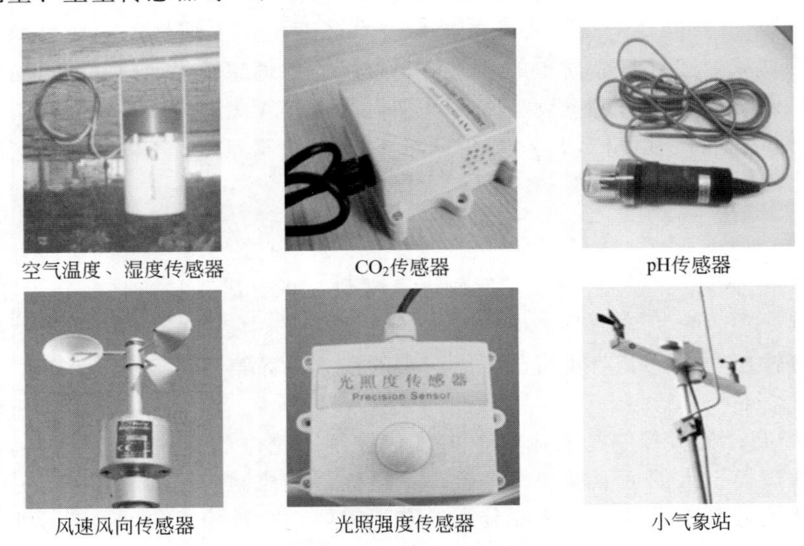

图 10-1 设施园艺常用监测传感器

① 温度传感器 是用于温度测量的传感器，根据测量原理的不同分为热电阻、热电偶等。在温室中常用热电阻温度传感器 Pt100、Pt500。此外还有液温传感器，用于加温管道、营养液温度测定。

② 湿度传感器 空气湿度可以用相对湿度和不饱和蒸汽压来描述，根据测量原理的不同主要分为湿敏电阻和湿敏电容两大类。

③ CO_2 传感器 由气敏元件和某些电路或其它部件组合在一起，把 CO_2 气体浓度转化为电信号进行检测的一种器件。常见类型有红外式 CO_2 传感器，利用各种元素对某个特定波长的吸收原理制成，抗中毒性好，反应灵敏，但结构复杂，仪器相对昂贵，持续监测成本高；PID 光离子化 CO_2 传感器，利用气体离子化后形成的电流测定，灵敏度高，无中毒问题，安全可靠；电位电解式 CO_2 传感器，利用电极平衡电位的变化测定气体浓度。

④ 风速风向传感器 户外的风速用杯状风速计来测量。风向用风向标来测量，角度决定于一个可变电阻的测量或用一个罗盘。由于风速、风向变化较大，常用连续平均值来计量。

⑤ 雨及雨量传感器 一般降雨传感器是在电路板上有两个梳子状的相互交织的黄金盘子状的电极，当暴露在雨中时，雨滴将两个电极连接起来传达降雨信号。在电路板下面固定有一个小的电流加热元件用于加速雨滴的蒸发，电极应经常清洗，去除水蒸发后留下的盐结晶体和尘土。雨量监测仪有测重式、翻斗式、虹吸式、浮子式等类型。

⑥ 辐射传感器　有直接辐射表、双金属片日照传感器与旋转式日照传感器。通常用于测量短波辐射的仪器有一个宽带热辐射接收器，外面由一个或两个玻璃圆顶状东西覆盖用来防止接收器受到外界天气的影响，以及提供一个稳定的热力环境。这个仪器能测量所有短波能量变化密度或接收平面的太阳辐射，通常位置是水平的，角度的变化应遵循余弦函数。单位是：mJ/(cm^2 · min) 或 W/m^2。

a. 光合作用有效辐射传感器　绿色植物能利用 400～700nm 波长光的辐射进行光合作用，简单地从所有短波辐射转换成光合作用有效辐射是不可能的。光合作用有效辐射传感器包含有一个带有扩散器和视觉过滤器的矽光电池，它们有好的平行性和稳定性，每两年重新标定刻度一次。

b. 光照仪（照度计）　现代光照仪由带有扩散器和视觉过滤器的矽光电池组成，单位：lx，是照度单位，与能量单位（PAR）没有直接的关系。一般不能进行换算，每两年需要重新标定刻度一次。过去光照仪广泛应用于园艺研究上，现在基本不再使用。

⑦ 气象站　是建立在温室附近的气象仪器，包括气温传感器、辐射传感器、降雨传感器和风向风速传感器，有时也会安装一个 CO_2 传感器。在固定传感器时，干扰因素应降到最低。应注意气象站安装在容易接近的地方，方便去保护维修（清洗传感器），为防止雷击的破坏应安装避雷针接地处理。

⑧ 化学传感器　用于测量和控制离子浓度。在营养液或岩棉栽培中，EC 和 pH 传感器是最常用的化学传感器，用于测定营养液中离子浓度和酸碱度。EC 计是测定营养液离子浓度的，称之为电导仪，有便携式、台式和与计算机相连的电极传感器等类型，单位是：ms/cm，营养液 EC 一般应在 2～10ms/cm 范围内；pH 传感器是玻璃电极易破碎，使用过程中要十分小心，同时注意清洗和经常校正，一般使用寿命在一年左右，注意及时更换。

⑨ 其它传感器　在营养液栽培中，为控制供液量，需要对残液量进行估算，设计有容积传感器；在营养液池还应有液面传感器，以防止溢液或液面过低；在产品采收后需要分级处理，使用重量传感器（类似电子天平）等。

4. 环境控制设备及运行方法

（1）加热

加热方法有热水、热风、电热、工厂余热等，通过散热设备的合理设置，能够满足温室需热量，多数采用开关控制加热，如电热、热风炉等，在水暖、余热利用上采用电磁阀或流量阀控制供热量。一些温室可能装有空气加热器，产生 1～3℃的热量。这些加热器是开是关依靠设置值与所测温度的差值来确定。在温室中如果有一个以上的加热器，就需要一个程序来控制。

（2）换气通风

通风不仅会影响温室温度，也会对室内湿度、CO_2 浓度产生影响，同时在遇到强风、降雨等不良天气时，会对设施和作物造成损害，及时关闭通风窗也很重要，因此通风控制是一个复杂系统，日光温室多采用手动通风，大型温室采用电动通风窗或电动卷膜通风设备。计算机根据气象站提供的外界辐射、风速、内外温度差，计算通风面积或通风窗角度，启动通风设备运行。在遇到强风时有预警机制及时关闭通风窗，防止风对温室的破坏；同样，降雨时雨量传感器传输信号后，启动闭窗机制，防止作物淋雨染病。

（3）湿度

湿度控制可以通过通风窗调节，但更多是通过减少地面蒸发（硬化地面或铺设塑料薄膜、包裹基质等）、通过换气扇、保持较高温度、安装除湿设备等来实现的，另外采用流滴薄膜也可实现排湿。在夏季高温引起的低湿度也对作物生长不利，采用喷雾降温加湿是常用的措施，加湿设备的启动或运行依靠传感器输入计算机的值来控制开与关。

（4）CO_2 浓度

荷兰通过热电联合系统燃烧天然气产生 CO_2，经处理后通过管道送入温室。日本是燃烧航空煤油产生 CO_2，经处理后送入温室。管道上安装电磁阀或气泵，计算机根据 CO_2 传感器输入的数据，控制阀门的开合。但 CO_2 传感器价格较高，并且需要每年更换和定期检查，在中小型温室使用成本高。不少情况下采用流量计来估算 CO_2 施用量，根据通风情况、辐射及温度等，依据经验确定施用时间、浓度。一般在辐射强、温度高、光合旺盛时，提高 CO_2 供应水平是有利的，但在通风条件下 CO_2 浓度过高，会溢出室外降低施用效率，增加成本，并会污染大气环境。

（5）补光

为提高低温寡照时期的光合效率，常采用补光设备，补光灯的控制多用开关控制，在计算机中有时间程序，能够确定补光时段和起始时间。由于季节的变换，每天日出日落的时间都不同，计算机中输入季节与日出的相关数据来调整补光时间。

补光灯通常用高压钠灯，为了延长灯泡的寿命，不能频繁地开和关，建议最小开灯的时间间隔为 20min，在再一次开灯之前要求最少关闭 10～15min，以使灯泡冷却。目前荧光灯、节能灯、电子灯（LED）已开始用于作物补光，升降式的补光设备正在研发中。

（6）二层幕

在大型温室中一般设置内保温幕、遮阳幕、遮黑幕，是在透明覆盖材料下的二层或三层内覆盖系统，它们的作用、功能和开闭时间不同，但控制机制基本是相同的。一般通过电机（直流电机或三相电机）、行程开关与控制箱相接，通过计算机控制运行。

① 保温幕　白天关闭，夜间打开保温，是提高夜间保温性或降低加热成本的设备，分屋顶保温和侧面保温（温室周边的内保温）。幕布的放置分托幕、垂幕、卷曲、折叠式几种情况，幕的运行有锯齿式、卷轴式、齿链式等不同方式。一般屋顶保温采用垂幕系统可缩小遮光面积，侧面保温采用卷曲式或折叠式，整齐美观且遮光少，见图 10-2。

当夜间湿度过高时，可以开启二层幕 1～30cm 进行通风，让水汽在寒冷的顶部凝结，当温度降低之后，幕再次关闭。为防止在植株上结露可打开风扇，以迫使在幕下有小的空气流动。

② 遮阳幕　是用遮阳网制成的平幕系统，可在室内或室外使用，室外的叫外遮阳，见图 10-3，室内的称内遮阳。与保温幕不同的是遮阳幕在白天使用，主要是在夏季光照过强、室内温度过高时使用。控制遮阳幕的机制是计算机根据辐射传感器、温度传感器输入的数据，分析通风降温、喷雾降温等措施难以达到预期效果的前提下，被迫实施的保护手段。但遮光会影响喜光植物的光合生产。由于缺乏相关研究，目前遮阳幕的开闭主要由时间控制器或人工操作来实施。

③ 遮黑幕　是在白天使用的幕系统，黑幕必须覆盖整个温室区域或试验区域，用于缩短自然日长，在科研、特种作物生产（如调节花卉的开花时间）中使用，一般由时间控制器来控制。

（7）空气搅拌器　在大型温室中室内空气流通差，或夜间湿度大易在植物叶片上结露而又不能通风、换气的情况下，需要安装空气搅拌器，室内空气的流动也有利于 CO_2 的输送。该设备的运行依赖于湿度传感器、风速传感器传输的数据。

（8）灌溉和营养液控制　灌溉量应根据辐射量、温度、风速、作物的生育阶段及土壤状

图 10-2　折叠式侧面保温系统

图 10-3　温室外遮阳设施

况来确定，多数情况下由时间控制器根据生产者的经验来控制，也可通过程序由计算机来确定灌水时间和次数。在自动灌溉情况下，要设计贮液池，池中要有水位传感器，防止水的溢出或不足。

四、温室环境控制的发展与展望

随着技术的进步、科学的发展，温室环境控制正从静态走向动态，“物理型”的环境控制器将转化为“生理型”的环境控制系统，种植者将不再关注马达、水泵等设备的控制，而将专心致力于作物生长发育方面的研究，三维监测能直接对作物进行监测，与植物对话，让植物能够按种植者的意愿生长。

第二节　设施农业管理专家系统

一、概述

1. 专家系统的定义

专家系统是一种智能的计算机程序系统，该系统按某种格式存储有某个专门领域中大量的专业知识与经验（知识库），拥有类似专家解决实际问题的推理机制（推理系统），能对输入信息进行处理，并运用相关知识进行推理，做出决策和判断，其解决问题的水平达到或接近专家的水准，因此能起到专家的作用或成为专家的助手。简而言之，专家系统是一种模拟人类专家解决领域问题的计算机程序系统。

2. 专家系统的类型

对专家系统可以按不同的方法分类。通常可以按应用领域、知识表示方法、控制策略、任务类型等分类。如按任务类型来划分，常见的有解释型、预测型、诊断型、调试型、维护型、规划型、设计型、监督型、控制型、教育型等。依据专家系统的结构和功能不同，可以分为专家系统开发工具和实时控制专家系统。

3. 专家系统的特点

一般专家系统有以下几个特点：

① 启发性　能运用专家的知识和经验进行推理和判断。

② 透明性　能解决本身的推理过程，能回答用户提出的问题，即系统自身及其行为能被用户所理解。专家系统由于具有了解释机制，使人们在应用它的时候，不仅得到了正确的答案，而且还可以知道得到答案的依据。

③ 灵活性　能不断地增长知识，修改原有的知识。专家系统一般都采用知识库和推理机制分离的构造原理，只要抽去知识库中的知识，它就是一个专家系统外壳。如果要建立另外一个功能类似的专家系统时，只要把相应的知识装入到知识库中就可以了。

④ 权威性　专家系统为了能够像人类专家那样去解决实际问题，就必须具有专家级的知识。知识越丰富，解决问题的能力就越强。

⑤ 推理性　专家系统的根本任务是求解现实问题。问题的求解过程是一个思维的过程，即推理的过程。所以专家系统必须能够有效地进行推理。

⑥ 交互性　专家系统一般都是交互式的，一方面与专家对话获取知识，另一方面与用户对话以索取求解问题时所需的已知事实以及回答用户的询问。

⑦ 实用性　专家系统是根据问题的实际需求开发的，这一特点就决定了它具有坚实的应用背景。

⑧ 具有一定的复杂性及难度　专家系统拥有知识，可以运用知识进行推理，模拟人类的思维过程。但是，人类的知识是丰富多彩的，思维方式也是多种多样的。因此，要真正实现对人类思维的模拟，是一件非常困难的工作，并依赖于其它许多学科的共同发展。

4. 设施农业管理专家系统的主要任务

设施农业管理专家系统，是把设施农业的知识、技术及相关专家的研究成果，通过计算机程序的演绎推理，以正确和接近正确的答案告诉需要这方面知识和技术的人们，起到解疑释难的作用，是人工智能技术和计算机技术的有机结合。

建立和使用设施农业管理专家系统的主要目的是实现设施生产中科学化和标准化的管理，以获得优质、高产、高效的生产。

以设施种植为例，目前专家系统的主要任务是提供设施作物栽培管理技术，提供作物病虫害防治方法及预测预报，因此国内外开发的专家系统都集中于这两个方面。当专家系统中包括设施生产目标时，专家系统也可以提供决策服务，即设施生产的战略（长期）、战术（中期）决策。在生产中应用较多的工厂化育苗专家系统属于作物栽培管理的范畴。

二、专家系统的结构和组成

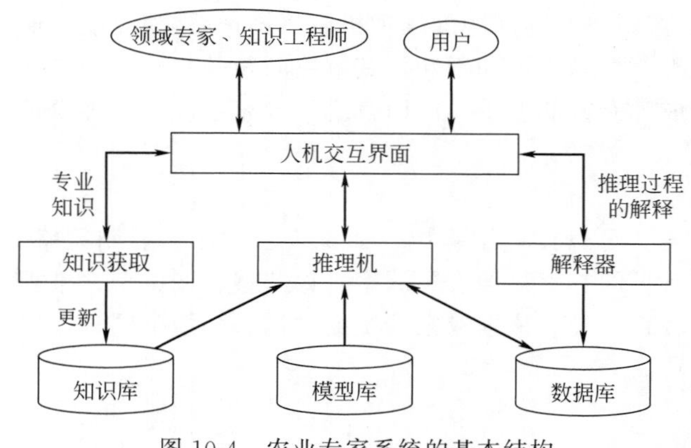

图 10-4　农业专家系统的基本结构

专家系统的体系结构随专家系统的类型、功能和规模的不同，而有所差异。农业专家系统由知识获取、知识库、推理机、解释器、模型库、数据库、人机交互界面 7 部分组成（图 10-4）。其中知识库、数据库以及推理判断程序是核心部分。

① 知识获取　是专家系统功能完善的最重要的途径。基本任务是从知识库或数据库中自动获取知识，把得到的知识送入知识库中，并确保知识

的一致性和完整性。实际上它就是提供一组程序或函数，使它能够删除知识库原有的知识，并能将向专家获取的知识加入知识库中，此外它应还能把原知识库中不适当或有错的规则加以修改或删除，从而不断地增加知识库中的知识，是修改知识库原有的知识和扩充知识的手段。

② 知识库　包括一系列存储的事实和一系列由专家形成的或认同的规则，每一规则都是专家推理的过程，含有条件（IF）和结论（THEN）语句。它是以程序化语言描述相关行业的专门知识、经验及书本知识和常识，是领域知识的存储器，包括事实、可行性操作与规则等，是决定专家系统工作性能优劣的关键因素，也是具有领域特色的具体内容部分。设施园艺知识库内部具有大量设施园艺领域的知识和专家经验，包括该领域专家可用的知识和解决问题的方案、具体措施，能用来解决相关的问题。

③ 推理机　是专家系统的思维部件，功能是根据一定的推理策略，从知识库中选择有关知识，对用户提供的证据进行推理，直到得出相应的结论为止。推理分精确和不精确两种。精确推理是把领域的知识表示成必然的因果关系，推理的结论或是肯定的，或是否定的。而不精确推理是在“公理”的基础上，定义一组函数，求出“定理”的不确定性量度。

④ 解释器　是用来对推理给出必要的解释的一组计算机程序，为用户了解推理过程，向系统学习和维护系统提供方便，它能够向用户解释专家系统的行为。

⑤ 模型库　是农业生产管理专家系统重要的组成部分，从功能上分，它可以分为生长模拟模型和知识模型。生长模拟模型是通过试验研究与模拟研究相结合，在分析大量试验资料和文献资料的基础上，发展和建立起来的基于生理生态过程的农业生长模拟模型；知识模型是通过总结、归纳和提炼不同栽培、生态条件下的农畜产品生长发育指标与产量及品质形成技术规范，找出其与植株调整、肥水调控等技术措施与生产条件及环境生态因子之间的函数关系，并综合分析农畜产品生育指标的不同时期及季节性变化规律及数量化关系，突出知识模型的结构性、普适性、指导性，从而建立动态的农业生产管理知识模型。

⑥ 数据库　实际上是农业专家系统工作时，内部数据的暂时存储区域。包括外部输入的原始数据、推理过程中产生的中间数据等。农业专家系统开始运行时，首先将获得的初始事实放在存储区中，推理机根据这些事实及知识库进行推理，并不断将中间结果和中间假设放在数据库中，直到获得问题的最终结论或得不到推理结果而退出。

⑦ 人机交互界面　人与系统进行信息交流的界面，通过该界面用户输入提问、已知数据和其它信息；同时专家系统对用户的提问、推理结果、对推理结果的解释也通过人机交互界面输出给用户。

农业生产的特性要求专家系统中的基础数据不只是数据量大，而且必须具有动态性。知识库、数据库、模型库必须要有不断的新知识、新数据、新技术来扩充支撑，尽快解决农业生产的实际问题。专家系统的工作方式可简单地归结为：运用知识，进行推理。

三、设施作物管理专家系统

设施作物管理专家系统主要是用来查询和咨询设施作物管理各个方面的知识，种植者可以从专家系统获得管理方面的知识，也可以根据生产中出现的问题进行提问，从专家系统获得有效的解决办法。一个好的作物管理专家系统应能够使种植者充分估价综合资源需求、管理风险、潜在效益等。

从图 10-5 可知，种植者可以根据自己的土地等资源状况、温室种植历史、作物需求等，决定是否种植某一种蔬菜。一旦决定种植某种蔬菜作物以后，专家系统将可以提供一系列的

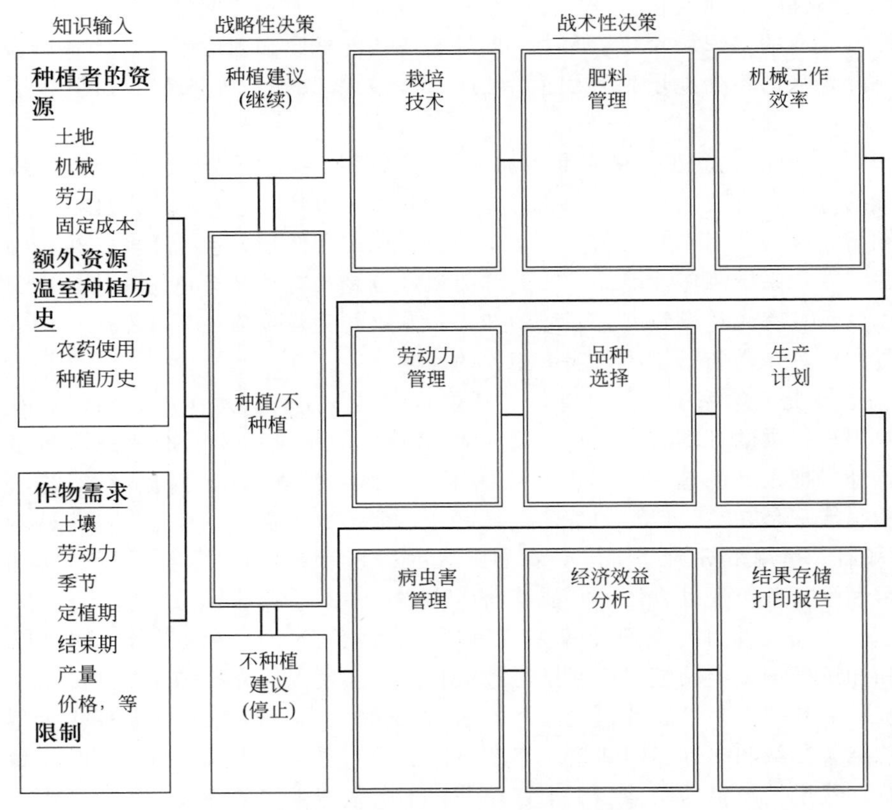

图 10-5　设施作物管理专家系统的结构

栽培管理支持，包括栽培技术、施肥、劳力需求、品种选择、生产计划的制定、效益分析、植物保护等。

建立这种专家系统时，目标的设定可以由编程专家根据传统种植者的经验设定，也可以根据使用这一系统的种植者的特殊目标设定，如对于特殊的作物或特殊的栽培方法有特殊的目标等。

以温室蔬菜作物种植为例，设施作物管理专家系统通常由下述一些模块组成，利用知识库中存储的专家知识为用户提供咨询服务。

① 栽培技术模块　对种植者提供蔬菜生产方面的建议，包括土地准备、覆膜、定植、灌溉、收获程序等。具体来说可以分为更加详细的子模块，如：育苗技术模块、定植技术模块、田间管理模块、采收技术模块等。

② 肥料管理模块　参考土壤测试信息，根据某种蔬菜作物对氮磷钾肥料的需求，对种植地块氮磷钾肥料需求量等给出结果。

③ 劳动力等资源管理　根据种植地块计算劳力需求和特殊机械使用需求，提供详细的使用计划。

④ 品种选择模块　根据生产者特殊的条件，提供品种基因类型、品种来源和植物学特征（包括株高、生长势、分枝性、叶型、花期、结实性、品质特性、果实大小、产量水平等），以及生育期、叶面积系数及抗逆性等方面的信息。

⑤ 生产计划模块　对生产者选定的品种和特殊的地块提供播种期、定植期、收获期等建议。

⑥ 经济效益分析模块　对单位面积上种植者投入的成本以及消费的人力等资源进行分析，包括肥料、苗木、农药使用、灌溉、机械化操作、利息以及操作资本、机械设备、土地租赁费、采收前后的劳力使用等。根据种植者总投入给出经济回报的预测。

⑦ 病虫害管理模块　对种植者提供病虫草害控制方面的建议。根据病虫草害类型帮助种植者选择适当的药剂，提供使用频率和次数等。

四、设施作物病虫害管理专家系统

设施作物病虫害管理专家系统，可以作为设施作物管理专家系统的一部分，也可以独立形成一个系统。一般设施作物病虫害管理专家系统可分为病虫害诊断专家系统和病虫害预测预报专家系统。

1. 病虫害诊断专家系统

设施作物病虫害诊断专家系统设计的目标，是要能够分析和掌握被诊断感病植株症状的特性以及可能的原因，能够通过诊断植株的表面症状辨别出被掩盖的病原及其诱因，甚至可以从一些种植者提供的不太确切的信息中发现真正的病虫害类型，并通过知识库中的知识提供相应的病虫害防治方法和建议，可以部分代替专家指导种植者诊断和防治作物病虫害，降低农药的使用量，生产无公害产品。

数据库模块存放的是作物病虫害诊断专家系统中主要事实性知识，其主要是各种病害的名称（包括拉丁学名）、症状表现、发病部位、全部染病部位、发病原因/条件、防治方法、图片、分类等；各种害虫的名称（包括拉丁学名）、害虫不同时期的形态特征（包括卵、幼虫、成虫、蛹等不同虫态的虫体特征）、危害特征及危害部位、生活习性和发生规律、防治方法等。这些知识主要是以文字、数字、图形、图片形式存储。

设施作物病虫害诊断专家系统中，知识库存放的是病虫害的判断性知识和过程性知识。判断性知识是表示各种害虫的形态识别，各种防治方法的原理等知识。这些知识多数是以知识规则的形式出现的。过程性知识有时也可称为控制性知识，是表示各种病害的侵染过程、循环过程、推理控制策略以及专家的经验性知识等。其中推理控制策略是表示问题求解的控制策略，是如何运用判断性知识进行推理的知识。

设施作物病虫害诊断专家系统中推理机用来模拟专家的思维过程，以使整个专家系统能够以逻辑的方式进行问题求解和症状诊断与识别。依据知识表示方法的不同，设施作物病虫害诊断专家系统的推理方法不同。例如，张文学在牡丹栽培技术专家系统中，描述病害和虫害的症状特征知识库用了如下关系：

Rule1（病害名称 x，症状 p，权 w）；

Rule2（虫害名称 x，症状 p，权 w）；

Rule3（病害名称，主要危害部位，症状，发生条件，防治方法）；

Rule4（虫害名称，主要危害部位，症状，发生条件，防治方法）。

当给定病虫害的症状后，求出这些特征对应的权 w，当 w 大于某设定值时，即认为该病虫害种类为可能病例；$w=1$ 则确定为该病虫害种类。

据此，病害种类推理过程如下：

① 根据用户提供的病害的主要危害部位，将可能的病害种类输入/存入动态库；

② 根据①的可能病害，用户从所列各种症状中选择；

③ 根据用户所选症状，检索症状特征库，得到相应病害名称；

④ 根据病害名称，将对应特征和权 w 存入动态库；

⑤ 计算所有已知症状的加权和 W_i；判断 W_i，如为 1 则确定病害名称；否则取较大的三种 W_i 为可能病害名称，并列出其它症状由用户继续确认；

⑥ 重复③～⑤，求出的最大的 W_i，确定为病害名称。

显然，由病害名称，依据 Rule3（病害名称、主要危害部位、症状、发生条件、防治方法）可结合发生条件，得到防治方法。

虫害种类诊断推理过程与病害种类推理过程类似。

病虫害诊断是设施作物管理专家系统中的重点和难点问题之一。经研究发现，作物病虫害的发病部位涉及叶、茎、果、根等部位。发病特征包括形态特征、颜色特征、过程特征等多种特征，描述十分困难。包括的知识库非常庞杂，且和用户的交互相当不便。可以发挥多媒体计算机的优势，采用形式化诊断的方式来进行病虫害诊治决策。用户只需在屏幕上指认所提供的病症图片，在选择按钮旁标出提示样板或实物示例，辅助用户输入。这会使病虫害症状特征的输入更形象、直观、准确。

病虫害诊断按叶、茎、果、根四个部分分别进行，这样一方面可以充分利用知识信息，另一方面可以增加诊断的可靠性。总的诊断结果由部位诊断结果函数通过加权评价得到。系统在给出诊断结果的同时，还可以弹出对该病症的详细文字描述和症状图片，给出防病治病的方案。

除诊断识别外，病虫害诊断专家系统应该能够给用户提供可自由浏览的各种病虫害的档案和防治知识。

2. 病虫害预测预报专家系统

设施作物病虫害预测预报专家系统就是代替专家，通过对已有知识（即病害的发病原因/条件、害虫生活习性和发生规律等）以及当前的事实与数据（如设施环境状况等）进行分析，推断未来病虫害发生动态，提供防治信息的一类专家系统。其特点是具有处理基于时间变化和环境变化的动态数据的能力，能够从当前的一些不完全和不准确的信息或数据中，依据知识库中已有的知识对未来的病虫害发生情况做出预测预报。

如由中国农业大学卢健、沈佐锐研制的温室生态系统健康智能监护系统（图 10-6）包

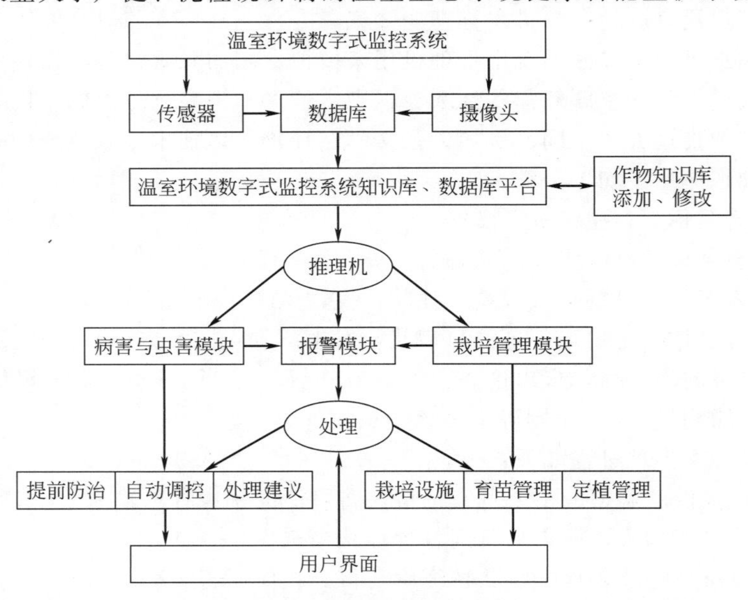

图 10-6　温室生态系统健康智能监护系统运行示意图（卢健，沈佐锐，2004）

括作物生长状态监护和作物易发病虫害预警两个子系统，通过作物生长状态监护系统将实时采集的温室气象数据，与专家知识库中该作物某一发育时期适宜生长的温度、湿度、光照度等进行对比，系统将处理结果发布在系统界面上，同时将数据及处理结果录入数据库。通过作物易发病虫害预警系统，将温室气象数据与专家知识库中作物主要病虫害易发条件进行对比，当温室气象条件有利于某种病虫害发生时，系统发出警报并提示用户查看相关信息、处理建议，预警信息同时也录入数据库供用户日后查看。这一系统针对温室作物的生长和主要病虫害，实现了作物生长期判断、温室气候状况实时显示和判断、主要病虫害预测预报。

病虫害预测预报专家系统的软件结构，同样包括数据库、知识库、推理机、知识获取、解释界面及用户接口等重要部分，并且数据库中有关发病条件、病害发生规律等必须量化。此外该系统还要有一个设施环境监测仪与此相连，该仪器能够监控设施内温度、湿度等环境因子的瞬时变化，并采集数据、进行数据处理和传输到推理机，推理机对接收到的环境数据进行分析和推断，比对数据库中提供的条件，从而预测预报某种可能发生的病虫害。

第三节　温室作物生长模型

一、作物模型的一些基础知识和基本概念

系统（system）是客观实体（reality）的有限的部分，它包括互相关联的一些元素，系统内部全部关系的总和称为系统结构。一个模型就是一个系统的简单的代表，它包括对系统行为来说非常重要的元素以及这些元素间的关系，相对于系统研究来说，模型的研究可能更容易一些。

对一个系统的研究称为系统分析，主要目的是明确系统中各成分间的相互关系，绘制系统结构相关关系图。通过区别系统内的主要成分，借助代表这些成分的简化的微分方程的特征性变化，获得原系统的模型。模型的发展是系统分析的过程。模型的行为是研究和比较来自这个系统的试验结果，这种研究方法就称为系统分析和模拟。系统分析和模拟能够用来进行预测、改善系统的洞察力并测试知识的一致性（连贯性）和完整性。

由于系统是一个实体的有限的部分，所以要选定一个边界。选定这种边界是非常明智的，这样系统就从其环境中隔离开来。尽管这种隔离几乎是不太可能的，但是一定要想办法选定一个边界，使得环境可以影响这个系统，但系统几乎不可能影响环境。

对模型的设计以及与系统有关的模型行为的研究就叫作模拟。模拟就是数学模型的构建，是实现作物原型向作物模型过渡的途径之一，具体是指在量化研究作物原型的基础上，用数学方程来描述作物行为的过程。模拟是应用模型进行实验的方法，因此，没有模型就谈不上模拟。

在实现数学模拟之前，一般需要先进行概念性模拟（conceptional simulation）。概念性模拟是基于一些假说、概念和经验对作物的生长发育过程的设想。它是数学模拟必要的理论前提。

二、作物模型的种类、特征

作物模型发展到今天，按照不同的功能特征和理论基础，已经开发出不同复杂水平的模型。有些研究者试图对模型进行分类，但是由于一个模型通常占有很多方面的特性，所以不

太容易准确地界定模型的种类。

通常作物生长模型可分为经验模型与机理模型、描述性模型与解释性模型、动态模拟模型与静态模型等。其中，经验与机理模型相对简单一些，经验性的成分多一些，注重模型的预测性和应用性。描述与解释性模型则要复杂一些，机理性的成分多一些，强调模型的解释性和研究性。一些模型的种类简要介绍如下。

1. 经验模型和机理模型

经验模型就是不分析实际过程的机理，而是根据从实际得到的、与过程有关的数据，进行数理统计分析，按误差最小原则，归纳出该过程各参数和变量之间的数学关系式。经验模型只考虑输入、输出，而与过程机理无关，所以又称为黑箱模型。因此，经验模型是对观察资料的直接的描述，并且通过回归方程（一个或多个因素）来表述，可以用来估计最后的产量，比如作物产量对肥料施用的反应，在给定作物上模拟叶片长度与叶面积之间的关系等。这类模型较粗放，在所研究的范围内、在特定的地方可以进行内推，估计值很好，但避免外推。机理模型是在一定的假设下，根据主要因素相互作用的机理，对它们之间的平衡关系的数学描述。

2. 描述性模型和解释性模型

描述性模型也称为统计、回归、经验或黑箱模型。它关于系统行为发生的原因或机理反应的内容很少或几乎没有。解释性模型则属于机理性模型，它包含对系统行为发生的原因机理和过程的定量描述。对于一个系统的描述，它至少包含有一个或多个子系统来解释，使人们对系统的认识更加清楚、明确。如干物质生产模型就是通过对光合作用过程详细的描述和计算建立的。

3. 动态模拟模型和静态模型

动态模拟模型（dynamic simulation model）：模拟过程中如果包括随着时间的变化而变化的过程，那么就叫作动态模拟。动态模拟模型是基于一个假定，即在任意时刻每一个系统的状态可以被量化，并且状态的变化可以通过数学方程描述。在这样的模型中就有状态、速率、驱动变量等的区别。动态模拟模型中模型结构本身是静态的，只有通过模拟才能反映动态过程。

静态模型（static model）：描述系统各组成部分之间及系统与外界的静态平衡关系的模型。其基本特点是不考虑时间因素，不考虑实际系统客观上存在时滞现象和振荡后效等动态特性。静态模型只能反映描述系统在某一时刻的平衡状态，而不能反映系统的运动过程。但由于建模和求解比较容易，又能有效地解决某些现实问题，因此应用十分广泛，如线性规划模型等。静态模型不能把时间作为变量。

4. 决定性模型和随机性模型

决定性模型就是对数量性状（如鲜重、作物产量等）进行明确的预测，没有任何相关的概率分布、变异或随机成分。当变化和不确定达到一个很高的水平时，就出现了随机性模型。随机性模型给出期望的平均值以及相关的变异。随机性模型的变化发展往往具有几种不同的可能性，究竟出现哪一种结果是带有偶然性、随机性的，但是这种现象遵循着统计性规律。

5. 模拟模型和理想化模型

模拟模型是为了模仿系统行为的目的而设计，它们是机械模型，在大多数情况下它们是决定性模型。理想化模型有专门的目标，为了得出答案，它们应用决策规律，这些规律包含一些理想化法则。

6. 可视化动态生长模型——植物空间结构模型

可视化动态生长模型，是指以植物个体或群体的形态结构为研究对象，应用虚拟现实技术，在计算机上再现植物在三维空间的生长过程。目前这种模型已成为作物模拟研究新的领域。这种模型研究是基于生理生态过程的作物形态建成模型，基于图形技术的作物形态显示模型。该种模型结合作物生长模拟模型，建立基于模型耦合的数字化、可视化作物生长系统，研究基于作物-土壤-大气关系的养分和水分动态平衡关系；研究基于 3S（即地理信息系统 geographic information system，GIS；遥感 remote sensing，RS；全球定位系统 global positional system，GPS）的作物生长监测与精确管理决策支持系统。

三、作物模型的基本结构

作物模型的基本结构分为外部结构、内部结构和核心结构三部分。

1. 模型的外部结构

作物模型的外部结构，又称为模型的外观，是指从外部看到的模型所包含的组成。虽然作物模型的外部结构各种各样，但是整体而言作物模型的外部结构还是有一定共性的，主要包括模型程序、若干数据库和运行界面三部分（图 10-7）。

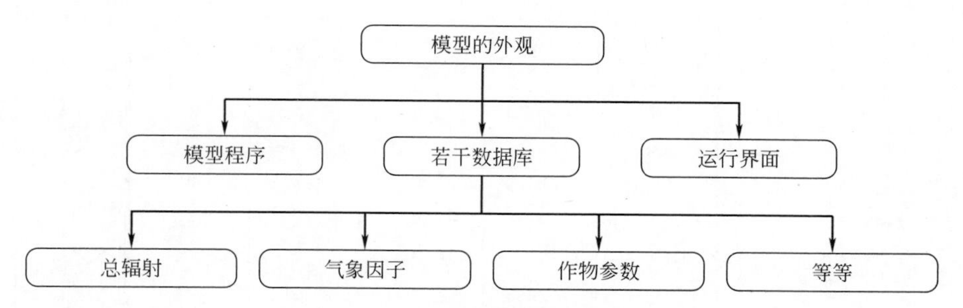

图 10-7 作物模型的外部结构

模型程序有时可以看到（如作物模型），有时则看不到，只能看到运行界面。一个模型所包含的数据库一般有 3～5 个。不同的作物模型包含有不同的数据库类型。如温室作物模拟就要包含温室透明覆盖物的透射率，作物的叶倾角以及冠层的分层格式等。气象数据库主要包括除总辐射以外的温度、湿度、饱和水汽压差（VPD）等气象因子的数据。

2. 模型的内部结构

作物模拟模型的内部结构包括模型程序结构和数据库结构。

作物模型程序与一般的计算机程序一样，一般结构分为起始阶段、动态模拟阶段和终止阶段三部分（图 10-8）。

其中，动态模拟阶段又是由若干个子模块（module）组成的。子模块是指作物模型中有独立意义的子系统。一个作物模型通常含有若干个子模块。如温室番茄模型 TOMSIM 包括温室透射率、光合作用和干物质生产、果实生长期、干物质分配四个子模块。

如果把每一个子模块（module）独立出来，加上起始和终止语句就构成了一个子模型（sub-model）。子模型就可以代表作物一个子系统的行为。如光合作用子模型就可以反映光合作用的基本行为。呼吸作用子模型也可以大体代表作物呼吸作用的行为。

作物模型的每个数据库都有其各自的结构，它们必须能够被运行的程序识别并读取，否则就没有用了，而且它们的结构是统一、规范的。如表 10-1 是太阳辐射部分数据库。这个数据库是荷兰 DE BILT 市三十年的总辐射的平均值。奇数列是一年中的天数（day of

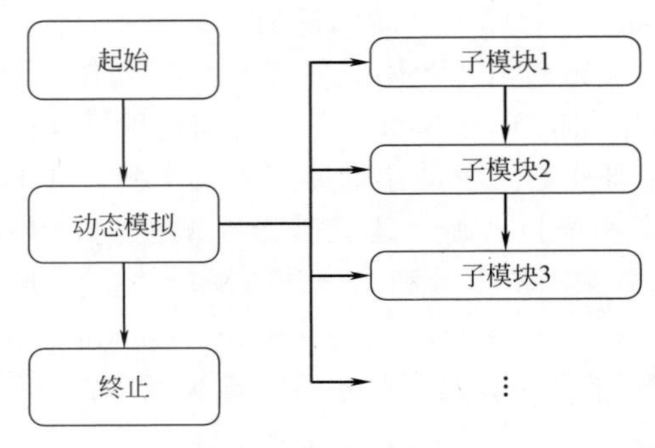

图 10-8　模型程序的结构

year)，它的起始点是 1 月 1 日，即 1 月 1 日为第一天。偶数列是总辐射量。天数与总辐射量一一对应共 365 对数据。

表 10-1　荷兰 DE BILT 市太阳辐射部分数据库

天数	总辐射/[μmol/(m² · s)]	天数	总辐射/[μmol/(m² · s)]	天数	总辐射/[μmol/(m² · s)]	天数	总辐射/[μmol/(m² · s)]	天数	总辐射/[μmol/(m² · s)]
1	143	15	120	29	206	43	61	57	824
2	209	16	66	30	134	44	468	58	1075
3	104	17	97	31	159	45	466	59	463
4	172	18	438	32	333	46	394	60	529
5	452	19	222	33	439	47	612	61	247
6	366	20	214	34	122	48	176	62	1215
7	147	21	172	35	178	49	101	63	410
8	59	22	125	36	59	50	240	64	143
9	155	23	61	37	144	51	147	65	879
10	399	24	298	38	239	52	126	66	249
11	398	25	113	39	83	53	266	67	754
12	373	26	184	40	402	54	438	68	454
13	339	27	96	41	328	55	883	69	1040
14	394	28	239	42	440	56	1032	…	…

注：辐射数据库结构及数据来源参照荷兰皇家气象研究所气象数据。

3. 模型的核心结构——子模块

子模块是作物模型中核心的组成部分，是真正能反映作物原型行为的环节。根据子模块所代表的气象因子和不同的生理过程，子模块有气象因子（如太阳辐射的计算）、干物质积累、干物质分配、光合作用、呼吸作用等许多种。虽然子模块内容不尽相同，但是许多子模块都有相似的结构，图 10-9 列举的是作物生物量累积子模块的知识准备结构框架。如图 10-9 所示，可以将子模块完成过程归纳如下：

① 作物的生长发育机理，环境因子的控制作用以及因子间的互作等，这三方面的知识是完成子模块最重要的前提条件。这些知识归纳的直接结果，是形成能代表作物环境系统的数学方程或等式。这些数学式可以是简单的线性方程，也可能是积分方程、微分方程等。所以作物模型研究的重点是：什么样的数学方程可以计算或描述作物行为、作物系统的行为。

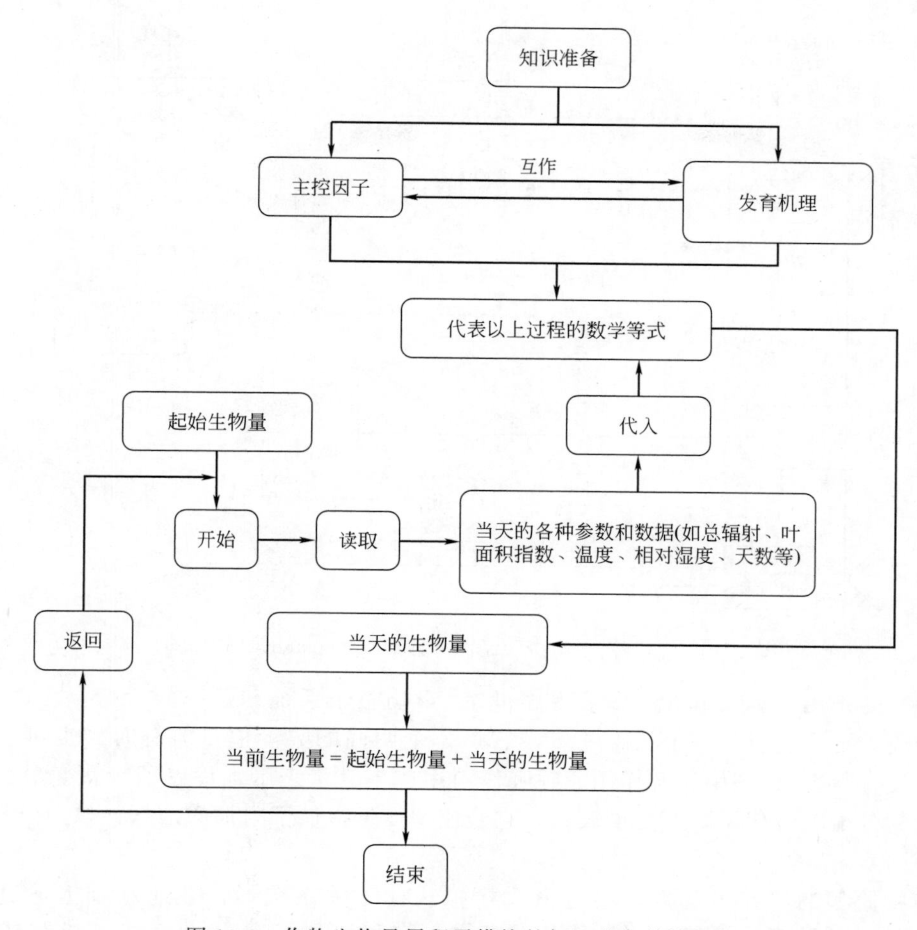

图 10-9　作物生物量累积子模块的知识准备结构框架

② 根据上述建立的数学方程中的变量和参数的要求，建立模型运行所需的气象因子和参数的数据库。

③ 运行上述数学方程，加入时间变量，并且通过使用循环语句重复运行某些过程，最终使作物的动态生长发育过程能够用数据、图形等形象地反映出来。

④ 根据时间变量的有无，可以将子模块分为动态和静态的子模块。一个作物模型所有子模块都是静态的，这个作物模型才是静态的，只要有一个子模型含有时间变量，整个作物模型就是动态的。

四、作物模型的构建

作物模型的构建首先要搞清楚作物生长发育系统内部的成分，以及各成分之间的相互关系，也即首先构建一个概念模型。通过概念模型明确作物生长发育系统内部的成分、系统输入与输出之间的关系，在此基础上绘制出作物生长以及发育的系统结构相关关系图形。关系图形能把所研究系统的重要元素和系统内部的相互关系形象化。

图 10-10 是作物潜在生产关系图。该图能够很好地区分作物生产系统内的一些变量以及各变量之间的关系。在研究开始时关系图形可能是特别有帮助的，使之更容易理解模型的内容和特性。图 10-10 中显示太阳辐射和温度是作物生长的驱动变量，它们对作物起着重要的

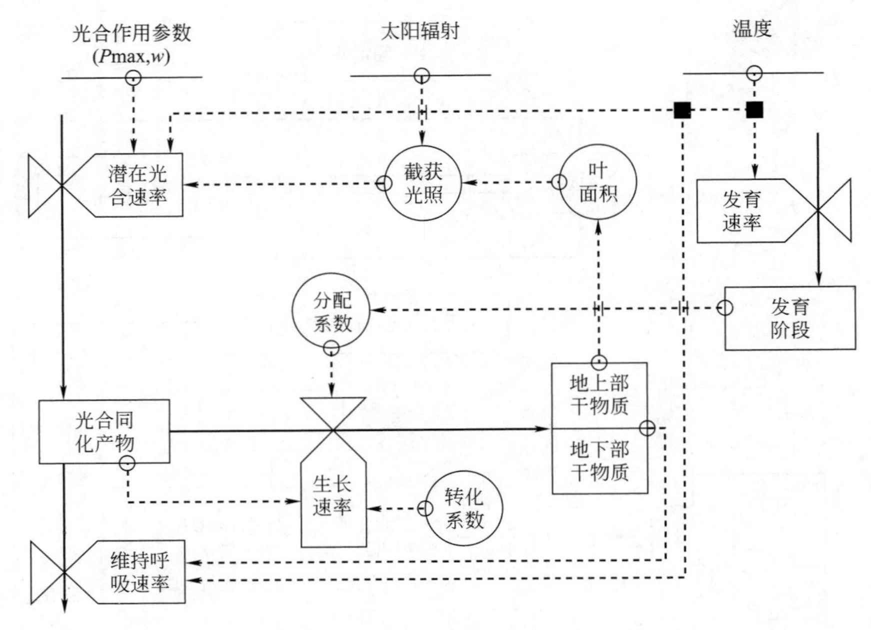

图 10-10　作物潜在生产关系图（参照 Lovenstein 等，1995）

推动与调节的作用（如：同化、发育和分化），影响整个系统和系统的运行。在这个图中，同化产物或干物质生产是一个状态变量，它是一个明确的数量值（但有时候也可能是抽象的，如：发育状态）。图中光合作用和呼吸作用用速率变量表示，代表了状态变量的变化速率；物质的分配和转化用附属变量表示，它给速率变量提供了附加的信息（如：控制生长呼吸的转换因素）。

以作物原型的研究为起点，经过概念模拟构建了关系图形，在此基础上通过数学方程模拟量化各种关系，然后进行计算机编程和计算机模拟，这样建立起能够代表作物原型系统行为的虚拟系统的模型。图 10-11 是作物模型构建框架图。其中数学模拟是最为重要的一步，计算机模拟是数学模拟发展的必然结果，当然作物的生理生化知识是构建模型的基础。

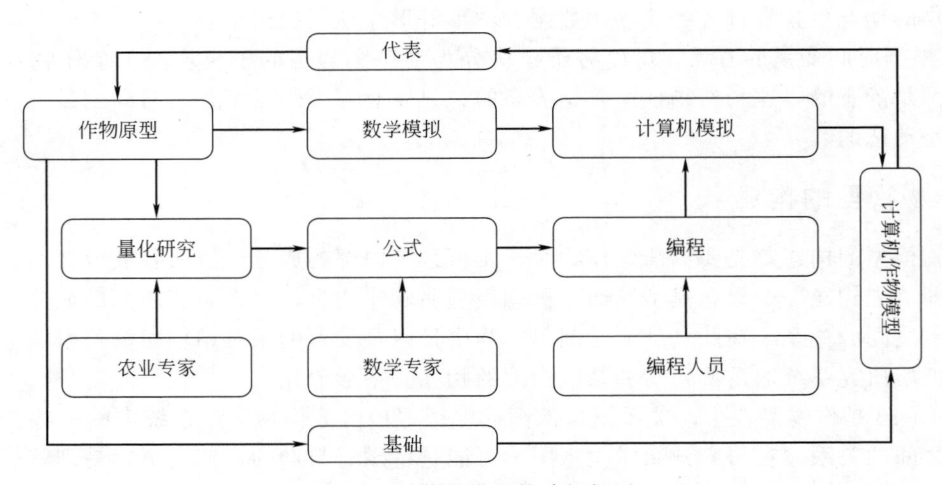

图 10-11　作物模型构建框架图

五、作物结构模型的可视化仿真

计算机图形技术与农业知识的有机结合使得作物形态结构和生理功能的研究跨入到数字化、可视化的阶段，在计算机上以三维可视的方式将作物的形态结构、作物的生长过程以及环境因素对作物形态结构和生长发育的影响形象地展现出来，从而为分析、研究植物与环境的关系提供一种更直观的手段。

作物的植株是由根、茎、叶、花和果实等不同器官组成，要建立作物的三维模型就是首先要建立各种作物器官和形态结构的三维模型。目前，国内外围绕作物器官和形态的几何建模已开展了多年的研究工作，并提出了多种建模方法。常用的几何建模方法主要是通过获取作物器官的几个特征点，使用某种参数曲线或曲面生成器官的三维网格曲面，该模型建模过程不直观，非专业人士难以直接应用。近年来，随着三维激光扫描技术的发展，为植物形态结构的三维重建提供了一个全新、有效的方法。

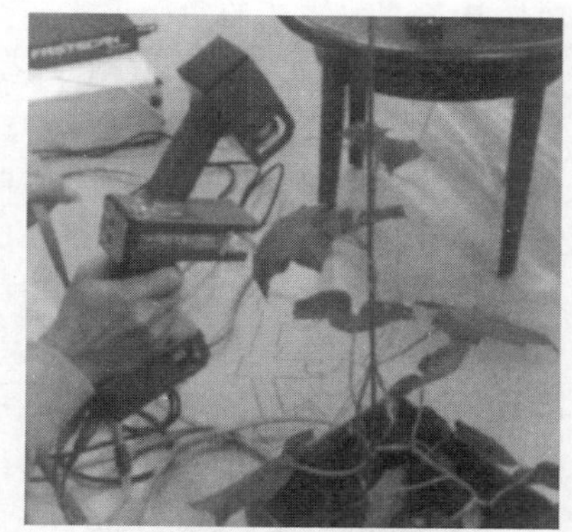

图 10-12 三维激光扫描设备获取植物叶片点云数据

首先利用三维激光扫描设备在田间或实验室内对叶片进行扫描，从作物上获取叶片的三维数据（一般称为点云数据）。图 10-12 为采用 Polhemus 公司的 FastSCAN 激光扫描仪来获取植物叶片的点云数据，所获取的点云数据如图 10-13(a) 所示。在利用三维激光扫描仪对作物叶片进行扫描过程中，由于群体植物和器官间的遮挡，以及其它外部条件的影响，所获取的点云数据不可避免地会带有噪声点。因此在重建叶片的三维曲面之前要尽可能剔除这些噪声点。常用的噪声点剔除方法包括 2 种，一种是交互式手动剔除，另一种是通过算法实现噪声点的剔除。图 10-13 以一个黄瓜叶片的三维扫描点云为例，给出手动剔除噪声点的过程，其中图 10-13(a) 为原始点云数据，图 10-13(b) 为选取噪声点，图 10-13(c) 为删除噪声点后的点云数据。

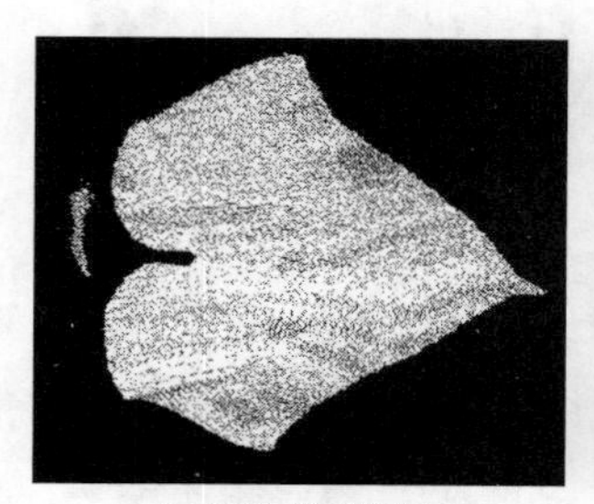

(a) 原始点云数据

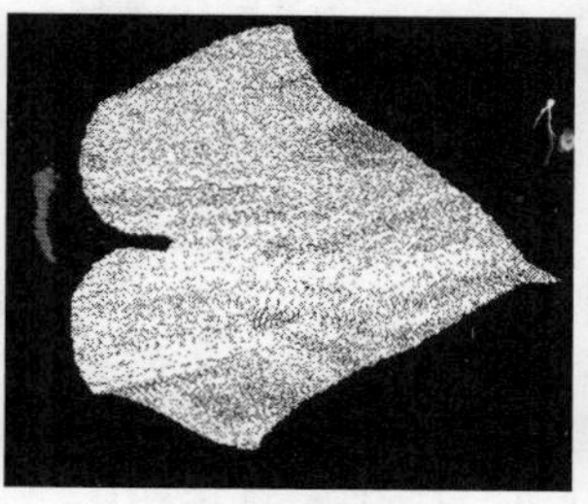

(b) 选取噪声点

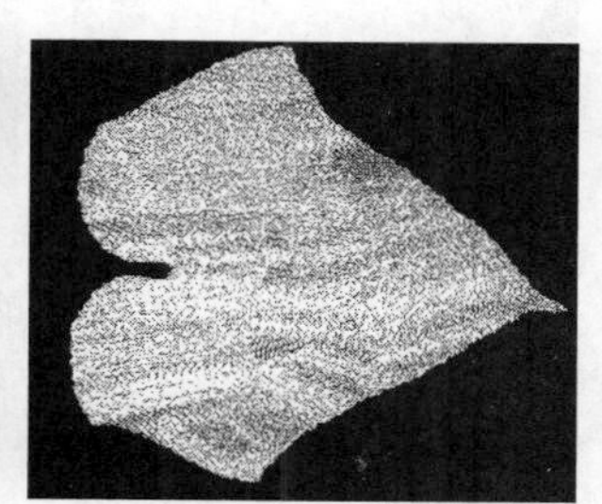

(c) 删除噪声点后的点云数据

图 10-13 点云数据剔除噪声点过程（彩图）

由于激光扫描设备精度较高，因此扫描得到植物叶片点云的数据点往往达到几万、几十万甚至上百万的规模，若采用过多的数据点进行曲面重构，不仅占用大量的计算机资源，降低运算速度，同时过于密集的点云会影响重构曲面的光顺性。因此在对点云数据进行曲面重构之前要对点云数据进行精简操作。常用的点云精简方法有基于曲率的精简方法、基于平均点距的精简方法和基于随机采样的精简方法等。如图 10-14(a) 为曲率精简后的点云数据，图 10-14(b) 为平均点距精简后的点云数据，图 10-14(c) 为随机精简后的点云数据。

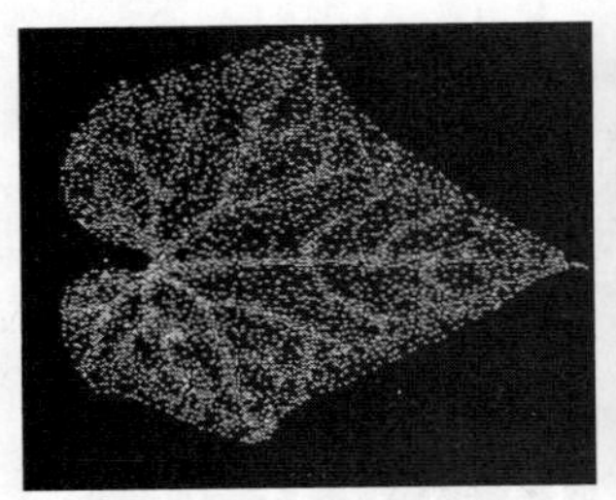
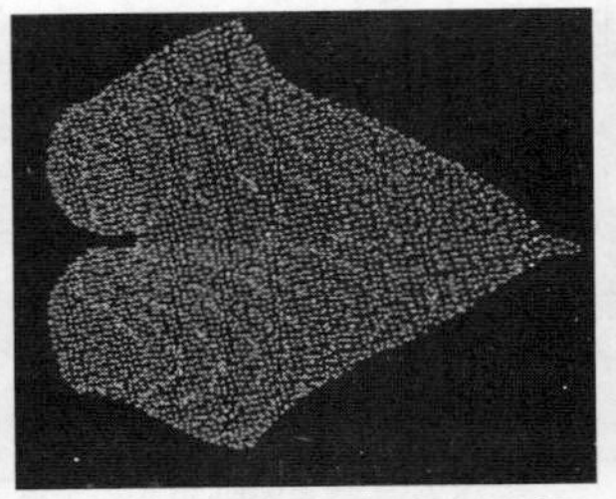
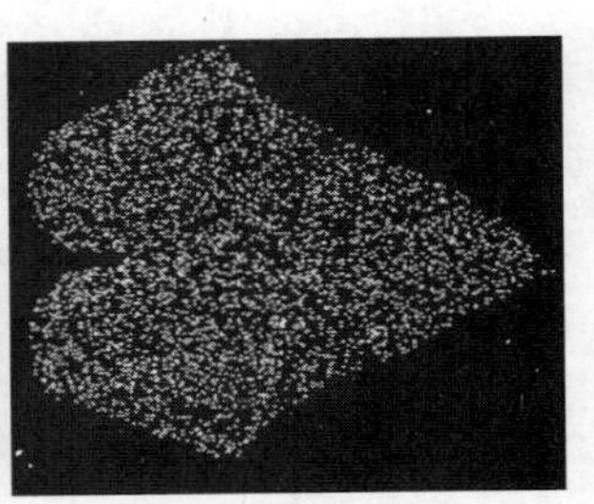

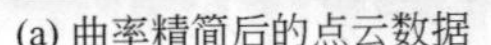
(a) 曲率精简后的点云数据　(b) 平均点距精简后的点云数据　(c) 随机精简后的点云数据

图 10-14　3 种点云精简方法（彩图）

选取基于曲率的精简方法对植物叶片点云数据而进行简化处理后，基于这些点云数据进行网格化，即可得到叶片的三维网格曲面模型。目前，常用的散乱点云数据重构曲面模型方法包括基于参数描述的曲面重构、基于隐式曲面的重构和基于计算几何的三角剖分 3 种。图 10-15(a) 给出了对图 10-14(a) 所示点云数据进行 Delaunay 三角剖分的结果。部分植物叶片存在明显且不规则的下凹边缘，而利用 Delaunay 三角剖分法对叶片点云进行网格化会形成一个三角形单元集合的凸包，因此容易产生错误的边连接。如图 10-15(b) 中红色方框所覆盖的边为错误的边，这样网格化的结果会掩盖植物叶片本来的边缘形态，因此需要删除这些冗余的边来优化三角形网格。采用平均距离法删除这些冗余的边，并通过多次优化处理。图 10-14 给出了网格优化过程，图 10-15(b) 为对图 10-15(a) 的 4 次迭代结果，红色方框里为没被去除的冗余边，右上角为红色方框的放大图，图 10-15(c) 为手动删除方框里冗余边后的网格模型。

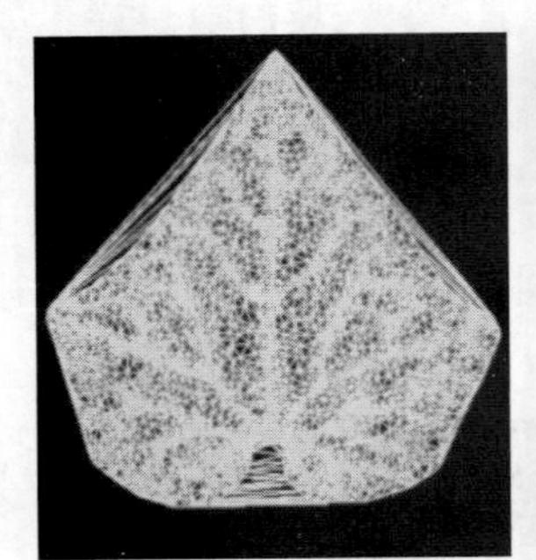
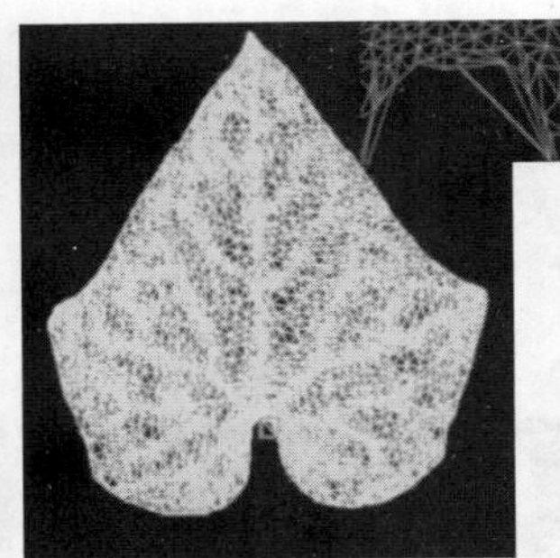
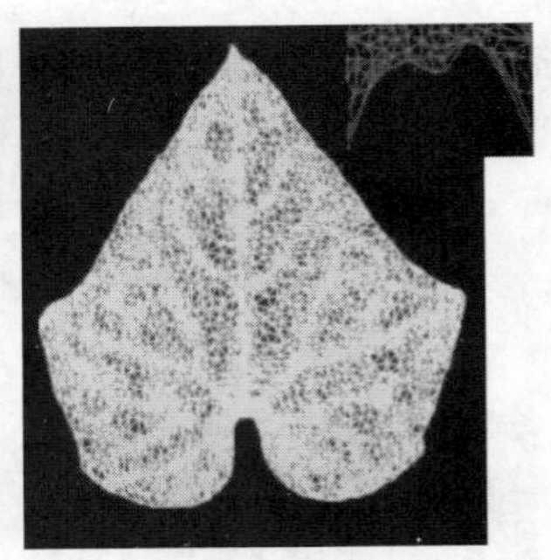

(a) Delaunay三角剖分结果　(b) 初始优化结果　(c) 再次优化结果

图 10-15　网格优化过程（彩图）

经过一系列点云数据的获取与处理，黄瓜叶片（从上往下）的原始点云数据、网格模型、优化后网格模型和纹理贴图模型（从左往右）如图 10-16 所示。实验结果表明，采用这种方法能够从扫描获得的三维点云数据中重建植物叶片的高精度网格曲面模型。对于茎秆、果实等其它作物器官，也可以通过激光三维扫描仪直接获取其点云数据，并利用上述方法建立器官的三维模型。

作物主要器官可以进行三维模型的构建，同样作物植株和群体也可以进行三维模型的构建。研究人员围绕植物的三维建模已提出多种方法，如 L-system 方法、分形方法、自动机模型等。研究人员以黄瓜植株为例，基于植株规则形态结构完成了作物植株三维形态结构生成模型。图 10-17(a) 是对植株初始三维模型中的每个器官大小和方向经过调整后，建立的植株三维模型。图 10-17(b) 是采用基于测量数据的植株三维重建方法，通过测量获得需要

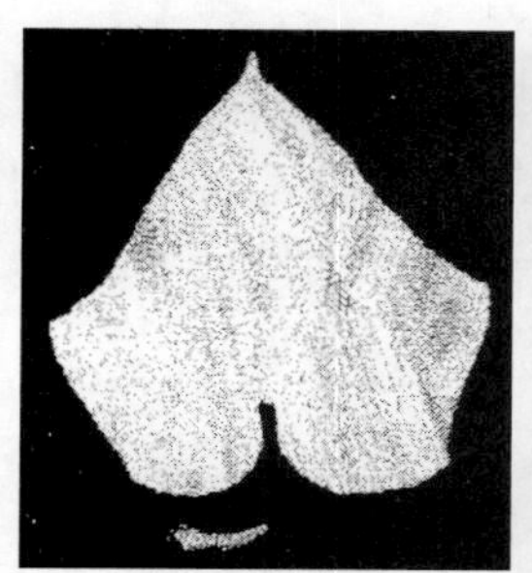
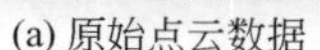
(a) 原始点云数据

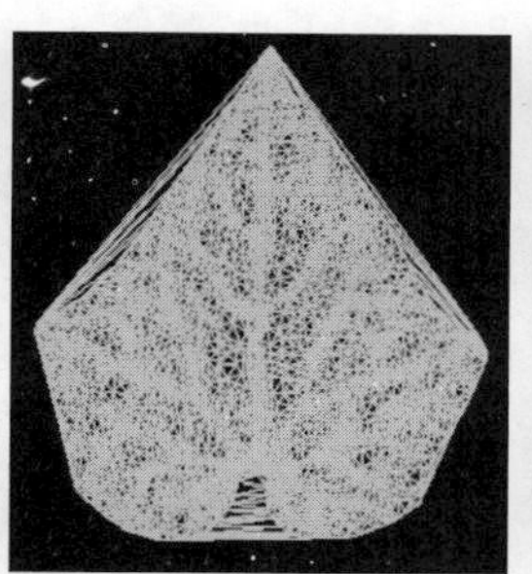
(b) 网格模型

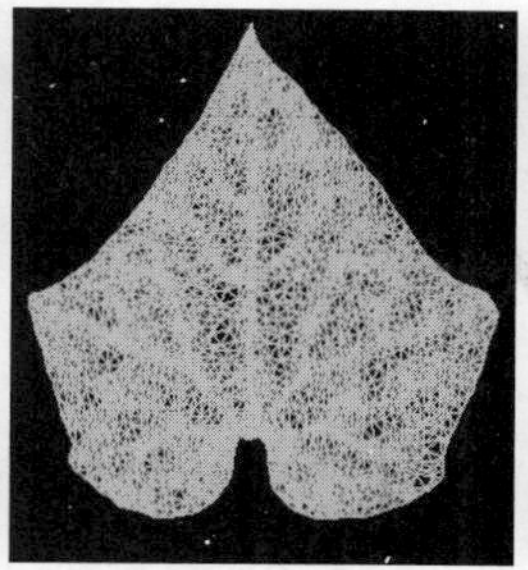
(c) 优化后的网格模型

(d) 纹理贴图模型

图 10-16　植物叶片点云数据的网格曲面重构结果（彩图）

(a) 黄瓜单植株三维模型

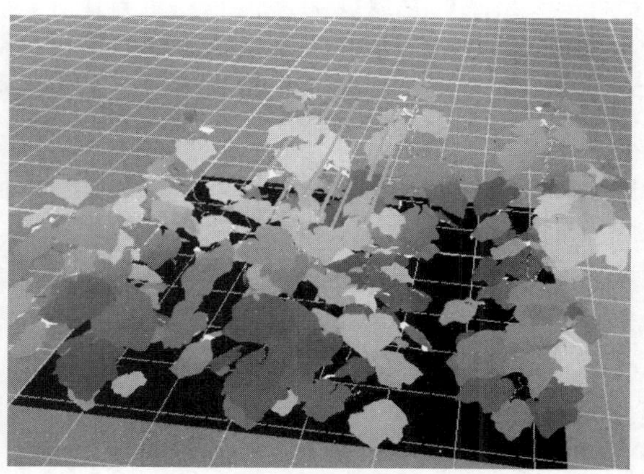
(b) 黄瓜群体三维模型

图 10-17　作物植株形态结构建模（彩图）

重建作物群体中每个植株的位置信息、植株形态特征信息和叶片扫描点云数据后，重建的黄瓜群体三维模型。

建立作物的三维模型后，如何在计算机屏幕上将作物的三维模型逼真地显示出来，满足实时交互观察和互动的需要，在虚拟植物研究领域和计算机图形学上都是难点问题。近 40 年来，研究者围绕植物三维模型的真实感显示问题开展了诸多研究，并提出了多种方法。图 10-18(a) 是一种实时的叶片渲染算法，并对算法进行扩展和优化后获得的结果。图 10-18(b) 为 Runions 等人提出的一种叶脉生成和真实感渲染方法而获得的结果。此外，还有人提

(a) 小型植株实时叶片渲染效果

(b) 计算机模拟生成的叶脉效果

(c) 叶片绒毛模拟生成的效果

图 10-18　作物三维模型真实感显示效果（彩图）

出的叶片绒毛生成方法，如图 10-18(c) 所示。

作物与环境间的相互作用是复杂的，环境条件的改变会引起作物生长发育状况和形态结构的改变，作物的这种改变反过来又将影响其微气象环境、土壤、水、肥等状况。在虚拟作物研究中，作物与环境的相互作用规律，包括环境条件对作物形态结构的塑造和定量关系，是重点也是难点，需要田间实验和生长模拟模型研究的支撑。

六、模型的敏感性分析、模型的校对和模型的验证

对于建立起来的模型应该进行参数校对、适应性验证以及敏感性分析。

1. 模型的敏感性分析

模型的敏感性分析（sensitivity analysis）就是决定模型参数和驱动变量在模型中的重要性，即对于一个给定的参数或驱动变量，进行上下 10%的调整，然后运行模型，比较几次运行的输出结果，分析参数和驱动变量改变输出结果变化的幅度。如果变化幅度大，说明模型不太稳定，很难应用；如果变化幅度太小，说明模型不能及时反应系统的变化。

2. 模型的校对

模型的校对（calibration）就是决定模型中参数的值，它包括模型中一些参数的调整或修改，如通过无错模型模拟的数据来考察观察到的数据。在许多情况下，即使模拟是基于观察到的数据建立的，模拟值也不能准确地按照观察值而出现，一些参数必须做微小的调整。由于取样误差或系统知识的不完善，或者当模型应用在与建立过程显著不同的环境下时，可能会引起差异，或不适应，这就需要校对。

3. 模型的验证

模型的验证（validation）就是决定模型的有效性，即将模型模拟的结果与系统实际观察值进行比对分析，看其吻合程度，以此决定模型是否可以用来实现或达到其预期的目的。一般如果模拟结果与观察结果比较吻合，或者其误差在可以接受的范围内，则模型可以应用。

从开发作物模型的角度看，作物模型被开发出来之后紧接着的问题，一是这个作物模型能否代表其所模拟系统的行为以及其变化趋势，二是这个模型是否能够在新的环境条件下使用，为此模型需要进行验证。模型验证中应该注意的问题：

① 作物模型存在一些假说，这些假说和实验的结果从本质上不可能有绝对的吻合；

② 验证过程中，观测值本身的不确定性会使验证标准存在质疑，因此模型验证时应对观测值进行必要的统计学分析；

③ 大的作物模型中，子模型的验证应成为模型验证中很重要的一部分；

④ 定量验证作物模型之前应先进行简单的定性验证。

第四节　设施农业物联网应用

一、农业物联网定义

农业物联网是物联网技术在农业生产、经营、管理和服务中的具体应用，就是运用各类传感器、RFID、视觉采集终端等感知设备，广泛地采集大田种植、设施园艺、畜禽养殖、水产养殖、农产品物流等领域的现场信息；通过建立数据传输和格式转换方法，充分利用无

线传感器网络、电信网和互联网等多种现代信息传输通道，实现农业信息的多尺度的可靠传输；最后将获取的海量农业信息进行融合、处理，并通过智能化操作终端实现农业的自动化生产、最优化控制、智能化管理、系统化物流、电子化交易，进而实现农业集约、高产、优质、高效、生态和安全的目标。

二、农业物联网架构

农业物联网架构分为 4 个层次：感知层、传输层、处理层和应用层（图 10-19）。

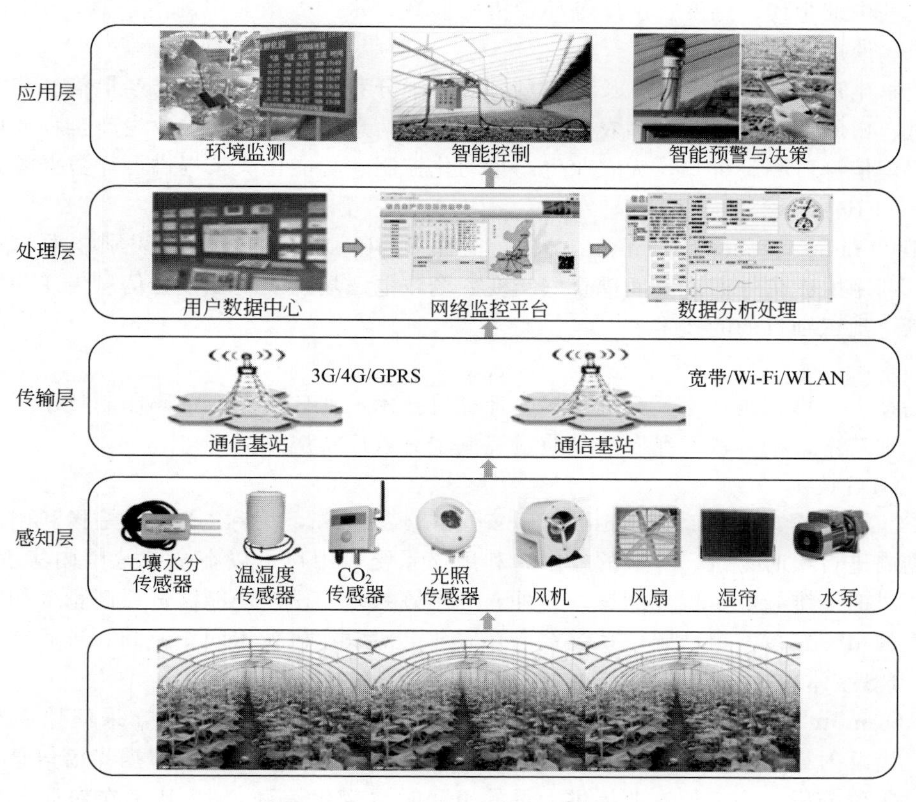

图 10-19　农业物联网基本构成框架（彩图）

感知层位于物联网三层结构中的最底层，是物联网的核心，是信息采集的关键部分。其功能为“感知”，由各种传感器网关和传感器构成，包括温度传感器、CO_2 浓度传感器、二维码标签、湿度传感器、摄像头、RFID 标签和读写器、GPS 等感知终端，主要功能是识别物体、采集信息。

传输层则主要负责数据的传输，将传感器获取的各类数据通过有线或无线的方式，以多种通信协议，向局域网、广域网（如 3G/4G 通信网络、IPv6、Wi-Fi 和 WiMAX、蓝牙、ZigBee 等）发布，负责将感知层获取的农业生产信息，安全可靠地传输到所需的各个地方。

处理层需要完成数据的管理和数据的处理，即通过云计算、数据挖掘、模式识别、预测、预警、决策等信息处理平台对感知层采集数据进行计算、处理和知识挖掘，从而实现对物理世界的实时控制、精确管理和科学决策。

应用层位于物联网结构体系中的最顶层，是面向终端用户的，是物联网和用户（包括个人、组织或者其它系统）的接口，它与行业发展应用需求相结合，实现物联网的智能化服务应用。

三、农业物联网关键技术

1. 农业信息感知技术

（1）农业传感器技术

农业传感器技术是农业物联网的源头，农业传感器主要用于采集各个农业要素信息，包括种植业中的光、温、水、肥、气等参数；畜禽养殖业中的 CO_2、NH_3、SO_2 等有害气体含量，空气中的尘埃、湿度、温度等环境指标参数；水产养殖业中的溶解氧、pH 值、氨态氮、水位、浊度等参数。

动植物生理信息传感，作物长势信息、作物水分和养分信息、作物产量信息和农业田间变量信息、田间作业位置信息和农产品物流位置等信息感知，实现农业生产全程环境及动植物生长生理信息可测、可知，为农业生产自动化控制、智能化决策提供可靠数据源。

（2）RFID 技术

RFID（radio frequency identification，简称 RFID）技术，即射频识别技术，是一种通信技术，利用射频信号通过空间耦合（交变磁场或电磁场）实现无接触信息传递并通过所传递的信息达到识别目的的技术。

（3）条码技术

条码技术是集条码理论、光电技术、计算机技术、通信技术、条码印制技术于一体的一种自动识别技术。条码技术在农产品质量追溯中有着广泛应用。

（4）GPS 技术

GPS 又称为全球定位系统（global positioning system，简称 GPS），是指利用卫星，在全球范围内进行实时定位、导航的技术。利用该系统，用户可以在全球范围内实现全天候、连续、实时的三维导航定位和测速；另外，利用该系统，用户还能够进行高精度的时间传递和高精度的精密定位。全球定位系统技术在农业上对农业机械田间作业和管理起导航作用。

（5）RS 技术

RS（remote sensing，简称 RS）即遥感技术利用高分辨率传感器，采集地面空间分布的地物光谱反射或辐射信息，在不同的作物生长期，实施全面监测。根据光谱信息，进行空间定性、定位分析，为定位农业提供大量的田间时空变化信息。RS 技术在农业上主要用于作物长势、水分、养分、产量的监测。

2. 农业信息传输技术

（1）无线传感网络技术

无线传感器网络（wireless sensor networks，简称 WSN）是一种分布式传感网络，由部署在监测区域内大量的传感器节点组成，通过无线通信方式形成的一个多跳的自组织的网络系统，其目的是协作地感知、采集和处理网络覆盖区域中被感知对象的信息，并发送给观察者。

无线传感器网络可实现农业环境数据采集、传输、处理与控制功能，相继应用到节水灌溉、水产监控、温室监控等农业管理领域，美国 Intel 公司在俄勒冈州应用了葡萄园环境监测系统，通过长时间记录葡萄生长过程中关键的日照、温度和湿度等环境因子，经过数据分析提取环境与葡萄关联关系，为葡萄生产提供信息支持；佛罗里达大学研发了基于无线通信的设施农业管理系统，管理人员通过计算机远程控制设施蔬菜生长。以上系统通常以温室为单元组建独立的无线传感器网络系统，多个温室通过不同网络分别监测和控制。

（2）移动通信技术

移动通信技术已经逐渐成为农业信息远距离传输的重要及关键技术。农业移动通信经历了3代的发展：模拟语音、数字语音以及数字语音和数据。目前，NB-IoT（narrow band internet of things）是IoT领域一项新兴的技术，支持低功耗设备在广域网的蜂窝数据连接，也被叫作低功耗广域（LPWAN），通过NB-IoT智慧设备实时将数据通过NB-IoT网络主动传输至云平台，根据海量设备提供的高精度、大规模的动态监测数据，实现高效的管理与调度，降低管理成本，有效提升服务的质量与效率。

3. 农业信息处理技术

（1）农业预测预警技术

农业预测是以土壤、环境、气象资料、作物或动物生长、农业生产条件、化肥农药等实际农业资料为依据，经济理论为基础，数学模型为手段，对研究对象未来发展的可能性进行推测和估计。农业预警是指对未来农业运行态势进行分析与判断，提前发布预告，采取应对措施，以防范和化解农业风险的过程。

（2）农业智能控制技术

农业智能控制是在农业领域中给定的约束条件下，将人工智能、控制论、系统论和信息论等多种学科综合与集成，使给定的被控系统性能指标取得最大化或最小化的控制。

（3）农业智能决策技术

农业智能决策是智能决策支持系统在农业领域的具体应用，它综合了人工智能（AI）、商务智能（BI）、决策支持系统（DSS）、农业知识管理系统（AKMS）、农业专家系统（AES）以及农业管理信息系统（AMIS）中的知识、数据、业务流程等内容。

（4）农业诊断推理技术

农业诊断是指农业专家根据诊断对象所表现出的特征信息，采用一定的诊断方法对其进行识别，以判定课题是否处于健康状态，找出相应原因并提出改变状态或预防发生的办法，从而对客体状态做出合乎客观实际结论的过程。

农业诊断推理指运用数字化表示和函数化描述的知识表示方法，构建基于“症状-疾病-病因”的因果网络诊断推理模型。

（5）农业视觉处理技术

农业视觉处理是指利用图像处理技术对采集的农业场景图像进行处理而实现对农业场景中的目标进行识别和理解的过程。基本视觉信息包括亮度、形状、颜色、纹理等。

四、农业物联网应用

传统的温室主要依靠人工监控，数据采集工作大多是采用人工抄表或预先布线的有线采集方式。完全依靠人力的缺点是工作量大、费用高、难以保障数据的实时性和有效性，而有线数据采集存在着布线费用高、测量节点位置变化时需要改变线路走向及长度等诸多不利因素。同时，传统的温室大棚无法控制大棚内部环境，人为监测调控偏差大易造成生产损失。

设施农业物联网以全面感知、可靠传输和智能处理等物联网技术为支撑和手段，可维持相对稳定的局部环境，减少因自然因素造成的农业生产损失，是一种高产、高效、低耗、优质、安全的现代农业发展模式。如由西北农林科技大学张海辉为陕西省铜川市设施基地研制的设施蔬菜物联网智能化管理系统（图10-20），主要是利用传感技术、通信技术和计算机技术，将日光温室种植过程中关键的环境要素：空气的温湿度、光照强度、CO_2浓度及土壤水分等植物生长所需的环境信息数据通过各种传感器的实时采集，并利用无线网络通信技

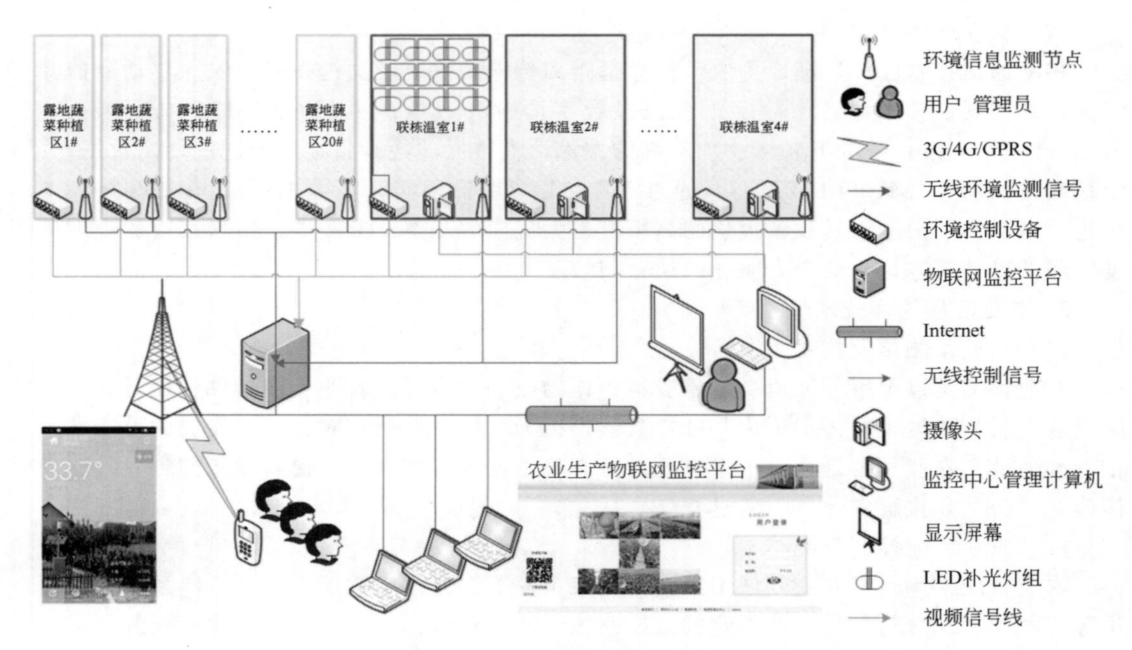

图 10-20 铜川市设施蔬菜物联网智能化管理系统（彩图）

术如 GPRS、3G/4G 等，将数据及时传送到本地的设施农业物联网控制室或远端农业物联网数据云中心，通过模型分析，可以自动控制温室湿帘风机、喷淋滴灌、内外遮阳、顶窗、侧窗、加温补光等设备，同时，系统还可以通过手机、平板、计算机等信息终端向用户推送实时监测信息、报警信息，实现温室大棚信息化、智能化远程管理，保证作物最适宜生长环境，提高生产质量，降低成本，增加收益。

农业物联网智能化管理系统的主要功能如下。

（1）信息监测与采集系统

信息监测与采集系统是通过在日光温室中部署物联网传感设备、组网设备，实现温室中温湿度、CO_2、光照度、土壤水分生长环境监测，并采用无线网络进行信号采集、传输、接收。系统可根据用户的实际情况，选择部署（图 10-21）。

图 10-21 部署传感器进行环境监测（彩图）

（2）远程控制系统

远程控制系统主要由温室大棚专用控制器、电控箱（柜）及安装附件组成，通过 GPRS 网关与管理监控中心连接。根据温室大棚内环境监测参数，对调控设备（包括风机、卷帘机、滴灌喷水、CO_2 施肥等）开/关、定时、阈值设定等进行控制。支持用户随时通过电脑和手机终端对设备直接操控，完成日常工作。该系统可根据用户的实际情况，选择部署

（图 10-22）。

图 10-22　物联网智能化远程控制系统（彩图）

（3）农业生产物联网监控管理平台

农业生产物联网监控管理平台实现所辖温室的管理，系统主要包含基地管理、大棚管理、设备管理、报警管理和控制管理。可对日光温室、冷棚的环境信息进行实时监测与查询，并能够进行统计与分析，为管理人员提供决策支持信息；同时也提供异常情况自动处理与报警功能，如当土壤湿度低于设定阈值时，自动启动水帘等设备进行浇水，对任意监测指标，当一个或多个条件达到时，系统自动发出警报或预报。警报可以 Email、短信等形式通知，以便用户迅速采取处理措施（图 10-23）。

图 10-23　农业生产物联网监控平台（彩图）

（4）农业物联网智能 App 监控终端

农业物联网智能 App 监控终端 Android 手机版，能够实时远程查看温室大棚内的空气温湿度、土壤水分含量、CO_2 浓度、光照强度等环境监测信息，通过模型分析，用户还可以远程自动控制温室湿帘风机、喷淋滴灌、内外遮阳、加温补光等设备（图 10-24）。

物联网在农业领域中具有远大的应用前景。在大田、设施、果园等大规模生产方面，如何把农业小环境的温度、湿度、光照、降雨量等，土壤的有机质含量、温度、湿度、重金属

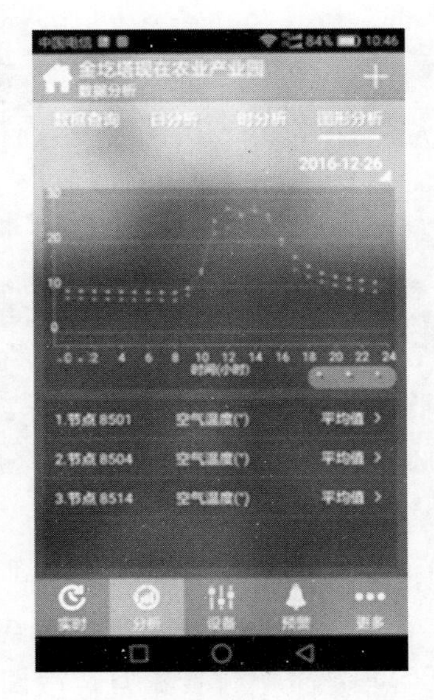

图 10-24 农业物联网智能 App 监控终端（彩图）

含量、pH 值等以及植物生长特征等信息进行实时获取传输并利用，对于科学控制农作物的生长环境，使之能够更好地适应作物的生长，提高农作物的产量和品质具有非常重要的意义。

本章思考与拓展

中国共产党第二十次全国代表大会报告明确指出，要实现“数字中国”。在设施农业生产中就是信息化技术研究与应用。信息化技术的研究与应用发展较快，产品更新快，我国在该领域许多方面处于领先地位。同时，随着市场竞争的加剧和西方国家对我国相关技术出口的限制，我们必须加大科技攻关，不断创新自主技术产品，是实现中华民族振兴的重要内容之一。

11

第十一章

设施农业园区经营管理与保障体系建设

第一节　经营管理的目标与内容

经营管理是指在企业内，为使研发、生产、流通、销售、财务等各种业务，能按经营目的顺利地执行、有效地调整而所进行的系列管理、运营之活动。

企业经营管理（operation and management of business）是对企业整个生产经营活动进行决策、计划、组织、控制、协调并对企业成员进行激励，以实现其任务和目标等一系列工作的总称。

一、经营管理的目标

经营管理的目标是合理地组织生产力，使供、产、销各个环节相互衔接，密切配合，人、财、物各种要素合理结合，充分利用，以尽量少的劳动消耗和物质消耗，生产出更多的符合社会需要的产品。它包括三方面内容：实现本组织的目的和使命；使工作富有活力并使员工有所成就；服务于社会并承担社会责任。

二、经营管理内容

经营管理的主要内容是合理确定企业的经营形式和管理体制，设置管理机构，配备管理人员；搞好市场调查，掌握经济信息，进行经营预测和经营决策，确定经营方针、经营目标和生产结构；编制经营计划，签订经济合同；建立、健全经济责任制和各种管理制度；搞好劳动力资源的利用和管理，做好思想政治工作；加强土地与其它自然资源的开发、利用和管理；搞好机器设备管理、物资管理、生产管理、技术管理和质量管理；合理组织产品销售，搞好销售管理；加强财务管理和成本管理，处理好收益和利润的分配；全面分析评价企业生产经营的经济效益，开展企业经营诊断等。

第二节　农业园区的内涵

一、农业园区基本概念

农业园区是指相关经济主体根据农业生产特点和农业高新技术特点，以调整农业生产结构、展示现代农业科技为主要目标，利用已有的农业科技优势、农业区域优势和自然社会资源优势，以高新技术的集体投入和有效转化为特征，以企业化管理为手段，进行研究、试验、示范、推广、生产、经营等活动的农业试验基地。农业园区是一个以现代科技为依托，立足于本地资源开发和主导产业发展的需求，按照现代农业产业化生产和经营体系配置要素和科学管理，在特定地域范围内建立起的科技先导型现代农业示范基地。农业园区是以农业技术创新为重点，以高科技、高转化为特征，融现代工程设施体系、高新技术体系和经营管理体系于一体，代表当代农业发展水平的农业科技示范基地。

二、农业园区基本特征

从各地园区建设的实践来分析，农业园区应具备以下基本特征：

1. 科技含量高

瞄准国内外最新科技成果，加强引进、消化、创造。突出技术的集成与配套，以生物技术为重点，加强种子育苗、设施化栽培、工厂化立体种养、节水灌溉、无公害生产等高新技术的研究与开发，推动农业科技总体水平的提高。

2. 科技成果转化率高

重点突出科技与市场、科技与经济的结合，促进农业高新技术转化为现实生产力，使园区成为科技与经济相结合的桥梁和纽带。

3. 综合经济效益高

在实现社会效益、生态效益的基础上，突出经济效益，充分发挥园区的资源优势和区位优势，采用新品种、新设施、新技术，获得高效益。

4. 经营管理机制新

改变以往计划经济的运行和管理模式，建立企业化经营管理运行制度，推进“产权清晰、责权明确、政企分开，管理科学”的现代企业制度。

第三节　设施农业园区经营管理

设施农业属于高投入高产出，资金、技术、劳动力密集型的产业。它是利用人工建造的设施，使传统农业逐步摆脱自然的束缚，走向现代工厂化农业、环境安全型农业、无毒无害化农业的必由之路，同时也是农产品打破传统农业的季节性，实现农产品的反季节上市，进一步满足多元化、多层次消费需求的有效方法。设施农业园区是20世纪90年代初期在我国农业现代化建设中开始涌现的一种新型农业发展模式，近年来发展迅猛。

一、设施农业园区经营管理概念

与传统园区相比，设施农业园区具有技术先进、设施功能齐全、种植品种优质高效、投资规模大等特点，经营管理水平的高低将会直接影响到园区的持续、健康发展。

设施农业园区经营管理是企业或经营者在国家的方针政策指导下，在对社会环境、经济环境、技术环境等环境条件分析的基础上，根据国家战略需求、区域资源供应、产品市场需求特点及企业自身需要，从本身所处的内外环境条件出发，通过发挥计划、组织、指挥、协调、控制等职能，对园区的人力、物力、财力、信息及其要素进行合理利用，对再生产过程的产、供、销、分配等环节进行合理组织，最终保证设施农业园区各项经济活动顺利进行，园区经营管理目标全面实现的有组织的活动过程。

二、设施农业园区经营管理目标与原则

1. 设施农业园区经营管理目标

① 以市场为导向，发挥区域优势，突出地方特色，促进农业结构调整。由于我国南北部地区自然条件不一样，东西部地区社会经济条件差异很大，园区的建设试点不能生搬硬套、一刀切，而要按照当前我国区域农业结构调整与农业产业布局优化的要求，进行园区的布局调整，分区域、分行业进行优化布局，突出重点，使园区更好地服务于建设区域现代农业示范和构建区域农业科技创新体系。

② 以先进适用技术为支撑，加强农业技术的组装、集成和科技成果转化，促进传统农业的改造与升级。随着园区建设的逐步提高和完善，园区将由单一的农业科技示范向区域农业集成创新转变；由园区的自我循环向紧密结合当地农业生产实际需要和市场要求的区域农业经济的龙头农业经济体转变。

③ 以企业为龙头，以主导产业为基础，政府引导，社会参与，促进农业产业化经营。充分利用市场机制，在园区内培育龙头产品和龙头企业，推动企业、农户和科研人员的技术对接和利益对接。形成以龙头产业为核心，来料供应、产品生产与加工、技术开发、市场销售一体化的产业体系，延长农业产业链。对园区内的产业布局要坚持以主导产业为基础，形成分工协作与产业集群，对园区内原有的产业发展要重视相关产业的延伸，努力形成大中小企业密切配合、专业分区与协作完善的网络体系，促进农业产业化发展。

④ 以农业资源的高效利用和生态环境改善为重点，实现农业的可持续发展。设施农业园区建设遵循生态学规律和经济学规律，吸收传统的农业经验，运用现代的科学技术，通过现代管理手段，把农业生产、农村经济发展、生态环境、资源保护与高效利用融为一体，使其具有生态合理性、资源利用高效性、发挥农业多功能性，形成生态和经济良性循环的农业体系。

⑤ 以改革创新为动力，完善运行机制，促进体制创新和科技创新。管理体制和运行机制是园区可持续发展的支柱。通过探索园区建设和管理的内在机理和运行规律，建立各种信息反馈系统和以地方为主的园区管理体系，在投融资机制、技术创新机制、人才管理机制以及土地流转机制等方面进行创新，是园区发展的当务之急。

2. 设施农业园区经营管理原则

① 坚持经济效益优先、兼顾社会效益和生态效益的原则　设施农业园区要在注重科技示范与推广效益的同时，坚持以市场为导向，以效益为中心，重点发展市场前景广阔、产业覆盖面大、促进农民增收效果明显的农业产业，从而实现经济效益、社会效益、生态效益的有机统一。

② 坚持因地制宜、立足当地特色的原则　建设设施农业园区必须考虑当地的资源条件和生态类型，选择适宜的主导产业和产品，进行开发。

③ 多元化开发建设原则　设施农业园区的建设形式要灵活多样，不拘一格。发展农业科技园区应充分考虑不同地区、不同层次的农民对农业科技的多样化需求。

④ 科技先导原则　综合运用国内国际现代农业科技成果、现代农业生产手段和现代经营管理方式，加强新品种、新技术、新成果的引进、集成、提升、展示和推广，促进主导产业升级，提高农产品档次和质量，实现农业经济与现代科技的有机结合，提升农产品竞争力。

⑤ 坚持博采众长的原则　设施农业园区无论大小都有其相通的地方，例如都要考虑功能区的划分、服务区的建设、园林工程设计、观光休闲功能等。

⑥ 坚持工程与农艺有机结合的原则　设施农业园区一方面要体现农业设施的先进性，另一方面还要体现农业高新科技成果应用的先进性和生产上的高效性。

⑦ 坚持农业可持续发展的原则　一是依据环境资源量决定种植业和养殖业发展的规模；二是在产业建设中，体现循环经济的思想，坚持走可持续性的发展道路。

三、设施农业园区基本要求

① 园区具有一定的规模，要求总体规划可行，主导产业明确，功能分区合理，综合效益显著；

② 园区具有较强的科技开发能力，较完善的人才培养、技术培训、技术服务与推广体系，较强的科技投入力度；

③ 园区经济效益、生态效益和社会效益较显著，对周边地区要有较强的引导与示范作用；

④ 园区要建立健全的管理体系（包括地方协调领导小组和园区管理机构），要制定规范的土地、资金、人才等规章与管理制度，要建立符合市场经济规律、有利于引进技术和人才、不断拓宽投融资渠道的运行机制。

四、设施农业园区经营管理重点

1. 设施农业园区内部组织管理

（1）设施农业园区组织与组织设计

① 组织管理内涵与组织管理内容　组织管理就是通过建立组织结构，规定职务或职位，明确责权关系，以使组织中的成员互相协作配合、共同劳动，有效实现组织目标的过程。组织管理有四层基本含义：一是组织必须具有目标；二是组织必须有层次和结构；三是组织是一个人工系统；四是组织要有保证，监督其运转过程。

组织管理的工作内容包括四个方面：第一，确定实现组织目标所需要的活动，并按专业化分工的原则进行分类，按类别设立相应的工作岗位；第二，根据组织的特点、外部环境和目标需要划分工作部门，设计组织机构和结构；第三，规定组织结构中的各种职务或职位，明确各自的责任，并授予相应的权力；第四，制订规章制度，建立和健全组织结构中各方面的相互关系。

② 设施农业园区组织设计的目的和原则　设施农业园区组织设计的目的：设施农业园区组织设计就是对园区组织活动和组织结构的设计过程，是一种把任务、责任、权力和利益进行有效组合和协调的活动。其目的是协调园区组织中人与事、人与人的关系，最大限度地发挥人的积极性，提高工作绩效，更好地实现园区组织目标。

设施农业园区组织设计应遵循相应的原则：一是系统整体原则。设施农业园区的组织也是一个系统，它由决策中心、执行系统、监督系统和反馈系统等构成，只有结构完整才能产生较好的功能，系统整体原则要求管理组织要素要齐全。二是统一指挥原则。统一指挥原则是建立在明确的权力基础上的。权力系统依靠上下级之间的联系所形成的指挥链而形成。指挥链是指令信息和信息反馈的传递通道。为确保统一指挥，应注意指挥链不能中断，切忌多头领导，不要越级指挥。三是责权对应原则。责权对应主要靠科学的组织设计，深入研究管理体制和组织结构，建立起一整套完整的岗位职务和相应的组织法规体系。四是有效管理幅度原则。园区组织设计时要着重考虑组织运行中的有效性，即管理层次与管理幅度问题。管理幅度是一个比较复杂的问题，影响因素很多，弹性很大。它与管理者个人的性格气质、学识才能、体质精力、管理作风、授权程度以及被管理者的素质密切相关。此外，它还与职能的难易程度、工作地点远近、工作相似程度以及新技术应用情况等客观因素有关。因此，管理幅度要根据园区具体情况而定。

③ 设施农业园区组织结构模式　目前，组织结构的基本模式主要有直线制、职能制、直线职能制、事业部制、模拟分权制、矩阵制、超事业部制、新矩阵制、多维结构制等。

设施农业园区的组织结构大多比较简单，较大型的设施农业园区一般采用直线制（图11-1)，而一些股份制的设施农业园区则多采用事业部制（图11-2)。一些小型的个人设施农业园区，组织结构松散，一人多职、多能，没有固定的组织模式。

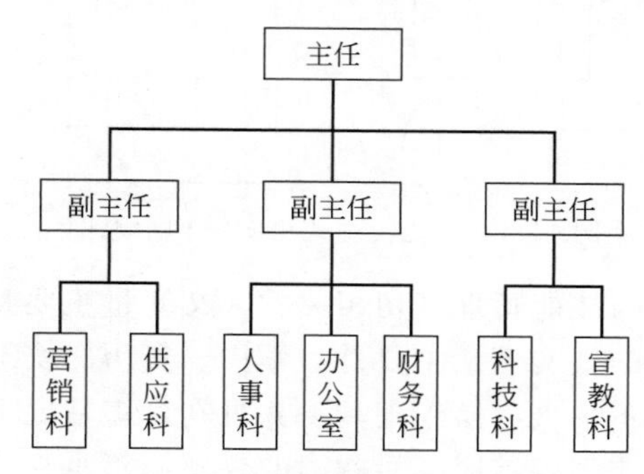

图 11-1　直线制组织结构形式示意图

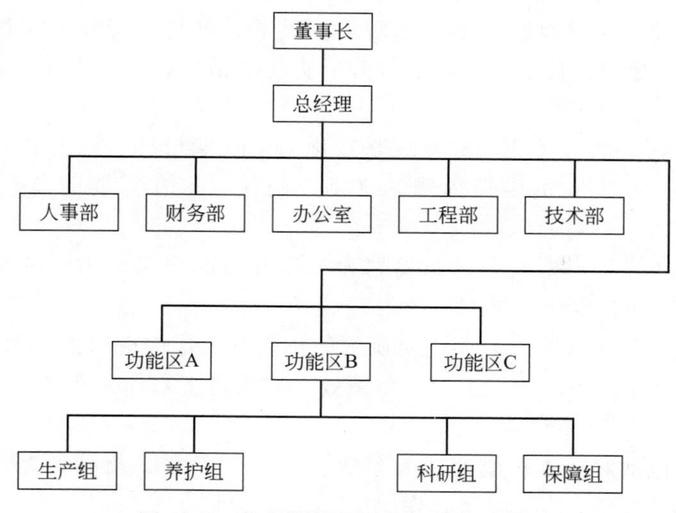

图 11-2　事业部制组织结构形式示意图

近年来，一些等级较高的设施农业园区采取委托代理式组织结构（图 11-3)。这种结构一般是在政府牵头，联合有关部门成立园区协调领导小组和专家委员会等的基础上，各园区结合本地实际情况，按照有利于体制创新、科技创新和灵活高效的原则，成立相应的园区管理机构。指导本地园区发展规划的制定及实施监督，负责组织园区评审、检查、考核及日常管理等事宜。专家委员会负责技术指导与技术咨询，参与园区的论证、评审、考核等。

(2) 设施农业园区人力资源管理

① 人力资源管理内涵　人力资源管理包括技能管理和智能管理两个方面。技能管理是

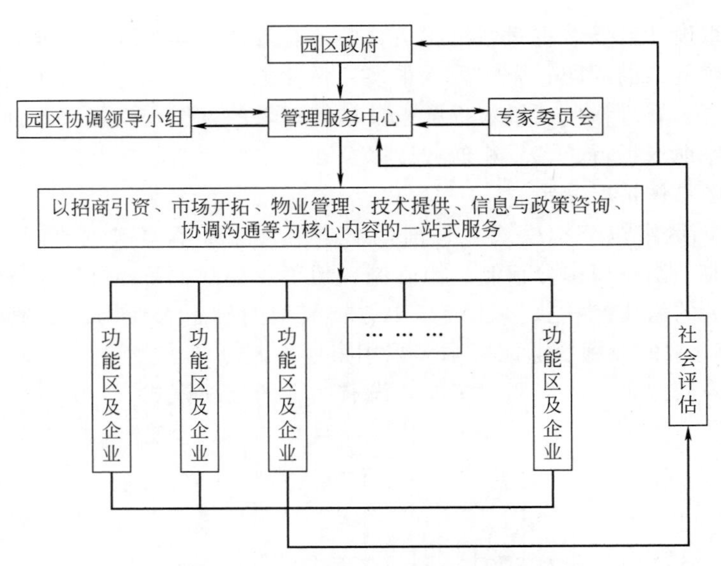

图 11-3 委托代理式组织结构示意图

针对操作人员进行的管理。与技能管理密切相关的人文变量主要是：体质、特长、经验和个人覆盖度。与智能管理相关的人文变量主要是：学历、资历、实绩、应变能力等。此外，设施农业园区生产与施工中有不少人力操作工具，并且在许多情况下是露天作业，以及在不同的气候条件下作业，故对体质的要求应与对智商的要求同等重视。

② 设施农业园区人力资源管理内容 通常包括以下具体内容：

a. 职务分析与设计 对园区各个工作职位的性质、结构、责任、流程，以及胜任该职位工作人员的素质、知识、技能等，在调查分析所获取相关信息的基础上，编写出职务说明书和岗位规范等人事管理文件。

b. 人力资源规划 把园区人力资源战略转化为中长期目标、计划和政策措施，包括对人力资源现状分析、未来人员供需预测与平衡，确保园区在需要时能获得所需要的人力资源。

c. 员工招聘与选拔 根据人力资源规划和工作分析的要求，为园区招聘、选拔所需要人力资源并录用安排到一定岗位上。

d. 绩效考评 对员工在一定时间内对园区的贡献和工作中取得的绩效进行考核和评价，及时做出反馈，以便提高和改善员工的工作绩效，并为员工培训、晋升、计酬等人事决策提供依据。

e. 薪酬管理 包括对基本薪酬、绩效薪酬、奖金、津贴以及福利等薪酬结构的设计与管理，以激励员工更加努力地为园区工作。

f. 员工激励 采用激励理论和方法，对员工的各种需要予以不同程度的满足或限制，引起员工心理状况的变化，以激发员工向园区所期望的目标而努力。

g. 培训与开发 通过培训提高员工个人、群体和整个企业的知识、能力、工作态度和工作绩效，进一步开发员工的智力潜能，以增强人力资源的贡献率。

h. 职业生涯规划 鼓励和关心员工的个人发展，帮助员工制订个人发展规划，以进一步激发员工的积极性、创造性。

③ 设施农业园区人才管理 人才管理是为了使单位时间的有效生产量大幅增长，或为了大幅减少无效消耗量，提高实现效益量，而对特殊人员即人才所进行的程序制定、执行和

调节。对人才的管理主要包括人才的发现、使用和控制。设施农业园区的生产与施工中，会受到内外部环境，尤其是植物自身因素的影响很大，需要管理人员根据情况的变化，随时做出调整。

(3) 设施农业园区筹资管理

① 筹资的目的与要求　设施农业园区筹集资金是指政府或者园区经营主体（企业、合作经济组织、农户等）根据其生产经营及调整资本结构的需要，通过筹资渠道和资本市场，并运用筹资方式，经济有效地筹集园区发展所需资金的财务活动。筹资的目的是为了满足园区建设的需要、满足园区经营主体生产经营及其资金结构调整的需要。筹资中需要采取筹资与投资相结合，认真选择投资渠道和方式，适当安排自有资金比例，正确运用负债经营，优化投资环境。

② 筹资的渠道与方式　筹资渠道是指政府或者园区经营主体筹措资金来源的方向与通道，体现着资金的来源与流量。现阶段主要有国家财政资金、银行信贷资金、非银行金融机构资金、其它企业和单位资金、职工和民间资金、企业自留资金、外商资金等。

筹资方式是指企业筹措资金所采用的具体形式。目前主要有吸收直接投资、银行借款、商业信用和金融租赁等。对于1年以内，主要用于发放工资、购买原材料等的短期资金筹集，可以采取民间借贷、商业信用、向金融机构借款、出售应收账款、从其它企事业单位融资、内部挖潜等方式。对于1年以上，主要用于设备、固定资产投资等的长期资金筹集，可以采取长期贷款、租赁、项目融资、内部融资、设立财务公司等方式。

(4) 设施农业园区财务管理

① 财务管理概念与目标　财务管理是在一定的整体目标下，关于资产的购置（投资），资本的融通（筹资）和经营中现金流量（营运资金）以及利润分配的管理，是依据国家的政策、法规，根据资金运转的特点和规律，科学地组织企业资金运转，正确地处理企业财务关系，以提高资金使用效率与企业经济效益的管理活动。其最终目标是利润最大化、管理当局收益最大化、企业财富（价值）最大化和社会责任最大化。

② 财务管理的内容　企业财务管理的对象就是企业的资金运转及其所反映的财务关系。企业财务管理的基本内容主要包括资金筹集管理、资金运用管理和资金回收与分配管理。

③ 财务管理的基本职能　企业财务管理有六项基本职能，它们分别是：财务预测——估计项目融资需求；财务决策——选择合理有效方法；财务计划（预算）——现金收支、经营成果和财务状况的预算；财务控制——对资金进行指导、组织督促和约束；财务报告——提供运营成果、现金流量的文件；财务分析——以预测未来价值为目的的分析和评价。

④ 设施农业园区财务管理要求　设施农业园区财务管理应充分利用及时更新的数据信息，对园区企业各个环节进行实时监控，有效发挥财务预警功能，当出现危机前兆时即向决策者做出反应，及时纠正，使企业风险降至最低。a. 成本核算应更准确精细；b. 风险防范应更有效；c. 预算管理应更全面；d. 资金管理应更严格。

2. 设施农业园区生产管理

(1) 设施农业园区生产管理的概念和目标

设施农业园区生产管理是对设施农业园区生产系统的设置和运行的各项管理工作的总称。

设施农业园区生产管理的目标是高效、低耗、灵活、准时地生产合格产品，提供满意服务，做到投入少、产出多，取得最佳经济效益。

(2) 设施农业园区生产管理的内容

设施农业园区生产管理的内容包括：

① 生产组织工作　包括选择生产基地，实行劳动定额和劳动组织，设置生产管理系统等。通过生产组织工作，按照企业目标的要求，设置技术上可行、经济上合算、物质技术条件和环境条件允许的生产系统。

② 生产计划工作　包括编制生产计划、生产技术准备计划和生产作业计划等。通过生产计划工作，制定生产系统优化运行的方案。

③ 生产控制工作　包括生产进度控制、库存控制、质量控制、成本控制、数量控制等。通过生产控制工作，及时有效地调节企业生产过程内外的各种关系，使生产系统的运行符合既定生产计划的要求，实现预期生产的品种、质量、产量、出产期限和生产成本的目标。

（3）设施农业园区的生产组织

设施农业园区生产组织工作具体包括选择园区地址，确定生产内容，组织生产，实行劳动定额和劳动组织，设置生产管理系统等内容。此处，主要以生产过程组织为核心加以说明。

生产过程组织包括空间组织和时间组织两项基本内容。生产过程的空间组织是指在一定的空间内，合理地设置企业内部各基本生产单位，使生产活动能高效地顺利进行。生产过程的时间组织是研究产品生产过程各环节在时间上的衔接和结合的方式。生产过程各环节之间时间衔接越紧密，就越能缩短生产周期，从而提高生产效率，降低生产成本。

（4）设施农业园区的生产计划

企业的生产计划是企业生产管理的依据，它对企业的生产任务作出统筹安排，规定着企业在计划期内产品生产的品种、质量、数量和进度等指标，是企业在计划期内完成生产目标的行动纲领，是企业编制其它计划的重要依据，是提高企业经济效益的重要环节。

生产计划工作的基本任务是，通过生产计划的编制和实施，以及在计划实施过程中对生产技术的控制挖潜和充分利用企业资源，全面完成生产经营任务，并实现企业的均衡生产。

（5）设施农业园区的生产控制

设施农业园区的生产控制贯穿于生产系统运动的始终。生产系统凭借控制的动能，监督、制约和调整系统各环节的活动，使生产系统按计划运行，并能不断适应环境的变化，从而达到系统预定的目标。

① 设施农业园区生产控制的内容　生产系统运行控制的活动内容十分广泛，涉及生产过程中各种生产要素、各个生产环节及各项专业管理。其内容主要有：生产进度控制、设备维修、库存控制、质量控制、成本控制等。

a. 生产进度控制　生产进度控制是对生产量和生产期限的控制，其主要目的是保证完成生产进度计划所规定的生产量和交货期限。这是生产控制的基本方面。

b. 设备维修　设备维修是对机器设备、生产设施等制造系统硬件的控制。其目的是尽量减少并及时排除物资系统的各种故障，使系统硬件的可靠性保持在一个相当高的水平。

c. 库存控制　库存控制是使各种生产库存物资的种类、数量、存储时间维持在必要的水平上。其主要功能在于，既要保障企业生产经营活动的正常进行，又要通过规定合理的库存水平和采取有效的控制方式，使库存数量、成本和占用资金维持在最低限度。

d. 质量控制　质量控制的目的是保证生产出符合质量标准要求的产品。由于产品质量的形成涉及生产的全过程，因此，质量控制是对生产政策、产品研制、物料采购、生产过程以及销售使用等产品形成全过程的控制。

e. 成本控制　成本控制同样涉及生产的全过程，包括生产过程前的控制和生产过程中的控制。设施农业园区成本控制主要体现在生产过程中的成本控制，主要是对日常生产费用的控制。其中包括：材料费、各类库存品占用费、人工费和各类间接费用等。实际上，成本控制是从价值量上对其它各项控制活动的综合反映。因此，成本控制，尤其是对生产过程中的成本控制，必须与其它各项控制活动结合进行。

② 设施农业园区生产控制的方式　生产管理的发展历史上，控制方式有一个典型的演化过程，最初出现的是事后控制，而后是事中控制，再是事前控制。这是从时间维定义管理活动的一种方法。事后与事中控制都是使用负反馈控制原理，事前控制使用的是事前反馈控制原理。企业的实际操作中，三种控制方式（事后控制、事中控制与事前控制）一般是结合起来使用。事后控制是最基本、最普遍的一种方式，但效果不如事中和事前控制好。在可能的场合应该更多地采用事中控制方式和事前控制方式。企业中运用三种控制方式的应用对象如图 11-4 所示。

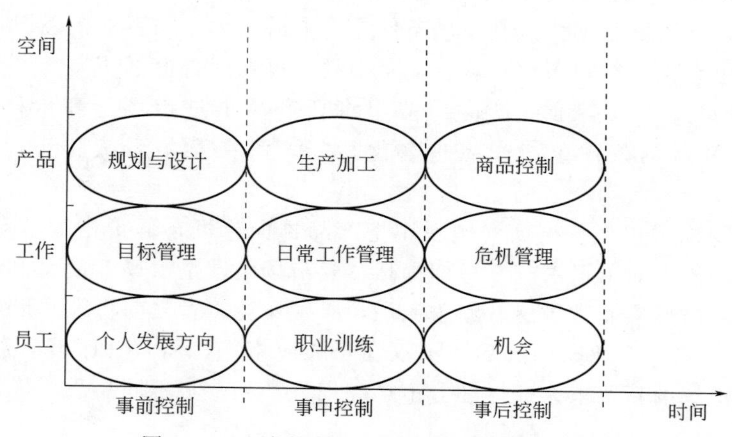

图 11-4　生产控制的三种控制方式应用对象

③ 设施农业园区生产控制的基本程序

a. 制订标准　制订标准就是对生产过程中的人力、物力和财力，对产品质量特性、生产数量、生产进度规定一个数量界限。它可以用实物数量表示，也可以用货币数量表示，包括各项生产计划指标、各种消耗定额、产品质量指标、库存标准、费用支出限额等。控制标准要求制订得合理可行。制订标准的方法一般有类比法、分解法、定额法和标准化法。

b. 测量比较　测量比较就是以生产统计手段获取系统的输出值，与预定的控制标准作对比分析，发现偏差。偏差有正负之分，正偏差表示目标值大于实际值，负偏差表示实际值大于目标值，正负偏差的控制论意义，视具体的控制对象而定。

c. 控制决策　控制决策就是根据产生偏差的原因，提出用于纠正偏差的控制措施。一般的工作步骤是：ⅰ. 分析原因。造成某个控制目标失控的原因有时会有很多的，所以要做客观的实事求是的分析。ⅱ. 拟定措施。从造成失控的主要原因着手，研究控制措施。ⅲ. 效果预期分析。有条件的企业可使用计算机模拟方法。一般可采用推理方法，即在观念上分析实施控制措施后可能会产生的种种情况，尽可能使控制措施制订得更周密。

d. 实施执行　这是控制程序中最后一项工作，由一系列的具体操作组成。控制措施贯彻执行得如何，直接影响控制效果，如果执行不力，则整个控制活动功亏一篑。所以在执行中要有专人负责，及时监督检查。

3. 设施农业园区营销管理

(1) 营销管理概念

营销管理是指为了实现企业或组织目标，建立和保持与目标市场之间的互利的交换关系，而对设计项目的分析、规划、实施和控制。营销管理的实质，是需求管理，即对需求的水平、时机和性质进行有效的调解。在营销管理实践中，企业通常需要预先设定一个预期的市场需求水平，然而，实际的市场需求水平可能与预期的市场需求水平并不一致。这就需要企业营销管理者针对不同的需求情况，采取不同的营销管理对策，进而有效地满足市场需求，确保企业目标的实现。

（2）设施农业园区营销策略

由于市场的多变性，设施农业园区应该采取不同的营销方式来适应市场需求的变化，以取得预期的营销效果。

① 产品营销策略

a. 快速掠取策略　以高价格和高促销费用推出新产品，迅速占领市场。企业可在短期内获得较高利润，投资回收期快。其市场条件是需求潜力大，顾客求新心切，愿付高价急于购买新产品，竞争者少等客观条件。若企业实力强，可在广告上下功夫，先声夺人。

b. 缓慢掠取策略　以高价格低促销费用将新产品推进市场，高价格结合低促销费用，利润较高。其市场条件是：产品是名优特新，潜在竞争者威胁小，消费者可以接受高价。

c. 快速渗透策略　以低价格高促销费用把产品推向市场，低价格很容易使产品以最快的速度渗入市场，使企业市场占有率短期提高。其市场条件是市场容量大，消费者对此产品不甚了解，而对价格反应非常敏感，竞争激烈，必须在竞争者之前将产品批量上市。

d. 市场开发策略　企业家的成功，不仅在于顺应市场，而且在于开发新市场，创造性地诱惑并且满足市场的新要求。通过细分市场和细分产品，将不同品质、规格的农产品输送到不同市场。

e. 组合营销策略　综合运用定价、渠道、促销来刺激消费者的购买，尽量提前或者延长农产品的成熟期。根据此阶段市场变化而用，切忌随人脚后行。

② 营销价格策略

a. 成本定价策略　就是按照产品的成本费用加成来定价。这种价格策略实际就是将产品的单位成本或费用加上预期的利润定位产品的销售价格，通常可以采用的加成利润率有：成本利润率、工资利润率和资金利润率，各有其优缺点，各有其适应性，这种价格策略体现以商品价值为基础来定价的原理，是基本的、普遍的，也是最简单的。

b. 随行就市价格策略　就是依照现有的市场行情来定价的策略。这实际上是根据本行业的平均定价水平来制定农产品价格的。这种定价策略的主要优点是，在竞争激烈的同类产品市场上，随行就市风险较少，同时容易为顾客接受，与同行相安共处。对于无特殊需求特色的农产品来说，这种价格策略是切实可行的。

c. 折扣价格策略　也可称为差价策略。一般广泛使用的折扣有以下四种：一是业务折扣，也称为进销差价；二是数量折扣，是根据销售数量的大小给予不同的折扣，主要是鼓励大批量的订货和经营；三是现金折扣，也称为付款期限折扣，这实质上是一种变相降低赊销，鼓励提早付款的办法；四是季节性折扣，主要是在一些明显具有“淡季”的产品中实行的，这种折扣目的是鼓励购买者早订货或淡季进货，以扩大经营。

d. 差别定价策略　就是根据需求中的某项差别而使价格有差异。一是同一农产品，对待不同顾客价格可以不同；二是同一农产品，在不同地区、不同时间、不同零售商业形式都可以有不同价格。实行这种差别定价策略应当具备一定的条件：其一，市场要可以细分，而且从不同细分市场看出需求程度的差别；其二，企业不至于因为有了细分市场而增加开支；其三，差别定价不会引起顾客的反感。

③ 营销渠道策略

a. 营销渠道的选择

ⅰ. 直接渠道和间接渠道的选择　直接渠道和间接渠道的区别实际上就是企业在其分销活动中是否通过中间商的问题。直接渠道就是指企业在分销活动中不通过任何中间商，而直接把产品分销给消费者的分销渠道。间接渠道是指企业通过一个以上的中间商向消费者销售产品的分销渠道。

ⅱ. 长渠道和短渠道的选择　营销渠道的长短是指产品从生产到消费者手中所经过的中间环节和种类的多少。中间层次一般有代理商、批发商和零售商，级数越多，渠道就越长，级数越低渠道就越短。渠道越长，企业市场扩展的可能性就越大，但企业对产品销售的控制能力和信息反馈的清晰度就越大；相反，渠道越短，企业对产品销售的控制能力和信息反馈的清晰度就越好，但是市场的扩展能力则会下降。

ⅲ. 宽渠道和窄渠道的选择　根据企业在同一层次上使用的同类中间商的多少将企业的营销渠道分为宽渠道和窄渠道。使用的同类型的中间商的个数越多，说明渠道越宽。一般需要广泛分销的产品可以选择宽的渠道，而需要选择性或专营性分销的产品可选择较窄的渠道。

ⅳ. 单渠道和多渠道的选择　根据生产者所采用的渠道类型的多少将营销渠道分为单渠道和多渠道，企业面临的外部环境越复杂，市场需求越多样，企业实力越强，可考虑多渠道策略。相反，可选择单渠道策略。

b. 营销渠道的管理与调整

ⅰ. 渠道管理　渠道管理是指生产者设法解决与中间商的冲突，并以各种适宜的措施去支持和激励中间商积极分销，从而促使商品高效地流转到消费者的活动过程。生产者解决冲突的措施主要包括下述五个方面：一是为中间商提供适销对路的产品，争做渠道中的“领袖成员”；二是合理分配销售利润；三是恰到好处地实施激励措施；四是协作促销；五是提高中间商的销售能力。

ⅱ. 渠道调整　随着市场诸方面因素的不断变化，选定的销售渠道可能会出现不适应的环节或成员，此时，生产企业应当对渠道进行以下调整：一是增减个别渠道成员，当某个中间商经营不善，且影响到整个分销渠道时，企业可考虑终止与该中间商的协作关系，并在适当的时候，增加能力较强的经销商；二是增减个别渠道，指企业增设或取消某一地区的业务销售，或增设、取消一部分中间商；三是变更整个分销渠道，即对以前选择的销售渠道作较大规模的改进，甚至完全废除原销售渠道，重新组建新的分销系统。

4. 设施农业园区物流系统管理

① 设施农业园区物流运作程序　物流操作程序可以有多种形式，如果细化物流操作程序，从某一产品接到订单开始到发送至用户手中为止，与物流相关的主要过程包括以下步骤：

备料—生产—产品—包装—仓储—搬运—出厂—运输（公路/铁路/海运/空运）—港、站堆存—运输—用户。

上述过程可以根据用户或厂商对产品的包装及运输形式等方面的要求不同而有所改变，同时也会根据产品在整个物流环节中的产销利润而改变。

② 设施农业园区物流系统中的电子商务　目前，在我国物流业快速发展的促动下，要

求电子商务必须尽快完善其管理制度和规则，解决电子商务企业间合作的信誉保障以及信息安全等问题。因此，物流体系无论采取何种形式的操作程序和组织形式进行运营，都应首先以市场为导向，合理进行资源配置，以高科技信息化作为发展的核心手段，打破各部门、各行业和所有制的界限，建立规模合理、专业高效和有较强市场竞争力的物流服务网络。

5. 设施农业园区全面质量管理

全面质量管理（total quality management，TQM）是一个组织以质量为中心，以全员参与为基础，目的在于通过让顾客满意而使社会受益进而达到长期成功的管理途径。全面质量管理是一种预先控制和全面控制制度。它的主要特点就在于"全"字，它包含三层含义；①管理的对象是全面的，这是就横向而言；②管理的范围是全面的，这是就纵向而言；③参加管理的人员是全面的。

全面质量管理注重顾客需要，强调参与团队工作，并力争形成一种文化，以促进所有的员工设法、持续改进组织所提供产品/服务的质量，努力缩短工作过程和顾客反应时间等，它由结构、技术、人员和变革推动者四个要素组成（图 11-5）。只有这四个方面全部齐备，才会实现全面质量管理。

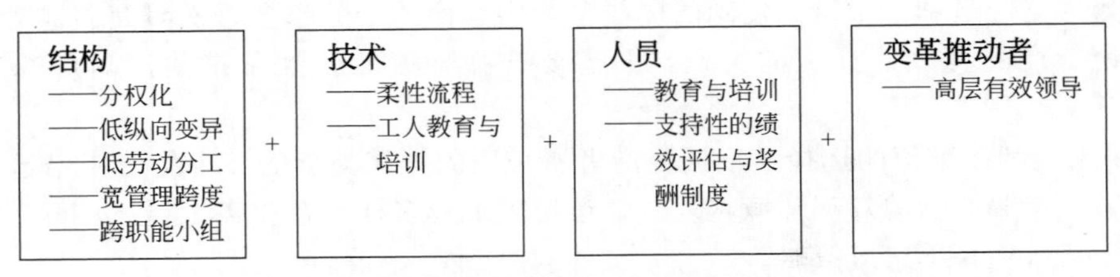

图 11-5　全面质量管理的组成要素

全面质量管理的基本方法可以概况为四句话十八字，即，一个过程，四个阶段，八个步骤，数理统计方法。

一个过程，即企业管理是一个过程。企业在不同时间内，应完成不同的工作任务。企业的每项生产经营活动，都有一个产生、形成、实施和验证的过程。

四个阶段，根据管理是一个过程的理论，美国的戴明博士把它运用到质量管理中来，总结出"计划（Plan）—执行（Do）—检查（Check）—处理（Act）"四阶段的循环方式，简称PDCA 循环，又称"戴明循环"。

八个步骤，为了解决和改进质量问题，PDCA 循环中的四个阶段还可以具体划分为八个步骤（图 11-6）。即分析现状，找出存在的质量问题；分析产生质量问题的各种原因或影响因素；找出影响质量的主要因素；针对影响质量的主要因素，提出计划，制定措施；执行计划，落实措施；检查计划的实施情况；总结经验，巩固成绩，工作结果标准化；提出尚未解决的问题，转入下一个循环。

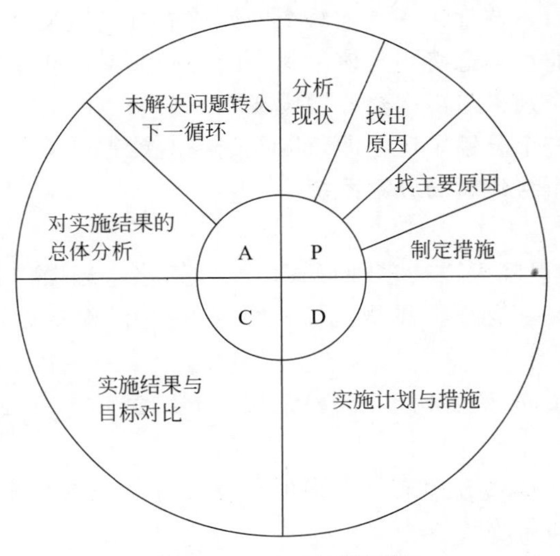

图 11-6　PDCA 循环图

在应用 PDCA 四个循环、八个步骤来解决质量问题时，需要收集和整理大量的书籍资料，并用科学的方法进行系统的分析。最常用的七种统计方法，它们是排列图、因果图、直方图、分层法、相关图、控制图及统计分析表。这套方法以数理统计为理论基础，不仅科学可靠，而且比较直观。

6. 设施农业园区品牌管理

品牌管理具有四个重点要素：①建立卓越的信誉；②争取广泛的支持；③建立亲密的关系；④增加亲身体验的机会。对于任何品牌而言，衡量品牌四要素的指数均可量身裁定，成为专项指数。品牌管理指数包括信誉指数、关系指数、支持指数和亲身体验指数。这些指数可成为品牌评估的基准线，提供“跟踪”衡量品牌形象变化的依据。

结合我国目前设施农业园区的实际情况，在品牌建设方面可采取以下策略：

① 广告宣传策略　通过广告宣传，提高知名度，创造良好的营商环境。坚持“先成就商家，再成就自己”的经营理念，在广大涉农高科技商户的心里树立良好的形象。

② 招商策略　对农业高科技商户进行走访、登记、宣传。对知名品牌的高科技企业给以各种优惠，通过他们树立主力商户，带动其它中小企业商户入场。让更多的农业高科技企业可以清楚地看到本项目的良好前景，让商户对本项目有大概的了解，让有兴趣的高科技企业可以安家落户。

7. 设施农业园区风险管理

① 设施农业园区风险类型　目前，我国设施农业园区发展尚存在发展定位模糊、产业属性不明显、园区之间恶性竞争、结构趋同、园区内企业产业关联度低、没有形成分工协作关系等问题，与工业园区建设的初衷相去甚远，其发展存在着较大的风险。具体来讲，主要存在有产业风险、投资风险、制度风险。

② 设施农业园区风险管理的目标　设施农业园区风险管理目标由两部分组成：损失发生前的风险管理目标和损失发生后的风险管理目标。前者的目标是避免或减少风险事故形成的机会，包括节约经营成本、减少忧虑心理；后者的目标是努力使损失的标的恢复到损失前的状态，包括维持企业的继续生存、生产服务的持续、稳定的收入、生产的持续增长、社会责任。二者有效结合，构成完整而系统的风险管理目标。

③ 设施农业园区风险管理的程序　风险管理的基本程序包括风险识别、风险估测、风险评价、风险控制和管理效果评价等环节。风险的识别是经济单位和个人对所面临的以及潜在的风险加以判断、归类整理，并对风险的性质进行鉴定的过程。风险的估测是指在风险识别的基础上，通过对所收集的大量的详细损失资料加以分析，运用概率论和数理统计，估计和预测风险发生的概率和损失程度。风险估测的内容主要包括损失频率和损失程度两个方面。风险管理方法分为控制法和财务法两大类，前者的目的是降低损失频率和损失程度，重点在于改变引起风险事故和扩大损失的各种条件；后者是事先做好吸纳风险成本的财务安排。风险管理效果评价是分析、比较已实施的风险管理方法的结果与预期目标的契合程度，以此来评判管理方案的科学性、适应性和收益性。

五、设施农业园区经营管理模式

① 政府主导型模式　设施农业园区由政府投资兴建并完成主体工程以后，通过免费提供场地和公共服务等方式，吸引企业、科技人员参与深度建设。建成后的园区，政府可以委托托管机构代为经营，也可以通过市场转让或租赁出去。各级政府要结合本地实际情况，制定园区建设的总体规划、实施方案、管理办法及相应的规章制度，强化运行监管和完善考评体系，使园区建设有章可循。随着园区建设发展，政府行为要逐步淡化和退出，只起引导、

监督、政策扶持等作用；市场化的园区国有资产管理、物业管理等可由目前国有性质的公司负责；进行投资和产业开发的功能要新注册企业，作为政府参股或控股的法人企业完全按市场化机制独立运作，在保障国有资产的保值增值的前提下，与其它入园企业进行股份制合作和开展投融资业务等。

② 业主主导型模式　政府通过招商，引入投资主体对园区进行全面打造。设施农业园区建设按市场化运作模式，全面推行项目建设的业主制与股份制。主要由大型的企业或公司直接介入产业园区建设，从事大规模的生产经营，并将“产供销、商销游”结合在一起，形成完整的经济体系。投资企业按照“自主经营、自负盈亏、自我约束、自我发展”的原则，充分运用他们的资金、经营理念、信息、市场网络等优势资源，进行园区建设和运营，形成产业“扩散效应”，带动项目区快速发展，实现资本与资源的有效结合。

③ 专家主导型模式　政府集中资金建好水网、路网、通信等基础设施，形成较好的生产条件后，通过用地、资金、税收、项目等优惠政策，吸引国内大学或科研院所专家来园区兴办现代农业示范园。通过新品种、新技术的种植示范与推广，带动和影响周边农业结构调整，促进农民增收致富。

④ 农民自主型模式　农民自主型模式就是鼓励农民走专业合作组织之路，依托区域主导产业和特色产业，将土地进行集中，由合作组织成员自行管理、运营，风险共担。

⑤ 园区与高校共建型模式　高校中相关的技术人员及研究机构以合作研究、技术成果转让、技术培训、技术咨询、技术入股等方式参与园区建设与运营。以大学为依托的工作站，主要采取项目合作形式，参与设施农业园区技术研发与推广服务，以技术及资金入股形式，参与设施农业园区的产业开发。

六、设施农业园区未来发展

1. 未来发展趋势

（1）园区生产方式由设施农业向大田农业转化

园区在开始建设的时候，基本以设施农业为主，它具有科技含量高和产出高的优点，但是由于投入较高，加之我国农业科技研发水平的限制，这种生产方式难以在我国大多数地区推广。近年来，农业科技园区的生产方式正在由设施农业开始逐步向大田农业转化，涵盖了种植业、畜牧业、加工业等各个产业，空间不断扩大，辐射范围越来越广，生产方式越来越多样化。

（2）园区产业从单一化向多元化转变

开始建设的农业园区基本以单一产业为主，下一步将逐步实现产业多元化、产业一体化、产业链条化。实现从种植业、养殖业、加工业、营销业、旅游业等多链条相结合的方向发展。

（3）园区功能从单一示范向带动区域经济龙头转变

园区传统的功能主要是生产功能和示范功能，今后将以此为基础，逐步向第二和第三产业延伸，实现第一、二、三产业联合，使园区成为区域经济发展的龙头。

2. 未来发展的重点

（1）引导园区优质农产品生产实现产品标准化和经营产业化

根据园区自然条件与经济特点，以开发市场占有率高、国际竞争力强的优质农产品为核心，力求“品种新、品质优、结构佳、投入低、效益高”，实现产品标准化和经营产业化，为农业产品结构调整和提高国际竞争力提供示范。

（2）引导园区农产品加工实现高效化和市场化

研究农产品保鲜、深加工及相关配套技术，开发具有民族传统、地域优势、高科技含量、高附加值的深加工产品，延长农业产业链，实现农产品的增值增效，力争把农产品加工业发展成为农村经济的支柱产业。

（3）引导园区设施农业实现生产规模化和专业化

针对设施农业的发展特点与趋势，集中展示不同类型、不同水平的硬件设施，实现种苗工厂化、规模化生产，种养业规模化、专业化示范，农产品保鲜、储藏、加工、销售一体化经营等，提高设施农业技术水平和经济效益。

（4）引导园区农业科技企业实现集团化和国际化

农业科技企业既是科技投入的主体，也是农业产业化经营的龙头。在兼顾科技优势、区域战略布局、主导产业培育的基础上，逐步引导园区农业科技企业实现集团化和国际化，培育一批具有国际竞争力的产业集团。

第四节　设施农业园区保障体系建设

我国设施农业的发展历史悠久，至今已形成多种类型，设施栽培技术不断提高，专业品种的培育受到重视，设施栽培蔬菜的总产和单产大幅度提高，栽培作物的品种更加丰富，不但提高了经济效益，也促进了农民增收。但与此同时，我国设施农业园区的建设仍存在很多不足，限制了我国设施农业的长足发展。

一、设施农业园区建设的制约因素

1. 政策制约

国家对农业园区建设缺乏统一的宏观指导，政策滞后于发展。目前，我国农业园区建设基本处于自由发展阶段，多部门介入。各部门积极性虽然得到发挥，但同时出现了缺乏统一的宏观管理和政策引导现象。以致造成一些地方盲目发展、一哄而上、规划布局不合理、重复建设等，不仅造成建设资金的大量浪费，而且影响农业资源区域优势的发挥。

2. 决策制约

农业园区设计和建设存在脱离国情、盲目求洋倾向。一些园区不能做到从实际需要出发，投入大量资金盲目从国外引进成套设备、工艺和管理系统，但由于缺乏配套设施、相应的技术和管理人员，或不符合当地自然资源条件，或运行管理成本过高等原因，许多引进设备不能达到设计生产能力，“半拉子工程”普遍存在，造成园区建设难以实现预期目标。

3. 技术制约

农业园区产品结构不合理，科技含量低，市场竞争能力弱。部分园区产品普遍较为单一，非花即菜，市场竞争能力不强，没能实现高新技术的密集和体现高产值、高收益的效果。

4. 机制制约

农业园区运行机制不完善，发展缺乏活力。政府可以是设施农业科技园区的投资主体，但运营主体应该是企业。目前，一些地方政府对园区的运营干预过多，没能建立起与市场经济相适应的现代企业管理运营机制，重政绩展示、轻效益体现，导致部分园区经营效果欠佳，发展后劲不足。

5. 投入制约

设施农业园区建设资金不足，国家支持力度小且使用管理分散。目前，农业园区建设资金主要来源于地方财政支持、金融贷款和企业投资，投资规模普遍较小。国家投资力度较小，并且分散在多个部门，难以集中资金安排实施一些对我国农业发展具有前瞻性、全局性的农业科技产业开发项目，支撑农业园区的发展。政策、技术、管理等方面的制约不仅影响农业园区自身的快速、健康发展，而且严重阻碍了整个农业现代化进程。

二、设施农业园区建设存在的问题

1. 建设缺乏总体发展规划

① 园区建设投入成本过高　现代设施农业园区建园投资较大，尤其是建有现代科技特色的设施园艺和进口温室的园区成本更大。例如进口的以色列全密封自控温室，每公顷造价高达 150 万元，其每年折旧费高达 15 万元。由于建园成本投入太大、周期长，致使一部分园区的经济效益不佳。

② 选择项目不准，示范内容过多　部分园区内建设和示范内容过多，重点不突出，没有自身特色，导致园区间内容重复，建设内容分散，使有限的资金得不到充分发挥，园区的示范、推广等作用也没有表现出来。

2. 示范目的不明确

有的贪大求洋、求奇，有的受农业园区技术条件的限制，许多新技术、新品种引进后，虽然效益不错，却不能有效地消化吸收。如一些品种的引进，效益很好，但购种代价高，限制了推广，特别是国外新品种，问题更为突出。

3. 运行机制缺乏创新。

① 运行模式　一部分农业园区都是按地方政府意图建立起来的，其管理体制和运行的模式基本是按照计划经济运行体制和管理方式操作的，因而造成园区行政机构庞大，管理人员过多，行政管理效率低下，严重影响了园区生产和经营正常运转。

② 管理制度　一部分园区的企业化管理制度不健全，企业经营受到上级政府过多的行政干预，缺乏应有的活力。

4. 科技支撑体系不健全

目前，我国农业科研院所的科技人员参与农业园区建设的比例还很低，科研教学单位和企业同农业园区在人才、智力和成果开发等方面进行交流的渠道不畅通。一些农业园区的经营者还缺乏技术创新的意识，担心引进科技成果的费用过高，不愿意花钱从科研单位转让科技成果。

5. 人才断层与短缺

部分农业园区的农业科技人才数量少、技术结构不合理，不能适应高科技农业发展的要求。例如，缺少园林、果蔬、畜牧、水产和加工的专业人才；缺乏农业高科技人才，如生物组培快繁技术、无土栽培技术、计算机技术等；缺乏善于经营管理的人才；缺乏农业信息方面人才，尤其是从事工厂化农业技术研究的科研人员不足。

为确保设施农业园区的可持续发展，应致力于建立完整的设施农业园区保障体系。设施农业园区保障体系包括政策措施保障、组织保证、科技创新与科技推广保障、人才保障、资金保障、风险保障、生态环境保障、舆论宣传引导和法律保障等。

三、设施农业园区的保障体系

1. 政策措施保障

政策是确保设施农业园区项目启动和顺利发展的重要保障。园区政策措施的制定要全面贯彻落实党的一系列惠农方针政策，运用体制机制的力量破解长期影响园区发展的瓶颈问题，构建既符合当地实际，又符合国际惯例的政策措施保障体系框架，提升园区经济运行质量，切实为业主提供良好服务。

（1）制定管理办法与优惠政策

根据国家和地方的相关法规建立农业园区管理制度，做到有法可依、有章可循、严格执法、违法必究。主要制定的管理办法有：农业园区管理办法、安全和治安管理办法、环境保护和卫生管理办法、劳动用工保障条例。

为了加速园区建设与发展，对入区企业在用地、用电、用水、税收等各方面实行更加优惠的政策，凡是高新技术项目和对园区发展具有重大影响的项目，可实行一事一议，享受更加优惠的政策。推行外商、内商“绿卡”制度，凡是进入园区投资的内外商，在子女就学、车辆通行等方面享受优惠待遇，力求让内外商投资放心、生活舒心。

（2）加强法律、法规宣传教育，严格法典，提高公民遵纪守法意识

通过宣传教育，使公民认识到农业生态可持续发展的重要意义，并按规定要求，认真履行责任，使全社会都来关心和支持农业园区的发展。实行重点企业挂牌保护制度，凡属园区重点项目，由公安局派出驻厂民警，维护企业正常生产秩序。加大园区周边环境治理，严厉打击强买强卖、强揽工程等侵犯客商利益行为。严格实行优化经济环境责任追究制，完善环境联络员和督查员制度，坚持把每件小事都当作影响园区形象的大事来处理，做到发现一起，曝光一起，查处一起。

（3）深化行政管理体制改革，营造良好的创业氛围

加快政府职能转变，促进政府机关及其工作人员转变工作作风，形成行为规范、运转协调、公正透明、廉洁高效的园区管理体制，防止权力失控、决策失误和行为失范，使得“亲商、择商、安商、富商”意识不断强化，初步形成“小政府、大社会、小机构、大服务”的格局。推行政务公开，实行委托代理制，聘请具有较高管理水平的企业进入园区管理服务中心，对园区进行统一、规范化管理，建立以“数字园区”为代表的电子政务工程，建立园区“一站式”办公服务中心和外商投资绿色通道，减少入园企业审批环节，切实为企业营造宽松和谐的发展环境，真正把“一切为了客商、为了一切客商、为了客商一切”的承诺落到实处。

（4）进行土地制度改革，促进土地流转集中

按照“依法、自愿、有偿”原则，探索适应园区发展的农村土地流转的新政策。具体而言：第一，成立园区农村土地流转工作领导小组，设立专门的农村土地流转办公室，负责全区农村土地流转的总体协调、全面监管、政策制定和业务指导；第二，在乡镇设立土地流转服务中心，它们具体负责农村土地流转申请、合同签订、流转备案、审核转让报告等工作，同时开展土地流转调查摸底登记、调解纠纷等服务工作；第三，地方财政每年安排与土地流转规模相适应的资金，对土地转入与转出大户实施资金奖励政策；第四，对土地流转大户实行金融扶持政策和技术扶持政策。

2. 组织保障

完善的管理体制是设施农业园区建设的根本保障，以“机构精简、协调、统一、高效”

的原则组织设施农业园区管理委员会。坚持党委统一领导，党政齐抓共管，完善联合推动机制，充分发挥各责任单位、责任部门的积极性。建立由分管领导、职能部门负责人参加的园区管理联席会议制度，制订方案，明确任务，落实责任，精心筹备，严密组织，督促检查，狠抓落实，积极协调解决园区建设中遇到的一切问题，确保园区近远期发展目标的实现。

坚持统筹规划、合理布局、规模建设，突出重点结合社会主义新农村建设，推动设施农业区域化布局、规模化发展、专业化生产。在设施农业集中连片、生产规模较大的片区，建立一批育苗基地，统一品种，提高育苗质量和供苗能力，为连片基地的产业化生产奠定基础。

3. 科技创新与科技推广保障

（1）建立健全农业技术创新体系，提升自主创新能力

提升自主创新能力，实现园区建设目标，突破口在于大幅度提高企业自主创新能力，建立健全以企业为主体、政府为主导、市场为导向、产学研相结合的园区创新体系。为此，需要在以下几个方面实现新突破：第一，完善落实科技政策法规，营造良好的创新环境。第二，明确设施农业园区主要科技依托单位。依靠国家和地方科研院所，并主动与之建立紧密型结合关系，积极探讨依托科技加快设施农业园区建设的发展模式与有效机制。第三，强化企业（尤其是民营科技型企业）创新主体地位，完善产学研结合机制，迅速提升园区集成创新和引进消化吸收再创新的能力。第四，成立务实的设施农业园区专家咨询机构。广泛吸纳国内外顶级专家，组织实施重大科技专项，突破关键共性技术。第五，加快培养和引进科技人才，为园区建设提供智力支持。第六，加快建设各类创新平台和载体，改善科技创新基础条件。第七，全面实施知识产权、标准化和品牌战略，提高产业核心竞争力。第八，扩大国内外科技合作，集聚优质创新资源，加快农业科技成果的集聚、技术集成步伐。

（2）建立农业标准化生产体系

加快建立健全覆盖从原料到最终产品整个产业链条和环节的农业技术和农产品标准体系、农产品和农业投入品质量监管体系、涉农产品质量安全追溯体系、农产品质量安全检验检测体系、农业标准化示范推广体系、绿色和有机产品认证体系、农产品市场准入体系，服务园区产业发展。深入开展对广大科技人员和农民的培训，积极组织推广无公害生产技术和管理标准。

（3）建立健全农业科技推广与技术服务体系

建立健全农业科技推广与技术服务体系。一是进一步完善示范推广模式，以设施农业示范园为载体，对农业新品种、新技术、新机制和先进经营组织方式、成果转化方式等内容，进行全方位示范推广，形成以园区为核心的辐射圈层。二是加强示范推广平台建设，将各类展会、电视传媒、网络、报纸等作为示范推广的重要平台。三是打造具有广泛影响力的农业科技培训品牌。通过整合科技培训资源，围绕发展设施农业，深入开展县乡干部、农技推广人员和农民培训，积极开展国际农业科技培训，提高农技推广的服务质量和服务实力，使一大批先进适用的科技成果尽快转化为现实的生产力。四是要为农民和企业提供产前、产中、产后服务，着眼于国内外市场及时提供相关供求信息，延长农产品生产加工销售产业链，尤其要加大对拉动辐射性强的农产品深加工企业的培育扶持力度，尽量满足不同消费者的需求。

4. 人才保障

设施农业和传统农业的最大区别，在于它是建立在科技知识的基础上，人力资本是最关键的生产要素。因此，农业生产企业之间的竞争首先是人才的竞争，掌握和利用人才资源成

为企业管理的主旋律，引进农业技术型人才、管理型人才，是园区又好又快发展的关键所在。为此，第一，要按市场规律要求，确立能够吸引科技人员从事技术发展与成果转化的利益机制。第二，健全竞争激励机制。推行和完善“公开招聘、竞争上岗、年度测评、末位淘汰”制度，打破学历和身份界限，按照岗位和责任、贡献大小来确定收入，调整收入结构，增加收入中与绩效挂钩部分的权重。第三，完善岗位培训制度，提高岗位培训质量。第四，实施“走出去”战略。一是通过与农业教育部门的合作，采取国内脱产培训，在职攻读学位等形式，定向培养一专多能的复合型人才，培养业务素质过硬、适应时代、懂经营善管理的中青年领导干部；二是适当挑选中青年优秀人才出国培训与引进高级人才并举，解决农业高级经营管理人才不足的问题，逐步建立农业人力资源开发机制，使农业人才在数量、结构和素质上能够适应农业发展的需要。

5. 资金保障

（1）充分利用国家投资渠道和优惠政策，严格资金的使用和管理

争取国家和地方的投资，制定优惠政策，鼓励农业项目的开发与经营。吸引外资参加农业园区的开发建设。资金使用严格执行国家法律法规，遵守企业财务各项规章制度，建立起严格的企业财务制度，科学合理地使用资金，定期对资金使用情况进行核查、审计和监督。

（2）建立多元化的资金筹措渠道

由于园区建设是一项系统工程，任务艰巨，投资巨大，显然资金缺口较大。因此，在尽全力争取各级政府资金支持的基础上，必须按照市场经济发展的要求，建立宽渠道、多层次、全方位、多形式的投入机制。要通过寻求政府支持、银行贷款，寻找合适的协作伙伴共同开发等途径以保证资金来源。同时还可利用优惠政策，争取境内外有关企业或个人的支持和扶持，尤其是要吸收工商企业来投资农业，逐步形成政府、企业、农民共同投入的多元投资机制。

（3）建立金融扶持政策体系，吸引社会各界广泛参与

第一，设立专项研发资金，主要对遴选后进入园区的研发型企业和专家团队提供资金扶助；第二，采取低息贷款、贴息贷款和贷款担保等多种途径，吸引外商、龙头企业进入园区；对于园区现有的科技含量高、经济效益好的企业，除了实施以上措施之外，在税收方面实行优惠；第三，建立风险专项基金，提高园区市场风险抵御能力和危机处理能力；第四，通过开展国际科技合作，争取世界银行、亚洲开发银行、发达国家长期低息贷款支持和国际的无偿援助；第五，协调各商业银行建立面向园区中小企业贷款的专门部门，扩大对园区企业的贷款规模。

6. 生态环境保障

园区重在和谐，坚持开发集约、专业集群、协同联动的发展原则，强调环境生态、产业生态、人文生态建设，这是实现园区农业可持续发展的前提。在建设中依照可持续发展战略的要求和生态规律，贯彻生态、科技、农业园区三位一体的新观念，立足环境保护和当地资源优势，开发多层次的生态建设，实现环境、产业和人文的生态化，注重对水、大气、动植物、人文景观的保护，创造一个具有多生态特征的和谐发展环境。

坚持把园区发展与环境保护统一起来，实行同步规划、同步实施、同步运营，具体做到“三个达标”，即企业环保设施达标、生产工艺流程达标、“三废”排放达标。

7. 风险保障

（1）面向市场，选择正确的技术开发路线和项目

所谓技术开发路线，指在一定时期内一定规划目标之下，设施园区农业高新技术项目的

引进、示范以及开发的方向、目标和途径。这是项目制定总体规划和选择产业化项目的依据和指南。作为技术经济实体的企业，必须面向市场，选择正确的技术开发路线和项目，参与国内外市场的竞争。

（2）增强园区农业经营者的预测和经营决策能力

减少农业技术项目的风险，有赖于依据真实、准确、全面、及时的信息进行预测和决策，不了解市场信息或者依据失真的信息，或者对原始的信息不能做出科学的释义和判断，会导致农业企业经营预测和经营决策失误和蒙受市场风险的损失。因此，各级政府应建立起多层次、相互沟通的网络信息系统。通过信息系统及时传递全国不同区域或同一区域不同生产单位间的生产决策信息，以及各区域间的需求信息，并在传递信息的同时，为项目区农业经营决策者提供合理的决策咨询，从而使农业产业减少局限性、盲目性，在适应市场需求的基础上取得良好经济效益，并使农业园区经营通过科学的信息导向形成适度规模。

（3）建立园区农业高新技术示范项目风险基金制度

建立农业高新技术示范项目的风险基金，可大大降低项目的投资风险。基金的筹集渠道有：①国家和地方财政对农业项目的专项拨款；②建立农业高新技术应有的风险储备金和农产品风险基金制度，当出现较大的市场风险和自然灾害时，从经济上给农业风险投资一定的经济补偿；③政府提供银行贷款担保。高风险的存在使得银行对农业高新技术示范项目贷款越来越慎重。所以通过设立担保基金的方式，利用政府信用这一无形资产对银行和保险公司等融资机构风险资本投资实行政府担保手段，来积极引导和促进民间资本介入农业项目的投资领域。

（4）加强园区农业高新技术示范项目的风险损失控制

① 努力加强农业自然灾害的预测和预防工作；

② 加强农业高新技术组装配套服务工作，如向设施农业园区提供完整的农业科技信息，帮助农业园区经营者选择、掌握各种农业适用组装配套的高新技术；

③ 保证农业高新技术应用所需的配套农业生产资料的供给；

④ 积极开展多种经营并对农业高新技术进行综合配套使用，以分散农业技术应用的风险，提高设施农业园区整体的抗风险能力；

⑤ 开展农业技术专项保险，通过参加农业科技应用保险，把农业高新技术应用风险转移给保险公司。

8. 加强对外联络，做好舆论宣传工作

要积极联络各种媒体，对园区进行多角度、全方位宣传，突出宣传园区全面落实科学发展观和党的涉农方针政策，宣传投资环境及招商引资的优惠政策，宣传产业政策及园区重点发展项目，树立园区对外开放的良好形象。对外宣传要突出重点，注重效果，努力增强宣传报道的针对性、实效性、吸引力和感染力，重点对园区主要规划内容进行广泛宣传，提高社会各界对园区建设重要性的认识，激发他们参与园区建设的积极性。通过举办专题项目推介会和对接洽谈会等灵活多样的方式，发出“菜单”，寻求客户，实地考察，瞄准对象，搞好项目前期对接，为园区建设创造良好的招商氛围。

9. 加强法律保障体系建设，切实维护利益主体权益

法律制度创新的目的在于为园区提供法律保障。其原因如下：

① 园区农业高科技企业提供的产品是知识密集型产品，具有高附加值，需要强化知识产权的法律保障；

② 农业高科技产业具有很高的风险，需要从法律制度上切实保障投资者和债权人的经

济利益。

因此，需要建立健全鼓励高新技术产业发展的政策法规体系：第一，园区要加快制定有利于科研机构进行企业化转制，有利于科研人员以技术转让、技术合作的方式转化农业高新技术成果，有利于引导大专院校和企业共建研究开发中心的各类政策实施细则。第二，要不断完善知识产权保护制度，切实保护农业高新技术成果知识产权和收益权。第三，强化建章立制，使园区内企业主体的合法利益得以保护。第四，要完善合同制度，实现合理分配。要以契约、合同的形式把龙头企业与农户的责任、义务、权利、利益确定下来，并坚持双方履约互信，使双方真正实行利益均沾、风险共担。

本章思考与拓展

农业园区在我国农业经济改革进程中具有重要的载体作用，对各地农业资源的开发和利用可以充分带动当地农业经济的发展。管理就是效益。设施农业园区运营管理必须依靠完善的运营管理机制以及专业人才开展具体工作，这样才可实现园区的日常稳定经营和持续发展。科学技术就是生产力。在产业化进程中设施农业园区运营管理还必须依靠现代科学技术实现园区的各项管理创新，依据设施农业园区建设和运营目标的不同，将科学技术运用于相应方面。解决产业化进程中设施农业园区在运营管理方面存在的问题并突破发展瓶颈，需要有效实施完善顶层设计、建立多元化资金体系、完善人才培养和管理机制、运用创新科学技术以及健全监管机制等有效路径。在乡村振兴和现代农业产业发展中，我们应当努力探寻科学的管理制度，调动各方面的积极性，通过制度创新，吸纳各方面的科技人才，健全完善农业产业中的生产体系、产业体系、经营体系，才能实现乡村振兴中治理有效。

参 考 文 献

[1] Lovenstein H，Lantinga E A，Rabbinge R，*et al*. Principles of production ecology [M]. Syllabus，Wageningen University，1995：121.

[2] Bakker J C，Bot G P A，Challa H，*et al*. Greenhouse climate control－an integrated approach [M]．Wageningen Pers，1995：279.

[3] 清水茂．施設園芸の基礎技术 [M]．诚文堂新光社，1973.

[4] 日本设施园艺协会．设施园艺手册 [M]．1987.

[5] 白广存．计算机在农业生物环境测控与管理中的应用 [M]．北京：清华大学出版社，1998.

[6] 温祥珍．图说绿叶蔬菜的工厂化生产新技术 [M]．北京：科学出版社，1998.

[7] 余纪柱．上海地区发展大型连栋蔬菜温室存在的问题及对策 [M]．北京：北京出版社，2000.

[8] 温祥珍．从国外设施园艺状况看中国设施园艺的发展 [J]．中国蔬菜，1999（4）：1-5.

[9] 卢健，沈佐锐．温室作物生态健康智能监护系统（GH-Healthex）的研制与测试 [J]．农业工程学报，2004 Vol. 20 No. 5：246-249.

[10] 牛贞福，杨信廷，寿森炎，等．黄瓜病虫害诊断专家系统知识组织的研究与设计 [J]．农业系统科学与综合研究，2004，20（1）：33-36.

[11] 陈青云，李鸿．黄瓜温室栽培管理专家系统的研究 [J]．农业工程学报，2001，17（6）：142-146.

[12] 张文学．牡丹栽培技术专家系统方案设计 [D]．郑州：郑州大学，2001.

[13] 易齐，姜克英．保护地蔬菜病虫害防治手册 [M]．北京：中国农业出版社，2000.

[14] 李桂舫，吴献忠．保护地蔬菜病虫害防治 [M]．北京：金盾出版社，2001.

[15] 王思芳，赵洪海，吴献忠．保护地花卉病虫害防治 [M]．北京：金盾出版社，2001.

[16] 梁成华，吴建繁．保护地蔬菜生理病害诊断及防治 [M]．北京：中国农业出版社，1999.

[17] 韩召军，杜相革，徐志宏．园艺昆虫学 [M]．北京：中国农业大学出版社，2001.

[18] 邹志荣，邵孝侯．设施农业环境工程学 [M]．北京：中国农业出版社，2008.

[19] 王振龙．无土栽培 [M]．北京：中国农业大学出版社，2008.

[20] 汪懋华，赵春江，李民赞，等．数字农业 [M]．北京：电子工业出版社，2012.

[21] 李道亮著．农业物联网导论 [M]．北京：科学出版社，2012.

[22] 何勇，聂鹏程，刘飞著．农业物联网技术及其应用 [M]．北京：科学出版社，2016.

[23] 黄贵平，杨林，任明见，等．专家系统及其在农业上的应用 [J]．种子，2003（1）：54-57.

[24] 孙智慧，陆声链，郭新宇，等．基于点云数据的植物叶片曲面重构方法 [J]．农业工程学报，2012，28（3）：184-190.

[25] Wang L，Wang W，Dorsey J，*et al*. Real-time rendering of plant leaves [J]．SIGGRAPH'06，New York，NY，USA，2006.

[26] Runions A，Fuhrer M，Lane B，*et al*. Modeling and visualization of leaf venation patterns [J]．SIGGRAPH'05，New York，NY，USA，2005.

[27] Fuhrer M，Jensen H W，Prusinkiewicz P. Modeling hairy plants [J]．Graphical models，2006，68（4）：333-334.

[28] 戴国欣．钢结构 [M]．4 版．武汉：武汉理工大学出版社，2012.

[29] 束胜，康云艳，王玉，等，世界设施园艺发展概况、特点及趋势分析 [J]．中国蔬菜，2018（7）：1-13.

[30] 周萍，陈杰，戴丹丽，等．不同天气条件下连栋温室内光照分布规律研究 [J]. 农机化研究，2007（6），123-125.

[31] 藏田孝雄，クラタ，タ. リンパ球 in vitro 培養法による免疫グロブリン産生異常の研究 [M]. 九州大学. 1986.

[32] 李式军，郭世荣. 设施园艺学 [M]. 北京：中国农业出版社，2002.

[33] 古在豊樹，林真紀夫，舘野稔，等. 明暗周期が光混合栄養培養条件下におけるバレイショ小植物体の生長および形態に及ぼす影響 [J]. 生物環境調節，1993，31 (3)，169-175.
[34] 金志凤，周胜军，朱育强，等. 不同天气条件下日光温室内温度和相对湿度的变化特征 [J]. 浙江农业学报，2007，19 (3)，0-191.
[35] 温祥珍. 图说绿叶蔬菜的工厂化生产新技术 [M]. 北京：科学出版社，1998.
[36] 北宅善昭. 新施設園芸学 [M]. 朝倉書店，1992.
[37] 矢吹萬壽. 植物の動的環境 [M] . 朝倉書店，1985.
[38] 古在豊樹，後藤英司，富士原和宏. 最新施設園芸学 [M] . 朝倉書店. 東京，2006.
[39] 何启伟，王晓群，王永强，等. 日光温室黄瓜高产栽培技术与光合特性的初步研究 [J]. 中国蔬菜，2000，05：5-9.
[40] 矢吹万寿，今津正. ガラス室の炭酸ガス濃度について [J]. 農業気象，1965，20 (4)，125-129.
[41] 于国华. CO_2浓度对黄瓜叶片光合速率，RubisCO 活性及呼吸速率的影响 [J]. 华北农学报，1997，12 (4)，101-106.
[42] 侯玉栋，邢禹贤. 蔬菜 CO_2施肥及研究进展 [J]. 山东农业大学学报：自然科学版，1997，28 (1)，73-78.
[43] 高野泰吉. 日の出前の青色光と赤色光補光がキュウリ苗の生育と生理反応に及ぼす影響 [J]. 生物環境調節，1997，35 (4)，261-265.
[44] 邹志荣，邵孝侯. 设施农业环境工程学 [M] . 北京：中国农业出版社，2008.
[45] 张福墁. 设施园艺学 [M] . 北京：中国农业出版社，2001.
[46] 周长吉，曹干. 蔬菜工厂化穴盘育苗技术 [J]. 农村实用工程技术，1998 (02)：3-5.
[47] Lovenstein H M，Lantinga R，Rabbinge R，*et al*. Principles of production ecology [D]. Syllabus，Wageningen University，1995：121.